# ESSAI

SUR LA

# GÉOMÉTRIE DE LA RÈGLE

## ET DE L'ÉQUERRE

PAR

### G. DE LONGCHAMPS

PROFESSEUR DE MATHÉMATIQUES SPÉCIALES
AU LYCÉE CHARLEMAGNE

PARIS

LIBRAIRIE CH. DELAGRAVE

15, RUE SOUFFLOT, 15

1890

# ESSAI

SUR LA

# GÉOMÉTRIE DE LA RÈGLE

ET DE L'ÉQUERRE

# PRÉFACE

Nous prions le lecteur de ne voir dans cet *Essai sur la Géométrie de la règle et de l'équerre* que le développement, plus ou moins bien traité, d'un chapitre particulier d'un ouvrage qu'on pourrait intituler *Traité de Géométrie pratique*. Cet ouvrage, tel que nous l'imaginons, n'est pas encore écrit. Les matériaux nécessaires à sa composition sont, il est vrai, dispersés en cent endroits divers ; ils devraient être réunis, simplifiés et surtout complétés. Nous souhaitons que ce travail tente, quelque jour, un ami de la Géométrie.

Le plan qui nous a servi de guide est suffisamment expliqué dans l'introduction qu'on trouvera plus loin. Mais, peut-être, ce livre sera-t-il mieux compris, si nous insistons un peu dans cette préface, sur ce qu'il convient d'entendre par la *Géométrie pratique*.

D'une façon générale, on peut dire qu'elle comprend l'exposition des constructions, ou tracés, que l'on peut avoir à effectuer sur une épure, ou sur le terrain. Elle soulève ainsi de nombreux problèmes et, au premier abord, il semble qu'elle n'ait rien de bien nouveau à dire au sujet des solutions qu'ils comportent ; celles-ci étant exposées, soit dans les livres classiques, soit dans des mémoires, tels que ceux qu'on trouvera cités au cours de cet ouvrage. Mais cette première impression, qu'éveille en nous ce terme de *Géométrie pratique*, n'est pas exacte ; et l'on ne saurait croire, quand on n'a pas un peu réfléchi sur ce sujet, combien il est vaste ; à quel point il est varié, intéressant, et parfois délicat. C'est que, en effet, le plus simple des problèmes de cette Géométrie exige des solutions très diverses ; depuis ce que nous appelons *la solution générale*, et nous entendons par là, celle qui est applicable à tous les cas, quelles que soient les difficultés matérielles que l'on peut rencontrer, jusqu'aux *solutions particulières*, si variées, qui, le plus souvent, s'adaptent, plus simplement que la solution générale, aux données du problème que l'on traite.

Il faut observer, en outre, que les tracés indiqués, dans une solution, nécessitent l'usage de certains instruments mathématiques. Ils exigent, à tour de rôle, l'emploi de la règle, du compas, de la règle plate, de l'équerre ordinaire, ou quelquefois de la fausse équerre; dans d'autres cas, leur exécution demandera l'emploi de la règle divisée, ou, sur le terrain, du cordeau divisé, etc. Or, au point de vue pratique, il est clair que ces instruments ne peuvent pas toujours être adoptés; du moins, dans les conditions matérielles où l'on se trouve placé. Ainsi, pour indiquer, à ce propos, la difficulté la plus évidente; l'usage des arcs de cercle ne peut convenir aux opérations effectuées sur le terrain. Il y a donc lieu de distinguer, suivant le choix que l'on a fait des instruments dont on s'accorde l'usage: la Géométrie de la règle, celle du compas, celle de la règle et de l'équerre (*), etc., pour ne citer que les combinaisons qui se présentent immédiatement à l'esprit, dans l'ordre d'idées que nous exposons ici.

Pour préciser, par un exemple, le sens de cette pensée générale, prenons un problème bien simple, classique entre tous, celui où l'on propose *le tracé de l'ellipse par points et par tangentes.*

On trouvera (§ 47 et suivants) l'exposition d'un procédé n'exigeant pour le tracé en question que l'emploi de la règle et de l'équerre ordinaire. Mais, comme nous l'avons observé plus loin (p. 339), la solution indiquée peut, au point de vue pratique, être mise en défaut dans certains cas. Aussi, avons-nous montré *(loc. cit.)* comment il devait être modifié, dans cette hypothèse. On se tromperait, pourtant, en admettant que les constructions de cette seconde solution ne peuvent pas être, à leur tour, en défaut dans certains cas. C'est ce qu'il est facile de vérifier, en posant le problème suivant:

*Soit donné, en grandeur et en position, le grand axe* A'A $=$ 2a *d'une ellipse* Γ. *Sur* A'A, *on a pris* A'C *qui représente le petit axe 2b, de* Γ. *Mais on suppose que le sommet* B EST SITUÉ HORS DES LIMITES DE L'ÉPURE; *dans ces conditions, on propose de construire l'ellipse, par points; notamment, dans le voisinage du sommet* A, *et en n'employant que la règle et l'équerre.*

Voilà un problème, bien caractérisé, de Géométrie pratique (**);

---

(*) Il y en a, bien entendu, beaucoup d'autres. Par exemple, on peut refuser, pour la solution d'un problème donné, l'emploi du compas, en accordant pourtant la présence d'un cercle *déjà tracé* dans le plan où doit s'effectuer l'épure (Voyez, à ce propos, les notes placées pp. 25, 360 et 365). Dans d'autres cas, on dispose simplement d'*un compas à branches fixes.* (Voyez la note de la page 5.)

(**) Nous laissons au lecteur le soin de vérifier la solution suivante: Par A', on mène une droite quelconque Δ, sur laquelle on abaisse les perpendiculaires AP, CQ; par Q, on mène une parallèle à AA'; par P, on trace une perpendiculaire à AA'. Les droites ainsi obtenues se coupent en un point I qui appartient à l'ellipse considérée.

et aucune des constructions ordinaires, aucune de celles que nous avons rappelées tout à l'heure ne permet de le résoudre.

Nous trompons-nous quand nous pensons que cette Géométrie dont nous indiquons ici les lignes générales et qui n'est pas, on en conviendra, ni la moins intéressante, ni la moins profitable à l'éducation mathématique, est à peine soupçonnée? Peut-être ce livre contribuera-t-il à porter sur elle l'attention des professeurs, nos collègues. En le lisant, ils y trouveront la matière de nombreux exercices intéressants. Les solutions très diverses qui conviennent aux problèmes de cette espèce et les discussions qu'ils comportent auront pour effet certain d'aiguiser l'esprit des meilleurs élèves et de fixer, par l'attrait particulier, propre à la Géométrie pratique, l'attention de ceux qui n'entrevoient pas toujours, au début de leurs études mathématiques, abstraction faite de la spéculation métaphysique des idées, l'intérêt qui s'attache à ces études.

En terminant cette préface, je désire répondre, par avance, à l'une des critiques qui seront peut-être exprimées sur un ouvrage que je présente pourtant avec confiance à tous ceux qui ont conservé le goût des choses géométriques; à tous ceux qui aiment les faits précis, clairement exprimés, et nettement démontrés.

Dans les problèmes que nous avons traités, nous nous sommes efforcé de rechercher les solutions les plus simples. Mais on trouvera sans doute que, dans un certain nombre de cas, les solutions proposées par nous n'offrent pas un caractère suffisamment pratique; soit que, par sa nature, le problème traité ne comporte vraiment pas de solution semblable; soit que nous n'ayons pas eu le bonheur d'imaginer la meilleure. Aucune observation ne saurait être plus juste et, certes, nous supposons, sans peine, qu'on découvrira des solutions plus simples que celles que nous avons indiquées. Nous avouons aussi, bien volontiers, que, parmi les problèmes abordés dans cet ouvrage, certains ont un caractère peu pratique. Cet aveu, nous l'avons fait déjà dans le cours de cet ouvrage. Mais nous voulons y insister ici et nous accordons, sans réserve, que, parmi les questions que nous avons traitées, quelques-unes doivent être envisagées comme constituant plutôt des *exercices* destinés à développer l'esprit de la Géométrie pratique. Elles n'ont aucune autre prétention; le lecteur voudra bien les accepter à ce titre.

Paris, 1er janvier 1890.

G. DE LONGCHAMPS.

# TABLE DES NOMS D'AUTEURS

# TABLE DES MATIÈRES

## SECONDE PARTIE

### Problèmes d'Arpentage

(APPLICATIONS A L'ART DE LA GUERRE)

# ESSAI

# GÉOMÉTRIE DE LA RÈGLE

## ET DE L'ÉQUERRE

---

.Nous nous proposons, dans le travail que nous entreprenons ici, de résoudre, avec la règle seule ou, dans d'autres cas, avec la règle et l'équerre, quelques problèmes qui ressortent de la géométrie pratique.

Cet ouvrage est divisé en deux parties. Dans la première, nous nous occupons surtout d'exposer les principes théoriques qui seront utilisés dans la suite de l'ouvrage; puis nous les appliquons au tracé de quelques courbes célèbres. Dans l'autre, nous développons les solutions que comportent certaines questions que soulèvent l'arpentage et l'art de la guerre. D'ailleurs, les démonstrations des principes sur lesquels nous basons nos constructions, n'exigent, pour être comprises, que la connaissance de la géométrie élémentaire: ce n'est qu'à de rares occasions que nous avons fait un emprunt très court aux notions supérieures.

Avant d'entrer dans notre sujet, une analyse un peu détaillée du livre qui nous paraît se rapprocher le plus de celui que nous allons écrire fera mieux apprécier la portée de celui-ci, l'intérêt qu'il comporte et le but que nous nous sommes posé.

L'ouvrage auquel nous venons de faire allusion est dû à

Servois (*). Chasles le cite, non sans éloges, dans son Aperçu historique (**) et dit, à propos de lui : « Passons aux autres ouvrages qui, après ceux de Monge et de Carnot, ont servi le plus utilement la science.

» Tels nous paraissent être .:

» L'intéressant essai de la géométrie de la règle, où M. Servois, après avoir réuni les théorèmes principaux de la théorie des transversales, en montre les usages en géométrie rationnelle, pour la démonstration des propositions, et dans la géométrie pratique, pour résoudre sur le terrain, par des alignements, les différents problèmes qui se présentent surtout à la guerre, etc.... »

Ces quelques lignes, que nous empruntons à l'*Aperçu historique*, résument bien le livre de Servois; mais il nous paraît utile d'analyser cet ouvrage d'une façon plus explicite et nous voulons entrer dans des détails plus circonstanciés sur les points principaux qui s'y trouvent développés.

La partie théorique du livre de Servois, son exposition des principes fondamentaux de la théorie des transversales, sont de peu d'importance; elles n'offrent plus aujourd'hui, vu les démonstrations simples de la géométrie moderne, aucun intérêt. Il n'en est pas de même de la partie pratique. Servois, comme professeur aux écoles d'artillerie, s'est particulièrement préoccupé des applications de la géométrie à l'art de la guerre; il a cherché, et quelquefois trouvé avec bonheur des solutions simples, et vraiment pratiques, des problèmes principaux qui intéressent la guerre des sièges et les combats d'artillerie. « Il est utile, dit Servois, surtout à

---

(*) *Solutions peu connues de différents problèmes de géométrie pratique*, pour servir de supplément aux traités connus de cette science; recueillies par F.-J. Servois, professeur de mathématiques aux Écoles d'Artillerie. (A Metz, chez Devilly, libraire, rue du Petit-Paris; et à Paris, chez Courcier, libraire, quai des Augustins, an XII.)

Cet ouvrage est devenu extrêmement rare. Le seul exemplaire qui existe, à notre connaissance, appartient à la bibliothèque du dépôt des Fortifications, au ministère de la guerre. C'est par l'intermédiaire amical de M. Laisant, et grâce à l'obligeance du général Bressonnet, que nous avons pu posséder pendant quelques jours cet exemplaire. Nous leur en exprimons ici tous nos remerciements.

(**) Chasles, *Aperçu historique*, p. 213.

la guerre, de pouvoir exécuter sur le terrain diverses opérations géométriques, telles que : *mesurer des distances, prendre des prolongements, mener des parallèles*, etc..., sans le secours d'instruments de prix qu'on acquiert et qu'on transporte difficilement. »

Pour résoudre ces différents problèmes, Servois accorde *les jalons, l'équerre d'arpenteur, le cordeau* et *la chaîne*. Mais à propos de ce dernier instrument, il dit : « Le chaîner, s'il est permis de s'exprimer ainsi, exige beaucoup de temps et de soin ; tandis qu'on peut toujours prendre des alignements avec exactitude et célérité. C'est pour ce motif qu'il propose, très sagement à notre avis, *de multiplier les alignements, en diminuant les chaînages.*

Aux instruments que nous avons cités, Servois ajoute encore ce qu'il nomme *la fausse équerre*. Par fausse équerre, Servois entend la figure formée par deux droites formant un angle fixe, différent de l'angle droit, et, après avoir montré, à plusieurs reprises, tout le parti qu'on peut tirer de cet instrument, Servois termine son livre en disant : « Ce n'est pas sans raison que j'ai si souvent fait observer qu'on pouvait remplacer l'équerre par la fausse équerre. C'est qu'on peut partout, et sans frais, se procurer la dernière ; deux traits de scie en croix, sur la tête d'un piquet, font tout l'instrument. »

Comme le fait encore observer Servois, la fausse équerre partage avec l'équerre ordinaire le mérite de fournir le moyen de répéter, autant de fois que l'on veut, le même angle ; d'ailleurs, la fausse équerre peut au besoin, remplacer complètement l'équerre ordinaire, puisqu'il est possible, avec celle-là, d'abaisser ou d'élever des perpendiculaires.

Quant aux arcs de cercle décrits sur le terrain, Servois s'en refuse systématiquement l'usage et il dit à ce propos, dans sa préface : « J'ai eu l'attention particulière de ne me jamais servir de la chaîne, comme compas ; c'est-à-dire de ne jamais déterminer la position d'un point sur le terrain par l'intersection de deux arcs de cercle, ou d'une droite et d'un arc. » Et plus loin, dans le corps de l'ouvrage, Servois revenant sur les constructions où l'on fait usage des arcs de cercle, dit encore : « Si les rayons des arcs sont petits, l'opération manque de justesse ; s'ils sont très grands, l'opération est presque impossible. »

On voit suffisamment, par les citations qui précèdent, quelles sont les idées pratiques qui ont présidé à la composition du livre de Servois. Si nous ne nous arrêtons pas davantage à l'analyse de cet ouvrage, c'est que nous aurons occasion, à plusieurs reprises, d'indiquer dans la suite de cet ouvrage certaines solutions proposées par Servois et dont quelques-unes, *peu connues*, même aujourd'hui, méri- ·tent, il nous semble, d'être mises en lumière.

L'ouvrage de Servois, livre ingénieux et plein de ce bon sens pratique qui se trouve là si bien à sa place, a été précédé de nombreuses publications analogues. Nous citerons d'abord, comme plus particulièrement dignes de remarque, le traité de Schooten et celui de Mascheroni.

Le livre de Schooten (\*) est, d'après Chasles (\*\*), le premier exemple de cette géométrie qui se propose la solution de certains problèmes *par la ligne droite seulement,* géométrie que Brianchon a cultivée au commencement de ce siècle et qu'il a nommée *la Géométrie de la règle.*

L'ouvrage de Schooten, sauf un ou deux points que nous ferons connaître, n'aborde qu'un très petit nombre de problèmes et les solutions qu'il expose sont généralement longues et peu élégantes. De plus, il présente, et Servois est tombé dans la même erreur, un cercle vicieux dont nous devons dire ici un mot.

Schooten dit, à la première page de son ·livre : ,« Postuletur : ad datum punctum in data recta indefinita rectam lineam collocare, datæ rectæ terminatæ æqualem. »

Or, porter sur une droite donnée, à partir d'un point donné, une longueur déterminée est une opération qui ne peut, *en général,* être effectuée qu'avec l'aide du compas.

---

(\*) FRANCISCI A SCHOOTEN, *Exercitationum mathematicarum,* liber II. De constructione problematum simplicium geometricorum, seu, quæ solvi possunt ducendo tantum rectas lineas. (Lugduno-Batavia, 1656.) Cet ouvrage est moins rare que celui de Servois : on en trouve, notamment, un exemplaire à la bibliothèque de l'École Polytechnique, et un autre à la Bibliothèque nationale.

(\*\*) *Aperçu historique* p. 98.

Cette règle souffre des exceptions que nous aurons occasion de signaler, notamment lorsque la longueur déterminée est parallèle à la droite sur laquelle il faut les porter, ou lorsqu'elle est inclinée sur celle-ci d'un angle égal à 60°. Mais la règle, telle que l'entendaient Schooten et Servois, ne permet pas de résoudre la construction précédente, et il y a là une erreur qui vicie quelques-unes des constructions indiquées par ces deux auteurs. Pour lever cette difficulté — mais nous reviendrons dans la suite sur ce point délicat — il faut prendre la règle dans un sens nouveau et qui a été formulé par le général de Coatpont (*), dans les termes suivants : « Je définis, dit-il, *règle* une *lame* offrant deux côtés rectilignes et parallèles, permettant de tracer des parallèles équidistantes. »

Le livre de Mascheroni (**) est aussi très rare. Au sur-

---

(*) *Nouvelle correspondance mathématique*, juin 1877. — Voyez aussi, à propos de cet article, une note du major de Tilly ; *Nouvelle Correspondance* 1879, p. 439.

(**) Mascheroni a composé deux traités de géométrie pratique ; celui auquel nous faisons allusion ici est une *Géométrie de la règle* (*problèmes pour les arpenteurs avec différentes solutions* ; Pavie, 1793). Il a été traduit en français au commencement de ce siècle. L'autre livre de Mascheroni, *la Géométrie du compas*, cité par Chasles dans l'*Aperçu historique*, est plus connu ; il a pour titre : *Géométrie du compas par L. Mascheroni*; ouvrage traduit de l'italien par A. M. Carrette, officier du génie à Paris, chez Duprat, libraire pour les mathématiques, quai des Augustins ; an VI.

C'est à propos de ce livre que Chasles (*lib. cit.*, p. 214) fait connaître les détails bibliographiques suivants:

« L'occasion se présente ici de faire mention de la *Géométrie du compas* de Mascheroni (ann. 1797), ouvrage original et curieux, qui a pour objet la résolution, par le compas seulement, des problèmes que l'on résout ordinairement par la règle et le compas. Cette géométrie est plus riche et plus étendue que celle de la *règle*, parce qu'elle embrasse les problèmes du second degré qui sont tous ceux qui forment le domaine de la géométrie ordinaire. Mascheroni fait voir qu'elle s'applique aussi, avec facilité, à la solution approximative des problèmes qui dépendent des sections coniques et d'une géométrie plus relevée.

» Des essais du même genre que la géométrie de la règle et de celle du compas, et qui tiennent pour ainsi dire le milieu entre les deux, avaient déjà occupé, longtemps auparavant, de célèbres mathématiciens. Cardan, le premier dans son livre *De subtilitate*, avait résolu plusieurs problèmes d'Euclide par la ligne droite et une seule ouverture de compas, comme si l'on n'avait, dans la pratique, qu'une règle et un compas invariable. Tartalea ne tarda pas à suivre son rival sur ce terrain, et étendit cette manière par de nouveaux problèmes. (*General trattato di numeri, e misure*; 5ᵐᵉ parte, libro terzo

plus, ce traité n'intéresse qu'indirectement la géométrie de
la règle, telle que nous la concevons, parce que Mascheroni se ,sert presque uniquement de formules trigonométriques dont nous nous refusons l'usage.

Après Schooten, Mascheroni et Servois ; après Lambert (*)
qui a précédé Servois et qui doit être cité ici, les publications
que nous pouvons signaler comme présentant un point de
contact avec la géométrie de la règle sont : 1° le mémoire
de Brianchon (**) et 2°, dans l'époque tout à fait moderne,
les ouvrages de MM. Reye (***), Favaro (****) et Cremona (*****). Nous aurons d'ailleurs occasion de citer ces
auteurs dans le courant de ce livre, bien que rarement,
l'idée qui nous dirige dans ce travail et que nous avons
exposée plus haut n'étant pas absolument et uniquement
celle de la géométrie projective, laquelle n'admet pour les
solutions des problèmes qu'elle se pose que l'emploi de la

---

in-fol. Venise, 1560.) Enfin, un savant géomètre piémontais, J.-B. de Benedictis,
en fit l'objet d'un traité intitulé : *Resolutio omnium Euclidis problematum
aliorumque ad hoc necessario inventorum, und tantum modo circini datâ
aperturâ*; in-4°, Venise, 1553. »

En rapprochant ce passage de l'*Aperçu historique*, des articles que nous avons
cités plus haut et qui sont dus au général de Coatpont, et au major de Tilly, on
reconnaîtra que l'idée de Cardan *(une règle et un compas invariable)* revient
à celle-ci, *une règle plate à bords parallèles*. L'erreur de Schooten et de Servois que nous avons signalée tient justement à ce fait qu'ils ne s'accordaient
pas : soit une ouverture de compas, comme l'ont voulu Cardan et ses imita-
teurs ; soit une dimension dans la règle, comme l'a proposé le général de Coatpont.

(*) *Perspective* de Lambert, 1759 et 1773. La seconde édition renferme
plusieurs propositions intéressant la géométrie de la règle.

(**) *Mémoire sur l'application des transversales*. Ce mémoire cité par Chasles
(*Ap. h.*, p. 214) ne doit pas être confondu avec celui qui existe dans la
*Correspondance sur l'École Polytechnique*, t. II, p. 383 ; ni avec la note qui
parut au *Journal de l'École Polytechnique*, cahier XIII, 1806, dans laquelle
Brianchon expose le théorème corrélatif de l'hexagrame de Pascal.

(***) *Leçons sur la géométrie de position*, 2 vol. par le Dr Th. Reye,
professeur à l'Université de Strasbourg ; traduites de l'allemand par O. Chemin, ingénieur des ponts et chaussées, répétiteur à cette école. (Paris, Dunod,
1881-1882.)

(****) *Leçons de statique graphique*, par Antonio Favaro, professeur à
l'Université royale de Padoue, traduites de l'italien par Paul Terrier, ingénieur
des arts et manufactures. Paris, (Gauthier-Villars, 1879.)

(*****) *Éléments de géométrie projective*, par Luigi Cremona, directeur de
l'École d'application des Ingénieur à Rome ; traduits avec la collaboration de
l'auteur par Ed. Dewulf, chef de bataillon du génie. (Paris, Gauthier-Villars 1875.

règle ordinaire, ou, sur le terrain, que celui des jalons et des alignements (*).

## CHAPITRE PREMIER

### CONSIDÉRATIONS SUR LES TRANSVERSALES

La géométrie de la règle prend, assez souvent, pour base des constructions qu'elle propose, certaines propriétés des transversales. Les théorèmes auxquels nous faisons ici allusion et qui nous serviront dans la suite, sont, pour la plupart, bien connus et nous renvoyons, une fois pour toutes, à leur sujet, aux ouvrages classiques ; notamment, à l'excellent traité de MM. Rouché et de Comberousse.

Néanmoins, avant d'aborder les applications que nous visons plus particulièrement dans ce livre, il nous paraît nécessaire à la clarté des explications qui vont suivre, de rappeler ceux de ces théorèmes qui ont une importance plus marquée, ou qui donnent lieu, soit à certaines généralisations, soit à des développements que nous croyons nouveaux ou peu connus. Nous consacrons ce chapitre, et le suivant, à leur exposition.

**1. Théorème de Gergonne** (**). — *Lorsque trois droites partant des sommets d'un triangle* ABC, *concourent en un point* O *et rencontrent les côtés de ce triangle aux points* A', B', C', *on a*

$$\frac{OA'}{AA'} + \frac{OB'}{BB'} + \frac{OC'}{CC'} = 1. \tag{1}$$

---

(*) On trouve aussi dans les *Annales de Gergonne* plusieurs mémoires de Servois, de Brianchon, de Sturm, etc... intéressant la géométrie de la règle et nous aurons occasion de citer quelques-uns d'entre eux dans la suite de ce travail. La présence de ces mémoires dans les *Annales de Gergonne* nous a été signalée par M. Brocard.

(**) Ce théorème fait partie des questions proposées dans les *Annales de Gergonne* (t. IX, 1818 et 1819, p. 116). Gergonne rapportant (*loc. cit.*, p. 277) la solution proposée par divers auteurs, pour ce théorème et pour son analogue dans l'espace, dit : « Nous sommes tombés très simplement sur ces deux théorèmes en cherchant à décomposer une masse supposée réduite à un point en trois ou quatre autres situées au sommet d'un triangle ou d'un tétraèdre. » Gergonne avait ainsi retrouvé la méthode statique de Jean de Ceva, à laquelle nous faisons allusion un peu plus loin.

Nous représenterons la position d'un point O, dans le plan d'un triangle ABC, au moyen de trois nombres $\alpha$, $\beta$, $\gamma$ que nous définissons ainsi : $\alpha$ représente la surface du triangle BOC; $\alpha$ est positif, lorsque le point O est situé, par rapport à BC, du même côté que A; il est négatif dans le cas contraire. Cette convention s'étend aux nombres $\beta$ et $\gamma$; et, dans ces conditions, quelle que soit la position du point O dans le plan ABC, on a toujours

$$\alpha + \beta + \gamma = S,$$

S désignant la surface du triangle ABC.

Pour abréger le langage, nous dirons que $\alpha$, $\beta$, $\gamma$ représentent les *coordonnées* du point O, relativement à la figure ABC.

Cela posé, nous avons

$$\frac{OA'}{AA'} = \frac{BOC}{BAC} = \frac{\alpha}{S};$$

et, de même,

$$\frac{OB'}{BB'} = \frac{\beta}{S}, \quad \text{et} \quad \frac{OC'}{CC'} = \frac{\gamma}{S}.$$

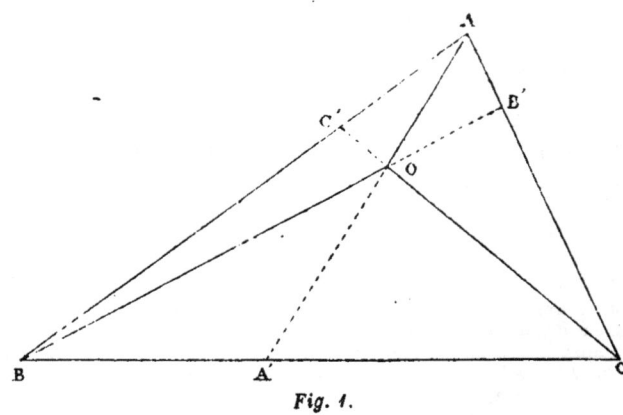

*Fig. 1.*

Ces égalités entraînent la suivante:

$$\frac{OA'}{AA'} + \frac{OB'}{BB'} + \frac{OC'}{CC'} = \frac{\alpha + \beta + \gamma}{S} = 1.$$

REMARQUE. — Cette propriété est générale; elle est vraie

pour tous les points du plan, en supposant que les rapports $\frac{OA'}{AA'}$, $\frac{OB'}{BB'}$, $\frac{OC'}{CC'}$ soient positifs ou négatifs, en même temps que les coordonnées $\alpha$, $\beta$, $\gamma$ du point O.

## 2. Théorème de Chasles (*). — *Dans tout quadrilatère la diagonale issue d'un sommet divisée par son prolongement jusqu'à la droite qui joint les points de concours des côtés opposés, égale la somme des deux côtés issus du même sommet, divisés respectivement par leurs prolongements jusqu'aux côtés opposés.*

Cette proposition que nous appliquerons dans la suite à la détermination de la distance d'un point donné à un point inaccessible est la conséquence immédiate du théorème précédent.

Il faut pourtant observer que le mot *somme* est prisici dans son sens algébrique.

Soit ABCD le quadrilatère proposé. On peut considérer le point A comme étant situé à l'intersection

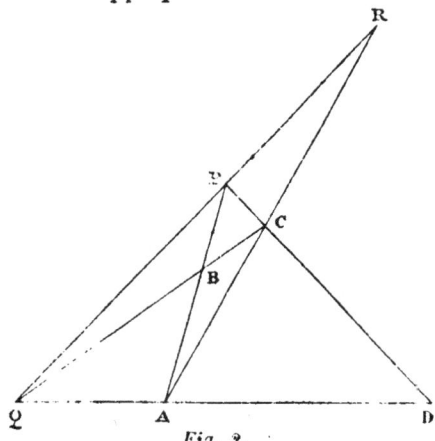

Fig. 2.

de trois droites issues des sommets du triangle QCP; en appliquant le théorème I et en tenant compte, sur la figure, de la remarque énoncée plus haut, on a

$$\frac{RA}{RC} + \frac{DA}{DQ} - \frac{BA}{BP} = 1.$$

Cette relation peut s'écrire

---

(*) Voyez *Aperçu historique*, p. 296. La démonstration proposée par Chasles est une application de la méthode de Jean de Ceva, citée plus loin. Dans cette méthode, très ingénieuse et très féconde, on suppose placées aux points d'intersection des droites considérées, des forces parallèles dont les intensités sont inversement proportionnelles aux segments qui se trouvent sur les droites; puis, on applique les propriétés connues sur la détermination du point d'application de la résultante.

$$\frac{AC + RC}{RC} + \frac{DA}{DQ} - \frac{BA}{BP} = 1,$$

ou, encore,

$$\frac{AC}{RC} = \frac{BA}{BP} - \frac{DA}{DQ}.$$

Cette égalité constitue le théorème en question.

**3. Théorème.** — *Les trois droites* AA′, BB′, CC′ (*) *qui concourent au même point* O *déterminent sur les côtés du triangle* ABC, *trois points* A′, B′, C′ *qui donnent lieu à la relation*

$$\frac{A'B}{A'C} \cdot \frac{B'C}{B'A} \cdot \frac{C'A}{C'B} = -1 \quad (**). \tag{2}$$

Les deux triangles BOA, COA ont la même base OA; leurs surfaces sont entre elles dans le rapport des hauteurs correspondantes, rapport qui est le même que celui des segments BA′, CA′.

D'après cela, nous pouvons écrire les égalités suivantes :

$$\frac{A'B}{A'C} = -\frac{\gamma}{\beta}, \quad \frac{B'C}{B'A} = -\frac{\alpha}{\gamma}, \quad \frac{C'A}{C'B} = -\frac{\beta}{\alpha}. \tag{A}$$

Ces relations sont écrites en supposant que le point O est situé, comme le représente la figure, à l'intérieur du triangle ABC; dans cette hypothèse, les coordonnées α, β, γ sont positives, et les rapports

$$\frac{A'B}{A'C}, \quad \frac{B'C}{B'A}, \quad \frac{C'A}{C'B}$$

sont, au contraire, et conformément à la convention connue, négatifs.

Nous avons donc, après avoir multiplié entre elles les égalités (A),

---

(\*) Voyez la figure 1.

(\*\*) C'est le théorème de Jean de Ceva. Ce théorème fondamental a été longtemps attribué à Jean Bernoulli, parce qu'il a été énoncé et démontré par ce géomètre (*Œuvres* de Jean Bernoulli, t. IV, p. 33); c'est sous ce nom qu'il est donné dans l'ouvrage de Servois, cité plus haut. La démonstration que nous venons d'exposer ne diffère que par la forme de celle qui a été donnée par Jean de Ceva dans son ouvrage : *De lineis rectis se invicem secantibus statica constructio* (in-4°, Milan, 1678). Nous avons substitué seulement à l'*idée de force*, employée par Jean de Ceva, l'*idée de surface*. Voyez : *Aperçu historique*, p. 295.

$$\frac{A'B}{A'C} \cdot \frac{B'C}{B'A} \cdot \frac{C'A}{C'B} = -\ 1.$$

**4. Théorème.** — *Si trois points* A', B', C' *situés sur les côtés d'un triangle* ABC *donnent lieu à la relation*

$$\frac{A'B}{A'C} \cdot \frac{B'C}{B'A} \cdot \frac{C'A}{C'B} = -\ 1,$$

*les droites* AA', BB', CC' *sont concourantes.*

Cette proposition, réciproque de celle de Jean de Ceva, se démontre sans difficulté; nous passons sur ce point sans nous y arrêter, parce que nous allons établir un théorème général qui donne, du même coup, dans un cas particulier, le théorème de Jean de Ceva et sa réciproque.

Voici cette généralisation.

**5. Théorème.** — *Soient* A', B', C' *trois points quelconques pris sur les côtés du triangle* ABC; *les droites* AA', BB', CC' *déterminent, par leurs intersections mutuelles, un triangle* A"B"C", *dont la surface* $\Sigma$ *est donnée par la formule :*

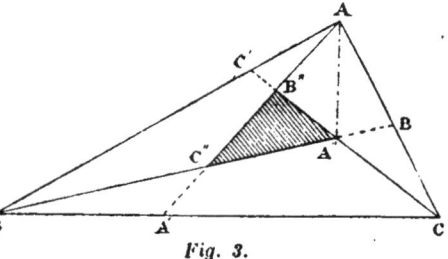

Fig. 3.

$$\frac{\Sigma}{S} = \frac{(1 + uvw)^2}{(1 - v + uv)(1 - u + uw)(1 - w + vw)}, \quad (3)$$

*dans laquelle, les quantités* u, v, w *représentent, en grandeur et en signe, les rapports*

$$\frac{A'B}{A'C}, \quad \frac{B'C}{B'A}, \quad \frac{C'A}{C'B}.$$

Calculons d'abord, au moyen des quantités données $u$, $v$, $w$, la surface des triangles

$$BA''C, \quad CB''A, \quad AC''B.$$

En observant que les deux triangles BA"C, AA"C ont la même base A"C, nous avons

$$\frac{BA''C}{AA''C} = \frac{BC'}{AC'} = \frac{1}{w}.$$

De même
$$\frac{BA''C}{BA''A} = \frac{B'C}{B'A} = v.$$

En tenant compte de la relation
$$BA''C + AA''C + BA''A = S,$$
ces égalités donnent, par combinaison,
$$\frac{BA''C}{S} = \frac{v}{1 + v + vw}.$$

On trouve, pareillement,
$$\frac{CB'A}{S} = \frac{w}{1 + w + uw}$$

et
$$AC''B = \frac{u}{1 + u + uv}.$$

Si, maintenant, nous observons que
$$\Sigma = S - BA''C - CB''A - AC''B,$$
nous avons enfin, pour l'expression de $\Sigma$, en fonction de $u, v, w$:
$$\frac{\Sigma}{S} = 1 - \frac{u}{1 + u + uv} - \frac{v}{1 + v + vw} - \frac{w}{1 + w + uw}.$$

En réduisant les diverses fractions qui constituent le second membre, au même dénominateur nous trouvons. tout calcul fait,
$$\frac{\Sigma}{S} = \frac{(1 - uvw)^2}{(1 + u + uv)(1 + v + vw)(1 + w + uw)}.$$

Dans cette égalité, les nombres $u$, $v$, $w$ sont pris en valeur absolue ; en tenant compte des signes, et en se conformant à ceux qui résultent de la figure ci-dessus, on doit changer $u$, $v$, $w$, respectivement, en $- u$, $- v$, $- w$ et l'on a bien la formule annoncée.

**6. Remarque.** — L'égalité (3) donne, parmi les conséquences qu'elle entraîne, le théorème de Jean de Ceva et sa propriété réciproque.

Si l'on suppose que les droites AA', BB', CC' soient concourantes, on a $\overset{\wedge}{\Sigma} = 0$; et, par suite, $uvw = -1$. *Réciproquement*, si, dans cette égalité, on suppose $uvw = -1$, on a $\Sigma = 0$ ; les droites AA', BB', CC' sont donc concourantes.

**7. Théorème.** — *Lorsqu'une transversale $\Delta$ rencontre les* *côtés d'un triangle aux points* A', B', C', *on a la relation*

$$\frac{A'B}{A'C} \cdot \frac{B'C}{B'A} \cdot \frac{C'A}{C'B} = 1 \quad , \qquad (4)$$

Abaissons sur Δ, des sommets du triangle ABC, des perpendiculaires A$a$, B$b$, C$c$; nous avons

$$\frac{A'B}{A'C} = \frac{Bb}{Cc}, \quad \frac{B'C}{B'A} = \frac{Cc}{Aa}, \quad \text{et} \quad \frac{C'A}{C'B} = \frac{Aa}{Bb}.$$

Ces égalités entraînent la suivante

$$\frac{A'B}{A'C} \cdot \frac{B'C}{B'A} \cdot \frac{C'A}{C'B} = 1.$$

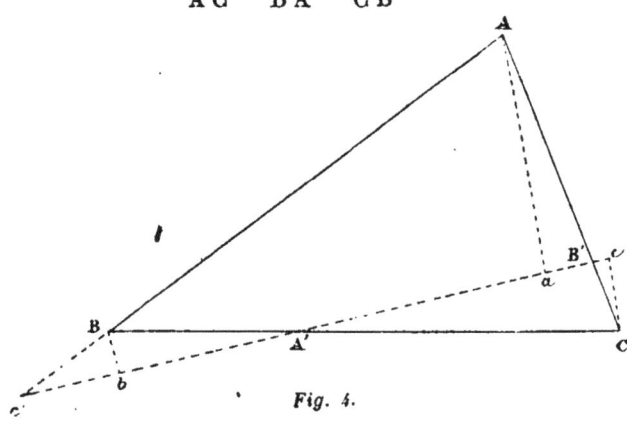

*Fig. 4.*

Ce théorème, comme on le sait, est attribué à Ménélaüs (*).

(*) Ménélaüs, géomètre grec (v. 80 après J.-C.; *Spherica*, t. III, p. 1). On connaît de lui deux ouvrages; l'un qui était relatif au calcul des cordes et qui a été perdu; l'autre intitulé *les Sphériques*, dans lequel se trouve comme lemme la propriété en question.

Ce théorème, si justement célèbre, était bien connu des anciens. On le trouve encore dans l'*Almageste* de Ptolémée et dans le VIIIᵉ livre des œuvres de Pappus. (Voyez: Chasles, *les trois livres des Porismes d'Euclide*, p. 107.) Chasles dit à ce propos (*loc. cit.*) : « Il y a lieu de penser qu'Euclide lui-même faisait usage du théorème, et que c'est par cette raison que Pappus ne fait pas difficulté de l'employer dans ses lemmes, sans le démontrer .» Chasles fait allusion ici *aux trente-huit lemmes de Pappus* qui ont servi à Simson d'abord, à lui-même ensuite, à rétablir, avec une certaine probabilité, les trois livres des Porismes d'Euclide.

Nous dirons ici, à cette occasion, que, si ingénieuse que soit la reconstitution des livres en question, telle qu'elle a été faite par Simson et par Chasles, cette longue suite de propositions ne nous paraît offrir qu'un intérêt scienti-

Sa réciproque est vraie et donne lieu à de nombreuses con-séquences. Mais, sans reproduire la démonstration très connue qui établit cette réciproque, nous allons, à l'imitation de ce que nous avons fait tout à l'heure pour le théo-rème de Jean de Ceva, donner un théorème plus général que celui de Ménélaüs et, de ce théorème général, nous déduirons, dans un cas particulier, la proposition de Ménélaüs et sa réciproque.

**8. Théorème.** — *Si l'on prend trois points* A′,B′,C′ *sur les côtés d'un triangle* ABC, *et si l'on pose*

$$\frac{A'B}{A'C} = u, \qquad \frac{B'C}{B'A} = v, \qquad \frac{C'A}{C'B} = w,$$

*la surface* σ *du triangle* A′B′C′ *est donnée par la formule*

$$\frac{\sigma}{S} = \frac{1 - uvw}{(1 - u)(1 - v)(1 - w)}. \qquad (5)$$

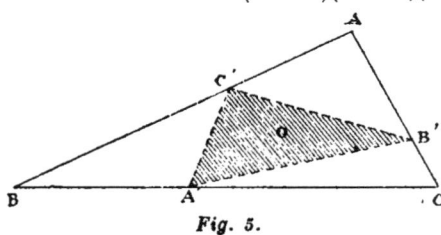

Fig. 5.

Considérons les deux triangles AC′B′, ABC; ils ont un angle commun et nous pouvons écrire

$$\frac{AC'B'}{ABC} = \frac{AC' \cdot AB'}{AB \cdot AC},$$

ou

$$\frac{AC'B'}{ABC} = \frac{w}{w + 1} \cdot \frac{1}{1 + v}.$$

En appliquant cette remarque aux triangles CA′B′ et BA′C′, puis en observant que

$$\sigma + AC'B' + CA'B' + BA'C' = S,$$

nous avons, d'abord,

$$\frac{AC'B' + CA'B' + BA'C'}{S} = \frac{w(1 + u) + u(1 + v) + v(1 + w)}{(u + 1)(v + 1)(w + 1)},$$

---

fique assez faible, parce que les théorèmes énoncés ne sont, pour le très grand nombre, que des corollaires, très multipliés, d'une proposition générale, unique, celle qui vise le lieu décrit par le point d'intersection des branches correspondantes de deux faisceaux homographiques, ayant deux rayons correspondants coïncidents. Il reste, il est vrai, au livre en question, son grand intérêt historique, lequel est hors de contestation.

puis

$$\frac{\sigma}{S} = 1 - \frac{w(1 + u) + u(1 + v) + v(1 + w)}{(u + 1)(v + 1)(w + 1)},$$

ou encore

$$\frac{\sigma}{S} = \frac{1 + uvw}{(u + 1)(v + 1)(w + 1)}.$$

Cette relation suppose que $u$, $v$, $w$ sont des quantités prises en valeur absolue; si l'on veut les affecter de signes, conformément à la convention ordinaire, on a bien la formule annoncée.

Parmi les conséquences qui résultent de cette formule, on peut observer que : 1° si les trois points A′, B′, C′ sont en ligne droite, on a $\sigma = 0$, et, par suite, $uvw = 1$ ; c'est le théorème de Ménélaüs; 2° si $uvw = 1$, alors $\sigma = 0$; les trois points A′, B′, C′ sont en ligne droite ; c'est la proposition réciproque.


# CHAPITRE II

### LES TRANSVERSALES, LES POINTS, ET LES TRIANGLES RÉCIPROQUES. — THÉORÈMES DIVERS.

**9. Définitions.** — *Points et transversales réciproques.* —

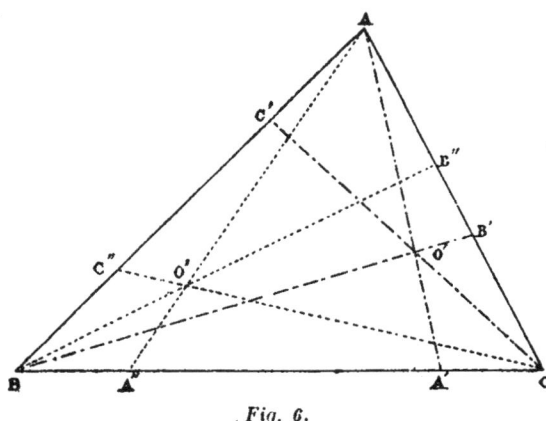

Fig. 6.

Nous ferons souvent usage, surtout dans la première partie de ce livre, de points et de droites, associés d'après une

loi que nous avons imaginée autrefois (*) et que nous avons
nommés POINTS RÉCIPROQUES et TRANSVERSALES RÉCIPROQUES.

Imaginons un triangle ABC et, dans le plan de ce triangle,
un certain point O'. La droite O'A rencontre BC en A' ; soit
A' le symétrique de A' par rapport au milieu de BC. La
droite AA' et les droites analogues BB' CC' (d'après le théorème de Jean de Ceva et sa réciproque) concourent en un

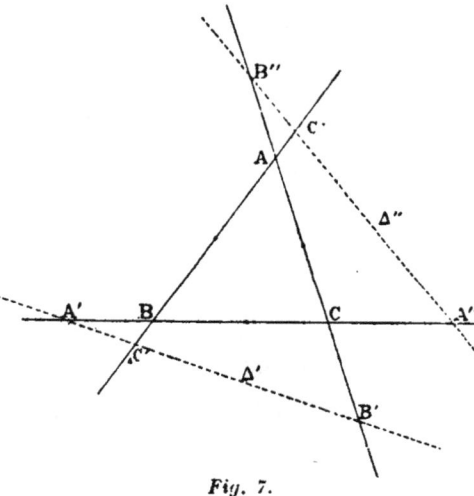

point O''. Ces
deux points O',
O'', ainsi asso-
ciés et qui sont
tels que le point
O' étant déduit
de O', comme
nous venons de
le dire; *récipro-
quement* le point
O' puisse se dé-
duire de O' par
la même loi,
sont deux points
que nous nom-
mons récipro-
ques.

*Fig. 7.*

Prenons maintenant une transversale Δ', dans le plan du
triangle ABC ; Δ rencontre ABC en des points A', B', C'. Si
nous imaginons les points A', B', C' symétriques de ceux-
ci par rapport aux milieux des côtés BC, CA, AB, les trois
points A', B', C' sont situés (d'après le théorème de Ménélaüs et sa réciproque) sur une droite Δ''. Ces deux droites
Δ', Δ'', ainsi associées l'une à l'autre, ont été appelées par
nous transversales réciproques.

Ces points et ces transversales réciproques doivent jouer un
certain rôle dans ce travail; parce que l'on peut toujours,

---

(*) *Annales scientifiques de l'École Normale supérieure*, t. III ; Mémoire sur
une nouvelle méthode de transformation en géométrie.

avec la règle et l'équerre, déterminer le milieu d'une droite et le symétrique d'un point donné, par rapport à ce milieu.

**10.** REMARQUE. — Considérons trois points *quelconques* A', B', C', sur les côtés du triangle ABC, et, en même temps, les points A″, B″, C″ déterminés comme nous venons de le dire. Les deux triangles A'B'C', A″B″C″ *(triangles réciproques* comme nous pourrions les appeler) ont la même surface.

En effet, la formule (5) reste identique à elle-même quand on change $u$, $v$, $w$, respectivement en $\dfrac{\mathrm{I}}{u}$, $\dfrac{\mathrm{I}}{v}$, $\dfrac{\mathrm{I}}{w}$.

Le théorème des transversales réciproques doit donc, d'après cela, être considéré comme un cas particulier de la proposition plus générale que nous venons d'établir et qui met en lumière l'équivalence des surfaces de deux triangles réciproques. Ce cas particulier peut se formuler ainsi: si l'un des triangles a une surface nulle, il en est de même du triangle réciproque.

**11. Théorème.** — *Les coordonnées* $(\alpha', \beta', \gamma')$, $(\alpha'', \beta'', \gamma'')$ *de*

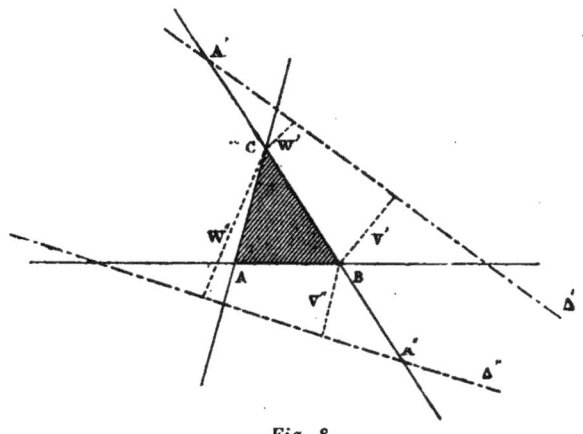

*Fig. 8.*

*deux points réciproques* O', O″ *vérifient les égalités*

$$\alpha'\alpha'' = \beta'\beta'' = \gamma'\gamma''. \tag{6}$$

En effet, les deux triangles BOA, COA, *(fig. 6)* donnent

$$\frac{BOA}{COA} = \frac{\gamma'}{\beta'} = \frac{BA'}{CA'}.$$

D'autre part,

$$\frac{BO'A}{CO'A} = \frac{\gamma''}{\beta''} = \frac{BA''}{CA''}.$$

D'ailleurs

$$BA' = CA'' \quad \text{et} \quad BA'' = CA';$$

les égalités précédentes donnent donc

$$\frac{\gamma'}{\beta'} = \frac{\beta''}{\gamma''},$$

ou

$$\beta'\beta'' = \gamma'\gamma''.$$

On a donc, finalement,

$$\alpha'\alpha'' = \beta'\beta'' = \gamma'\gamma''.$$

**12. Théorème.** — *Si l'on considère deux droites* Δ', Δ' *transversales réciproques par rapport au triangle* ABC, *les perpendiculaires* (U', V', W'), (U'', V'', W'') *abaissées des sommets de ce triangle, sur ces deux droites, vérifient les égalités*

$$U'U'' = V'V'' = W'W''. \tag{7}$$

Les triangles semblables donnent

$$\frac{A'B}{A'C} = \frac{V'}{W'},$$

et

$$\frac{A''B}{A''C} = \frac{V''}{W''}.$$

Mais on suppose

$$A'B = A''C, \quad \text{et} \quad A'C = A''B;$$

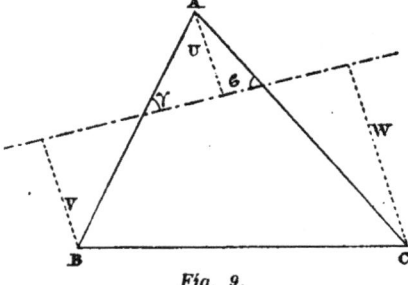

*Fig. 9.*

on a donc

$$\frac{V'}{W'} = \frac{W''}{V''}.$$

ou

$$V'.'' = W'W''.$$

On trouve, pour les mêmes raisons,

$$U'U'' = V'V',$$

et l'on a, finalement,

$$U'U'' = V'V'' = W'W''.$$

**13.** REMARQUE. — Les longueurs U, V, W, qu'on peut appe-

ler les coordonnées de la droite Δ par rapport au triangle
ABC, vérifient la relation                              (8)

$$U^2 \sin^2 A + V^2 \sin^2 B + W^2 \sin^2 C - 2VW \sin B \sin C \cos A$$

$$- 2UW \sin A \sin C \cos B - 2UV \sin A \sin B \cos C = \frac{S^2}{R^2},$$

S désignant l'aire du triangle ABC, R étant la longueur du
rayon du cercle circonscrit à ce triangle.

On a, en effet,

$$U + V = c \sin \gamma, \text{ et } V + W = b \sin \beta,$$

et

$$\cos(\beta + \gamma) = - \cos A.$$

Cette dernière relation donne

$$\sin^2 A = \sin^2 \beta + \sin^2 \gamma - 2 \sin \beta \sin \gamma \cos A,$$

et, par suite,

$$\sin^2 A = \frac{(U + V)^2}{c^2} + \frac{(U + W)^2}{b^2} - 2\frac{(U + V)(U + W)}{bc} \cos A.$$

C'est de cette dernière égalité que l'on déduit la formule
(8). Cette relation a été donnée par Painvin *(Géométrie analytique; relation entre les coordonnées trilatères d'une droite,*
p. 89); elle peut se mettre sous la forme

$$4S^2 = a^2(U - V)(U - W) + b^2(V - U)(V - W)$$
$$+ c^2(W - V)(W - U). \qquad (9)$$

Nous donnerons maintenant une série de propositions que
nous appliquerons dans la suite à certaines constructions.

Quelques-unes d'entre elles sont très connues, ou tout à
fait évidentes; nous nous bornons à les énoncer.

**14. Théorème.** — *La droite* PQ *menée par le point de concours*
O *des diagonales du trapèze*
ABCD *est partagée, par le
point* O *et par les côtés du trapèze, en deux parties égales.*

*De plus, on a*

$$\frac{1}{PO} = \frac{1}{QO} = \frac{1}{AB} + \frac{1}{CD}.$$

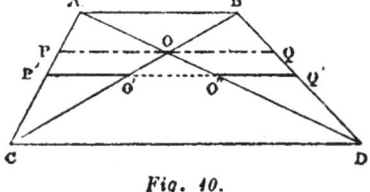

Fig. 10.

**15. Théorème** (*). — *Si l'on coupe un trapèze par une*

---

(*) Cette propriété élémentaire est un cas particulier de celles qui se rattachent aux ponctuelles projectives. (Voy. Cremona, *livre cité*, p. 55 et suivantes;
*Constructions des formes projectives.*)

*droite* P'Q' *parallèle à ses bases, cette droite rencontre les côtés et les diagonales en des points*

P', O', O", Q';

*et l'on a*

$$P'O' = O''Q'.$$

Cette propriété résulte immédiatement de la précédente, et, d'ailleurs, elle peut être considérée comme constituant un de cas particuliers du théorème suivant, qui est peut-être moins connu.

**16. Théorème.** — *Soit* ABCD *un quadrilatère; une droite* Δ *est mobile dans son plan, mais elle reste constamment parallèle au côté* AB; Δ *rencontre les côtés* AD, BC *en des points* I, J *et les diagonales* AC, BD *en des points* I', J'; *le rapport* $\dfrac{\text{II}'}{\text{JJ}'}$ *est constant et égal à* $\dfrac{\text{PA}}{\text{PB}}$; P *désignant le point de rencontre de* CD *avec* AB.

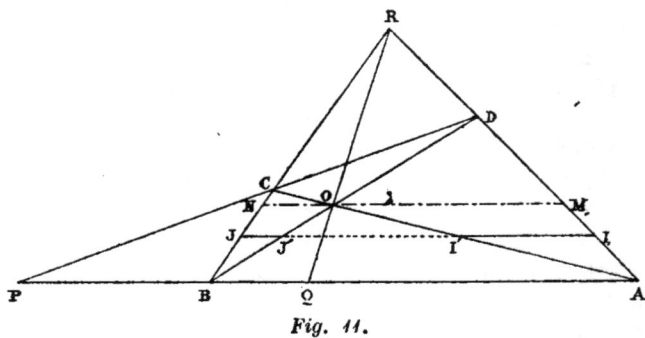

Fig. 11.

Soit O le point de concours des diagonales AC, BD; par O menons MN, parallèlement à AB. Les triangles semblables de la figure ainsi formée donnent

$$\frac{\text{II}'}{\overline{\text{OM}}} = \frac{\text{AI}'}{\text{AO}} = \frac{\text{BJ}'}{\text{BO}} = \frac{\text{JJ}'}{\overline{\text{ON}}};$$

Ainsi, nous avons

$$\frac{\text{II}'}{\text{JJ}'} = \frac{\text{OM}}{\text{ON}}.$$

D'ailleurs, RO rencontre AB en un certain point Q, conjugué harmonique de P. Il résulte de cette observation que

$$\frac{PA}{PB} = \frac{QA}{QB},$$

et comme

$$\frac{QA}{QB} = \frac{OM}{ON},$$

nous avons bien, finalement,

$$\frac{II'}{JJ'} = \frac{PA}{PB}.$$

**17. Théorème de Desargues.** — *Lorsque deux triangles* ABC, A'B'C' *sont tellement situés que les droites* AA', BB', CC *soient concourantes, les côtés correspondants se coupent deux à deux en trois points situés en ligne droite; et réciproquement.*

C'est cette propriété bien connue qui a servi de base à la transformation homologique de Poncelet; les deux triangles ABC, A'B'C', ainsi placés, sont dits *homologiques.*

**18. Théorème de Mac-Laurin et de Braiken-**

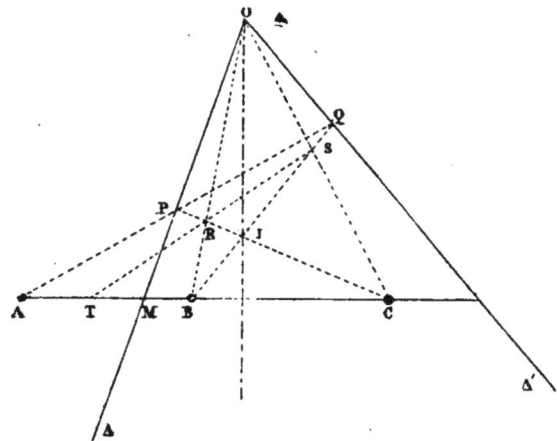

*Fig. 12.*

**ridge** (*). — *Soient* Δ, Δ' *deux droites fixes et* A, B, C *trois*

---

(*) Le théorème de Mac-Laurin et de Braikenridge est plus général ; celui que nous donnons ici n'est, à proprement parler, qu'un corollaire de ce théorème. (Voy. notre *Géométrie analytique*, p. 335.) On doit d'ailleurs considérer le

*points fixes situés en ligne droite ; par* A, *on mène une trans-*
*versale mobile qui coupe* Δ *en* P *et* Δ' *en* Q; *les droites* BQ *et*
CP *se coupent en un point* I *dont le lieu géométrique est une*
*droite passant par le point commun.*

Les droites CP et BQ coupent, respectivement, OB et OC
aux points R et S. Le théorème de Ménélaüs donne successivement

$$\frac{MP}{OP} \cdot \frac{OQ}{NQ} = \frac{AM}{AN},$$

$$\frac{OP}{MP} \cdot \frac{RB}{RO} = \frac{CB}{CM},$$

$$\frac{NQ}{OQ} \cdot \frac{SO}{SC} = \frac{BN}{BC}.$$

Multiplions ces égalités, membre à membre, et nous avons

$$\frac{RB}{RO} \cdot \frac{SO}{SC} = \frac{AM \cdot BN}{CM \cdot AN}.$$

D'autre part, le théorème de Ménélaüs, appliqué de nouveau au triangle OBC et à la transversale TRS, donne encore

$$\frac{RB}{RO} \cdot \frac{SO}{SC} = \frac{TB}{TC}.$$

Ainsi,

$$\frac{TB}{TC} = \frac{AM \cdot BN}{CM \cdot AN}.$$

Cette égalité montre que le point T est fixe, quand on
suppose que la transversale APQ est mobile autour de A; le
lieu du point I est donc la polaire de T par rapport aux
deux droites fixes OB, OC (*).

**19. Théorème de Pappus.** — *Sur les côtés d'un qua-*
*drilatère* ABCD *on prend deux points quelconques* P, Q; *ayant*
*mené les droites* CP, AQ *d'une part,* DP, BQ *d'autre part, on*
*obtient deux points* O', O" *qui sont en ligne droite avec le point*
*de concours* O *des diagonales* AD, BC.

---

théorème de Mac-Laurin et de Braikenridge comme un cas particulier du
théorème de Chasles, théorème relatif au lieu des points de concours des
branches correspondantes de deux faisceaux homographiques. Mais le cas
très simple que nous examinons ici suffit aux applications que nous avons en vue.

(*) Cette proposition constitue un des porismes attribués à Euclide (V. Chasles,
les trois livres des Porismes d'Euclide, p. 102).

Cette remarquable propriété fait partie des trente-huit lemmes de Pappus qui ont permis de rétablir approximativement les trois livres des Porismes d'Euclide, aujourd'hui perdus (*).

On peut la démontrer par des considérations diverses prenant pour base : soit le théorème de Ménélaüs, soit les propriétés bien connues relativesaux transversales d'un faisceau de quatre droites concourantes. Ces démonstrations exigent toutes un certain effort; et on peut éviter celui-ci en observant, avec Chasles, que ce théorème de Pappus est un cas particulier du fameux hexagramme de Pascal.

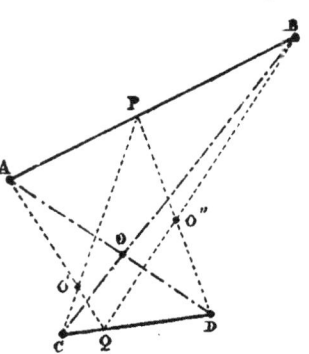

Fig. 13.

Considérons en effet la figure APBCQD comme constituant un hexagone dont les six sommets appartiennent à deux droites ; le théorème de Pascal nous apprend que les trois points O, O'O″, sont en ligne droite. Ainsi, O'O′ passe constamment par le point O quand on suppose que P et Q se meuvent arbitrairement : le premier sur AB, l'autre sur CD.

**20. Théorème.**
— *On considère deux angles* P, Q, *dont les côtés se coupent deux à deux aux points* O', O″; R, S; *si, par les*

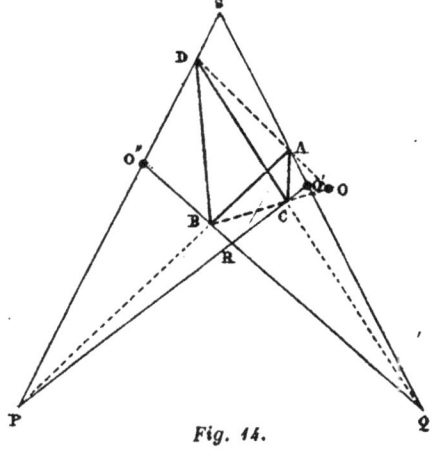

Fig. 14.

*oints* P, Q *on mène deux transversales* PAB, QCD, *les droites* BC *et* AD *concourent sur* O'O'.

Cette proposition est encore un porisme rétabli par Chasles (*), elle est une conséquence immédiate du lemme de Pappus. Si l'on considère en effet, comme l'indique la figure, AB et CD comme deux côtés opposés du quadrilatère brisé ABDC, P est un point de AB, Q un point de CD; et en appliquant à ces deux points le théorème précédent, on voit ainsi que les trois points O, O', O' sont en ligne droite.

## CHAPITRE III

### LES PROBLÈMES FONDAMENTAUX

**21.** — Nous pouvons aborder maintenant la solution de certains problèmes qui intéressent tout particulièrement la géométrie de la Règle et de l'Équerre. Quelques-uns, parmi eux, sont très simples; nous passerons alors rapidement sur leur solution, en nous bornant à indiquer celle-ci; d'autres méritent de fixer un peu plus l'attention et nous les exposerons avec les détails nécessaires.

Les problèmes qui vont nous occuper rentrent nécessairement dans ceux qui sont dits *du premier degré*(*); nous ne pourrons, bien entendu, aborder ceux *du second degré* ou, plus généralement, *les problèmes quadratiques* (problèmes réductibles au second degré) puisque nous nous refusons l'usage du compas, instrument indispensable, du moins avec la restriction que nous allons faire connaître, à leur solution. A ce propos, nous ferons observer ici que certains problèmes du second degré, proposés dans la géométrie de la règle, n'ont été résolus, par les méthodes qu'elle peut présenter, que grâce à un point d'appui dont l'usage dénature complètement l'esprit et le but de cette science; et c'est ce que Poncelet a nettement établi, en montrant « qu'un seul cercle, décrit

(*) Cremona, *Géométrie projective*, p. 180.
(*) Chasles, livre cité, p. 130 (*Porisme* xxix).

une fois pour toutes, pouvait servir à résoudre tous les problèmes du second degré (*) ».

A cette idée correspond, au point de vue du dessin, une géométrie particulière (**) que nous n'avons pas à envisager ici, géométrie fort curieuse d'ailleurs, et dans laquelle on se propose la solution des problèmes quadratiques, en s'accordant seulement la présence d'un cercle dans le plan du dessin (***).

**22.** — C'est encore une idée de ce genre, qui préside à la solution de certains problèmes de la géométrie de la règle, problèmes dans lesquels on se propose de mener des parallèles avec la règle seule et sans le secours de l'équerre ; ou, ce qui revient au même, de la fausse équerre.

Parmi les questions qui rentrent dans cette dernière catégorie nous indiquerons le problème suivant qui a été traité par LAMBERT (****) : *par un point donné dans le plan d'un*

---

(*) *Idem*, p. 182.

(**) Steiner a développé cette géométrie dans un livre ayant pour titre *Die geometrischen Konstructionen ausgeführt mittelst der geraden Linien und eines festen Kreises* (Berlin, 1833).

(***) Nous citerons, à l'appui de ce que nous avançons ici, le problème proposé dans les *Annales* de GERGONNE (t. I, p. 259) dans les termes suivants : *Trois droites indéfinies étant données de position par rapport à une courbe quelconque du second degré, et dans un même plan avec elle ; on propose de construire,* EN N'EMPLOYANT QUE LA RÈGLE SEULEMENT, *un triangle dont les trois côtés soient des tangentes à la courbe et dont les sommets se trouvent sur trois droites données.*

Ce problème a été résolu par SERVOIS (*loc. cit.*, p. 337) et par ROCHAT (*loc. cit.*, p. 342). Il paraît soluble par l'emploi de la règle *parce qu'une conique est tracée dans le plan du dessin*, mais c'est vraiment un problème du second degré et la règle seule ne peut suffire à la solution des problèmes de cette espèce. Dans le cas présent, si l'on se reporte aux solutions données par Servois et Rochat, on reconnaît précisément qu'elles exigent, à un certain moment, la connaissance des points communs à la conique donnée et à une certaine droite que l'on a construite. Ces points se déterminent *si la conique est tracée ;* dans le cas contraire, il faut avoir recours à la construction des points doubles de deux divisions homographiques ; or, celle-ci exige l'emploi du compas.

Enfin, pour résumer en quelques mots toute notre pensée sur ce point, il est aussi impossible de traiter les problèmes du second degré par la règle, que de résoudre ceux du troisième degré avec le compas.

(****) Lambert, *Freie Perspective*, t. II, p. 169 (Zurich, 174). — Voyez aussi Crémona, *loc. cit.*, p. 80.

*parallélogramme mener, au moyen de la règle seule, la paral-*
*lèle à une droite située dans le même plan.* On voit de suite
quel est le point d'appui de la construction proposée; celle-ci
ne devient possible avec la règle seule (j'entends la règle
dans le sens ordinaire du mot; non pas la règle plate, bien
entendu, mais, si l'on peut dire, *la règle à une dimension*) que
grâce à la présence du parallélogramme qu'on suppose tracé
dans le plan du dessin.

Si l'on accorde la règle plate, le problème qui consiste à
*mener, par un point donné, une parallèle à une droite également*
*donnée* se résout sans qu'il soit nécessaire de connaître un
parallélogramme dans le plan du dessin; la règle plate permettant de tracer des parallèles équidistantes et, par suite,
des losanges.

**23.** — Voici d'ailleurs, pour marquer par un exemple
toute l'utilité de la largeur donnée à la règle plate, comment
le problème précédent a été résolu par le général de Coatpont (*).

Soit Δ la droite proposée; par le point donné A, on propose de mener une parallèle à cette droite. On place la

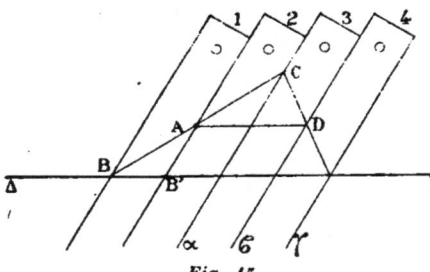

*Fig. 45.*

règle dans la posi-
tion 1, de façon que
l'un de ses bords
passe par A; on
marque les points
B et B', puis on fait
occuper à la règle
les positions suc-
cessives 2, 3, 4, en
traçant successive-
ment les droites α, β, γ. La droite AD obtenue, comme
le montre la figure, est la parallèle cherchée.

**24.** — Nous allons maintenant quitter ces généralités;
mais il nous a paru nécessaire, avant de nous engager plus

(*) *Nouvelle Correspondance mathématique* (t. III, 1877, p. 205).

profondément dans notre sujet, de bien définir les limites
que nous lui avons tracées, et que les explications qui
précèdent mettent, croyons-nous, suffisamment en lumière.

Et, pour nous résumer ici, il est donc bien entendu que
la géométrie pratique que nous développons vise uniquement
les problèmes du premier degré, pour la solution desquels
elle adopte la *règle ordinaire*, la *règle plate*, l'*équerre* et la
*fausse équerre*. Dans les opérations faites sur le terrain,
opérations qui seront développées dans la seconde partie
de ce livre, nous nous accorderons aussi le *cordeau*. Une
simple ficelle, comme dirait Servois, fait tout cet instrument ; mais nous montrerons alors le parti qu'on en peut
tirer.

Cela dit, nous abordons l'exposition de quelques problèmes
qui sont d'un constant usage, et que, pour ce motif, nous
appelons problèmes fondamentaux. Pour quelques-uns d'entre
eux, nous ne ferons usage que de la règle seule ; pour
d'autres, nous utiliserons la règle et l'équerre ; mais, dans
tous les cas, nous nous interdisons formellement l'emploi du
compas. Enfin, pour éviter toute
confusion, nous aurons soin de
spécifier toujours la règle plate,
quand nous nous en servirons ; sinon,
le mot « règle » désignera l'instrument dans son sens ordinaire.

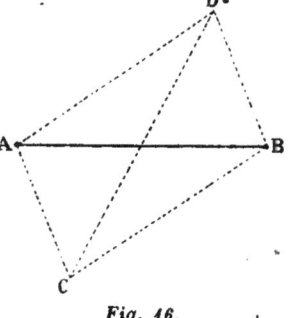

*Fig. 16.*

**25.** — PROBLÈME I. *Partager un
segment* AB *en deux parties égales.*

Avec la règle et l'équerre on
trace des parallèles qui forment
un parallélogramme, dans lequel
AB est une diagonale. La droite CD passe par le milieu
de AB.

**26.** — PROBLÈME II. *Étant donné un segment* AB, *sur une
droite indéfinie* Δ, *porter ce segment sur* Δ, *à partir d'un certain
point* O, *donné sur* Δ.

On trace, d'abord, une droite Δ' parallèle à Δ, puis on

forme successivement les parallélogrammes ABCD, CDOM.

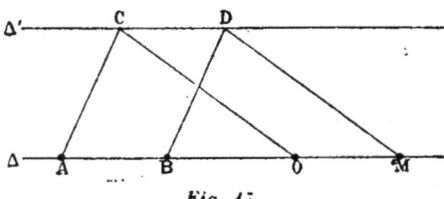

*Fig. 17.*

Il résulte de cette construction que OM = AB.

On peut donc, avec la règle et l'équerre, porter des longueurs déterminées, sur la droite qui les contient, ou sur des parallèles à cette direction, à partir d'un point donné.

**27.** — PROBLÈME III. *Prendre le symétrique d'un point* A, *par rapport à un autre point* B.

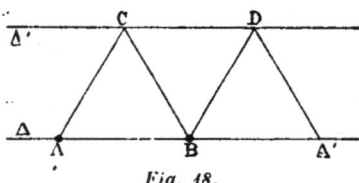

*Fig. 18.*

Ce problème peut, manifestement, être considéré comme un cas particulier du précédent. Il suffit d'appliquer la construction que nous avons indiquée tout à l'heure, comme le montre la figure ci-contre. Le point A', ainsi obtenu, est le symétrique de A, par rapport à B.

**28.** — PROBLÈME IV. *Porter une longueur donnée* AB, *sur une droite indéfinie* Δ, *inclinée de 60° sur la direction de* AB, *à partir d'une origine donnée* O.

Projetons, avec l'équerre, les points A et B, sur Δ ; puis, prenons, comme nous venons de le montrer au paragraphe précédent, le point A″ symétrique de A′, par rapport à B. Nous avons évidemment A′A″ = AB et, pour achever la construction proposée, il suffira de porter A′A″, à partir de l'origine O, comme nous l'avons indiqué plus haut (§ 26).

C'est ici le lieu de faire observer que la règle, dans le sens ordinaire de ce mot, ne suffit pas, comme nous l'avons fait observer dans la préface de ce livre, pour résoudre, dans le cas général, le problème que nous venons de traiter dans deux exemples particuliers. Nous allons d'ailleurs nous occuper, dans le paragraphe suivant, du cas général; mais en

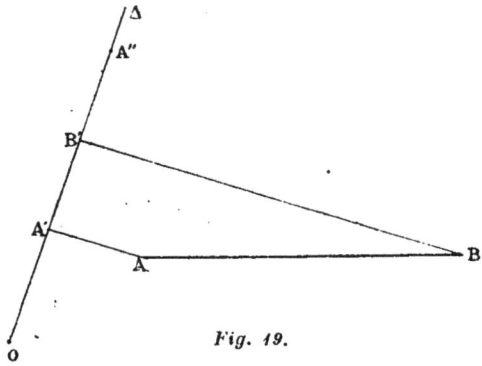

Fig. 19.

prenant la règle dans le sens que lui a donné le général de Coatpont, et que nous avons rappelé.

**29.** — PROBLÈME V. *Porter un segment AB, sur une droite donnée Δ.*

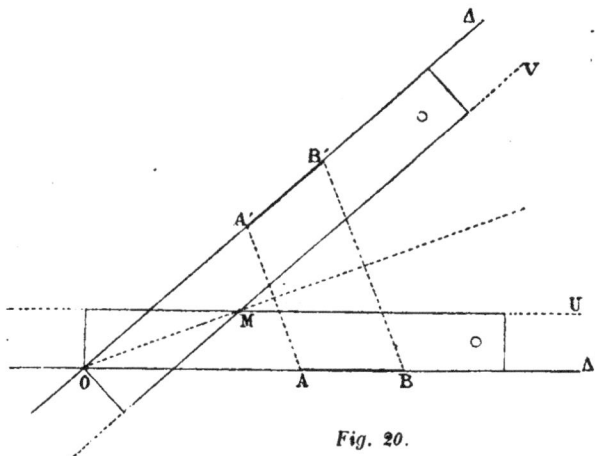

Fig. 20.

Si nous disposons la règle plate, à bords parallèles, suc_cessivement, comme l'indique la figure, la droite OM est visiblement la bissectrice de l'angle formé par AB avec une des directions de Δ. Après avoir tracé les droites U et V, puis OM, si nous abaissons sur celle-ci des perpendiculaires AA', BB', nous obtenons, sur Δ, deux points A' et B'. La longueur A'B' est égale à AB.

Si l'on veut porter AB à partir d'une origine donnée sur Δ on aura recours à la construction indiquée plus haut (§ 26).

**30. — PROBLÈME VI.** *Tracer la bissectrice de deux directions données.*

Si l'on veut obtenir, avec la règle plate, la bissectrice des semi-droites OΔ, OΔ' on placera cette règle, successivement, dans les deux positions indiquées ci-dessus *(fig. 20)* ; la droite OM, comme nous l'avons déjà remarqué, est la bissectrice cherchée.

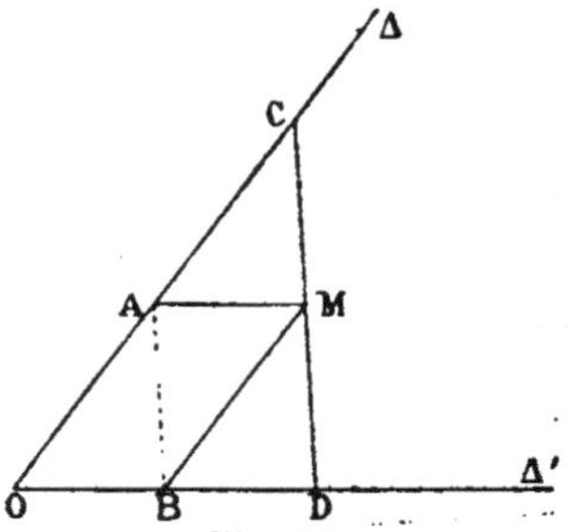

**31. — PROBLÈME VII.** *Par un point donné* M, *mener une droite qui soit partagée en deux parties égales par ce point et par deux droites données* Δ, Δ'.

On mène par M *(fig. 21)* des parallèles MA, MB aux droites Δ, Δ' ; la droite cherchée CD est la parallèle à AB, tracée par M.

*Fig. 21.*

**32. — PROBLÈME VIII.** *Étant données deux parallèles* Δ, Δ', *mener, par un point donné* P, *avec la règle seule, une parallèle à ces droites.*

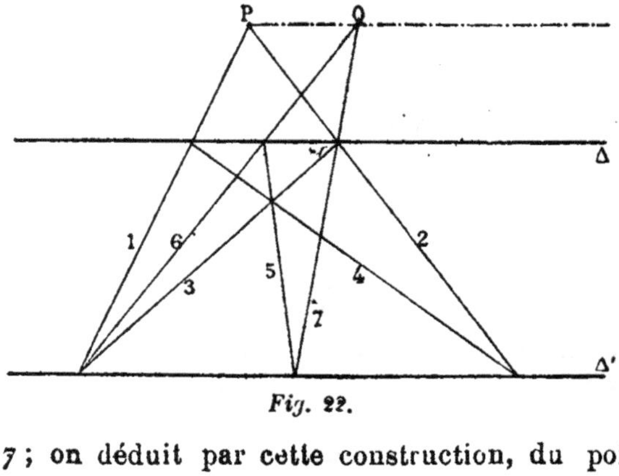

Ayant tracé, dans l'ordre indiqué par les chiffres placés sur la figure, les droites 1, 2,..

*Fig. 22.*

7 ; on déduit par cette construction, du point P, le point

Q. La droite PQ, pour des raisons connues, ou faciles à trouver, est parallèle à Δ et à Δ'.

Ce problème est d'ailleurs un cas particulier du suivant, également bien connu.

**33. — PROBLÈME IX.** *Joindre un point donné P au point com-*

mun à deux droites tracées Δ, Δ'; ce point de concours étant inaccessible, en ne se servant que de la règle.

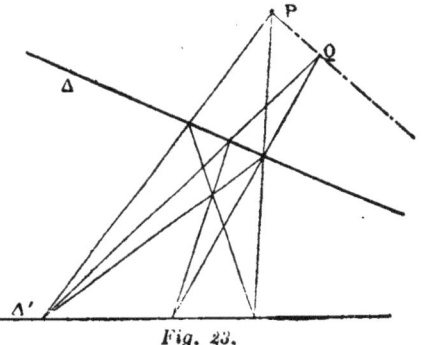

Ce problème se résout, avec la règle seulement, par une construction identique à celle que nous avons indiquée au paragraphe précédent et que la figure ci-dessus rend suffisamment explicite.

Fig. 23.

**34. — PROBLÈME X.** *Trois droites* Δ, Δ', Δ'', *étant tracées sur*

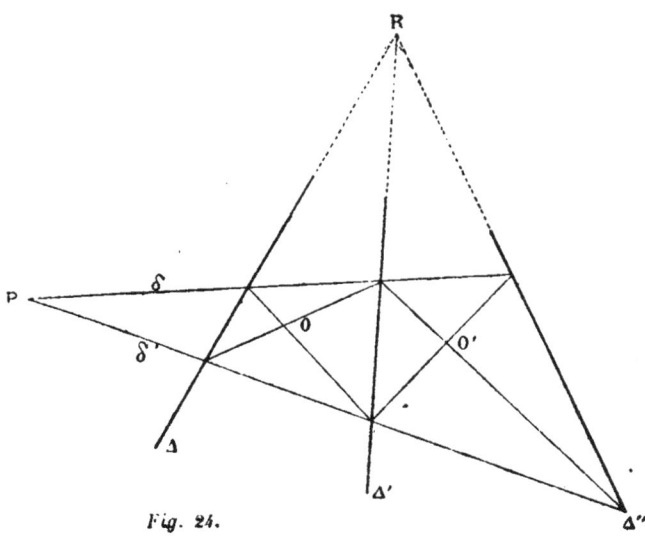

Fig. 24.

*un dessin, mais leur rencontre ayant lieu en dehors des limites de l'épure, vérifier avec la règle seule qu'elles sont concourantes.*

Ayant pris un point P, arbitrairement d'ailleurs, mais dans les limites de l'épure, on trace par P deux transversales quelconques δ, δ' et l'on achève la construction indiquée par la figure. En supposant que Δ, Δ', Δ″ soient concourantes, on sait que OO′ représente la polaire du point commun R, par rapport au couple δ, δ′; d'ailleurs cette polaire doit passer par P. Ainsi, les trois points O, O′, P sont en ligne droite, si Δ, Δ′ et Δ″ sont concourantes. La réciproque est vraie.

**35.** — PROBLÈME XI. *Étant donnés trois points en ligne droite O, ω, O′; trouver, avec la règle seule, le point ω′, conjugué harmonique de ω, par rapport au segment OO′.*

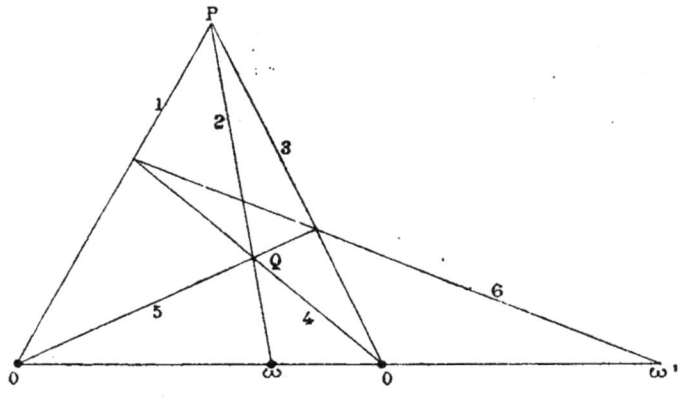

*Fig. 25.*

On trace d'abord les droites 1, 2, 3, en joignant avec la règle un point arbitraire P aux trois points donnés O, ω, O′; on prend ensuite Q, arbitrairement d'ailleurs, sur ωP; enfin, on achève la construction par le tracé des lignes 4, 5, 6. Le théorème relatif aux diagonales d'un quadrilatère complet indique que ω′ est le point demandé.

Cette construction bien connue, pour trouver le quatrième élément d'un groupe harmonique, paraît avoir été imaginée par DE LA HIRE (*). Le problème I, traité plus haut, peut être considéré comme un cas particulier de celui-ci, en supposant que ω est le point situé à l'infini sur OO'.

**36.** — PROBLÈME XII. *Étant données trois droites*, PO, Pω, PO'; *trouver la droite* Pω', *rayon conjugué harmonique de* Pω *par rapport au couple* PO, PO'.

Ce problème est analogue au précédent; et, comme celui-ci, sa solution n'exige que l'usage de la règle.

**37.** — PROBLÈME XIII. *Étant donnés quatre points* a, b, c, d *d'une part sur une droite* Δ ; *et trois autres points* a', b', c' *sur une droite* Δ', *trouver un point* d' *sur* Δ' *tel que le rapport anharmonique* (a, b, c, d) *soit égal au rapport anharmonique* (a', b', c', d').

Ce problème bien connu se résout, comme l'on sait, en joignant a'd et en faisant sur cette droite, en a', α, β, d, la perspective du groupe a, b, c, d; puis, avec un nouveau point de vue, placé à l'intersection des droites αb', βc', la perspective du groupe a', α, β, d, sur Δ' en a', b', c', d'.

On a
$$(a, b, c, d) = (a', α, β, d),$$
et
$$(a', α, β, d) = (a', b', c', d');$$
par suite,
$$(a, b, c, d) = (a', b', c', d').$$

**38.** — PROBLÈME XIV. *Prendre le symétrique d'un point donné* O, *par rapport à une droite* Δ, *également donnée de position.*

On trace d'abord le parallélogramme OABC; ayant mené

---

(*) DE LA HIRE, *Sectiones Conicæ* (Parisiis, 1685), I, 10. — Voyez aussi CREMONA, *loc. cit.*, p. 40.

Δ′ parallèle à Δ, puis Δ″ perpendiculaire à Δ, le point O′ situé à l'intersection ae Δ′ et de Δ″ est le point cherché.

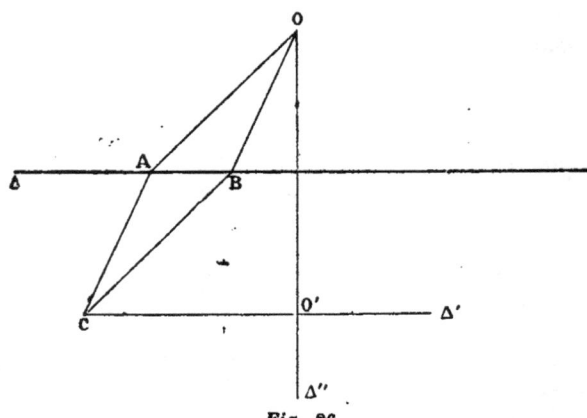

*Fig. 26.*

Cette solution exige, bien entendu, l'emploi de la règle et de l'équerre.

**39.** — PROBLÈME XV. *Construire le sixième point d'une involution, connaissant cinq points de cette involution.*

On sait que c'est à Desargues que l'on doit attribuer l'idée première de l'involution. Lorsque six points sont en ligne droite, ils ne constituent pas, en général, une ponctuelle en involution, et, pour qu'il en soit ainsi, il est nécessaire et suffisant que la ponctuelle considérée puisse se séparer en deux groupes $(a, b, c ; a', b', c')$, de telle façon que les cercles décrits sur $aa'$, $bb'$, $cc'$, comme diamètres, aient le même axe radical.

Le théorème de Desargues, pris dans son interprétation la plus générale, peut être exprimé dans la forme suivante : *Trois coniques ayant les mêmes points communs déterminent sur une transversale quelconque six points en involution.*

En appliquant cette propriété aux trois coniques aplaties qui passent par quatre points donnés, on obtient un corollaire du théorème précédent. Ce corollaire, visant le quadrilatère complet et ses diagonales, peut se démontrer directement;

il permet évidemment, avec la règle pour tout instrument, de construire le sixième point d'une involution. Cette remarque a d'ailleurs été faite depuis longtemps (*).

## CHAPITRE IV

### LE PARTAGE D'UNE DROITE EN PARTIES ÉGALES

PROBLÈME. — *Partager un segment donné* AB *en* p *parties égales.*

**40. Solution de Servois.** — Je rapporterai d'abord la solution que Servois a proposée dans le livre que j'ai cité au début de ce travail. Cette solution est ingénieuse ; nous devons pourtant faire observer qu'elle ne ressort pas absolument de la géométrie de la règle seule, parce qu'elle exige qu'une parallèle au segment AB existe dans le plan du dessin ; or, cette parallèle ne peut être tracée qu'en utilisant soit la règle et l'équerre, soit la règle plate. Toutefois, cette restriction une fois faite, cette donnée étant accordée, la construction de Servois s'effectue avec la règle seule.

Soit AB le segment proposé, droite qu'on veut partager en *p* parties égales.

Ayant tracé A'B' parallèlement à AB, la construction indiquée par la figure donne d'abord le point $O_2$, milieu de AB.

Joignons $O_2$B'; cette droite rencontre A'B en R et CR détermine les points $O_3$; $O_3$B est le tiers de AB.

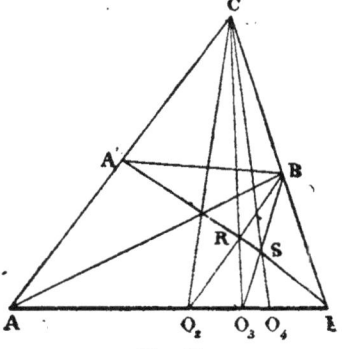

Fig. 27.

Joignons $O_3$B qui coupe AB' en S ; CS coupe AB en $O_4$; $O_4$B est le quart de AB.

Et ainsi de suite.

Pour démontrer cette loi, supposons que le point $O_{p-1}$ soit

---

(*) *Annales de Gergonne* : t. XVII, p. 185. (Sturm ; *théorie des lignes du second ordre.)*

tellement situé sur AB que nous ayons

$$O_{p-1}B = \frac{AB}{p-1};$$        (1)

puis, effectuons la construction indiquée par la figure.

Nous allons prouver que

$$O_pB = \frac{AB}{p};$$

Nous avons d'abord, d'après le théorème de Ménélaüs,

$$\frac{O_pO_{p-1}}{O_pB} \cdot \frac{MB'}{MO_{p-1}} \cdot \frac{CB}{CB'} = 1.$$        (2)

D'autre part, les triangles semblables donnent

$$\frac{MB'}{MO_{p-1}} = \frac{A'B'}{BO_{p-1}}, \text{ et } \frac{CB}{CB'} = \frac{AB}{A'B'},$$        (3)

Les égalités (2) et (3) prouvent que

$$\frac{O_pO_{p-1}}{O_pB} = \frac{BO_{p-1}}{AB} = \frac{1}{p-1}.$$

Nous avons donc

$$\frac{O_pO_{p-1} + O_pB}{O_pB} = \frac{1 + p - 1}{p - 1},$$

ou

$$\frac{O_{p-1}B}{O_pB} = \frac{p}{p-1}.$$

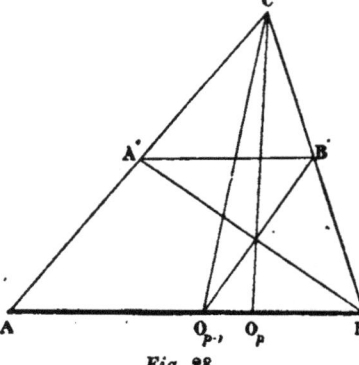

*Fig. 28.*

Cette dernière égalité, comparée avec (1), donne bien, finalement,

$$O_pB = \frac{AB}{p}.$$

**41. REMARQUE.** — La démonstration de Servois est sensiblement plus longue que celle que nous venons d'indiquer; mais elle se termine par une réflexion utile, portant sur ce fait que « çe problème pourrait servir à se former sur le terrain une échelle de lever ». Observons pourtant, à ce propos, que les échelles de lever se font ordinairement au 1/10ᵉ, au

1/100°...; et nous donnerons plus loin une construction très
rapide pour partager une droite en 10, 100... parties égales.

**42. Solution de M. Cremona.** — Pour résoudre le
même problème, AB désignant encore le segment proposé,
M. Cremona suppose connu le point C, symétrique de A par
rapport à B. C'est, au fond, comme le voulait Servois, dans
la solution que nous venons de rappeler, s'accorder une
parallèle au segment. En effet, ce problème ne peut être
résolu, non plus que ceux de la même espèce, avec la
règle seule; mais, pour insister encore une fois sur cette

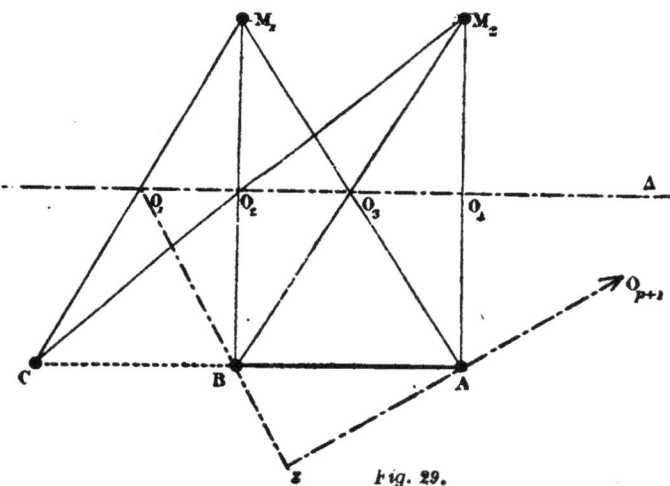

*Fig. 29.*

idée, avec la règle plate, ou avec la règle et l'équerre. Quoi
qu'il en soit, voici la solution proposée par M. Cremona (*).

Soit joint un point quelconque $M_1$ aux points A, B et C;
la construction indiquée par la figure donne trois points
$O_1$, $O_2$, $O_3$ et l'on a
$$O_1O_2 = O_2O_3.$$
Les droites $CO_2$, $BO_3$ donnent alors le point $M_2$; puis,
de celui-ci on déduit le point $O_4$; et ainsi de suite.

---

(*) *Loc. cit.*, p. 82.

On détermine ainsi sur une droite $\Delta$, parallèle à AB, une série de points :

$$O_1, \; O_2, \; O_3 \; \ldots \; O_{p+1}, \;$$

et l'on a

$$O_1 O_2 = O_2 O_3 \ldots = O_p \, O_{p+1}.$$

Cela posé, si l'on joint $BO_1$ et $AO_{p+1}$, ces droites se coupent en un certain point Z et le faisceau $(ZO_2, \; ZO_3, \; \ldots \; ZO_p)$ donne sur AB la ponctuelle cherchée.

**43.** REMARQUE I. — Si le point Z était rejeté à l'infini, ce qui arriverait si, par hasard, on avait

$$AB = pO_1 O_2,$$

il suffirait de changer la position du point initial $M_1$, en le rapprochant ou en l'éloignant de AB. Mais il est très facile, par un simple coup d'œil donné sur le dessin, d'éviter cette singularité ; on peut même toujours s'arranger de façon que le point Z soit placé dans les limites du cadre.

**44.** REMARQUE II. — On peut résumer la construction précédente en observant qu'elle revient, en définitive, à porter $p$ longueurs égales sur une parallèle au segment donné et à faire la perspective du groupe ainsi obtenu sur la droite donnée, les rayons extrêmes de cette perspective passant par les extrémités du segment proposé.

Si l'on s'accorde l'usage continu de la règle plate, on voit qu'il résulte de la remarque précédente un moyen rapide de résoudre le problème en question. Mais cette construction est trop évidente pour que nous ayons besoin d'y insister autrement.

**45. Solution de M. Baehr.** — Sous le titre : *Figuration des inverses des nombres entiers et des inverses des produits de deux nombres entiers consécutifs*, M. Baehr, professeur à l'École polytechnique de Delft, a communiqué à l'Association française pour l'avancement des sciences (*) une remarque dont malheureusement le titre seul figure dans l'Annuaire.

(*) Congrès du Havre ; 1877.

Mais M. Laisant l'a reproduite plus tard (*) avec quelques détails et nous allons la donner ici, avec certaines modifications.

M. Baehr prend pour base de sa construction un rectangle dont les côtés sont, respectivement, égaux à 1 et 2. Pour plus de généralité, considérons un trapèze quelconque ABCD; puis effectuons la construction indiquée par la figure, construction qui conduit, de proche en proche, aux points $O_1$, $O_2$, ... $O_{p-1}$, $O_p$ que nous allons considérer.

Par application d'un principe précédent (§ 14) (après avoir posé $M_k O_k = X_k$, $AB = a$, $CD = b$) nous avons :

$$\frac{1}{x_1} = \frac{1}{b} + \frac{1}{a},$$

$$\frac{1}{x_2} = \frac{1}{x_1} + \frac{1}{a},$$

$$. . . . . .$$

$$\frac{1}{x_p} = \frac{1}{x_{p-1}} + \frac{1}{a}.$$

Ces égalités combinées donnent

$$\frac{1}{x_p} = \frac{1}{b} + \frac{p}{a}.$$

Si, dans cette formule, nous supposons $a = b$, ce qui, au point de vue de la construction géométrique précédente, revient à prendre pour point de départ de celle-ci un parallélogramme, au lieu d'un trapèze, nous avons

$$x_p = \frac{AB}{p+1}.$$

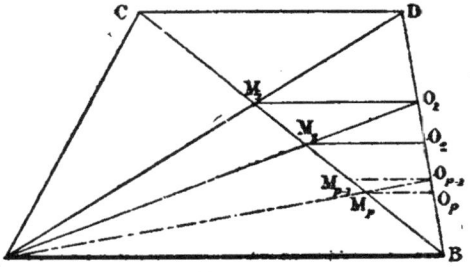

Fig. 30.

De cette remarque résulte un tracé rapide et simple, pour résoudre, au moyen de la règle

(*) *Discours d'ouverture et notice historique sur les travaux mathématiques de l'Association*, par C.-A. Laisant, député de la Loire-Inférieure, docteur ès sciences mathématiques; congrès de Montpellier, 1879.

et de l'équerre, le problème qui nous occupe. Mais nous allons déduire encore, comme on va le voir dans le paragraphe suivant, de la construction que nous venons d'indiquer, un procédé rapide pour partager une droite donnée en dix parties égales. Ce cas particulier de la division d'un segment en parties égales présente une importance spéciale au point de vue des opérations pratiques que soulève l'arpentage.

**46.** Problème XIV. — *Partager une droite donnée en 10, 100,... parties égales.*

Première solution. — Reportons-nous à la figure précédente et cherchons quel est le rapport des deux longueurs $O_p O_{p-1}$ et BD.

Nous avons d'abord

$$\frac{BO_p}{BD} = \frac{x_p}{b}, \text{ et } \frac{BO_{p-1}}{BD} = \frac{x_{p-1}}{b}.$$

Ces égalités donnent

$$\frac{O_p O_{p-1}}{BD} = \frac{x_{p-1} - x_p}{b}. \qquad (1)$$

D'autre part, des relations :

$$\frac{1}{x_p} = \frac{1}{b} + \frac{p}{a} \quad , \quad \frac{1}{x_{p-1}} = \frac{1}{b} + \frac{p-1}{a} ,$$

nous concluons

$$\frac{x_{p-1} - x_p}{b} = a\left[\frac{1}{a + pb} - \frac{1}{a + (p + 1)b}\right],$$

et, conséquemment,

$$\frac{x_{p-1} - x_p}{b} = \frac{ab}{[a + pb][a + (p + 1)b]}. \qquad (2)$$

Des égalités (1) et (2) nous déduisons

$$\frac{O_p O_{p-1}}{BD} = \frac{ab}{(a + pb)[a + (p + 1)b]}.$$

Si nous supposons, en particulier, $a = 2b$ et $p = 2$, la formule précédente donne alors

$$\frac{O_2 O_1}{BD} = \frac{1}{10}.$$

En admettant que BC soit la droite qu'il faut partager en dix parties égales, on voit comment on peut tirer de cette remarque un procédé rapide pour résoudre le problème en question. En appliquant au segment $\dfrac{BD}{10}$ la même construction, on aura la centième partie de BD; et ainsi de suite.

SECONDE SOLUTION. — Soit AB le segment proposé; par A traçons une droite arbitraire A$z$, puis prenons (§ 38) la symétrique de B par rapport à A$z$; nous obtenons ainsi un triangle isocèle BAC que nous allons considérer. Par le point R, milieu de AB, menons RT parallèle à BC, puis joignons les points R et T à un point P, arbitrairement choisi sur BC. Des points R et T nous déduisons successivement, par la construction indiquée par la figure, les points S, Q, K et I; c'est ce dernier que nous visons plus particulièrement, et nous nous proposons de chercher le rapport des segments IR et AB.

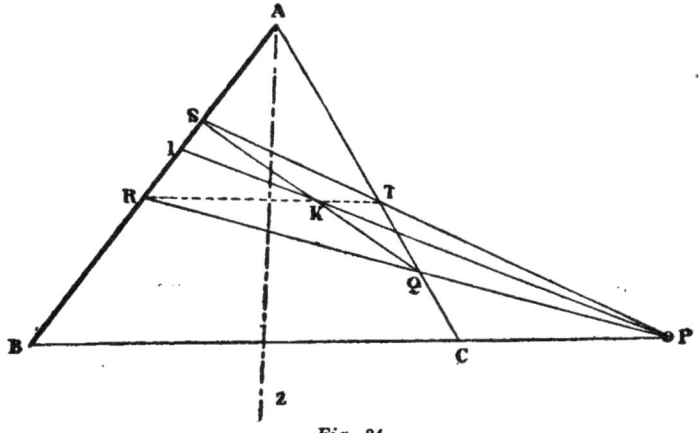

Fig. 31.

Nous poserons PC $= m$, PB $= n$; le théorème de Ménélaüs appliqué au triangle ABC et à la transversale PTS donne

$$\frac{AS}{BS} = \frac{m}{n},$$

et, par suite,

$$\frac{AS}{AB} = \frac{m}{m+n}, \qquad (1)$$

ou, en observant que $AB = 2AR$,

$$\frac{AS}{AR} = \frac{2m}{m+n}, \quad \text{ou} \quad \frac{AS}{RS} = \frac{2m}{n-m}. \tag{2}$$

La droite PI pouvant être considérée comme la polaire de A, par rapport au faisceau des droites (PR, PS), le point I est conjugué harmonique de A, par rapport au segment RS. On a donc

$$\frac{IS}{IR} = \frac{AS}{AR} = \frac{2m}{m+n}.$$

De cette égalité on déduit

$$\frac{IS}{RS} = \frac{2m}{3m+n}. \tag{3}$$

Les relations (2) et (3) donnent, par combinaison,

$$\frac{AS}{IS} = \frac{3m+n}{n-m};$$

celle-ci, par comparaison avec (1), conduit à l'évaluation du rapport cherché. On a, d'abord,

$$\frac{IS}{AB} = \frac{m(n-m)}{(m+n)(3m+n)}; \tag{4}$$

puis, finalement,

$$\frac{IR}{AB} = \frac{n-m}{2(3m+n)}. \tag{5}$$

En supposant $n = 2m$, c'est-à-dire en prenant le point P symétrique de B, par rapport à C, on a

$$\frac{IR}{AB} = \frac{1}{10}.$$

Dans cette même hypothèse l'égalité (4) donne

$$\frac{IS}{AB} = \frac{1}{15}.$$

Ainsi, l'application de la construction que nous indiquons ici, fournit un moyen rapide de trouver la dixième ou la quinzième partie d'une droite; mais le premier partage, comme nous l'avons déjà fait observer, présente seul un intérêt particulier.

# CHAPITRE V

## LE TRACÉ DES CONIQUES, CONNAISSANT LES SOMMETS

**47.** — Nous ne voulons, bien entendu, nullement aborder, dans ce chapitre, ou dans les suivants, une étude particulière, encore moins une étude générale des coniques; notre intention se bornera à présenter quelques propriétés intéressant le côté pratique que nous poursuivons dans ce travail; particulièrement le tracé des coniques et celui de leurs tangentes. Nous dirons aussi un mot de la détermination du centre de courbure dans les coniques. A ces points de vue divers, nous allons, successivement, considérer l'ellipse, l'hyperbole et la parabole.

**Théorème.** — *Soit* AA' *un axe d'une ellipse* Γ; *on prend sur* Γ *un point* M *et l'on joint ce point aux extrémités* A, A' *de l'axe considéré : la perpendiculaire à* AM, *au point* A, *rencontre* A'M *en* μ; *le lieu de* μ *est une droite* Δ *perpendiculaire à* AA'.

Cette proposition que nous avons rencontrée autrefois dans le développement d'une étude de géométrie comparée à laquelle nous avons donné le nom de *transformation réciproque* (*), peut s'établir élémentairement de la manière suivante.

Le point M étant situé sur une ellipse dont les axes ont pour longueur respectivement $a$ et $b$, on a

$$\frac{MH^2}{AH \cdot A'H} = \frac{b^2}{a^2}. \qquad (1)$$

D'autre part, les triangles semblables de la figure donnent

$$\frac{MH}{A'H} = \frac{\mu D}{A'D} \quad \text{et} \quad \frac{MH}{AH} = \frac{AD}{\mu D}. \qquad (A)$$

De ces deux égalités on déduit

$$\frac{\overline{MH}^2}{AH \cdot A'H} = \frac{AD}{A'D}.$$

---

(*) *Journal de Mathématiques spéciales;* 1882.

Cette relation, rapprochée de (1), prouve que

$$\frac{AD}{A'D} = \frac{b^2}{a^2}.$$

Ainsi, le lieu décrit par le point μ est une droite Δ, perpendiculaire à A'A, en un point D qui partage extérieurement le segment AA' dans le rapport des carrés des axes de l'ellipse proposée.

On doit observer que la démonstration précédente s'applique manifestement au cas où l'on ferait la construction

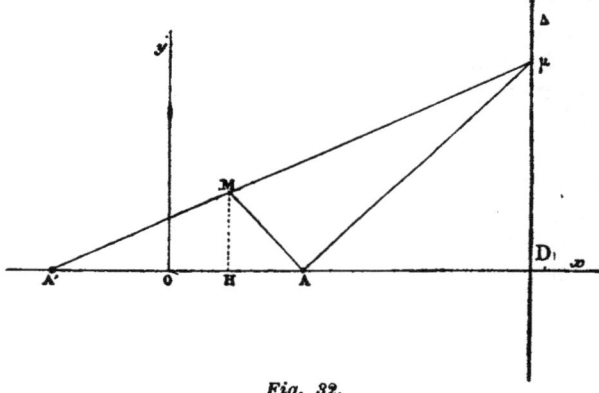

*Fig. 32.*

indiquée, en prenant le petit axe de l'ellipse, au lieu du grand axe.

**48. Problème.** — *Construction de l'ellipse, point par point, au moyen de la règle et de l'équerre, connaissant trois sommets.*

Le théorème que nous venons de démontrer conduit immédiatement à la solution de ce problème.

Soient A, A', B les trois sommets proposés ; appliquons au point B la construction que nous avons effectuée au point M avec les cordes AM, A'M. Nous aboutissons ainsi à un point C (l'angle BAC étant droit) qui appartient à Δ ; cette droite s'obtient donc en abaissant de C une perpendiculaire sur AA'.

D'après cela, si nous prenons un point μ, arbitrairement, sur Δ, avec la règle et l'équerre nous aurons le point cor-

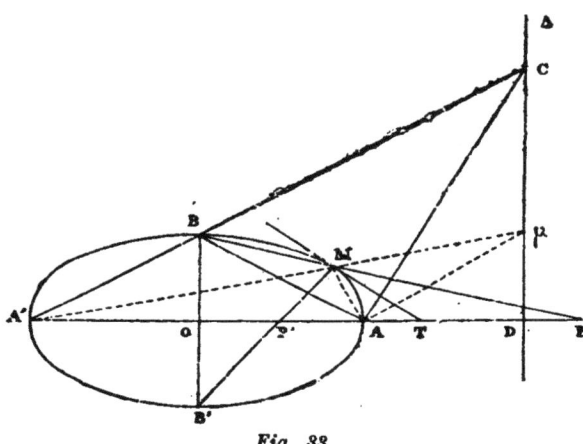

*Fig. 33.*

respondant M et nous pourrons, dans ces conditions, construire l'ellipse, point par point.

### 49. Construction de la tangente. — *Première solution.* — Pour expliquer la construction que nous allons indiquer pour la tangente à l'ellipse, par un point donné sur la courbe, au moyen de la règle et de l'équerre, considérons d'abord un cercle O et, dans ce cercle, deux diamètres rectangulaires AA', bb'. Prenons sur la circonférence un point *m*, puis effectuons la construction indiquée par la figure; nous allons montrer que la tangente *m*T passe par le milieu de PP'.

En effet, les angles $\widehat{1}$ et $\widehat{2}$ sont égaux, comme ayant le même complément $\widehat{\alpha}$. D'autre part, nous avons, pour des raisons évidentes,

$$\widehat{1} = \widehat{3} = \widehat{4};$$

d'où nous concluons

$$\widehat{2} = \widehat{4}.$$

La droite *m*T est donc, dans le triangle rectangle P*m*P', la médiane correspondant au côté PP'.

Reportons-nous maintenant à la *fig. 33* et considérons l'ellipse comme la projection du cercle principal, lorsqu'on a fait tourner celui-ci, autour de AA', d'un angle convenable. Les droites *mb*, *mb′* ont alors pour projection, respectivement, MB, MB′ et celles-ci coupent AA′ précisément aux points P et P′ ; *m*T a pour projection MT, droite qui est la tangente à l'ellipse au point M′. D'après cela, MT passe par le milieu de PP′ et pour obtenir la tangente MT, avec la règle et l'équerre, il suffit de compléter le parallélogramme

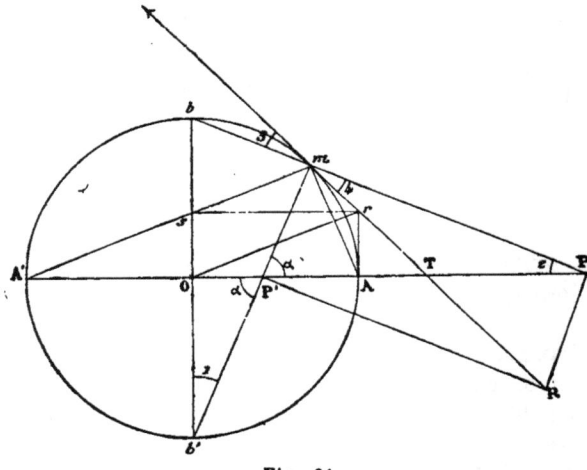

*Fig. 34.*

PMP′R; la seconde diagonale MR est la tangente cherchée.

*Seconde solution.* — Considérons dans la *fig. 34* le point de rencontre *r*, de *m*T, avec la tangente au cercle, au point A. La droite *r*O est perpendiculaire sur A*m*; conséquemment, elle est parallèle à A′*m*. Nous concluons de cette observation que les deux triangles *s*A′O, *r*OA sont égaux et que, par suite, *rs* est parallèle à AA′.

Si nous considérons maintenant, comme tout à l'heure, la projection de cette figure sur le plan de l'ellipse considérée, la droite *rs* se projette suivant une droite RS parallèle à AA′

et nous déduisons, de cette remarque, la construction suivante.

*Soit* M *le point considéré sur l'ellipse, dont trois sommets* A, A′, B *sont donnés ; au point* A *élevons* AU *perpendiculaire sur* AA′ *;* S *étant le point de rencontre de* MA′ *avec l'axe* OB, *on mène* SR *parallèle à* AA′ *;* RM *est la tangente demandée.*

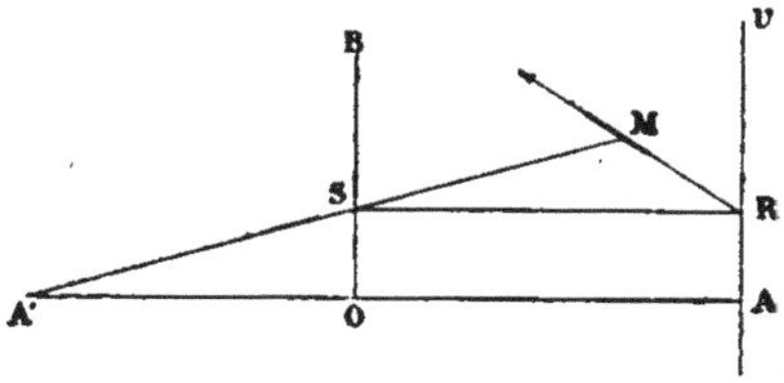


*Fig. 35.*

Remarque. — Les propriétés sur lesquelles nous avons basé les deux constructions précédentes sont *projectives*; nous pouvons donc faire observer que l'une et l'autre peuvent être appliquées dans le cas où l'on donne, en position et en grandeur, deux diamètres conjugués de la courbe.

**50. Cas de l'hyperbole.** — La construction que nous avons indiquée tout à l'heure pour le tracé de l'ellipse, point par point, au moyen de la règle et de l'équerre, subsiste pour l'hyperbole, avec une modification que nous allons faire connaître.

Montrons d'abord que le théorème qui sert de base à la construction citée est encore vrai pour l'hyperbole.

Reportons-nous à la *fig. 32* et supposons que, dans cette figure, $\mu$ représente un point de l'hyperbole. Nous avons donc

$$\frac{\overline{DO}^2}{a^2} - \frac{\overline{\mu D}^2}{b^2} = 1$$

ou

$$\frac{\overline{\mu D}^2}{b^2} = \frac{(DO + a)(DO - a)}{a^2} = \frac{DA' \cdot DA}{a^2}.$$

D'autre part, les égalités (A) établies plus haut (§ 47) prouvent que

$$\frac{AH}{A'H} = \frac{\overline{\mu D}^2}{AD \cdot A'D}.$$

Cette égalité, combinée avec la précédente, donne enfin

$$\frac{AH}{A'H} = \frac{b^2}{a^2}.$$

Ainsi, en admettant que le point $\mu$ soit mobile sur l'hyperbole dont les sommets réels sont A et A', et dont l'axe non transverse a pour longueur $b$, le point correspondant M décrira une droite bien déterminée MH, perpendiculaire à AA', en un point H appartenant au segment AA' et tel que les segments AH, A'H soient entre eux dans le rapport de $b^2$ à $a^2$.

Il nous reste à montrer comment, d'après cette remarque, on peut réaliser, pour l'hyperbole, la construction de la courbe point par point au moyen d'une règle et d'une équerre, les sommets de la courbe étant seuls connus.

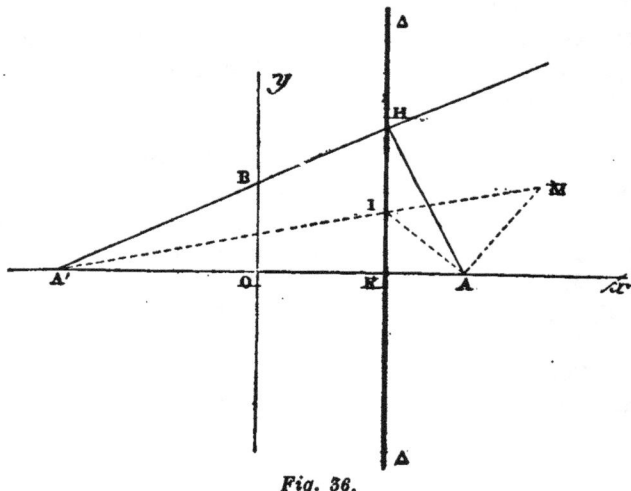

*Fig. 36.*

Soient A, A' et B *(fig. 36)* les trois sommets donnés; on sait que A'B est une direction asymptotique de la courbe et l'on peut chercher le point qui, sur MH, correspond au point situé à l'infini, sur l'hyperbole, dans la direction A'B. Ce point s'obtient en abaissant sur A'B la perpendiculaire AH. Si, du point H, on abaisse HK perpendiculaire sur AA', on obtient une droite $\Delta$ qui représente le lieu géométrique des points correspondants de l'hyperbole, conformément à la loi géométrique proposée plus haut.

. D'après cela, si l'on prend sur Δ un point I et si l'on effectue la construction indiquée par la figure ci-dessus, au point I correspond (l'angle IAM étant droit) un point M de l'hyperbole.

**51. REMARQUE.** — Nous ne voulons faire allusion au tracé de la tangente à l'hyperbole, avec la règle et l'équerre, en un point pris sur la courbe, que pour rappeler que cette construction est très connue. Elle résulte immédiatement de la propriété fondamentale en vertu de laquelle la tangente à l'hyperbole est partagée en deux parties égales par le point de contact et les asymptotes.

**52. Cas de la parabole.** — Le tracé que nous allons

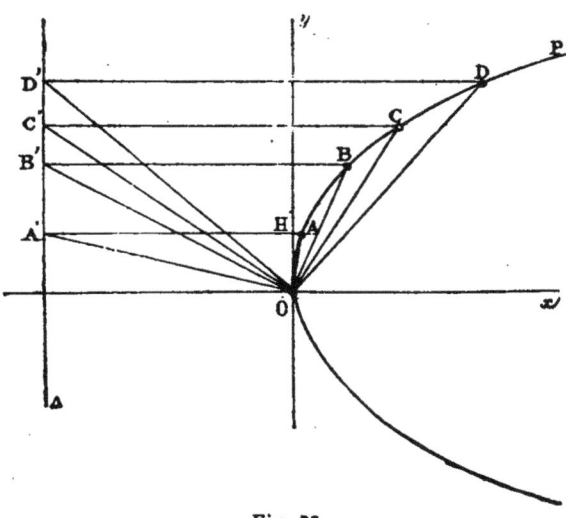

*Fig. 37.*

indiquer pour la parabole repose sur la remarque suivante :

*Soit* A *un point quelconque d'une parabole de sommet* O; *on joint* OA, *puis, à cette droite, on élève une perpendiculaire* OA', *jusqu'à sa rencontre avec le diamètre du point* A; *le lieu de ce point* A', *quand* A *décrit la parabole proposée, est une droite perpendiculaire à l'axe.*

Cette propriété résulte immédiatement de la relation connue

$$y^2 - 2px = 0. \tag{1}$$

Le triangle rectangle A'OA donne, en effet,

$$OH^2 = AH \cdot A'H,$$

ou

$$y^2 = x \cdot A'H. \tag{2}$$

En comparant (1) et (2), on a

$$A'H = 2p,$$

et cette égalité établit la proposition énoncée.

Par conséquent, si l'on donne les conditions essentielles pour déterminer une parabole, savoir : 1° le sommet, 2° l'axe $ox$, 3° un point A de la courbe ; on pourra, d'après ces données, construire la droite $\Delta$, puis déterminer comme l'indique la figure, les points A, B, C, D,... de la parabole qui correspondent aux points A', B', C', D',.., de $\Delta$. Dans cette construction, les angles AOA', BOB' COC',... sont droits.

**53. Construction de la tangente.** — Le tracé de la tangente est une conséquence évidente de la propriété de la sous-tangente à la parabole. Supposons que M soit le point donné ; si nous projetons A sur $ox$, en Q, la tangente en M passe par le point T, symétrique de Q par rapport à O. D'après cela : on projette A sur $oy$,

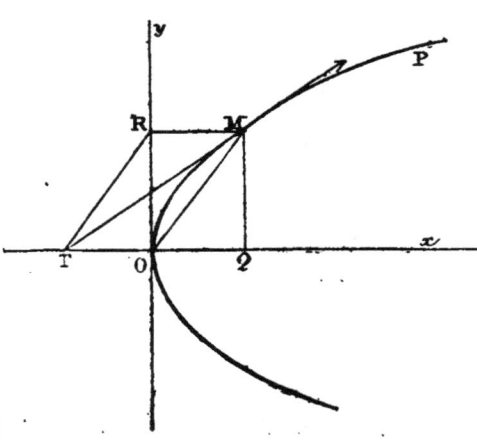

*Fig. 38.*

au point R, on joint MO et l'on mène TR parallèlement à MO ; la droite MT est la tangente demandée.

**54. REMARQUE.** — On peut d'ailleurs construire la parabole, simultanément point par point et tangente par tangente, de la manière suivante.

Imaginons trois points OO'O" sur une droite et tels que l'on ait

$$OO' = O'O'',$$

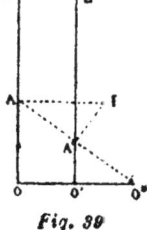

*Fig. 39*

et soient Δ, Δ' les perpendiculaires menées à OO' aux points O, O'.

Par O" menons une transversale qui rencontre Δ en A et Δ' en A'. La parallèle à OO' menée par A et la perpendiculaire à AA' passant par A' se coupent en un point I.

Lorsque AA' tourne autour du point O", le point I décrit une parabole et la droite IA' représente la tangente à cette courbe, au point I.

## CHAPITRE VI

### TRACÉ DES CONIQUES (EXAMEN DE QUELQUES CAS PARTICULIERS)

**55. Considérations générales.** — Nous nous proposons maintenant d'examiner plusieurs cas particuliers intéressants qui se rencontrent assez souvent, soit dans les problèmes de la géométrie ordinaire, soit aussi dans les épures de la géométrie descriptive. Pour ce motif, ces problèmes divers méritent de fixer notre attention; mais, à ce propos, il est peut-être utile d'expliquer ici comment les solutions des problèmes de la géométrie descriptive peuvent, dans certains cas, se trouver en contact avec les questions de géométrie pratique que nous développons dans ce livre.

Pour mieux fixer les idées par un exemple simple, admettons qu'en cherchant la section plane d'une Quadrique, des raisons de symétrie, ressortant immédiatement et naturellement de la nature de la question traitée, nous aient permis de déterminer sans effort deux sommets A et B de la projection. Pour trouver d'autres points de la courbe, et, ainsi, préciser son tracé, nous pourrons opérer de deux façons très différentes.

Ou bien, serrant de plus près la solution indiquée par la géométrie descriptive, nous déterminerons successivement différents points de la courbe, ce qui constitue la méthode naturelle dans le tracé d'une épure; ou bien, de la connaissance des sommets A et B et de celle d'un troisième point quelconque C, nous déduirons la construction de la conique, point par point;·par exemple, par le procédé que nous avons indiqué précédemment (§ 48).

Si l'on ne veut pas admettre, en théorie du moins, l'introduction de constructions semblables dans les épures de la géométrie descriptive, on accordera pourtant que, dans la pratique, et grâce à leur extrême simplicité, elles peuvent servir de vérification utile aux résultats qui ont été obtenus par des tracés ordinairement plus compliqués.

Quoi qu'il en soit, voici quelques problèmes relatifs au tracé des coniques et qui ressortent de la géométrie de la règle et de l'équerre.

**56. Problème I.** — *Construire une parabole connaissant l'axe Δ et deux points A et B.*

Nous allons ramener ce problème à l'un de ceux que nous

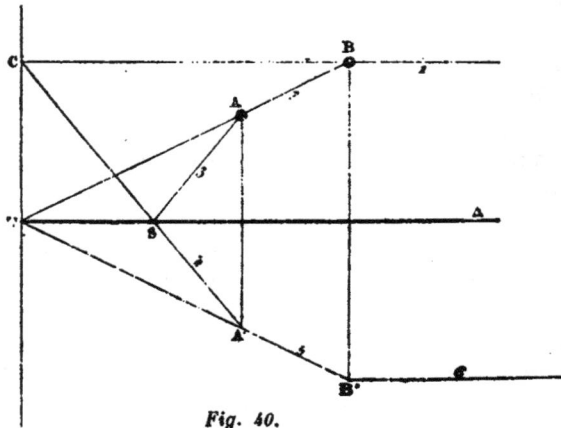

*Fig. 40.*

avons déjà traités (§ 51), en déterminant la position du sommet de la parabole en question.

Supposons le problème résolu; le sommet S, les points A et B, leurs symétriques A', B' par rapport à Δ, et enfin le point qui est à l'infini dans la direction de Δ peuvent être considérés comme constituant un hexagone inscrit dans la parabole considérée. En appliquant à cet hexagone, comme l'indique la figure, la construction de Pascal, on détermine d'abord le point T, puis la droite TC qui est perpendiculaire à Δ. Le point C une fois connu, on joint A'C et cette droite coupe Δ au point cherché S.

*Autrement.* — On peut encore déterminer le point S, par des considérations plus élémentaires, comme nous allons le montrer.

Des points A et B abaissons des perpendiculaires AP, BQ sur l'axe donné; les droites AQ, BP se coupent en R, et nous allons démontrer que la parallèle à l'axe, menée par R, rencontre la tangente au sommet, au même point que AB.

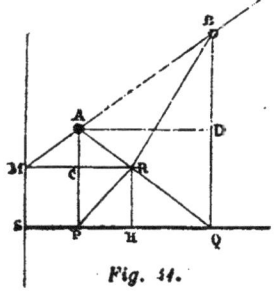

*Fig. 11.*

La propriété fondamentale entre l'ordonnée et l'abscisse d'un point de la parabole, donne

$$\frac{\overline{AP}^2}{SP} = \frac{\overline{BQ}^2}{SQ} = \frac{(BQ - AP)(BQ + AP)}{PQ},$$

ou

$$\frac{AP^2}{SP} = \frac{BD}{AD}(BQ + AP). \qquad (1)$$

D'autre part, les triangles semblables ACM, BDA prouvent que

$$\frac{BD}{AD} = \frac{AC}{CM} = \frac{AP - SM}{SP}. \qquad (2)$$

Les égalités (1) et (2) donnent, par comparaison,

$$\overline{AP}^2 = (AP - SM)(AP + BQ),$$

ou

$$AP \cdot BQ = SM(AP + BQ),$$

ou enfin

$$\frac{1}{SM} = \frac{1}{AP} + \frac{1}{BQ}.$$

D'ailleurs, une propriété connue (§ 14), appliquée au trapèze ABPQ, donne encore

$$\frac{1}{RH} = \frac{1}{AP} + \frac{1}{BQ}.$$

On a donc

$$SM = RH,$$

et l'on peut ainsi, très simplement, déterminer : 1° le point M. 2° le sommet S de la parabole, avec la règle et l'équerre.

**57. Remarque.** — Nous voulons encore faire observer que le paramètre de la parabole peut se trouver très simplement, comme nous allons l'indiquer.

Soit I le milieu de AB ; projetons ce point, en U, sur l'axe donné ; puis, en I, élevons une perpendiculaire à AB ; cette dernière droite rencontre l'axe en V ; UV représente le paramètre $p$ de la courbe.

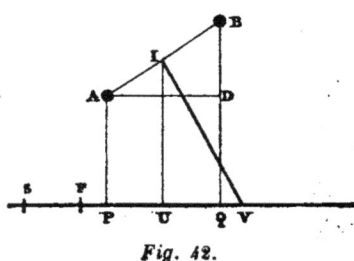

*Fig. 42.*

Cette propriété se voit rapidement par la considération des diamètres et en s'appuyant sur le théorème analogue à celui qui est relatif à la sous-normale. Mais la démonstration suivante est peut-être plus directe et plus élémentaire.

Soit S le sommet de la parabole ; on a d'abord

$$\overline{AP}^2 = 2p\,SP \quad \text{et} \quad \overline{BQ}^2 = 2p\,SQ,$$

d'où l'on déduit

$$(BQ - AP)(BQ + AP) = 2p \cdot PQ.$$

Ayant mené AD parallèlement à l'axe, cette égalité peut s'écrire

$$BD \cdot IU = p \cdot AD. \tag{1}$$

Mais les triangles semblables ABD, IUV donnent

$$\frac{AD}{IU} = \frac{DB}{UV}. \tag{2}$$

La comparaison des égalités (1) et (2) prouve que

$$IU = p.$$

Il est remarquable que, dans les conditions données

(deux points et l'axe), on puisse déterminer, avec la règle et l'équerre, le sommet et le foyer de la courbe. En effet, la connaissance du point S et celle du paramètre dont la longueur est égale à UV, permettent de fixer la position du point F, SF étant la moitié de UV.

**58. Problème II.** — Proposons-nous maintenant de construire, point par point, une parabole circonscrite à un trapèze donné. Le problème qui consiste à faire passer une

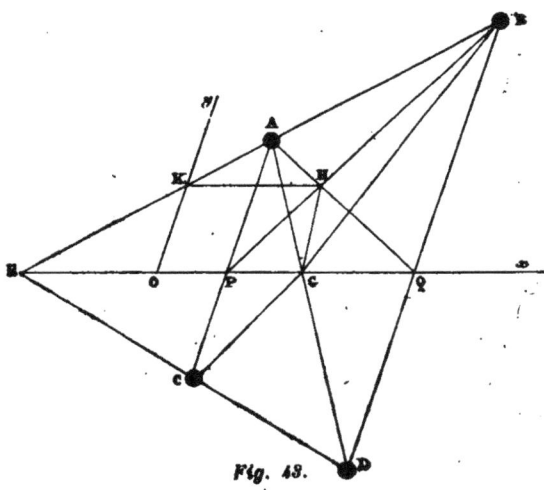

*Fig. 48.*

parabole par quatre points est, en général, un problème du second degré; il comporte deux solutions et, par ce fait même, ressort de la géométrie du compas. Mais on peut observer qu'il s'abaisse au premier degré dans le cas particulier qui va nous occuper; la cause en est que les bases du trapèze proposé constituent une parabole singulière passant par les points donnés; il n'y a donc plus qu'une seule parabole circonscrite à ce trapèze, et nous allons montrer comment on peut la construire, point par point, en faisant usage uniquement d'une règle et d'une équerre.

La propriété que nous avons établie plus haut (§ 56) ne s'applique pas seulement à l'axe et à la tangente au sommet de la parabole; elle est encore vérifiée pour un diamètre quelconque et pour la tangente à l'extrémité de ce diamètre; la démonstration même que nous avons donnée prouve le fait que nous avançons, puisqu'elle n'exige, en aucune façon, que

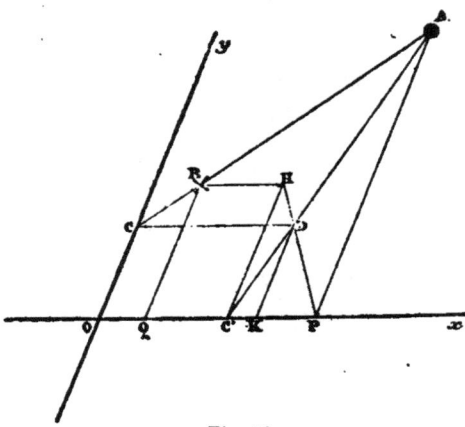

*Fig. 44.*

les triangles considérés soient rectangles, mais seulement semblables. D'après cela, soit ABCD le trapèze proposé; les points E, G déterminent le diamètre *ox* conjugué des cordes AC et BD. D'autre part, des points connus P et Q, on déduit H. En menant par H une parallèle à *ox* jusqu'à sa rencontre en K avec AB, le point K, d'après la propriété rappelée, appartient à la tangente à l'extrémité du diamètre EG. Finalement, on a donc cette tangente en traçant, par K, une parallèle aux bases du trapèze.

Il nous reste à montrer comment on peut, dans ces conditions, tracer la parabole point par point (*).

Les données que nous nous accordons sont : 1° un diamètre *ox*; 2° la tangente *oy* à l'extrémité de ce diamètre; 3° enfin, un point A. Par A, traçons deux transversales arbitraires, qui rencontrent : l'une *oy*, au point C; l'autre *ox*, au point C'. Menons ensuite CD parallèlement à *ox*, jusqu'à sa rencontre avec AC', au point D; enfin complétons la construction, comme l'indique la figure; le point B, ainsi obtenu, représente le second point d'intersection de la transversale AC avec la parabole.

---

(*) Pour éviter des répétitions continuelles, il sera toujours sous-entendu que le tracé visé doit être effectué avec la règle et l'équerre.

En effet, nous avons (§ 14)

$$\frac{1}{DK} = \frac{1}{HC} + \frac{1}{AP},$$

et, par suite,

$$\frac{1}{OC} = \frac{1}{BQ} + \frac{1}{AP}.$$

Ainsi, B est bien le second point d'intersection de AB avec la parabole qui correspond aux données énoncées plus haut.

**59. Remarque.** — Si l'on donne le sommet S, l'axe $\Delta$ et un point A d'une parabole P, le foyer de cette
courbe peut s'obtenir par
la construction que nous
allons indiquer.

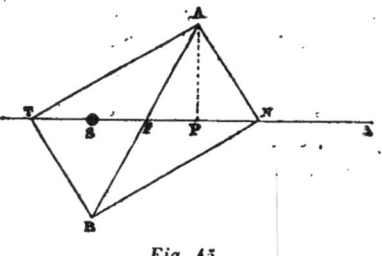

*Fig. 45.*

Abaissons AP perpendi-
culaire sur $\Delta$ et prenons
ST = PS ; AT est la tan-
gente en A à P. Sur AT
construisons un rectangle
ATBN, la diagonale AB coupe $\Delta$ en un point F qui est le foyer de la courbe.

En effet, nous avons

$$SF + TS = FP + PN,$$

et

$$FP = SP - SF.$$

Si nous ajoutons ces deux égalités, puis si nous observons que TS = SP, et que la sous-normale PN est égale à $p$, nous obtenons l'égalité

$$2SF = p,$$

laquelle prouve bien que F est le foyer de P.

**60. Problème III.** — *Construire une hyperbole, point par point, connaissant les asymptotes $\Delta$, $\Delta'$ et un point A de la courbe.*

On sait que, dans l'hyperbole, pour une transversale quelconque, le milieu de la corde coïncide avec le milieu du segment intercepté sur la transversale considérée par les asymptotes $\Delta$, $\Delta'$. D'après cela, après avoir mené par le point A une sécante qui rencontre les asymptotes aux points B et C, on détermine le milieu O de BC; enfin, on

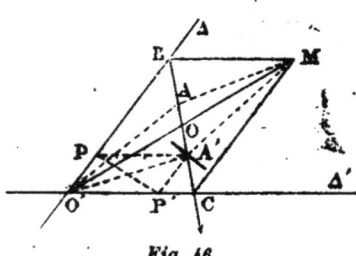

prend le point A′ symétrique de A par rapport à O. Toutes ces constructions n'exigent que l'emploi de la règle et de l'équerre; la figure ci-contre les indique suffisamment.

Quant à la tangente en A′, on sait qu'elle s'obtient

Fig. 46.

en traçant par A′ une droite limitée aux asymptotes et partagée par le point A′ en deux parties égales. Cette tangente est donc parallèle à la droite PP′.

**61. Problème IV.** — *Construire une hyperbole, point par point, connaissant une asymptote* Δ *et trois points* A, B, C *de la courbe.*

Ce problème se ramène immédiatement au précédent en observant que la seconde asymptote Δ′ est la transversale réciproque de Δ par rapport au triangle ABC.

**62. Problème V.** —*Construire une hyperbole, point par point, connaissant, de position, les asymptotes* Δ, Δ′ *et une tangente* AA′.

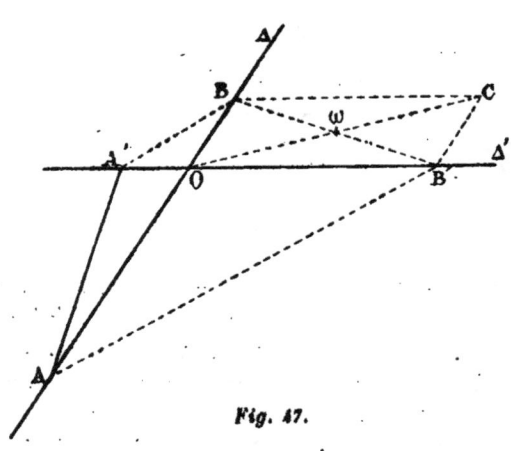

Par les points A, A′ menons deux parallèles quelconques AB′, A′B; les triangles semblables A′OB, AOB′ donnent la proportion

$$\frac{OA'}{OB'} = \frac{OB}{OA}.$$

Nous avons donc

$$OA' \cdot OA = OB' \cdot OB.$$

Fig. 47.

Cette égalité qui résulte aussi, si l'on veut, de l'équivalence évidente des deux triangles A'OA, B'OB, prouve que BB' est une droite tangente à l'hyperbole considérée. Pour avoir le point de contact il suffit, par application d'une propriété connue, de déterminer le milieu ω de BB'; ce point s'obtient, comme l'indique la figure, au moyen du parallélogramme BOB'C.

**63. Problème VI.** — *Construire une parabole connaissant deux tangentes OA, OB, et les points de contact A et B.*

Cherchons à déterminer la tangente parallèle à AB et son point de contact. La diagonale OC du parallélogramme OABC est le diamètre conjugué des cordes parallèles à AB. La sous-tangente étant le double de l'abcisse, en construisant le parallélogramme DOMN, le point I représente l'extrémité du diamètre OC. Finalement, nous connaissons

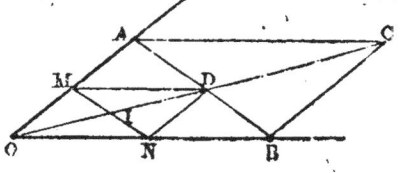

une tangente MN, le point de contact I, le diamètre IC et un autre point A, sur la parabole. Dans ces conditions, le problème peut être considéré comme résolu; nous avons indiqué plus haut (§ 58) comment on pouvait construire la courbe, point par point.

*Autrement.* — Mais, si l'on préfère, on peut construire la courbe tangente par tangente en appliquant la remarque suivante. Prenons sur OD, médiane du triangle AOB, deux points MM' tels que OM = M'D, et par ces points menons des parallèles à AB; nous déterminons ainsi deux points P et Q. La construction indiquée donne

$$\frac{OP}{AP} = \frac{BQ}{OQ}.$$

Une propriété connue prouve que la droite PQ est tangente à la parabole. On obtiendra ainsi,

Fig. 49.

en faisant varier les points M, M', autant de tangentes que l'on voudra à la parabole proposée.

Si nous prolongeons PQ jusqu'à sa rencontre en R avec AB et si nous prenons le point R′ conjugué harmonique de R par rapport au segment AB, la droite OR′ étant la polaire de R coupe PQ en un point I qui est justement le point de contact. La parabole se trouve ainsi construite; non seulement tangente par tangente, mais encore point par point.

**64. Remarque.** — Dans le problème qui vient de nous occuper on peut aussi déterminer immédiatement deux tangentes particulières de la parabole, droites qui, avec les deux tangentes proposées, forment un système de quatre tangentes à la courbe que l'on veut construire. Cette remarque a son importance parce que son application ramène le problème présent au cas général visé plus loin.

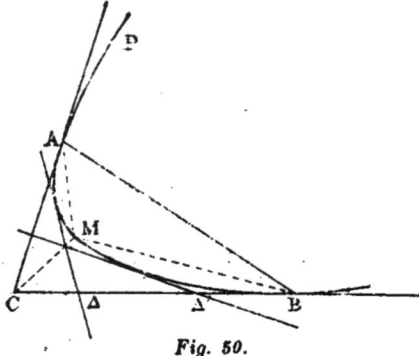

*Fig. 50.*

Voici comment on obtient les deux tangentes dont nous voulons parler.

Considérons une parabole P inscrite dans l'angle ACB; si nous joignons un point quelconque de la courbe, le point M par exemple, aux sommets C, A, B, nous avons :

$$\overline{MAB}^2 = 4MAC.\,MBC\ (*),$$ ou, dans le système des coordonnées barycentriques,

$$\gamma^2 = 4\alpha\beta.$$

Si nous partageons CA et CB en trois parties égales, la droite A′B′ a pour équation

$$m\alpha + n\beta + p\gamma = 0;$$
celle-ci doit être vérifiée : 1° par $\beta = 0$, et $2\gamma = \alpha$; 2° par $\alpha = 0$, et $2\beta = \gamma$; nous trouvons, d'après cela,

$$2m + p = 0, \quad \text{et} \quad n + 2p = 0.$$

---

(*) Cette relation très simple est connue, nous laissons au lecteur le soin de la vérifier.

Finalement, l'équation de A'B' est

$$\alpha + 4\beta - 2\gamma = 0.$$

Il est facile de vérifier que cette droite est tangente à la

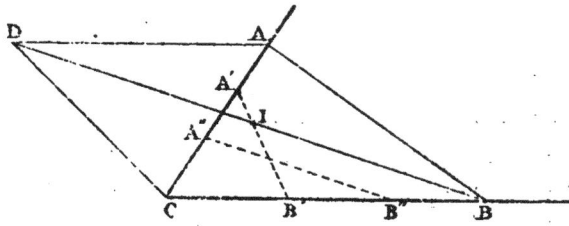

*Fig. 54.*

parabole considérée P; le contact a lieu sur la droite qui correspond à l'équation $4\gamma - \alpha = 0$; d'après cela, le point de contact I s'obtient, comme l'indique la figure, en traçant la diagonale AD du parallélogramme ABCD.

Un calcul tout semblable montrerait que A'B" est, elle aussi, tangente à P. Ce dernier point, évident d'ailleurs, est encore vérifié en observant que la parabole jouit de la propriété intéressante que nous allons établir.

**65. Théorème.** — *Si l'on considère une parabole P inscrite dans l'angle CAB, A et B désignant les points de contact, une tangente Δ admet, par rapport au triangle CAB, une transversale réciproque Δ'; cette dernière droite est encore une tangente à P.*

En effet, si l'on cherche la condition que doivent vérifier les coefficients *m, n, p* de l'équation

$$m\alpha + n\beta + p\gamma = 0,$$

pour que la droite Δ qui lui correspond soit tangente à P, un calcul immédiat donne

$$p^2 = mn. \tag{1}$$

D'autre part, en se reportant à la définition des transversales réciproques (§ 9) on voit que l'équation de Δ' est

$$\frac{\alpha}{m} + \frac{\beta}{n} + \frac{\gamma}{p} = 0.$$

D'après (1), la condition

$$\frac{1}{p^2} = \frac{1}{mn},$$

étant vérifiée, Δ' est tangente à P.

La parabole P et les deux paraboles analogues sont, d'après cette observation, des *anallagmatiques* dans notre méthode de transformation par transversales réciproques, méthode à laquelle nous aurons occasion de faire, dans le chapitre suivant, d'autres emprunts. Par anallagmatiques, nous entendons, en généralisant l'expression que M. Moutard a introduite dans la transformation par rayons vecteurs réciproques, **des courbes** qui, dans une méthode de transformation donnée, **se correspondent** à elles-mêmes.

Voici un autre **problème** où **nous** trouverons une application naturelle de la remarque précédente.

**66. Problème VII.** — *Construire une parabole* P, *connaissant trois tangentes* AB, AC, BC *et le point de contact* O, *sur l'une d'elles.*

Déterminons d'abord le point de contact O' de P avec AC.

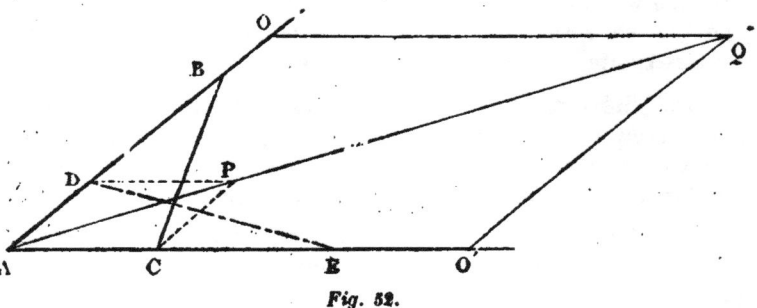

*Fig. 52.*

Une propriété connue, déjà rappelée (§ 63), nous donne

$$\frac{OB}{AC} = \frac{OA}{O'A}.$$

D'après cela, si nous prenons AD = OB, la diagonale AP du parallélogramme ACDP représente la direction des diamètres de P. De cette remarque nous déduisons, comme l'indique la figure, et au moyen du parallélogramme AOQO', le point inconnu O'. Nous sommes ainsi ramené au cas précédent et, en prenant O'E = CA, la droite DE transversale réciproque de BC par rapport au triangle AOO', est, comme nous venons de l'observer au paragraphe précédent, une quatrième tangente à la parabole considérée. Nous revenons ainsi au cas ordinaire, celui où l'on donne quatre tangentes distinctes.

Nous ne croyons pas utile d'étendre autrement l'examen de ces problèmes du premier degré. On peut les multiplier beaucoup, mais ils exigent tous *qu'il n'y ait qu'une seule conique vérifiant les conditions proposées.* Ces problèmes, pour cette raison, ressortent de la géométrie de la règle et de l'équerre; ils constituent d'ailleurs des cas particuliers des problèmes généraux que nous allons étudier dans le chapitre suivant. Mais avant d'aborder ceux-ci, nous avons tenu à montrer les solutions simples que comportent certains problèmes spéciaux, qui justement sont ceux qui se présentent le plus souvent dans les constructions. C'est qu'en effet il arrive fréquemment que certains points de la figure deviennent coïncidents sur des droites données ou, dans d'autres cas, soient rejetés à l'infini, dans des directions déterminées. Il est alors profitable, au lieu d'avoir recours aux tracés indiqués pour le cas général, d'utiliser des tracés plus simples, découlant des particularités mêmes de la figure proposée.

Nous n'avons examiné, comme on a pu le remarquer, dans les problèmes qui viennent de nous occuper, que les cas particuliers où les données sont des points ou des tangentes; mais il va sans dire qu'il existe d'autres problèmes ressortant de cette géométrie et dans lesquels les données sont différentes. Par exemple : Construire une parabole connaissant le foyer et la tangente au sommet; ou, le foyer et la directrice ; ou, le foyer et deux tangentes ; et beaucoup d'autres, sont des problèmes que l'on peut résoudre avec la règle et l'équerre.

Mais voici un dernier exemple que nous voulons traiter en terminant ce chapitre; il vise le cas très intéressant où l'on connaît uniquement les extrémités de deux diamètres conjugués d'une ellipse.

**67. Problème.** — *Construire une ellipse* Γ *connaissant, en grandeur et en situation, deux diamètres conjugués.*

Soient AA' et BB' les deux diamètres proposés. Prenons sur la courbe un point I; les droites qui joignent ce point aux extrémités des deux diamètres donnés forment un faisceau harmonique. On prouve, d'un mot, cette propriété en observant que dans un cercle le théorème est vérifié pour deux diamètres rectangulaires, les quatre branches du faisceau considéré étant alors inclinées mutuellement, et deux à deux, de 45°.

D'après cela, menons par le point A une droite arbitraire AP, puis déterminons avec la règle, comme l'indique la figure (53), le point Q conjugué harmonique de P; alors, la droite A'Q rencontre AP en un point I qui appartient à l'ellipse Γ.

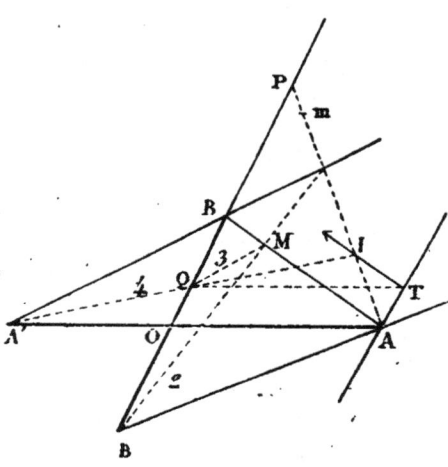

Fig. 53.

Pour obtenir la tangente en I, on peut observer que la polaire de P par rapport à Γ passe par le point Q, par le pôle de AI, et qu'elle est parallèle à AA'. Par conséquent en menant QT parallèlement à AA' jusqu'à sa rencontre avec la droite AT, cette dernière étant conduite, par A, parallèlement à BB', on détermine un point T de la tangente cherchée.

## CHAPITRE VII

### TRACÉ DES CONIQUES (CAS GÉNÉRAUX)

Nous abordons maintenant, dans la géométrie des coniques, quelques problèmes plus généraux; leur exposition complète le sujet que nous avons abordé dans les deux chapitres qui précèdent et nous nous proposons d'indiquer comment on peut effectuer le tracé des coniques, par points ou par tangentes, lorsque ces courbes sont bien déterminées ; les données de la question caractérisant un problème du premier degré. Cette partie de la géométrie est bien connue et pour ainsi dire classique. On sait notamment avec quelle simplicité les théorèmes de Pascal et de Brianchon s'appliquent aux constructions des coniques déterminées par cinq points ou par cinq tangentes. Mais, sans revenir sur ces solutions, nous voulons montrer ici comment ces mêmes problèmes peuvent être traités, en prenant pour base les propriétés des points et des transversales réciproques.

Nous devons entrer d'abord dans quelques développements analytiques, nécessaires à la démonstration des principes que nous appliquerons dans la suite.

**68. Théorème.** — *Lorsqu'un point* O *est mobile sur une droite* Δ, *le point réciproque* O' *est mobile sur une conique* Γ *circonscrite au triangle.*

En effet, l'équation de Δ, dans le système de coordonnées que nous avons adopté, est

$$m\alpha + n\beta + p\gamma = 0. \qquad (1)$$

Soient $(\alpha, \beta, \gamma)$ les coordonnées de O, $(\alpha', \beta', \gamma')$ celles de O' ; nous avons (§ 11)

$$\alpha\alpha' = \beta\beta' = \gamma\gamma'.$$

Par conséquent, nous obtiendrons le lieu décrit par un point O', réciproque d'un point mobile O, en changeant $\alpha$, $\beta$, $\gamma$ respectivement $\dfrac{1}{\alpha'}, \dfrac{1}{\beta'}, \dfrac{1}{\gamma'}$ en dans l'équation du lieu décrit par O. D'après cette remarque, à la droite Δ correspond une courbe dont l'équation est

$$\frac{m}{\alpha} + \frac{n}{\beta} + \frac{p}{\gamma} = 0. \qquad (2)$$

C'est une conique Γ, circonscrite au triangle de référence.

**69. Remarque.** — La tangente au point C à Γ rencontre AB en un certain point C' ; les points A', B', C' sont, comme on le sait, et comme le prouve l'équation (2), situés sur une droite $\Delta'$ ayant pour équation

$$\frac{\alpha}{m} + \frac{\beta}{n} + \frac{\gamma}{p} = 0;$$

on voit donc que $\Delta'$ est une transversale réciproque de $\Delta$.

**70. Théorème.** — *Lorsqu'une conique $\Gamma$ est inscrite dans un triangle ABC : son centre, le centre de gravité du triangle et le point réciproque du point de Gergonne sont trois points en ligne droite; de plus, la distance des deux derniers points est le double de celle des deux premiers.*

L'équation d'une conique inscrite au triangle de référence, si l'on veut mettre en évidence les coordonnées $(\alpha_0, \beta_0, \gamma_0)$ du point $M_0$ que l'on obtient en joignant les sommets du triangle aux points de contact des côtés opposés, peut s'écrire

$$f = \frac{\alpha^2}{\alpha_0^2} + \frac{\beta^2}{\beta_0^2} + \frac{\gamma^2}{\gamma_0^2} - \frac{2\beta\gamma}{\beta_0\gamma_0} - \frac{2\alpha\gamma}{\alpha_0\gamma_0} - \frac{2\alpha\beta}{\alpha_0\beta_0} = 0.$$

La droite de l'infini ayant pour équation

$$\alpha + \beta + \gamma = 0,$$

le pôle de cette droite, le centre de la conique en d'autres termes, a des coordonnées qui vérifient les équations

$$f'_\alpha = f'_\beta = f'_\gamma,$$

qui, explicitées, s'écrivent :

$$\frac{\dfrac{\alpha}{\alpha_0} - \dfrac{\beta}{\beta_0} - \dfrac{\gamma}{\gamma_0}}{\alpha_0} = \frac{\dfrac{\beta}{\beta_0} - \dfrac{\gamma}{\gamma_0} - \dfrac{\alpha}{\alpha_0}}{\beta_0} = \frac{\dfrac{\gamma}{\gamma_0} - \dfrac{\alpha}{\alpha_0} - \dfrac{\beta}{\beta_0}}{\gamma_0}.$$

Ces égalités donnent les suivantes :

$$\frac{\alpha}{\dfrac{1}{\beta_0} + \dfrac{1}{\gamma_0}} = \frac{\beta}{\dfrac{1}{\gamma_0} + \dfrac{1}{\alpha^0}} = \frac{\gamma}{\dfrac{1}{\alpha_0} + \dfrac{1}{\beta_0}},$$

et elles déterminent les coordonnées d'un point $\Omega$, centre de $\Gamma$.

Le point $M_0'$, réciproque du point de Gergonne, a pour coordonnées $\dfrac{1}{\alpha_0}, \dfrac{1}{\beta_0}, \dfrac{1}{\gamma_0}$; pour vérifier que $M_0 M_0'$ passe par le centre de gravité G de ABC, point dont les coordonnées sont égales au tiers de la surface de ABC, il suffit de reconnaître que l'on a

$$\begin{vmatrix} 1 & 1 & 1 \\ \dfrac{1}{\alpha_0} & \dfrac{1}{\beta_0} & \dfrac{1}{\gamma_0} \\ \dfrac{1}{\beta_0}+\dfrac{1}{\gamma_0} & \dfrac{1}{\gamma_0}+\dfrac{1}{\alpha_0} & \dfrac{1}{\alpha_0}+\dfrac{1}{\beta_0} \end{vmatrix} = 0,$$

identité que l'on rend manifeste en ajoutant les éléments de la troisième ligne à ceux de la deuxième.

Pour démontrer la seconde partie du théorème, il faut calculer d'abord les coordonnées des trois points $\Omega$, $M_0'$ et $O$; ces coordonnées sont :

$$\text{pour } \Omega, \dots \alpha_1 = \frac{S}{2} \frac{\dfrac{1}{6_0}+\dfrac{1}{\gamma_0}}{\dfrac{1}{\alpha_0}+\dfrac{1}{\beta_0}+\dfrac{1}{\gamma_0}}, \text{ etc} \dots :$$

$$\text{pour } G, \dots \alpha_2 = \frac{S}{3}, \text{ etc} \dots;$$

$$\text{pour } M_0' \dots \alpha_3 = \frac{S\dfrac{1}{\alpha_0}}{\dfrac{1}{\alpha_0}+\dfrac{1}{\beta_0}+\dfrac{1}{\gamma_0}}, \text{ etc} \dots;$$

égalités dans lesquelles S désigne, bien entendu, la surface du triangle ABC.

Ces formules donnent

$$2\alpha_1 + \alpha_3 = 3\alpha_2$$

Les trois points $\Omega$, $G$, $M_0'$ étant en ligne droite, cette relation établit complètement le théorème énoncé (*).

**71. Théorème.** — *Lorsqu'une droite $\Delta$ est constamment tangente à une parabole P inscrite au triangle de référence, la transversale réciproque $\Delta'$ reste parallèle à une direction fixe; cette direction étant celle des diamètres de P;* ET RÉCIPROQUEMENT.

En exprimant que la conique qui correspond à l'équation

$$\frac{\alpha^2}{\alpha_0^2} + \frac{\beta^2}{\beta_0^2} + \frac{\gamma^2}{\gamma_0^2} - \frac{2\beta\gamma}{\beta_0\gamma_0} - \frac{2\alpha\gamma}{\alpha_0\gamma_0} - \frac{2\alpha\beta}{\alpha_0\beta_0} = 0,$$

(*) On trouvera une démonstration géométrique de cette propriété et de la suivante dans notre mémoire déjà cité.

est tangente à la droite de l'infini, droite représentée par l'égalité

$$\alpha + \beta + \gamma = 0,$$

on trouve

$$\frac{1}{\alpha_0} + \frac{1}{\beta_0} + \frac{1}{\gamma_0} = 0. \qquad \text{(A)}$$

On peut aussi obtenir cette relation en exprimant que le centre de la conique est à l'infini et l'on vérifie, dans tous les cas, que les droites qui joignent le centre de la conique aux sommets du triangle de référence sont bien trois droites parallèles quand l'égalité (A) est accordée.

On trouve aussi, nous laissons ce point à vérifier, que l'équation générale des diamètres de P est

$$A\alpha\alpha_0 + B\beta\beta_0 + C\gamma\gamma_0 = 0, \qquad \text{(1)}$$

avec la condition

$$A + B + C = 0; \qquad \text{(2)}$$

et, enfin, que la droite $\Delta$ représentée par l'équation

$$m\,\frac{\alpha}{\alpha_0} + n\,\frac{\beta}{\beta_0} + p\,\frac{\gamma}{\gamma_0} = 0,$$

est tangente à P, si l'on a

$$\frac{1}{m} + \frac{1}{n} + \frac{1}{p} = 0. \qquad \text{(3)}$$

**72. Théorème.** — *Lorsqu'une droite $\Delta$ tourne autour d'un point fixe $K_0$ ($\alpha_0$, $\beta_0$, $\gamma_0$), la transversale réciproque $\Delta'$ enveloppe une conique $\Gamma$ inscrite au triangle de référence ABC; le point de Gergonne qui correspond à cette conique est le réciproque de $K_0$;* ET RÉCIPROQUEMENT.

Soit

$$m\alpha + n\beta + p\gamma = 0.$$

l'équation de $\Delta$; celle de $\Delta'$ est

$$\frac{\alpha}{m} + \frac{\beta}{n} + \frac{\gamma}{p} = 0,$$

et les paramètres $m$, $n$, $p$ vérifient la relation

$$m\alpha_0 + n\beta_0 + p\gamma_0 = 0.$$

En cherchant, par le procédé ordinaire, l'enveloppe de $\Delta'$, le calcul donne immédiatement

$$\sqrt{\alpha\alpha_0} + \sqrt{\beta\beta_0} + \sqrt{\gamma\gamma_0} = 0.$$

Cette équation prouve l'exactitude du théorème énoncé.
La réciproque est évidemment vraie.

**73. REMARQUE.** — La conique $\Gamma$ étant inscrite au triangle
de référence ABC, on peut lui appliquer le théorème précédent.
On reconnaît ainsi que *le centre de $\Gamma$ s'obtient en joignant le
point $K_0$ au centre de gravité de ABC, et en prolongeant cette
droite d'une longueur moitié moindre.*

En joignant $K_0$ aux sommets de ABC on a des droites qui
ont pour réciproques les côtés du triangle ABC. La considération de ces transversales particulières prouve que *le
point de contact de $\Gamma$ avec BC s'obtient en joignant $K_0$ au
sommet A et en prenant le symétrique, par rapport au milieu de
BC, du point d'intersection de cette droite avec $K_0$A.*

Cela posé, la transversale $\Delta'$, réciproque de $\Delta$, a pour
équation :

$$\frac{\alpha\alpha_0}{m} + \frac{\beta\beta_0}{n} + \frac{\gamma\gamma_0}{p} = 0.$$

Les égalités (1), (2) et (3) prouvent que $\Delta'$ est un diamètre
de P.
La réciproque est évidente.
Ces propriétés diverses étant établies, nous allons les
appliquer à quelques constructions.

**74. Problème I.** — *Construire une parabole, tangente
par tangente, connaissant quatre tangentes.*

Soient A,B,C,D les quatre droites proposées. Prenons D'
transversale réciproque de D par rapport au triangle ABC;
puis traçons autant de droites que nous voudrons, parallèles
à D'. Les transversales réciproques de ces parallèles sont
autant de tangentes à la parabole proposée (§ 71).
Si l'on trace des parallèles à D' par les sommets du triangle, les droites rencontrent les côtés du triangle ABC en
des points $\alpha$, $\beta$, $\gamma$; ayant pris les symétriques $\alpha'$, $\beta'$, $\gamma'$ de ces
points par rapport aux milieux des côtés du triangle, les
points ainsi obtenus sont les points de contact des droites
A, B, C avec la parabole (§73).

**75. Problème II.** — *Construire tangente par tangente une conique, connaissant cinq tangentes.*

Soient A, B, C, D, E les tangentes données. Prenons encore les droites D', E' transversales réciproques de D et de E par rapport au triangle ABC. Ces droites D', E' se coupent en un certain point P. Que l'on mène par ce point autant de droites que l'on voudra, puis que l'on prenne, par rapport à ABC, leurs transversales réciproques ; toutes ces droites seront des tangentes à la conique en question (§ 72).

Le problème traité au paragraphe précédent n'est évidemment qu'un exemple particulier de celui-ci ; c'est le cas où l'on suppose le point P rejeté à l'infini.

Si l'on prend le point réciproque de P par rapport à ABC, le point P' ainsi obtenu est le point de Gergonne de la conique cherchée, par rapport au triangle ABC (§ 72). On obtient ainsi les points de contact de la conique avec les droites A, B, C.

Enfin, si l'on joint P au centre de gravité de ABC et si l'on prolonge cette droite d'une longueur égale à sa moitié, on aboutit au centre même de la conique.

Il n'est pas nécessaire de faire observer que toutes ces constructions peuvent être effectuées avec la règle et l'équerre, cette condition étant ici, bien entendu, implicitement exigée.

**76. Problème III.** — *Construire une conique connaissant cinq points* A, B, C, D, E.

Prenons les points D', E' réciproques des points D et E, par rapport au triangle ABC. A tout point M', pris sur D' E', correspond un point réciproque M qui appartient à la conique cherchée (§ 68). Celle-ci peut ainsi se construire point par point.

En prenant la transversale réciproque de D' E' on obtient une droite qui coupe les côtés du triangle ABC en des points α, β, γ. Les droites Aα, Bβ, Cγ sont les tangentes à la conique proposée aux points A, B, C (§ 69).

**77. Problème IV.** — *Connaissant trois tangentes communes* A, B, C *à deux coniques* U *et* V, *trouver la quatrième tangente commune.*

Ce problème du premier degré se résout très aisément par la considération des transversales réciproques.

Prenons les droites A, B, C pour former le triangle de référence et considérons d'abord la conique U. A cette conique correspond un point P, comme nous l'avons expliqué (§ 73), et toute droite passant par P a pour transversale réciproque une tangente à U. Considérons, de même, la conique V et son point correspondant Q. La droite PQ admet une transversale réciproque Δ, cette droite Δ est la quatrième tangente demandée.

**78. Examen d'un cas particulier remarquable; transformations involutives.** — On observera que la construction précédente est en défaut dans le cas particulier où, parmi les tangentes données, il s'en trouve deux qui sont parallèles. L'examen de cette hypothèse exige que nous entrions dans quelques développements sur les transformations involutives, lorsque les coordonnées sont tangentielles, mais non homogènes.

Si nous imaginons deux variables $\theta$, $\Theta$ vérifiant une relation homographique en involution

$$A\theta\Theta + B(\theta + \Theta) + C = 0, \qquad (1)$$

nous pouvons distinguer quatre cas :

1°    $AC \neq 0$;                  (cas général)
2°    $A = 0$,    $C \neq 0$;        ⎫
3°    $C = 0$,    $A \neq 0$;    ⎬ cas particuliers.
4°    $A = 0$, et $C = 0$;       ⎭

Dans la première hypothèse, qui correspond au cas général, on peut toujours, par un changement des variables, ramener l'équation (1) à la forme

$$t' \, \Theta' = h^2,$$

que nous allons examiner et qui représente l'équation normale de l'involution ordinaire.

Considérons maintenant, dans un système dont les coordonnées sont bien déterminées, mais que nous n'explicitons pas pour l'instant, deux éléments (droites ou points) $M_0$, $M_1$ et supposons que les coordonnées de ces éléments vérifient les égalités :

$$u_0 U_1 = v_0 V_1 = w_0 W_1,$$

si les coordonnées sont supposées homogènes; ou, dans l'hypothèse contraire, les suivantes :

$$u_0\, U_1 = h^2, \qquad v_0\, V_1 = h^2.$$

Si l'élément $M_0$ décrit une certaine figure $F_0$, l'élément correspondant $M_1$ tracera une figure correspondante $F_1$, et nous pourrons dire, d'après une locution usitée, que *les figures* $F_0$, $F_1$ *sont involutives;* ou que *la transformation considérée appartient au groupe des transformations involutives.*

Telles sont les transformations par points et droites réciproques dont nous avons parlé précédemment; telle est encore celle que nous allons imaginer pour résoudre la difficulté que nous avons rencontrée.

Nous ferons observer à ce propos, et l'expérience n'en est que trop facile à faire, que l'examen des cas particuliers, dans la géométrie des constructions, comporte souvent des difficultés qui leur sont inhérentes et qui ne se présentent pas dans le cas général. Le géométrie descriptive notamment est pleine des singularités que nous signalons ici.

Ajoutons que les trois cas particuliers que nous avons distingués tout à l'heure donnent lieu, eux aussi, à des transformations involutives; mais nous n'envisageons que le cas général qui, seul, nous intéresse pour résoudre le problème que nous avons en vue.

### 79. Transformation involutive dans le système des coordonnées parallèles. — Les coordonnées parallèles (*) peuvent se définir de la manière suivante :

Si nous imaginons deux droites fixes $\Delta$, $\Delta'$ dans un plan P et, sur ces droites, deux origines O, O'; une droite D du plan P rencontre $\Delta$ et $\Delta'$ en des points A, A'. En posant :

$$OA = u, \quad O'A' = v,$$

on peut dire que $u$ et $v$, valeurs prises en grandeur et en signe, déterminent la position de AA' dans le plan P; en

---

(*) COORDONNÉES PARALLÈLES ET AXIALES. Méthode de transformation géométrique et procédé nouveau de calcul graphique, déduits de considération des coordonnées parallèles, par *Maurice d'Ocagne*, élève ingénieur des ponts et chaussées, vice-secrétaire de la Société mathématique de France. (Paris Gauthier-Villars, 1885.)

d'autres termes, *u* et *v* sont les coordonnées de D. C'est

le système bien con-
nu des coordonnées
tangentielles. On
peut observer pour-
tant que, dans cette
définition, un peu
plus générale que
celle qu'on donne
habituellement,
rien n'empêche de
supposer que les

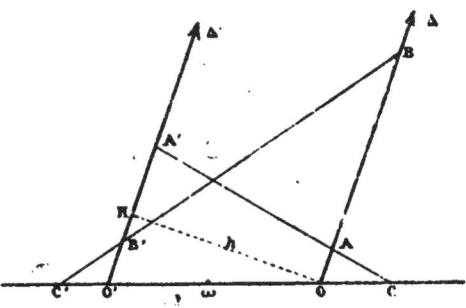

droites fixes Δ, Δ' soient parallèles. On obtient ainsi le système de coordonnées parallèles de M. d'Ocagne.

Adoptons, dans ce système de coordonnées, les formules de
transformation involutive dont nous avons parlé plus haut et
posons

$$uU = h^2, \quad vV = h^2.$$

Dans ces égalités, *u*, *v* désignent les coordonnées parallèles
d'une droite AA'; U,V celles de la droite transformée BB';
de plus, *h* représente la distance OH des axes parallèles Δ, Δ'.

Mais avant d'aller plus loin, nous devons montrer d'abord
comment, dans cette transformation, on peut construire la
correspondante d'une droite, avec la règle et l'équerre.

Du point A, abaissons AM perpendiculairement à l'axe O'*v*,

puis joignons OM et,
finalement, abaissons de
H une perpendiculaire
HR sur OM. Cette droite
HR prolongée rencontre
l'axe O*u* en un certain
point B; les triangles
semblables OHM, OHB
donnent

$$\overline{OH}^2 = HM \cdot OB.$$

Ainsi nous avons

OA. OB = $h^2$,

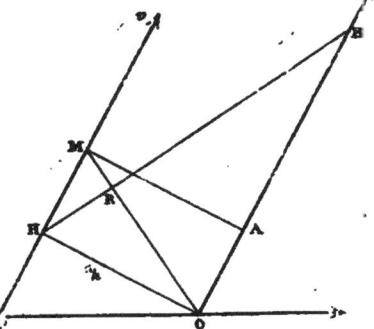

et nous pouvons, d'après cela, en appliquant cette construction successivement aux points A et A', déduire, avec la règle et l'équerre, d'une droite donnée AA' la correspondante BB'.

**80. Remarque.** — On peut aussi remarquer, et cette observation peut servir à vérifier la construction précédente, que deux droites correspondantes coupent la droite des origines O,O' en deux points C,C' symétriquement placés par rapport au milieu ω de OO'.

En effet, l'égalité

$$OA. OB = O'A'. O'B',$$

donne

$$\frac{OA}{O'A'} = \frac{O'B'}{OB},$$

et, par suite,

$$\frac{CO}{CO'} = \frac{C'O'}{C'O}.$$

Cette proportion établit bien la symétrie des points C,C' par rapport à ω.

**81. Théorème.** — *Dans la transformation involutive définie plus haut, à une conique* Γ, *tangente à la fois aux axes parallèles et à la droite des origines, correspond un point; et réciproquement.*

Cherchons d'abord l'équation de Γ, équation qui peut s'écrire.

$$f(u, v) = 0, \qquad (1)$$

$f$ désignant une fonction algébrique du second degré par rapport aux lettres $u$ et $v$. A une valeur donnée pour $u$, correspondent pour $v$ deux valeurs, mais l'une de ces valeurs est infinie. Cette observation s'applique aussi à la variable $v$ et l'on voit ainsi que $f$ ne doit renfermer ni le terme en $u^2$, ni le terme en $v^2$. De plus, l'équation (1) doit être vérifiée par $u = 0$ et $v = 0$; finalement l'équation de F est donc

$$Auv + Bu + Cv = 0.$$

Transformons cette égalité au moyen des formules

$$uV = h^2, \quad vV = h^2.$$

A une droite Δ $(u, v)$ tangente à Γ, correspond une droite Δ (U, V) dont les coordonnées parallèles vérifient constamment la relation

$$Ah^2 + BV + CU = o.$$

Une propriété élémentaire bien connue, relative aux bases d'un trapèze coupé par une droite qui leur est parallèle, prouve que $\Delta'$ passe par un point fixe.

Sans pousser plus avant la transformation précédente on voit le parti qu'on en peut tirer pour résoudre, dans le cas particulier que nous venons d'envisager, le problème qui a pour but la construction de la quatrième tangente commune à deux coniques $\Gamma'$, $\Gamma''$ lorsqu'on suppose connues les trois autres tangentes communes, dans le cas particulier où, parmi celles-ci, deux se trouvent parallèles.

Aux coniques proposées correspondent deux points $O'$, $O$, qu'on déterminera d'abord en considérant, pour chacune d'elles, deux tangentes et leurs transformées. A la droite $O'O''$ correspond une droite $\Delta$ qui est la tangente demandée.

**82. Problème.** — *Étant données quatre droites, deux à deux sécantes, tracer, tangente par tangente, la parabole P inscrite au quadrilatère qu'elles constituent.*

Soient $\Delta_1$, $\Delta_2$, $\Delta_3$, $\Delta_4$ les quatre droites proposées; considérons trois d'entre elles $\Delta_1$, $\Delta_2$, $\Delta_3$ et prenons la droite $\Delta_4'$ transversale réciproque de $\Delta_4$ par rapport au triangle $\Delta_1\Delta_2\Delta_3$. Si nous traçons une droite mobile $\Delta_5'$ parallèle à $\Delta_4'$, la transversale réciproque $\Delta_5$ enveloppe une conique inscrite au quadrilatère $\Delta_1\Delta_2\Delta_3\Delta_4$ et dont le centre est à l'infini (§ 71); c'est précisément la parabole P.

Les points de contact de P avec les droites $\Delta_1$, $\Delta_2$, $\Delta_3$ s'obtiennent très simplement; on mène par l'un des sommets $(\Delta_1,\Delta_2)$ une parallèle à $\Delta_4'$, laquelle rencontre $\Delta_3$ en un certain point A; on prend ensuite le point A' symétrique de A par rapport au milieu du côté $\Lambda_3$ du triangle $\Delta_1\Delta_2\Delta_3$; le point A' est l'un des points de contact cherchés. On détermine de même les points analogues.

**83. Problème.** — *Étant données deux coniques $\Gamma$, $\gamma$ définies par cinq points*

A, B, C, D, E;    A, B, C, F, G;

*et possédant, par conséquent, trois points communs* A, B, C; *on propose de trouver le quatrième point commun aux deux coniques.*

Ce problème, qui est le corrélatif de celui qui vient de nous occuper, se résout par une méthode toute semblable à celle que nous avons employée pour trouver la quatrième tangente commune à deux coniques, connaissant les trois autres. On substitue seulement, à l'idée des transversales réciproques, celle des points réciproques et l'on raisonne comme il suit.

Prenons le triangle ABC comme triangle de référence et cherchons la transformée de la figure proposée, par la méthode des points réciproques.

A la conique Γ circonscrite au triangle de référence correspond une droite Γ′ déterminée par les points D′, E′, réciproques des points D et E. De même, à γ correspond une droite γ′ passant par les points F′, G′, réciproques des points F. G.

Les droites Γ′ et γ′ se coupent en un point φ′; le point φ, réciproque de φ′, est le point cherché.

Les constructions auxquelles nous faisons allusion ici peuvent toutes être effectuées avec la règle et l'équerre; mais on les abrège singulièrement si l'on s'accorde l'usage du compas à pointes sèches, instrument qui permet de déplacer, sans tracer de lignes, une longueur donnée.

Le tracé des coniques par points et par tangentes, les problèmes nombreux qui s'y rattachent, exigeraient peut-être de plus amples développements. Mais cette géométrie est trop connue pour que nous pensions devoir nous y attarder ici davantage et, après avoir dit ce que nous croyons nouveau sur cette matière, nous voulons aborder maintenant la détermination du centre de courbure.

## CHAPITRE VIII
### LE RAYON DE COURBURE DANS LES CONIQUES

Nous ne pouvons quitter le tracé des coniques par points et par tangentes sans faire connaître une construction permettant de déterminer, avec la règle et l'équerre, le centre du cercle osculateur en un point pris sur la courbe.

Nous examinerons d'abord le cas de la parabole.

**84. Le rayon et le centre de courbure dans la parabole.** — Soient M, M′ deux points infiniment voisins sur la parabole ; les normales en ces points se coupent en C et nous ferons d'abord observer que l'angle M𝑓M′ est le double de l'angle MCM′.

En effet, la normale étant bissectrice de l'angle formé par le rayon vecteur et la parallèle à la direction positive de l'axe, on voit qu'en posant,

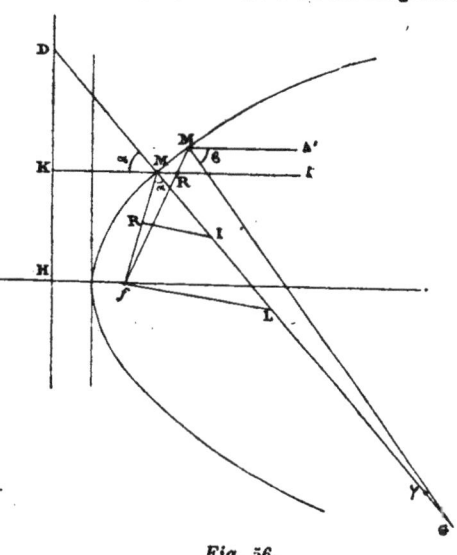

*Fig. 56.*

$$ fM\Delta = 2\alpha, \qquad fM'\Delta' = 2\beta, $$

on a

$$ MCM' = \beta - \alpha, \qquad \text{et} \qquad MfM' = fR\Delta - fM\Delta = 2(\beta - \alpha). $$

Cette remarque étant faite, considérons les cercles MM′𝑓, MM′C ; en désignant par $u$ et $v$ leurs rayons, nous avons

$$ \frac{MM'}{\sin f} = 2u, \qquad \text{et} \qquad \frac{MM'}{\sin C} = 2v ; $$

ou

$$ \frac{MM'}{f} \cdot \frac{f}{\sin f} = 2u, \qquad \text{et} \qquad \frac{MM'}{C} \cdot \frac{C}{\sin C} = 2v ; $$

ou encore, puisque $f = 2C$

$$ \frac{f}{\sin f} \cdot \frac{\sin C}{C} \cdot \frac{1}{2} = \frac{u}{v}. $$

Passons à la limite et supposons que le point M′ se rapproche de M et vienne se confondre avec lui ; la limite de $\dfrac{MM'}{C}$ est égale au rayon de courbure R ; écrivons donc lim $2v = R$. Désignons par $\rho$ la limite de $u$ ; $\rho$ est le rayon d'un cercle passant par $f$, et par **M** tangentiellement à la parabole. Nous avons donc, finalement,

$$R = 4\rho.$$

D'après cela, si nous élevons au milieu H de M$f$ une perpendiculaire jusqu'à sa rencontre en I avec la normale en **M**, le point $\gamma$ centre de courbure au point **M** s'obtient en prenant **M**$\gamma = 4$**MI**. Il est facile de reconnaître que cette construction revient à celle que nous avons déjà indiquée. *(Géom. an., loc. cit.)*

Nous allons encore appliquer cette méthode à l'ellipse.; elle nous conduira à une construction très simple du centre de courbure correspondant à un point de la courbe.

### 85. Centre de courbure dans l'ellipse. — Soient $f$, $f'$

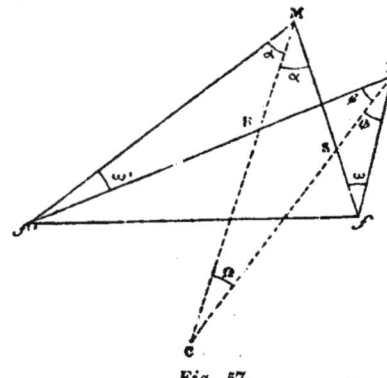

les foyers de la courbe; **M**, **M′** désignant deux points de l'ellipse, on trace les normales en ces points; soit **C** leur point de rencontre.

Les triangles MR$f'$, M′RC donnent

$$\alpha + \omega' = \beta + \Omega;$$

d'autre part, les triangles MSC, M′S$f$ prouvent que

$$\beta + \omega = \alpha + \Omega.$$

*Fig. 57.*

Ajoutant ces égalités, il vient

$$\omega + \omega' = 2\Omega. \qquad (1)$$

Cela posé, désignons par $\rho$ et $\rho'$ les rayons des cercles circonscrits aux triangles M**M′**$f$, M**M′**$f'$; nous avons

$$\frac{MM'}{\sin \omega} = 2\rho, \quad \text{et} \quad \frac{MM'}{\sin \omega'} = 2\rho'.$$

D'autre part, le rayon de courbure R correspondant au point M est donné par la formule

$$R = \lim \frac{MM'}{\Omega} = \lim \frac{MM'}{\sin \Omega} . \lim \frac{\sin \Omega}{\Omega}$$

ou

$$R = \lim \frac{MM'}{\sin \Omega}.$$

L'égalité (1) donne aussi

$$\sin \omega \cos \omega' + \sin \omega' \cos \omega = 2 \sin \Omega \cos \Omega$$

et par suite

$$\frac{\cos \omega'}{2\rho} + \frac{\cos \omega}{2\rho'} = \frac{2 \cos \Omega}{r},$$

$r$ représentant le rayon du cercle circonscrit au triangle MM'C. En passant à la limite, c'est-à-dire en supposant que M' vienne se confondre avec M, nous avons

$$\frac{1}{d} + \frac{1}{d'} = \frac{2}{R}.$$

Dans cette formule $d$ et $d'$ désignent les diamètres des cercles qui passent par M' tangentiellement à l'ellipse et, respectivement, par les foyers de la courbe.

De cette égalité résulte une construction assez simple pour le centre de courbure.

Soit MN la normale à l'ellipse; cette normale est rencontrée aux points G, G' par les perpendiculaires élevées aux points $f$ et $f'$ aux rayons vecteurs M$f$, M$f'$; si l'on prend le point $\gamma$ conjugué harmonique de M par rapport aux points G, G'; $\gamma$ est le centre de courbure qui correspond au point M.

Toutes ces constructions n'exigent, comme on le voit, que l'usage de la règle et de l'équerre.

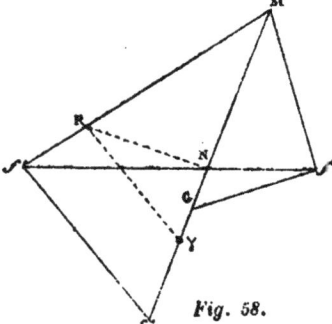

*Fig. 58.*

**86.** REMARQUE. — Je reviens à la construction donnée tout à l'heure pour déterminer le centre de courbure qui correspond à un point de la parabole pour faire observer que l'on peut encore fixer la position de ce point, et même d'une façon un peu plus rapide, en introduisant dans la figure la directrice de la courbe.

Reportons-nous à la figure 1; soit HD la directrice de la parabole. Élevons en $f$ une perpendiculaire à M$f$ et soit L le point

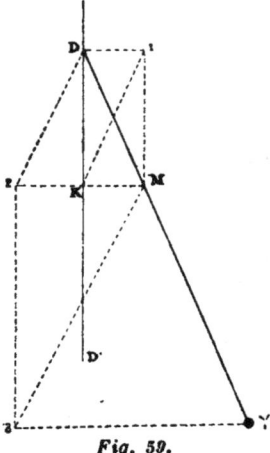

où cette perpendiculaire rencontre la normale MC. Les deux triangles rectangles MDK, M$f$L ont un angle égal $f$ML = KMD, d'après la propriété fondamentale de la tangente; de plus, MK = M$f$. Ces deux triangles sont égaux et l'on a

$$MD = ML.$$

D'ailleurs, nous avons vu que, $\gamma$ désignant le centre de courbure, nous avions

$$M\gamma = 4MI = 2ML.$$

Finalement, nous pouvons donc dire que

$$M\gamma = 2MD.$$

*Fig. 59.*

De cette remarque résulte, pour la construction du point $\gamma$, avec la règle et l'équerre, le tracé qui est représenté par la figure ci-jointe. Dans cette figure, on suppose que l'on donne la normale MD, le pied M de cette normale, et la directrice DD'. On détermine successivement, et dans l'ordre indiqué, les points 1, 2 et 3. De ce dernier, on déduit le centre de courbure $\gamma$ en abaissant une perpendiculaire sur la directrice, jusqu'à sa rencontre avec la normale.

## 87. Centre de courbure de l'hyperbole équilatère.

— La solution que nous avons donnée plus haut pour déterminer le centre de courbure d'une ellipse déterminée par ses foyers et les extrémités du grand axe s'applique, avec les modifications convenables, à l'hyperbole; cette courbe étant déterminée par ses foyers et par les extrémités de l'axe transverse.

Mais nous examinerons, à cause de son importance, le cas où l'hyperbole considérée est équilatère. Nous supposerons d'ailleurs qu'elle est déterminée par ses asymptotes $\Delta$, $\Delta'$ et par un point M; c'est en ce point M que nous nous proposons de construire le rayon de courbure.

Pour démontrer la propriété qui sert de base à la construc-

tion que nous allons indiquer, il paraît commode de considérer
l'hyperbole H
comme une
unicursale et
de fixer la posi-
tion du centre
de courbure,
c'est-à-dire les
coordonnées
de ce point, au
moyen d'un pa-
ramètre $t$ qui
varie, quand M
se déplace sur
H.

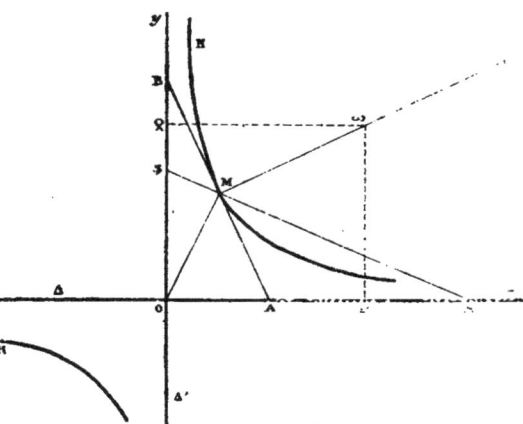

Fig. 60.

Prenons pour
axes de coor-
données les asymptotes Δ, Δ'; dans ce système, H est représentée par l'équation

$$xy = m^2.$$

Soient $x'$, $y'$ les coordonnées de M ; posons

$$\frac{x'}{m} = \frac{m}{y'} = t. \tag{A}$$

La droite AB qui passe par M, tangentiellement à H, a
pour équation

$$xy' + yx' = 2m^2 ;$$

par suite, la normale Mω' est représentée par l'égalité

$$xx' - yy' = x'^2 - y'^2.$$

Les relations (A) permettent d'écrire cette égalité sous
la forme

$$xt^3 - ty = mt^4 - m. \tag{1}$$

Prenons la dérivée par rapport à $t$, nous avons

$$3t^2x - y = 4mt^3. \tag{2}$$

Les équations (1) et (2) donnent, pour déterminer les coordonnées du centre de courbure ω, les formules

$$\frac{x}{m} = \frac{1 + 3t^4}{2t^3}, \qquad \frac{y}{m} = \frac{3 + t^4}{2t}.$$

Abaissons du point ω des perpendiculaires ωP, ωQ sur les asymptotes; et observons que nous avons

$$OA = 2x', \quad OB = ay';$$

nous obtenons alors les relations

$$AP = m\,\frac{t^4 - 1}{2t^3}, \qquad BQ = m\,\frac{t^4 - 1}{2t}.$$

D'autre part, élevons au point M la droite RS perpendiculaire sur OM, nous trouvons

$$AR = 2AP, \quad \text{et} \quad BS = 2BQ.$$

De cette remarque, nous pouvons déduire une détermination très simple au moyen de la règle et de l'équerre du centre de courbure, en un point M pris sur une hyperbole équilatère dont les asymptotes Δ, Δ' sont données de position.

*Par le point donné M on trace une droite AB partagée par ce point et par les asymptotes en deux parties égales; soit Mω la perpendiculaire à AB. On élève ensuite une droite RS perpendiculaire à OM; les parallèles aux asymptotes menées par les milieux des segments AR et BS se coupent sur Mω, au centre de courbure cherché.*

On observera que la droite Mω pourrait, pour cette détermination du centre de courbure, n'être pas tracée; mais la présence de cette droite dans l'épure donne à la construction indiquée une vérification précieuse.

## 88. Détermination du centre de courbure, les éléments donnés étant quelconques. — Lorsque la conique proposée Γ est déterminée par des éléments différents de ceux que nous avons admis dans les paragraphes précédents, le procédé le plus général que nous puissions indiquer, pour la détermination du centre de courbure, consiste à déduire des données de la conique Γ les éléments mêmes que nous avons supposés connus.

Un exemple suffira pour faire comprendre ce que nous entendons par là.

Je prendrai le cas très simple d'une parabole P. déterminée par deux tangentes AT, AT' et par les points de contact M. M'; cet exemple me donnera l'occasion de faire connaître, une

construction très élégante de la parabole par points et par
tangentes, construction qui a été indiquée par M. d'O-
cagne (*).

Soit AB la médiane du triangle MAM′ ; traçons le parallélogramme MBCD ; par les points C et D menons deux parallèles
lèles quelconques CC′
DD′ ; puis, par C′ et D′
des droites C′C″, D′D′,
parallèles à AB. La
droite C″D′ est tangente
à la parabole P, et si
nous prenons C″I =
KD′, le point de contact
est précisément le point
I.

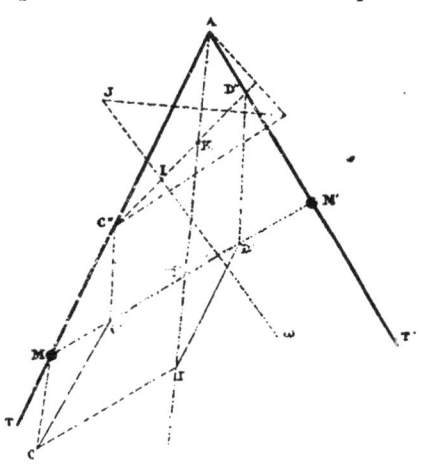

Fig. 64.

Cette proposition que
nous nous bornons à
énoncer se démontre
très simplement par le
calcul ; elle s'établit
aussi immédiatement
par des considérations
géométriques diverses et notamment en montrant que la
transversale réciproque de C″D″ par rapport au triangle MAM′
se meut en restant parallèle à une direction fixe.

Si l'on veut maintenant déterminer le centre de courbure
de P, au point I, on peut opérer de la manière suivante,
De l'orthocentre du triangle AC″D″, on abaisse une perpendiculaire Δ sur AD. La normale en I rencontre Δ en un
point J ; on prend Iω = 2JI ; ω est le centre de courbure.

**89. Remarque relative au problème de l'inter-
section d'une droite et d'une conique.** — On a sans
doute observé que nous n'avions, à aucun moment, abordé
certains problèmes qu'on a quelquefois considérés comme
appartenant à la géométrie de la règle, mais qui ressortent

---

(*) *Mathesis*, 1885 ; t. V, p. 26.

vraiment d'une géométrie supérieure; nous entendons ici, par cette expression, la géométrie du compas. Tels sont les problèmes dans lesquels on se propose de déterminer les points communs à une droite tracée Δ et à une conique bien déterminée, par certaines conditions données; ou encore ceux où l'on se propose le tracé, point par point, de coniques ayant avec une conique donnée un contact d'un certain ordre et vérifiant en outre quelques autres conditions (*), etc.

Tous ces problèmes exigent qu'une conique donnée soit tracée dans l'épure que l'on fait, ou que, à un certain moment on fasse usage du compas; ce sont donc des problèmes du second degré, insolubles avec la règle seule. Mais le problème retombe au premier degré et ressort alors de la géométrie de la règle, dans le sens rigoureux que nous donnons à ce terme dans cet ouvrage, lorsque l'un des points communs à la conique et à la droite considérées est connu d'avance.

Nous donnerons, en terminant les problèmes relatifs aux coniques, un exemple remarquable de ce dernier genre de problèmes.

**90. Problème.** — *Connaissant le pied d'une normale Δ à la parabole P, trouver le second point commun à Δ et à P.*

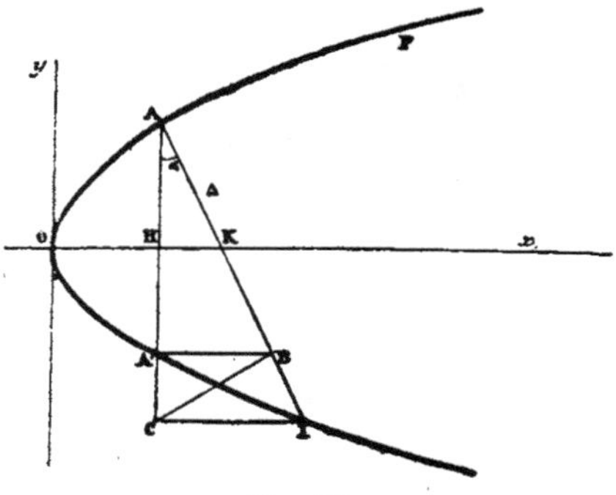

*Fig. 62.*

Soit A′ $(x', y')$ le point symétrique de A par rapport à O$x$; ayant fait la construction qu'indique la figure (construction dans laquelle AA′B, ABC, ACI sont des angles droits) on obtient sur la normale

---

(*) *Géométrie de la Règle;* théorèmes et problèmes sur les contacts des s ctions coniques, par M. Plücker, docteur de l'Université de Bonn (*Annales de Gergonne,* t. XVII; 1826 et 1827; p. 37).

Δ un point I; il est facile de reconnaître que I est le second point d'intersection de Δ avec P.

En désignant par $x''$, $y''$ les coordonnées de C, on a en effet $CH = -y^{\cdot} = A'H + A'C = y' + A'B \ \mathrm{tg} \ \alpha = y' + 2p \ \mathrm{tg} \ \alpha$, ou

$$CH = -y'' = \frac{2p(x'+p)}{y'}. \qquad (1)$$

D'autre part on a

$$x^{\cdot} = OH + CI = x' + (y' + CH) \ \mathrm{tg} \ \alpha = x'$$
$$+ \frac{p}{y'}\left[y' + \frac{2p(x'+p)}{y'}\right],$$

ou encore

$$x'' = \frac{2p(x'+p)^2}{y'^2}. \qquad (2)$$

Les formules (1) et (2) prouvent bien que
$$y''^2 = 2px^{\cdot}.$$

Ainsi, I est le point cherché; il s'obtient, en faisant seulement usage de la règle et de l'équerre. par la construction qu'indique la figure. Dans cette construction, on ne suppose nullement que la parabole soit tracée; cette courbe est déterminée par son axe, la tangente au sommet et un point A.

Mais, sans vouloir multiplier autrement ces considérations diverses, nous quittons avec cet exercice l'étude des sections coniques pour nous occuper des applications de la géométrie de la règle au tracé, par points et par tangentes, de certaines courbes d'un ordre supérieur. Nous abordons ici un sujet plus intéressant et qui ne semble pas avoir encore été exploité, du moins avec la suite et la méthode que nous allons y mettre. Les chapitres que nous consacrons à cette étude compléteront la première partie de cet ouvrage ; nous développerons ensuite, comme nous l'avons annoncé, dans la seconde partie, les applications pratiques de la géométrie de la règle et de l'équerre aux questions diverses qui intéressent les opérations effectuées sur le terrain et quelques problèmes que soulève l'art de la guerre.

# CHAPITRE IX

## LE TRACÉ DES CUBIQUES

*La cissoïde de Dioclès et la duplication du cube* (*).

**91. Génération normale de la cissoïde.** — Soient
Δ et Δ' deux droites parallèles et AB une perpendiculaire
commune ; par A menons une transversale AD, puis, du

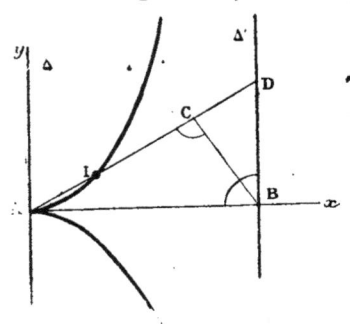

point B abaissons une perpendiculaire BC et prenons
enfin AI = CD (**). Le
lieu décrit par le point I
quand AD tourne autour de
A, est une courbe imaginée
par Dioclès et qu'on nomme
la cissoïde.

En posant

AI = $\rho$,   DAB = $\omega$,   AB = $d$,

on trouve immédiatement

*Fig. 63.*

$$\rho = \frac{d \sin^2 \omega}{\cos \omega} ;$$

c'est l'équation polaire de la cissoïde.

En prenant AB pour axe des $x$, Δ pour axe des $y$, l'équation précédente donne

$$y^2 = \frac{x^3}{d - x},$$

c'est, dans le système d'axes adopté, l'équation cartésienne
de la cissoïde.

La génération précédente n'exige, comme on le voit, que
l'usage de la règle et de l'équerre ; car (§ **26**) nous savons

---

(*) Il va sans dire que le problème de la duplication du cube ne ressort
nullement de la géométrie de la règle ; nous n'en parlons ici qu'incidemment
à propos de la cissoïde qui doit, à ce problème fameux, sa première renommée.

(**) Il est bien entendu qu'en écrivant AI = CD, nous voulons exprimer
non seulement que les segments AI et CD sont égaux, mais aussi qu'ils ont
la *même direction*.

porter un segment donné CD sur sa direction, en prenant pour origine un point quelconque A. Mais nous allons faire connaître d'autres constructions, point par point, de la cissoïde, qui se prêtent mieux que la précédente à l'emploi de ces deux instruments.

**92. Générations diverses de la cissoïde.** — 1° Prenons encore les deux parallèles Δ, Δ′, puis effectuons avec elles

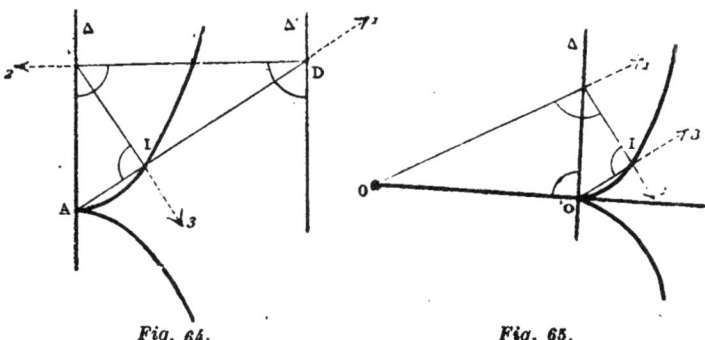

Fig. 64.                    Fig. 65.

la construction (1, 2, 3, *fig. 64*) (*). On obtient un point I qui décrit évidemment une cissoïde.

On peut présenter cette construction, dans une forme un peu différente, en effectuant la construction (1, 2, 3, *fig. 65*).

2° Aucune construction ne peut, croyons-nous, dépasser en rapidité celles que nous venons d'indiquer et qui n'exigent, pour la détermination d'un point de la cissoïde, que trois mouvements de la règle ou de l'équerre; mais en voici une qui, bien que plus compliquée, offre un intérêt particulier; elle permet, en effet, de construire une cissoïde dont l'asymptote Δ′ ne peut être placée dans les limites de l'épure.

Soient O, O′, O″ trois points en ligne droite; on fait la con-

---

(*) Pour abréger, nous convenons de désigner ainsi une construction effectuée avec la règle et l'équerre dans l'ordre marqué par les chiffres qui sont placés sur la figure; de plus, pour éviter toute ambiguïté nous indiquerons les angles droits par un petit arc de cercle. Enfin, dans les constructions qui ont pour objet la génération de certaines courbes, c'est la transversale 1 que nous supposerons mobile; elle détermine la mobilité des autres droites 2, 3, etc.

struction (1, 2, 3, 4, 5, *fig. 66)*; le point I décrit une cissoïde,
quand la transversale 1 est supposée mobile.

En effet, si nous posons

$$O''I = \rho, \qquad IO''x = \omega, \qquad OO' = d, \qquad O'O'' = d',$$
$$OMO' = O''MI = \alpha,$$

nous avons

$$MO' = (d + d') \sin \omega, \quad \text{et} \quad \rho = (d + d') \sin \omega \, \text{tg} \, \alpha. \quad (1)$$

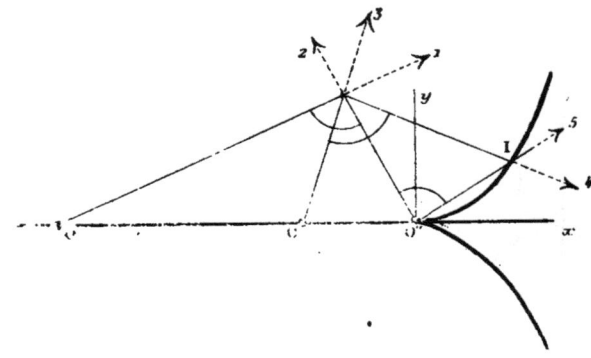

*Fig. 66.*

D'autre part, le triangle OMO' donne

$$\frac{d}{\sin \alpha} = \frac{MO}{\sin (\alpha + \omega)} = \frac{(d + d') \cos \omega}{\sin \alpha \cos \omega + \sin \omega \cos \alpha} \quad (2)$$

Si nous éliminons $\alpha$ entre (1) et (2) nous obtenons

$$\rho = \frac{d(d + d') \sin^2 \omega}{d' \cos \omega},$$

c'est bien l'équation de la cissoïde donnée plus haut. Le
point O' est le sommet de cette cissoïde et la distance du
point O'' à l'asymptote de la courbe est égale à $h$,

$$h = \frac{d\,(d + d')}{d'}.$$

En supposant que $d'$ soit suffisamment petit on voit que cette
longueur $h$ peut être aussi grande que l'on voudra et l'on
pourra construire la cissoïde, dans le voisinage de son sommet, sans avoir besoin de connaître l'asymptote de la courbe.

3° Prenons deux points O, O'; la construction (1, 2, 3, 4,

*fig. 67)* donne un point I ; ce point décrit une cissoïde, quand la transversale 1 tourne autour du point O.

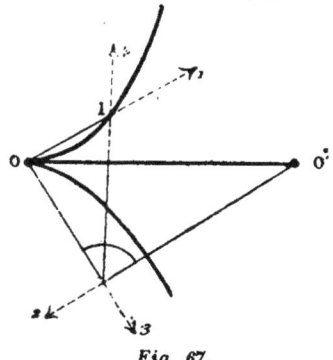

Il serait de peu d'intérêt, croyons-nous, de multiplier ces constructions qui varient à l'infini ; nous avons choisi les précédentes parmi celles qui offrent le plus d'intérêt et de simplicité, et nous allons maintenant nous occuper du tracé de la tangente à la cissoïde.

Fig. 67.

**93. Tracé de la tangente.** — Considérons deux transversales ACD, AC′D′ et prenons sur ces droites AI = CD, AI′ = C′D′ ; les deux points I et I′, ainsi obtenus, sont deux points de la cis-soïde. Les deux droites C′C et I′I sont deux transversales réciproques, dans le triangle ADD′ ; on peut donc dire que les points M et M′ sont sy-métriques par rapport au milieu de DD′. Si nous sup-posons maintenant que la transversale AC′D′ vienne se confondre avec ACD, la droite II′, par définition, a pour position limite la tangente, au point I, à la cissoïde et, d'autre part, CC′ devient, à la limite, la tangente au cercle au point C.

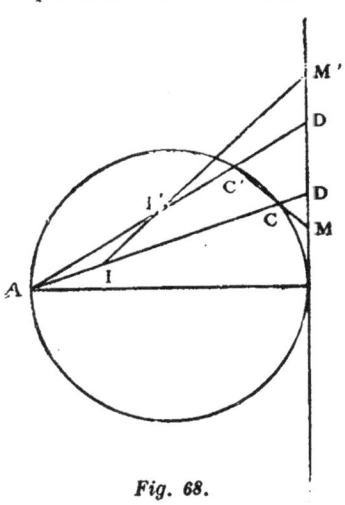

Fig. 68.

De cette remarque résulte une construction de la tangente à la cissoïde ; cette construction est indiquée sur la figure. ci-dessous. Pour obtenir la tangente Iμ′, on a pris Dμ = Dμ.

Pour simplifier les explications, et aussi pour les rendre

plus faciles à saisir, nous avons tracé, dans ces deux figures,
le cercle qui admet AB pour diamètre ; mais il va sans dire
que le tracé de ce cercle
n'est pas nécessaire;
et cette remarque a son
importance, dans un
livre où nous nous
interdisons l'emploi
du compas.

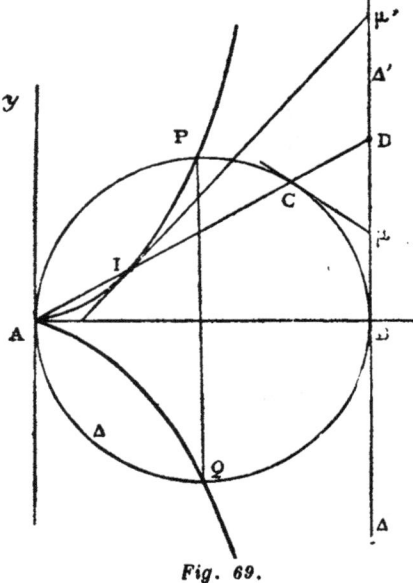

La *cissoïde oblique*
donne lieu à une gé-
nération analogue et
le tracé de la tangente
en un point pris sur
cette courbe résulte
immédiatement de
l'application du théo-
rème des transversales
réciproques; mais nous
aurons occasion de re-
trouver cette courbe
quand nous nous oc-

*Fig. 69.*

cuperons des cubiques circulaires.

LA DUPLICATION DU CUBE

### 94. Résumé historique de la question. — Le problème
de la duplication du cube est celui qui correspond à l'équation

$$x^3 = 2a^3.$$

Dans cette égalité, $a$ est une ligne donnée; $x$ représente
une longueur inconnue et que l'on propose de construire.

Ce problème est insoluble avec la règle et le compas,
pour des raisons qui sont connues de tous ceux qui sont
initiés aux premiers principes des vérités mathématiques, et
toute discussion sur ce point a cessé depuis longtemps.

Hippocrate de Chio (*) (vers 450 av. J.-C.) observa que si

_____

(*) Ou de *Chios* suivant l'orthographe adoptée par M. Maximilien Marie.
(*Histoire des Sciences Mathématiques et Physiques*, t. I, p. 25.)

l'on pouvait déterminer deux lignes $x$, $y$ telles que

$$a, x, y, 2a$$

soient quatre termes consécutifs d'une progression géométrique, le second terme de cette suite serait le côté cherché.

En effet, les égalités

$$x^2 = ay, \qquad y^2 = 2ax, \qquad (1)$$

donnent bien $\qquad x^3 = 2a^3$.

Le problème de la duplication du cube devint, après cette remarque, *le problème de deux moyennes proportionnelles*. Mais, comme on l'a justement fait observer (\*), « la difficulté n'était que déguisée ; elle n'avait fait que changer de forme ».

Pappus (\*\*) a présenté une solution de ce problème ; c'est cette solution que nous allons reproduire en lui ajoutant le perfectionnement que Dioclès y apporta, en introduisant la cissoïde dans la construction qu'avait indiquée Pappus. Nous donnerons ensuite d'autres solutions du présent problème.

**95. La solution de Dioclès.** — Construisons d'abord un triangle rectangle CAB, en prenant

AB $= 2a$,      AC $= a$ ;

puis, du point A comme centre avec un rayon égal à $2a$ décrivons le cercle $\Delta$ et menons enfin par le point O une transversale OQ de telle façon que l'on ait

IM $=$ MP ;

nous allons montrer que AM est égal au troisième terme $y$ de la progression géométrique imaginée par Hippocrate.

Posons AM $= y$ ; nous avons

SM $= 2a + y$,      MR $= 2a - y$,

et, par suite,

$$MP.OM = 4a^2 - y^2. \qquad (2)$$

(\*) *Aperçu historique*, p. 6. — Ch. Bossut, *Essai sur l'Histoire générale de Mathématiques*, p. 35.

(\*\*) *Collections Mathématiques:* lib. 8, prop. XI.

D'autre part, le triangle OMA et la transversale ICB donnent

$$\frac{IM}{OI} \cdot \frac{CA}{CM} \cdot \frac{BO}{BA} = 1,$$

ou

$$2MP.a = (OM - MP)(y - a).$$

Cette égalité peut s'écrire

$$MP(a + y) = OM(y - a),$$

on a donc

$$MP.OM.(a + y) = \overline{OM}^2(y - a). \qquad (3)$$

Des égalités (2) et (3), on déduit

$$(4a^2 - y^2)(a + y) = (4a^2 + y^2)(y - a)$$

ou, tout calcul fait,

$$y^3 = 4a^3.$$

D'ailleurs les relations (1) donnent précisément $y^3 = 4a^3$; $y$ représente donc bien le troisième terme de la progression d'Hippocrate.

Pour mener, comme le proposait Pappus, une transversale OQ telle que MP = MI, Dioclès, observant que OI est alors égal à PQ, imagina de construire le lieu du point I, quand on suppose que, la transversale OPQ tournant autour du point O, on prenne constamment OI = PQ. C'est ainsi que la cissoïde s'est présentée pour donner la solution de ce problème de la duplication du cube.

Mais la cissoïde n'est pas, si l'on veut nous passer le mot, la seule *duplicatrice*; l'on conçoit bien, en effet, que toutes les cubiques peuvent, plus ou moins simplement, jouer le même rôle et servir à la solution de ce problème. Il s'en faut même de beaucoup que la cissoïde soit la courbe qui se prête le mieux à cette solution, comme nous espérons le montrer.

### 96. Exemple d'une cubique duplicatrice. — Considé-

rons deux droites rectangulaires $\Delta$, $\Delta'$, un point fixe O, et soit effectuée la construction (1, 2, 3, *fig. 71*) dans laquelle les angles OAB, CBI sont droits. Cherchons le lieu décrit par le point I.

Posons

$$OC = d, \quad OI = \rho, \quad AOC = \omega.$$

nous avons alors

$$OA = \frac{d}{\cos \omega}, \quad CB = d \, tg^2 \, \omega, \quad AI = \frac{d \, tg^2 \, \omega}{\cos \omega}$$

et, par suite,

$$\rho = \frac{d(1 + tg^2 \, \omega)}{\cos \omega},$$

ou, plus simplement,

$$\rho = \frac{d}{\cos^3 \omega}.$$

En coordonnées cartésiennes, cette équation s'écrit

$$x^3 = d(x^2 + y^2).$$

La courbe $\Gamma$ qui correspond à cette équation affecte la forme générale qu'in-
dique la figure. Elle est constituée, abstraction faite du point double isolé O, par une seule branche parabolique doublement infléchie et tournant sa concavité vers la droite $\Delta$. On peut aussi vérifier que l'inflexion de la branche a lieu pour $\omega = 3o°$, ce qui permet de déterminer ce point très faci-
lement et cette remar-

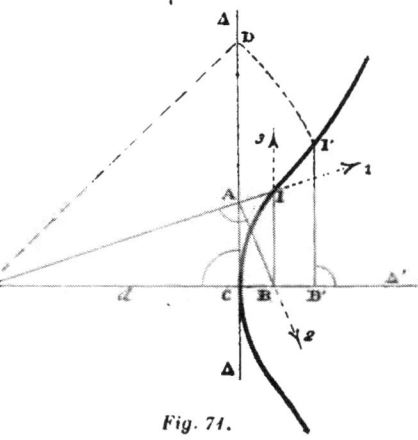

*Fig. 71.*

que trouve son utilité dans le tracé de la courbe.

Nous déterminerons tout à l'heure la tangente en un de ses points ; montrons d'abord comment elle peut servir de duplicatrice.

Du point O comme centre, avec un rayon égal à $d\sqrt{2}$, décrivons un arc de cercle qui coupe $\Gamma$ au point I'. Nous aurons

$$x^3 = d(d\sqrt{2})^2$$

ou

$$x^3 = 2d^3.$$

Ainsi OB' est le côté du cube qui, en volume, serait le double du cube dont le côté est égal à OC.

Le tracé de la tangente à Γ, en un point pris sur cette courbe, se fait très simplement par la remarque suivante.

Soit I un point de la courbe; désignons par ρ et α les coordonnées de ce point. L'équation connue de la tangente à une courbe, dans le système des coordonnées polaires, donne, dans cet exemple et après calcul fait,

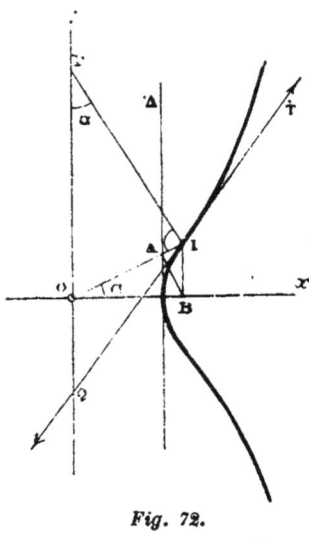

$$\frac{d}{\rho} = \cos^2 \alpha \left\{ \cos \omega (\cos^2 \alpha + 3 \sin^2 \alpha) \right.$$

$$\left. - \sin \omega \sin^2 \alpha \right\}.$$

Parmi les solutions évidentes de cette égalité, on peut distinguer la suivante :

$$\omega = 90°, \quad \frac{d}{\rho_0} = - 2\cos^3 \alpha \sin \alpha ;$$

$\rho_0$ désignant la distance à l'origine du point où la tangente cherchée rencontre OI.

*Fig. 72.*

On a d'ailleurs

$$OI = \frac{d}{\cos^3 \alpha}, \quad \text{et} \quad OP = \frac{OI}{\sin \alpha}$$

et, par conséquent,

$$OQ = \rho_0 = - \frac{OP}{2}.$$

On obtient donc la tangente IQ en prenant $OQ = \frac{PO}{2}$.

Sur la figure, nous avons appliqué cette construction générale à la tangente inflexionnelle et, à cet effet, nous avons pris l'angle α égal à 30°.

Nous aurons d'ailleurs occasion de signaler plus loin d'autres cubiques qui se prêtent d'une façon commode à la solution du problème qui nous occupe et dont le tracé s'effectue avec la règle et l'équerre; mais voici, pour quitter ce sujet incident, deux solutions qui nous paraissent intéressantes et qui n'exigent que le tracé des courbes simples : le cercle, l'hyperbole équilatère ou la parabole.

**97. Solution du problème de la duplication du cube par un arc de cercle et un arc d'hyperbole équilatère.** — Prenons un angle droit $yox$ et un point M; de M, abaissons les perpendiculaires MP et MQ, puis joignons PQ. Cette droite rencontre la perpendiculaire élevée à OM, au point M, en un certain point M′.

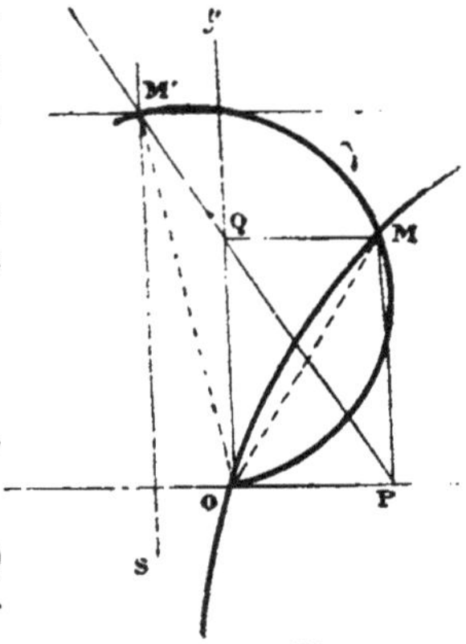

Soient $x$, $y$ les coordonnées de M; $x'$, $y'$ celles de M′; nous avons d'abord

$$\frac{x'}{x} + \frac{y'}{y} = 1; \quad (1)$$

d'autre part, l'équation de MM′ prouve que

$$y(y' - y) + x(x' - x) = 0. \quad (2)$$

Les relations (1) et (2) donnent par combinaison

Fig. 73.

$$\frac{y'}{x'} = -\frac{y^3}{x^3}.$$

Le problème général, celui qui se propose de *construire un cube qui soit à un cube donné dans un rapport donné*, trouve dans cette relation une des solutions les plus simples, si nous ne nous trompons, qu'il comporte.

Toute la question revient évidemment à celle-ci : étant donné le point M′, trouver le point correspondant M. Or le point M appartient : 1° au cercle $\gamma$ décrit sur OM′ comme diamètre *(éq. 2)*, 2° à une hyperbole équilatère H ayant pour asymptotes les droites M′R, M′S menées par M′, parallèlement aux axes, et passant par l'origine *(éq. 1)*.

**98. Duplication du cube au moyen de deux arcs de paraboles.** — Nous donnerons encore, pour terminer cette digression, une solution du problème de la duplication du cube au moyen de deux arcs de parabole.

Prenons un rectangle OAMB, projetons le sommet M sur AB en M′. Nous avons

$$\frac{MA}{M'B} = \frac{\overline{MA}^2}{\overline{MB}^2}, \quad \overline{M'A}^2 = AM.AR, \quad \overline{M'B}^2 = BS.BM,$$

et par suite

$$\frac{M'Q}{M'T} = \left(\frac{MA}{MB}\right)^3.$$

Comme nous l'avons observé au paragraphe précédent, le problème revient, d'après cela, à déterminer le point M, connaissant M'. Or, lorsqu'on fait tourner autour de M' les

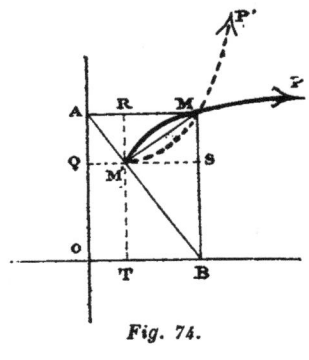

deux droites rectangulaires AB et M'M, les relations :

$$M'S^2 = MS.BS, \quad \overline{M'R}^2 = MR.AR,$$

prouvent que l'on peut considérer M comme appartenant aux deux paraboles P, P' lesquelles se construisent point par point au moyen de la règle et de l'équerre, comme l'indique la figure, la construction relative au point M pouvant se reproduire pour tous les autres points de P et de P'.

*Fig. 74.*

On voit que cette construction réalise, avec la généralisation convenable, l'idée arithmétique qui avait conduit Hippocrate au problème des deux moyennes proportionnelles.

## CHAPITRE X

### LA STROPHOÏDE, LA TRISECTRICE DE MAC-LAURIN ET LES CUBIQUES CIRCULAIRES UNICURSALES

**99.** — J'arrive maintenant au tracé de la strophoïde et je dois rappeler d'abord la définition de cette courbe. On sait qu'étant données deux droites, Δ, Δ' se coupant au point B, et sur celle-ci un point fixe A ; si l'on mène par A une transversale rencontrant Δ en C sur laquelle on prenne, à chaque instant,

$$CI = I'C = CB,$$

le lieu du point I, ou du point I', est une courbe du troisième degré, présentant au point C un nœud droit; cette courbe est la *strophoïde*.

Lorsque les droites Δ, Δ' sont rectangulaires, la cubique est symétrique par rapport à Δ'; elle prend le nom de strophoïde droite; dans l'hypothèse contraire, on a une strophoïde oblique.

Mais cette génération, point par point, exige l'emploi du compas et nous voulons indiquer comment on peut construire la strophoïde avec la règle et l'équerre. Seulement, pour éviter certaines longueurs et des répétitions sans intérêt, nous aborderons immédiatement le tracé des cubiques circulaires unicursales, en indiquant les conditions spéciales que doit réaliser la figure pour que la construction signalée conduise au cas de la strophoïde ou à celui de la trisectrice de Mac-Laurin, courbes remarquables que nous avons plus particulièrement en vue dans ce chapitre.

**100.**—Le problème en question comporte naturellement une infinité de solutions; nous nous bornerons à exposer celles qui, parmi tous les tracés que nous avons imaginés, nous ont paru résoudre le problème qui nous occupe, d'une façon simple.

Imaginons une droite Δ et trois points en ligne droite O, O', O''; O' étant situé sur Δ; puis effectuons la construction indiquée (1, 2, 3). Nous obtenons ainsi un point I ; cherchons le lieu décrit par ce point.

Ayant posé:

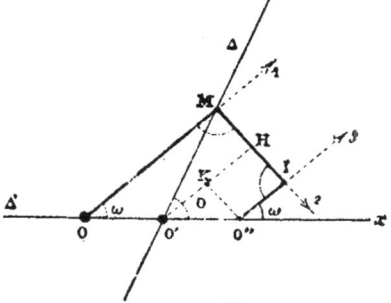

$$O'I = \rho,$$
$$IO'x = \omega,$$
$$OO' = d,$$
$$O'O'' = d' \;;$$

nous avons

*Fig. 75.*

$$O'M = d\,\frac{\sin \omega}{\sin (\theta - \omega)}.$$

D'autre part

$$\rho = O'H - O'K = O'M \cos (\theta - \omega) - d' \cos \omega,$$

par suite

$$\rho = d\,\frac{\sin \omega \cos (\theta - \omega)}{\sin (\theta - \omega)} - d' \cos \omega.$$

En convertissant cette équation en coordonnées cartésiennes, on a pour le lieu du point I

$$(x \sin \theta - y \cos \theta)(x^2 + y^2) = \sin \theta\,(dy^2 - d'x^2) \qquad \text{(A)}$$
$$+ (d + d')xy \cos \theta.$$

A cette équation correspond une cubique passant par les ombilics du plan et présentant en O″ un point double ; en d'autres termes, ce lieu est une cubique circulaire unicursale.

Si le point O′ se trouve placé au milieu de OO″, c'est-à-dire si l'on suppose $d = d'$, les tangentes au point double, d'après l'équation (A), sont rectangulaires et le lieu décrit par I est une strophoïde.

Il est d'ailleurs bien facile de le vérifier. En effet, joignons O′I et menons O′A parallèle à Δ ; puis observons que la perpendiculaire abaissée de O′ sur MI, tombant au milieu

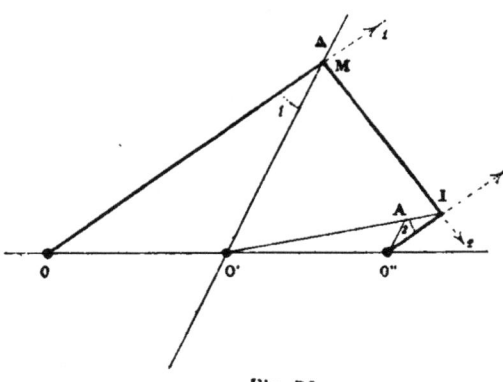

de ce segment, le triangle MOI′ est isocèle. D'après cette remarque, nous pouvons dire que les angles $\widehat{1}$ et $\widehat{2}$ sont égaux et il en résulte que le triangle O′AI est isocèle. Le lieu du point I est donc une

*Fig. 76.*

strophoïde ; la strophoïde est droite lorsque Δ est perpendiculaire sur OO′O″.

**101.** — On peut obtenir l'équation des cubiques circulaires unicursales sous une forme plus simple de la manière suivante.

Prenons un rectangle OABC, puis O et O″ étant deux points fixes, effectuons le tracé 1, 2, 3, lequel, au fond est identique au précédent.

En projetant sur la direction OI les contours brisés OCO″, OIMO″, on a immédiatement

$$? + \frac{h-b}{\sin \omega} = a \cos \omega$$

$+ h \sin \omega,$

ou, en coordonnées cartésiennes,

$$y(x^2 + y^2) = (b - h)x^2 + by^2 + axy.$$

Si nous supposons que nous ayons

$$b = h - b, \quad \text{ou} \quad h = 2b,$$

les **tangentes** au nœud sont rectangulaires et le lieu décrit par le **point** I est une strophoïde.

**Cherchons à** vérifier directement ce fait. Supposons donc que le point O″ *(fig. 78)* soit tellement placé que O″B = BC ; alors la droite OO″ coupe AB au point K en deux parties égales. D'ailleurs les triangles OAH, O″BM étant égaux, nous avons AH = MB et, par suite, HK = KM.

La droite IK joint donc le sommet d'un triangle rectangle

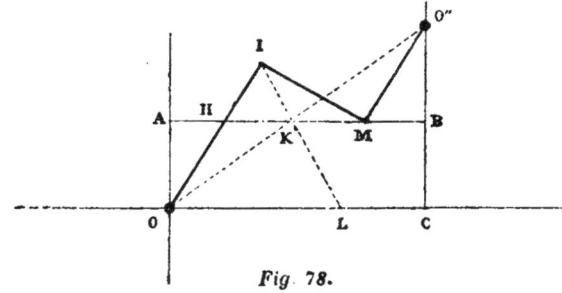

*Fig. 78.*

au milieu de l'hypothénuse ; par conséquent, le triangle IKH est isocèle. Mais alors ILO, lui aussi, est isocèle et l'on peut considérer le point I comme décrivant une strophoïde dans les conditions suivantes : les points K et O sont fixes, et, sur la transversale mobile IKL, rencontrant en L la droite fixe OC, on prend, à chaque instant, LI = LO.

Nous allons indiquer maintenant une construction qui est une application très particulière de la transformation conchoïdale des courbes que nous avons développée ailleurs (*); cette construction nous conduira, et c'est le principal intérêt qu'elle présente, à la détermination, tangente par tangente, des cubiques circulaires unicursales. Il convient d'observer comme on va le vérifier d'ailleurs, qu'elle n'exige, comme tous

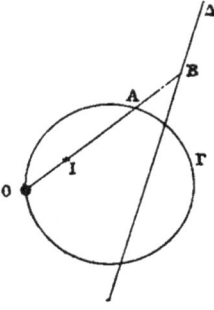

les tracés que nous exposons dans cet ouvrage, que l'emploi de la règle et de l'équerre; mais elle est singulièrement simplifiée si l'on s'accorde l'usage du compas à pointes sèches, instrument qui permet de déplacer, dans une épure, la position d'une longueur donnée, sans pourtant faire usage des arcs de cercles.

**102. Tracé normal des cubiques circulaires unicursales.** — Les

*Fig. 79.*

cubiques que nous étudions ici peuvent être considérés comme des conchoïdales, courbes transformées de la droite et du cercle d'après la définition suivante.

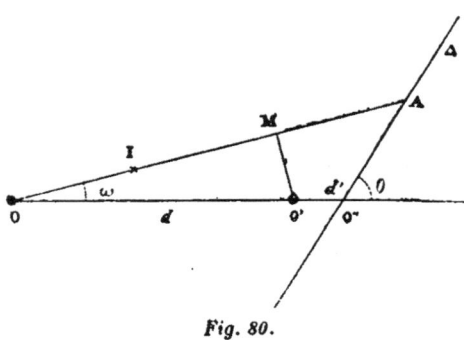

Soient une droite Δ, un cercle Γ et un point O sur Γ; par O menons une transversale OAB et prenons OI=AB; il est facile de vérifier que le lieu décrit par le point I est une cubique circulaire unicursale.

On obtient la stro-

*Fig. 80.*

phoïde en prenant pour Δ une droite passant par le centre de Γ.

---

(*) *Nouvelle Correspondance Mathématique*, t. V, 1879, p. 145.

Mais voici comment, le tracé du cercle Γ n'étant pas accordé, on peut réaliser la construction précédente.

Imaginons une droite Δ et deux points quelconques O, O' ; par O' menons une droite mobile O'M et du point O abaissons une perpendiculaire OM ; enfin, prenons OI = AB. Le lieu du point I est une cubique circulaire unicursale.

Nous avons en effet     OM = $d \cos \omega$,

et     $OA = \dfrac{(d + d') \sin \theta}{\sin (\theta - \omega)}$.

Finalement, l'équation polaire du lieu décrit par I est

$$\rho = \frac{(d + d) \sin \theta}{\sin (\theta - \omega)} - d \cos \omega,$$

ou, en coordonnées cartésiennes,

$$(x^2 + y^2) (x \sin \theta - y \cos \theta) = x^2 d' \sin \theta + y^2 (d + d') \sin \theta + d \, xy \cos \theta.$$

Cette égalité représente une strophoïde quand on a

$$d + 2 d' = 0,$$

c'est-à-dire lorsque Δ passe par le milieu de OO'.

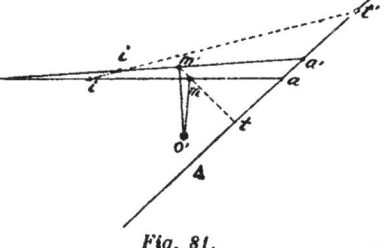

Fig. 81.

### 103. Tracé de la tangente. — Comme

nous l'avons annoncé tout à l'heure, cette construction, point par point, des cubiques circulaires unicursales permet de les déterminer, tangente par tangente, comme nous allons l'indiquer.

Considérons deux positions infiniment voisines de la figure constituant la construction que nous venons d'indiquer. Dans le triangle $oaa'$ (fig. 81), nous pouvons

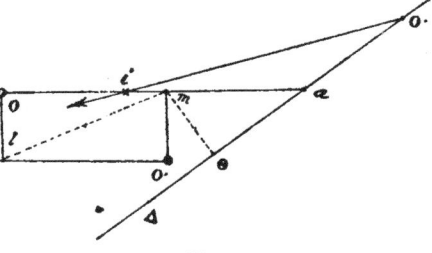

Fig. 82.

considérer $ii'$ et $mm'$ comme deux transversales réciproques ; de telle sorte que les points $t$ et $t'$ sont isotomiques sur $aa'$.

En passant à la limite, on est conduit, par ces considérations, au tracé indiqué *(fig. 82)*.

Dans cette construction : $oo'ml$  est un rectangle, $m\theta$ est perpendiculaire sur $ml$ et on a pris $a\theta' = \theta a$. La droite $\theta'i$ est la tangente cherchée.

**104.** — Outre la cissoïde et la strophoïde, on peut citer, parmi les courbes célèbres qui se rattachent au groupe des cubiques circulaires unicursales, la trisectrice de Mac-Laurin (*).

En général, on donne le nom de *trisectrice* à une courbe qui permet de résoudre le problème de la trisection d'un angle donné; il y a, naturellement, une infinité de trisectrices; et ces courbes, lorsqu'elles sont combinées, pour la solution en question, avec une droite, sont au moins du troisième degré; celle dont nous allons dire quelques mots est une des plus simples que l'on puisse concevoir, elle correspond à la définition suivante : *la trisectrice de Mac-Laurin est une cubique circulaire droite possédant un nœud et les tangentes en ce point sont inclinées respectivement, sur l'axe de la courbe, d'angles égaux à 60° et à 120°.*

Nous voulons simplement indiquer ici le tracé par points

---

(*) D'après un renseignement que je dois à l'obligeance de M. Schoute, professeur à l'université de Groningue, cette courbe se trouve dans le *Traité des fluxions*, de Mac-Laurin (1749, pl. X, fig. 134, p. 198). Elle a fait récemment l'objet de diverses recherches parmi lesquelles nous citerons:

1° Un mémoire de M. Schoute (*Archives Néerlandaises*, t. XX, 1885), ayant pour titre : SUR LA CONSTRUCTION DES COURBES UNICURSALES PAR POINTS ET PAR TANGENTES. Dans ce mémoire se trouve exposé, entre autres choses, un tracé de la trisectrice par points et tangentes, d'après une construction due à M. Godefroy.

2° Une note de M. d'Almeida Lima dans le *Jornal de sciencias mathematicas e Astronomicas*, publié par le Dr Gomes Teixeira, Coimbra, 1885, p. 13), et intitulée *Sobre una curva do terceiro grao.*

3° Deux articles de M. Habich, directeur de l'école spéciale des constructions civiles et des mines de Lima, publiés dans la *Gaceta Cientifica*, année 1885, nᵒˢ 9 et 12, p. 248, etc., ayant pour titre : DIVISION D3 UN ANGULO EN PARTIES IGUALES.

4° Une note publiée par nous (*Journal de Mathématiques spéciales* 1885, p. 176).

5° Voyez aussi notre *Supplément au Cours de Mathématiques spéciales*, p. 113, et l'*Annuaire de l'Association française*, congrès de Grenoble, 1885, p. 131.

D'après une note placée au début du premier article de M. Habich, que je viens de citer, la trisectrice a fait l'objet d'un travail du professeur M. Peraun, de Huànuco; mais cet opuscule ne nous est pas connu.

et par tangentes de la trisectrice en ne faisant usage que de la règle et de l'équerre; il nous suffira de particulariser le tracé général que nous avons fait connaître plus haut, de telle façon que les tangentes au nœud soient inclinées sur l'axe d'angles qui conviennent à la trisectrice en question.

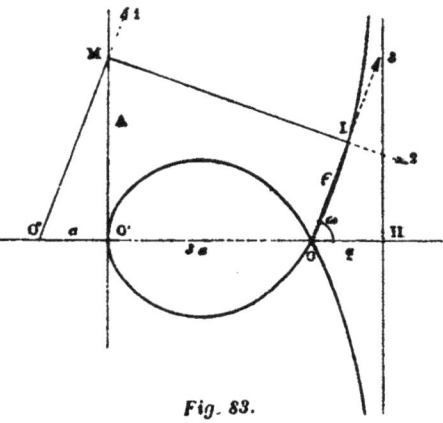

A cet effet, prenons trois points en ligne droite O, O', O" et supposons que OO' = 3O'O', puis faisons la construction (1, 2, 3, *fig. 83.*)

Ayant posé O'O" = a, on obtient pour

*Fig. 83.*

représenter le lieu décrit par le point I, l'équation :

$$\rho = \frac{a}{\cos \omega} - 4a \cos \omega,$$

ou, en coordonnées cartésiennes,

$$x(x^2 + y^2) = a(y^2 - 3x^2).$$

Cette équation représente bien la trisectrice de Mac-Laurin; sa discussion n'offre aucune difficulté et elle établit que la courbe correspondante a la forme qu'indique la figure.

*Tracé de la tangente.* — Il nous reste à trouver le tracé de la tangente en un point pris sur la courbe.

Soit I un point de la trisectrice, point qui correspond au point M de la droite Δ, comme nous venons de l'expliquer. Projetons O sur O"M en P, et menons IJ parallèle à OO"; nous pouvons observer que le

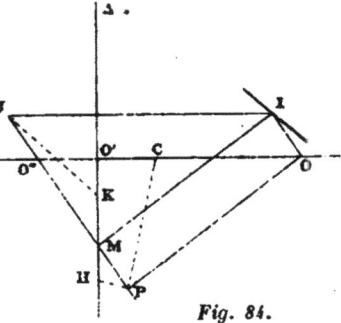

*Fig. 84.*

lieu du point J est une trisectrice égale et parallèle à celle
qui est décrite par le point I et que, d'autre part, le lieu de
P est le cercle décrit sur OO″ comme diamètre. Enfin, les
deux points P, J sont isotomiques sur O″M.

D'après ces diverses remarques, si l'on considère deux
positions infiniment voisines de la figure mobile, le principe
des transversales réciproques prouve que les tangentes aux
lieux décrits par J et P coupent Δ en deux points H, K
symétriques par rapport à M.

Concluons donc que, après avoir pris en C le milieu de
OO′, on doit élever au point P une perpendiculaire PH à
CP et prendre MK = HM; la droite KJ ainsi obtenue est
parallèle à la tangente cherchée.

## CHAPITRE XI

### LES CUBIQUES UNICURSALES NON CIRCULAIRES

Le Folium de Descartes. — La Serpentine. — Le Trident de Newton.
— La Cubique d'Agnesi. — Les Cubiques paraboliques et hyperboliques. — Les Cubiques simples. — Cubiques diverses.

Toutes les cubiques qui possèdent un point double pouvant
s'engendrer, point par point, de telle sorte qu'une transversale
issue du point double ne rencontre la courbe qu'*en un seul
point*, leur construction ressort évidemment de la géométrie
que nous développons ici; et, après nous être occupé, comme
on l'a vu dans le chapitre précédent, des cubiques circulaires
unicursales, nous allons maintenant considérer quelques
autres cubiques unicursales, mais non circulaires.

**105. Le Folium de Descartes** (*). — Soient Δ, Δ′ deux
droites parallèles, OB une perpendiculaire commune ; menons
une transversale mobile OA et, du point B, abaissons BC perpendiculaire sur OA. Prenons ensuite CA′ = AC et soit I le
conjugué harmonique de A par rapport au segment OA′.

---

(*) Sur cette courbe on pourra consulter une intéressante notice
bibliographique de Terquem, publiée dans les *Nouvelles Annales*, 1841,
p. 301.

Nous allons reconnaître que le lieu décrit par I est un folium de Descartes.

Nous avons en effet

$$\frac{2}{OA'} = \frac{1}{OI} + \frac{1}{OA},$$

et

$$OA' + OA = 2OC.$$

Posons

$$OI = \rho, \quad IOB = \omega,$$
$$OB = d\,;$$

les égalités précédentes donnent alors

$$OA' = 2d \cos \omega$$
$$- \frac{d}{\cos \omega}.$$

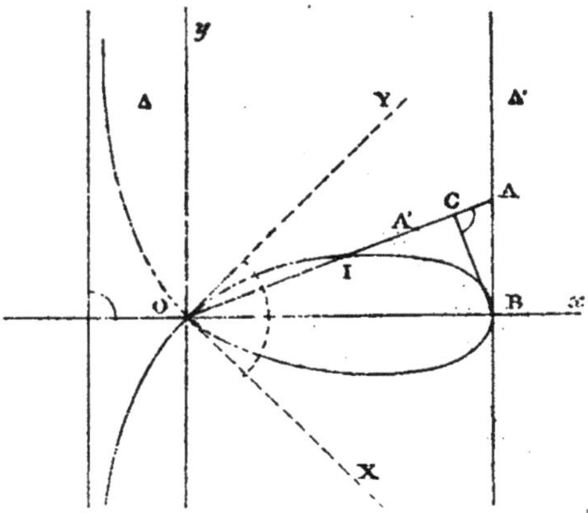

Fig. 85.

Par suite, tout calcul fait, l'équation du lieu cherché est

$$\frac{d}{\rho} = \frac{3\cos \omega - 2\cos^3 \omega}{2\cos^2 \omega - 1},$$

ou, en coordonnées cartésiennes,

$$x(x^2 + 3y^2) + d(y^2 - x^2) = 0.$$

Il est facile de reconnaître, en prenant pour nouveaux axes les bissectrices OX, OY des axes Ox, Oy, que la courbe qui correspond à cette équation est le folium de Descartes.

**106. La tangente au Folium.** — Si nous considérons deux positions infiniment voisines de la transversale OA, les quatre points O, I, A', A formant une division harmonique et le point O étant commun aux deux transversales considérées, nous voyons ainsi que les tangentes aux lieux décrits par les points I, A' et A concourent au même point.

Le point A' décrit une strophoïde et la construction de la tangente au folium, au moyen de la règle et de l'équerre, se trouve ainsi ramenée à un tracé précédemment indiqué.

**107. La transformation de Mac-Laurin.** — Avant de considérer, comme nous en avons l'intention, le trident de Newton, la serpentine et la courbe d'Agnesi, nous devons dire quelques mots de la transformation de Mac-Laurin (*), parce que nous déduirons de celle-ci la construction de ces courbes par points et par tangentes.

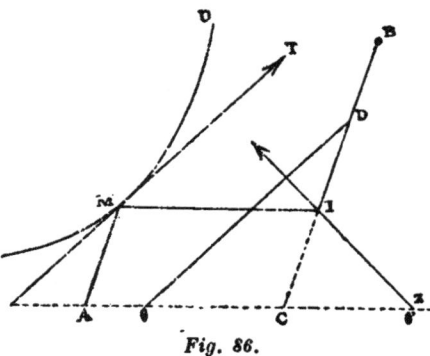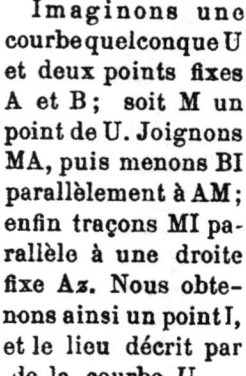

Imaginons une courbe quelconque U et deux points fixes A et B ; soit M un point de U. Joignons MA, puis menons BI parallèlement à AM ; enfin traçons MI parallèle à une droite fixe Az. Nous obtenons ainsi un point I, et le lieu décrit par ce point est une courbe V, transformée de la courbe U.

*Fig. 86.*

Nous allons montrer que l'on peut très simplement obtenir la tangente à la courbe V au point I.

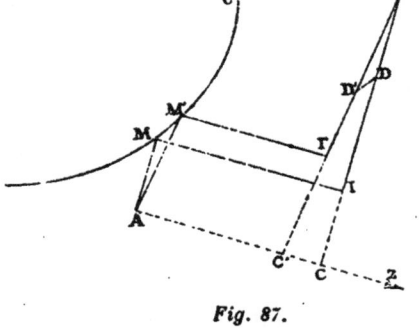

Considérons deux positions voisines du tracé précédent et prolongeons les droites BI, BI' jusqu'à ce qu'elles rencontrent Az aux points C et C', puis prenons

*Fig. 87.*

$$BD = IC = MA, \qquad BD' = I'C = M'A.$$

Les deux triangles MAM', BDD' sont égaux ; d'autre part DD' et II' sont deux transversales réciproques du triangle BCC' et l'on est ainsi conduit à la remarque suivante :

Soit MT la tangente à la courbe U au point M ; ayant pris

---

(*) Cette transformation a été récemment développée par M. Schoute dans un mémoire publié en 1885 au tome XX des *Archives Néerlandaises* et intitulé : *Sur la construction des courbes unicursales par points et par tangentes.* Nous devons ajouter que la transformation que nous utilisons ici n'est qu'un cas très particulier de celle qui a été étudiée par M. Schoute, dans le travail cité.

$BD = MA$ on mène $D\theta$ parallèle à $MT$ jusqu'à sa rencontre en $\theta$ avez $Ax$; soit $\theta'$ le symétrique de $\theta$ par rapport à $C$, $\theta'I$ est la tangente demandée.

Voici une autre transformation des courbes, transformation dont nous avons déjà parlé (*) et qui constitue encore un cas particulier intéressant de celle de Mac-Laurin.

Prenons deux axes rectangulaires $Ox, Oy$ et, sur $Ox$, un point fixe $A$; soit $U$ la courbe que nous voulons transformer. A cet effet, prenons sur $U$ un point $M$; menons $MI$ parallèle à $Oy$ et, par le point de rencontre $B$ de $AM$ avec $Oy$, une parallèle $BI$ à $Ox$; le point $I$ correspond ainsi au point $M$ et en appelant : $x$, $y$ les coordonnées de

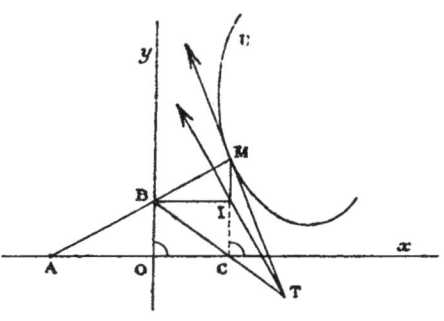

Fig. 88.

$M$; $X$, $Y$ celles de $I$, les formules de transformation sont

$$x = X, \qquad y = Y\frac{X + a}{a}. \qquad (1)$$

Nous allons démontrer que la tangente en $M$ à la courbe $U$, la droite $BC$ et la tangente en $I$ au lieu décrit par ce point, sont trois droites concourantes (**).

Appelons $\xi$, $\eta$ les coordonnées courantes; les équations de $MT$ et de $IT$ sont

$$\eta - y = \frac{dy}{dx}(\xi - x), \qquad \eta - Y = \frac{dY}{dX}(\xi - X). \qquad (2)$$

(*) *Journal de Mathématiques spéciales*, 1885, p. 169.

(**) Cette remarquable construction nous a été indiquée par M. Godefroy, architecte à Amsterdam, et elle peut être considérée comme la conséquence immédiate de celle que M. d'Ocagne a donnée (*loc. cit.*, p. 265); elle résulte aussi, si l'on veut, de considérations qui s'appliquent à toutes les courbes déduites, d'une courbe donnée, par la transformation de Mac-Laurin. Mais, pour ne pas entrer dans ces considérations générales, nous donnons ici une démonstration directe du cas particulier dont nous avons besoin.

Les formules (1) donnent
$$dx = dX, \qquad a(dy - dY) = xdY + Ydx \qquad (3)$$
Des formules (2) et (3), on déduit par combinaison
$$\eta x + \xi Y = 2xY + a(Y - y)$$
ou, en tenant compte de la seconde formule (1),
$$\frac{\xi}{x} + \frac{\eta}{Y} = 1.$$

Cette dernière égalité prouve que les deux tangentes con-sidérées se coupent sur la droite BC.

Les principes que nous venons d'établir vont s'appliquer maintenant, comme on va le voir, à trois des cubiques remarquables que nous avons en vue.

### 108. La Serpentine. — Imaginons deux points fixes

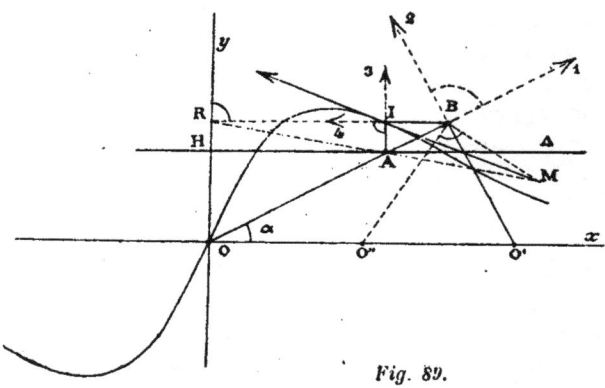

*Fig. 89.*

O, O′ et une droite Δ parallèle à OO′; si nous effectuons la construction (1, 2, 3, 4; *fig. 89*) le lieu décrit par le point I est une cubique à laquelle Newton, pour rappeler sa forme, donnait le nom de *Serpentine*.

En appelant $x$, $y$, les coordonnées du point I et en posant
$$OH = d, \qquad OO' = d', \qquad BOO' = \alpha,$$
on a
$$x = d \cot \alpha, \qquad y = d' \sin \alpha \cos \alpha.$$
Cette dernière relation peut s'écrire
$$y(\sin^2 \alpha + \cos^2 \alpha) = d' \sin \alpha \cos \alpha;$$

l'équation du lieu est donc

$$y(x^2 + d^2) = dd'x.$$

La figure ci-dessus rappelle la forme de la courbe; la tangente au point I a été tracée en appliquant l'élégante construction de M. Godefroy.

### 109. Le trident de Newton. — Cette courbe est une cubique possédant un point double à l'infini et, parmi les cubiques de cette espèce, celle-ci est caractérisée par ce fait que son équation, lorsqu'on choisit convenablement les axes de coordonnées, est

$$y = \frac{U}{V},$$

U et V désignant des fonctions entières de $x$; la première, du troisième degré; l'autre, du premier degré. Il y a, naturellement, au point de vue de la sinuosité, plusieurs formes de trident, suivant le nombre des tangentes réelles que l'on peut mener à la courbe parallèlement à l'axe $Ox$; mais nous n'avons à nous préoccuper ici que de la construction du trident par points et par tangentes.

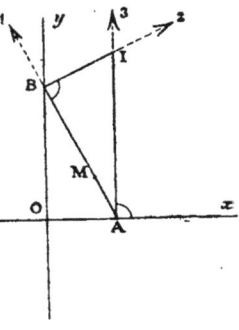

Fig. 90.

Voici, parmi beaucoup d'autres, une génération que nous voulons indiquer à cause de sa grande simplicité, mais elle ne conduit qu'à un trident particulier.

Autour d'un point fixe M on fait tourner une transversale qui rencontre les axes de coordonnées $Ox$, $Oy$ aux points A, B; la construction (1, 2, 3; fig. 90) conduit à un certain point I.

En désignant par $\alpha$, $\beta$ les coordonnées du point M, on trouve que le lieu décrit par I est une courbe représentée par

$$y = \frac{x \left\{ (x - \alpha)^2 + \beta^2 \right\}}{\beta(x - \alpha)};$$

c'est l'équation d'un trident, dans un cas particulier.

Mais voici une génération qui donne le trident, en prenant le mot dans le sens général que nous avons indiqué tout à l'heure.

**Considérons** une parabole P rapportée à son axe $Oy$ et à sa **tangente principale** $Ox$; soient A un point pris sur l'axe, B un point fixe donné sur la corde principale du point A; effectuons la construction ($1, 2, 3$; *fig. 91*) et cherchons le lieu du point I.

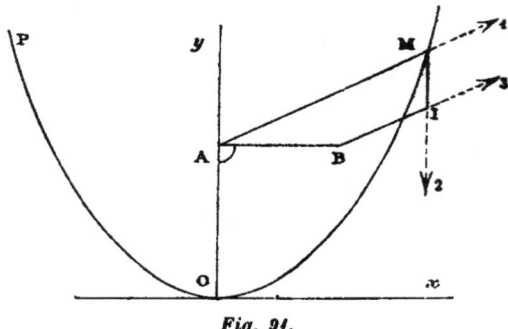

Fig. 91.

Soient $x'$, $y'$ les coordonnées du point M; en posant

$$OA = b, \qquad AB = a,$$

l'équation de BI est

$$y - b = \frac{y' - b}{x'}(x - a).$$

Comme on a $\qquad x = x'$,

et $\qquad x'^2 = 2py'$,

l'élimination de $x'$ et de $y'$ entre ces trois équations donne, pour l'équation du lieu décrit par le point I,

$$y = \frac{x^3 - ax^2 + 2abp}{2px}. \qquad (1)$$

Mais il importe de montrer que *tout trident* peut être engendré par ce procédé.

Considérons, à cet effet, l'équation générale des tridents

$$y = \frac{Ax^3 + Bx^2 + Cx + D}{mx + n}. \qquad (\text{A et } m \gtreqless 0).$$

Si nous transportons les axes parallèlement à eux-mêmes a moyen des formules

$$y + \lambda = Y, \qquad x + \frac{n}{m} = X,$$

l'équation précédente devient

$$Y - \lambda = \frac{AX^3 + B'X^2 + CX + D'}{mX},$$

et si nous disposons de λ par l'égalité
$$C' + \lambda m = 0,$$
nous avons finalement, dans ce système d'axes, l'équation du trident sous la forme

$$Y = \frac{AX^3 + B'X^2 + D'}{mX}. \tag{2}$$

Nous pourrons donc identifier les équations (1) et (2) et il est ainsi démontré que la génération par points, que nous venons de donner, convient à tous les tridents.

Comme nous savons construire une parabole, par points et par tangentes, au moyen de la règle et de l'équerre, nous pouvons donc aussi, par application de la règle donnée dans un paragraphe précédent, construire le trident par points et par tangentes.

**110. La courbe d'Agnesi.** — Cette courbe, comme les précédentes, nous a déjà occupé (*) *(loc. cit.)*; nous ne la signalons ici que pour compléter cette série de cubiques remarquables et pour faire observer qu'on peut la construire, par points et par tangentes, sans autre instrument que la règle et l'équerre.

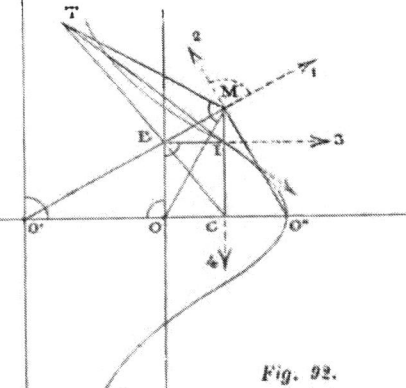

*Fig. 92.*

Soient O, O', O" trois points en ligne droite et tels que O'O = OO". Si nous effectuons la construction (1, 2, 3, 4; *fig. 92)*, le lieu du point I est une courbe d'Agnesi.

En élevant au point M une perpendiculaire MT à OM jusqu'à sa rencontre en T avec BC, la droite TI, d'après la remarque de M. Godefroy, établie plus haut, est la tangente cherchée.

_____

(*) On trouvera (*Journal de Mathématiques spéciales*, 1885, p. 154 et 200) quelques développements et certains détails bibliographiques sur ces trois courbes.

**111. Les cubiques unicursales générales.** — Voici, pour faire un dernier emprunt à l'intéressant mémoire de M. Schoute, une description par points et par tangentes qui permet de tracer les cubiques unicursales droites.

Prenons quatre points en ligne droite A, B, C, D, puis

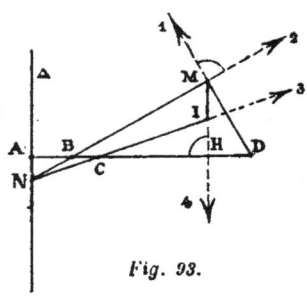

Fig. 93.

effectuons la construction ($1$, $2$, $3$, $4$; *fig. 93*) dans laquelle, bien entendu, les droites MB et MD sont rectangulaires. Si nous posons :

$$AB = a, \quad AC = b, \quad BD = c;$$
$$CI = \rho, \quad ICD = \omega, \quad MBD = \alpha.$$

Nous avons

$$a \ \text{tg} \ \alpha = b \ \text{tg} \ \omega,$$

et

$$c \cos^2 \alpha = \rho \cos \omega + b - a.$$

L'élimination de $\alpha$ entre ces deux équations donne

$$\rho \cos \omega = a - b + \frac{a^2 c}{a^2 + b^2 \ \text{tg}^2 \ \omega}$$

ou, en coordonnées cartésiennes,

$$x(a^2 x^2 + b^2 y^2) = (a + c - b)a^2 x^2 + (a - b)b^2 y^2.$$

C'est l'équation générale des cubiques unicursales droites, quand on prend : 1º pour origine, le point double, 2º pour axe des $x$, l'axe de symétrie.

En faisant varier la disposition des points A, B, C, D on peut ainsi décrire un grand nombre de cubiques remarquables.

La tangente au lieu décrit par le point I se détermine très simplement en observant, avec M. Godefroy, que les tangentes en M et I, aux lieux décrits par ces points, se coupent sur la droite NH. Cette propriété peut s'établir par des considérations géométriques analogues à celles qui sont développées dans le mémoire de M. Schoute, ou directement, en suivant la méthode que nous avons indiquée plus haut, dans un cas semblable.

**112. Les cubiques simples.** — Nous désignerons ainsi celles qui, dans un système convenable de coordonnées cartésiennes rectangulaires, peuvent être représentées par une équation aussi simple que possible, c'est-à-dire par une équation binôme.

Il n'existe que trois cubiques simples correspondant aux équations :

$$x^3 - hy^2 = o, \qquad \text{(A)}$$
$$x^3 - h^2 y = o, \qquad \text{(B)}$$
$$xy^2 - h^3 = o. \qquad \text{(C)}$$

La première est constituée par deux bras paraboliques et elle présente à l'origine un point de rebroussement; la deuxième est formée de deux bras paraboliques présentant une inflexion à l'origine, point qui est centre de la courbe. Ce sont les deux cubiques simples paraboliques.

Quant à la troisième elle affecte la forme de deux branches hyperboliques asymptotes aux axes de coordonnées; elle admet un point de rebroussement à l'infini dans la direction $Ox$; c'est la cubique simple hyperbolique.

**113. Cubique simple parabolique à point de rebroussement.** — Prenons un angle droit $yox$, une droite $\Delta$ parallèle à $oy$, puis effectuons la construction (1, 2, 3, 4; fig. 94).

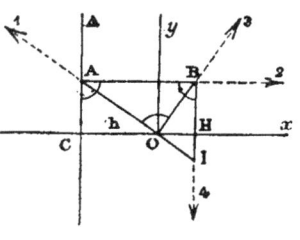

*Fig. 94.*

En posant $OC = h$, $BOx = \alpha$, on a immédiatement
$$x = h \cot^2 \alpha,$$
$$- y = h \cot^3 \alpha.$$

L'équation du lieu décrit par le point I est donc
$$x^3 = hy^2 \, (*). \qquad \text{(A)}$$

*Tracé de la tangente.* — Prenons un point M $(x, y)$ sur la courbe (A); l'équation de la tangente en ce point est
$$3Xx^2 - 2hyY - hy^2 = o,$$

---

(*) Cette parabole cubique a été quelquefois désignée par l'épithète de *parabole Neilienne*, du nom du géomètre Guillaume Neil qui la signala comme une courbe rectifiable parce que son équation vérifiait les relations différentielles indiquées par Wallis pour ces sortes de courbes (*Nouvelles Annales*, 1844, p. 423).

$$\frac{3X}{x} - \frac{2Y}{y} - 1 = 0. \qquad (a)$$

D'une façon générale, on peut observer que si l'équation d'une courbe est

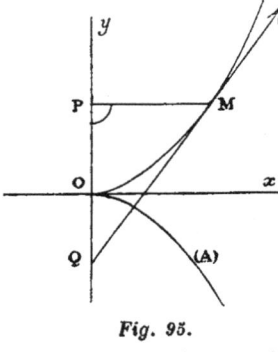

$$x^p = Ay^q,$$

celle de la tangente au point $(x, y)$ est

$$p\,\frac{X}{x} - q\,\frac{Y}{y} = p - q. \quad (T)$$

L'équation $(a)$ étant vérifiée par $X = 0$, $Y - = \frac{y}{2}$, on voit que la tangente à (A) s'obtient en prenant $OQ = \frac{PO}{2}$ et en joi-

*Fig. 95.*

gnant le point Q au point M considéré sur la courbe.

### 114. Cubique simple parabolique à centre. —

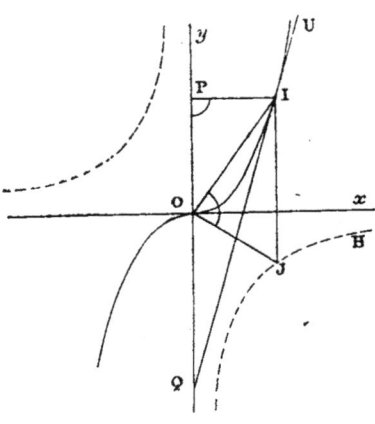

Imaginons une hyperbole équilatère H, rapportée à ses asymptotes ; prenons sur H un point J, joignons OJ, élevons OI perpendiculaire à OJ et menons enfin par J une parallèle à O$x$. Nous obtenons ainsi un point I (X, Y) qui correspond au point J($x$, $y$), et les coordonnées de ces points vérifient les relations $x = X,$ $yY + X^2 = 0.$

D'après cela, à l'hyperbole H représentée par l'équation

*Fig. 96.*

$$xy + h^2 = 0,$$

cette transformation fait correspondre une courbe U dont l'équation est

$$X^3 = h^2Y.$$

On décrira donc l'hyperbole équilatère, point par point, par l'un des procédés connus et qui n'exigent que l'emploi de la règle et de l'équerre, puis on complétera la construction en passant du point J au point I, comme on vient de l'indiquer.

En appliquant la formule (T), dans laquelle on fait

$$p = 3, \qquad q = 1,$$

on a

$$3 \frac{X}{x} - \frac{Y}{y} = 2.$$

En prenant OQ $= 2$PO, QI est la tangente en I.

**115. Cubique simple hyperbolique.** — Prenons un

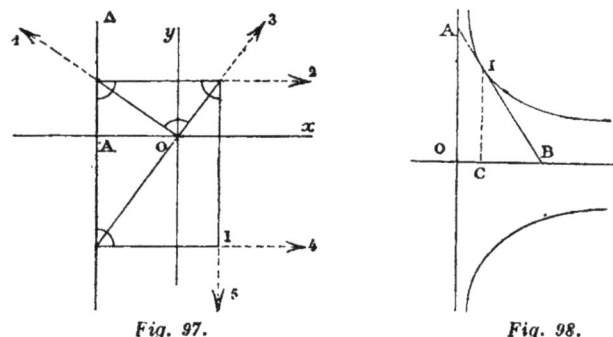

Fig. 97.                    Fig. 98.

angle droit $yOx$ et une droite $\Delta$ parallèle à $Oy$, puis effectuons la construction (1, 2, 3, 4, 5; *fig. 97*) qui conduit à un certain point I. En posant OA $= h$, le lieu de I est représenté par l'équation

$$xy^2 = h^3.$$

L'équation (T) appliquée à cet exemple, dans lequel on a

$$p = 1, \qquad q = -2,$$

donne

$$\frac{X}{x} + 2 \frac{Y}{y} = 3.$$

D'après cela, I étant le point donné sur la courbe *(fig. 98)*,

si l'on projette ce point en C sur OD et si l'on prend
CB = 2OC, BI est la tangente à la courbe.

**116.** REMARQUE. — Les cubiques simples que nous venons
de considérer se prêtent remarquablement bien à la solution
du problème que nous avons examiné plus haut et qui est
relatif à la duplication du cube.

Si dans les équations :

$$x^3 = hy^2, \qquad x^3 = h^2y, \qquad xy^2 = h^3,$$

on fait, respectivement,

$$y = h\sqrt{2}, \qquad y = 2h, \qquad x = \frac{y}{2};$$

on trouve, en effet,

$$x^3 = 2h^3, \qquad x^3 = 2h^3, \qquad y^3 = 2h^3.$$

### CUBIQUES DIVERSES

Le tracé des cubiques unicursales (*) par la règle et l'équerre
se prête naturellement à toutes ces cubiques, et celles que
nous avons examinées jusqu'ici ne constituent qu'une faible
partie des courbes de cette famille. Ne pouvant les considérer
toutes, nous nous sommes attaché aux plus célèbres et aux
plus simples et nous nous sommes borné à indiquer l'un
des procédés généraux qui permettent de les obtenir toutes.

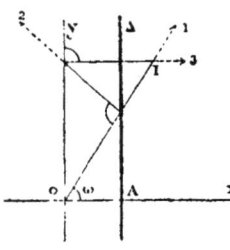

*Fig. 99.*

Mais en quittant le tracé des cubiques
nous voulons indiquer encore deux
constructions qui conduisent à des
cubiques que l'on rencontre assez fréquemment.

**117. La cubique mixte.** — Prenons un angle droit $yox$ et une droite
$\Delta$ parallèle à $Oy$; ayant effectué le
tracé (1, 2, 3; *fig. 99*) et posé

$$OA = h, \quad OI = \rho, \quad IOx = \omega,$$

on trouve, pour l'équation du lieu décrit par I,

$$h = \rho \sin^2 \omega \cos \omega,$$

---

(*) Voyez sur cette question un mémoire de M. P.-H. Schoute (*Annuaire de l'Association française*; p. 169, Congrès de Grenoble, 1885).

où, en coordonnées cartésiennes,

$$y^2 x = h(x^2 + y^2).$$

Cette cubique est une transformée conchoïdale de la parabole dans les conditions suivantes.

Considérons une parabole P représentée par l'équation $y^2 - hx = 0$; par le sommet O menons une transversale mobile qui rencontre la droite fixe $\Delta$ $(x - h = 0)$ en K; et la parabole P, en M; puis, prenons MI $=$ OK et cherchons le lieu décrit par I.

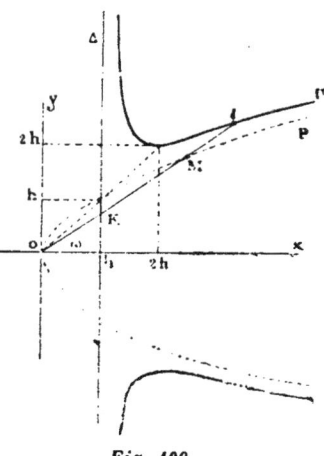

Fig. 100.

Nous avons

$$OM = \frac{h\cos\omega}{\sin^2\omega}, \quad OA = MI$$
$$= \frac{h}{\cos\omega},$$

et, par suite

$$\rho = \frac{h\cos\omega}{\sin^2\omega} + \frac{h}{\cos\omega} = \frac{h}{\sin^2\omega\,\cos\omega}.$$

Le lieu décrit par le point I est donc la cubique trouvée plus haut, elle est constituée par *deux branches mixtes:* de forme hyperbolique, à l'une des extrémités; de forme parabolique, à l'autre; elle affecte l'apparence générale indiquée par la figure (*).

En considérant deux positions infiniment voisines de la transversale OKMI on obtient la tangente à U au point I par l'application évidente du principe des transversales réciproques.

La cubique qui vient de nous occuper peut encore être engendrée, point par point, au moyen de la construction

_____

(*) Les courbes P et U sont disposées, l'une par rapport à l'autre comme l'indique la figure, mais elles ne sont pas asymptotiques. La parabole asymptote de U est une parabole égale à P lorsqu'on a transporté celle-ci, de la droite vers la gauche, parallèlement à elle-même, à la distance *h*.

($1$, $2$, $3$, $4$) indiquée par la figure ci-dessous. On est ainsi conduit à un certain point J.

En observant que l'angle JOX est égal à BOC, on a

$$y = x \operatorname{tg} \alpha,$$

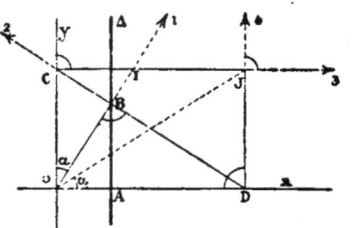

et

$$OC = y = \frac{OB}{\cos \alpha}$$
$$= \frac{h}{\sin \alpha \, \cos \alpha}.$$

Ces deux relations donnent, par combinaison,

$$y^2 x = h\,(x^2 + y^2).$$

*Fig. 101.*

Ainsi, le lieu décrit par le point J est encore la courbe U que nous venons de considérer. Les parallèles à $ox$ coupent cette courbe en deux points I et J qui se trouvent déterminés simultanément : l'un, par la première construction ; l'autre, par la seconde. C'est un fait que nous avons rarement rencontré et qui semble assez curieux.

**118.** REMARQUE. — La cubique mixte qui vient de nous occuper affecte deux formes très différentes suivant que son point double est : isolé, comme dans le cas que nous avons examiné ; ou situé sur les branches réelles de la courbe, comme dans celui que nous allons signaler.

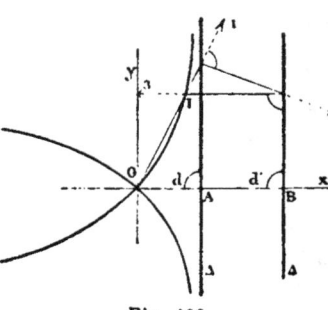

Considérons un angle droit $yox$ et soient $\Delta$, $\Delta'$ deux parallèles à $Oy$ ; si nous effectuons

*Fig. 102.*

la construction ($1$, $2$, $3$ ; *fig. 102*) nous obtenons un point I, dont le lieu géométrique, si l'on pose OA $= d$, AB $= d'$ est une courbe représentée par l'équation

$$y^2\,(d - x) = d' x^2.$$

Cette courbe est constituée encore par deux branches mixtes, mais, dans ce cas, elles passent par le point double.

**119. La cubique conchoïdale.** — Parmi les cubiques unicursales que l'on rencontre le plus fréquemment, nous citerons encore celles qui sont constituées par une branche conchoïdale et un point double isolé. Voici un exemple très simple de ces sortes de cubiques.

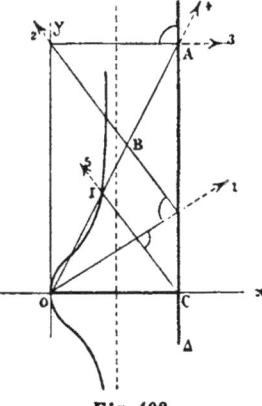

Considérons un angle droit *yox* et une droite Δ parallèle à O*y*; effectuons la construction (1, 2, 3, 4, 5; *fig. 103*), le lieu du point I, comme on le vérifiera sans peine, est une cubique ayant pour équation

$$y^2 = (x - h)^2 \frac{x}{h - 2x}.$$

*Fig. 103.*

La courbe qui correspond à cette équation a la forme générale qu'indique la figure.

**120. La conchoïdale circulaire.** — Mais, parmi les conchoïdales, il y a lieu de remarquer celle qui est circulaire et qui s'obtient par la construction suivante.

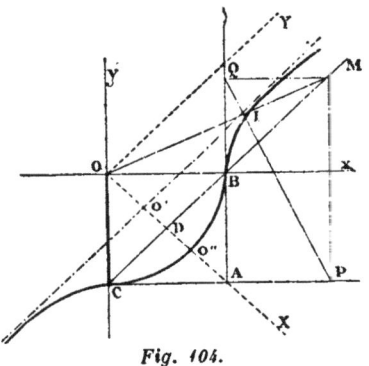

Soit CAB un triangle rectangle isocèle; on projette en Q et en P, sur ses côtés AB, AC, un point M mobile sur l'hypoténuse BC. La perpendiculaire abaissée de M sur PQ va passer (*) par un point fixe O, quatrième sommet du carré construit avec le triangle proposé CAB, et

*Fig. 104.*

elle rencontre PQ en un point I dont le lieu géométrique est une cubique circulaire unicursale ayant pour équation, dans

---

(*) Voyez *Nouvelles Annales* 1843, p. 228.

le système $yox$,

$$(y - x)(y^2 + x^2) + h(y^2 + x^2 - xy) = 0, \quad (AB = AC = h)$$

courbe représentée, dans le système YOX, par l'équation

$$X(X^2 + Y^2) = h \frac{\sqrt{2}}{4}(Y^2 + 3X^2).$$

L'asymptote réelle s'obtient en menant par O', milieu de OD, une parallèle à BC (*); le sommet O″ est au milieu de AD; les points B et C sont deux points d'inflexion réels de la courbe. La forme de celle-ci se trouve ainsi nettement indiquée.

Le tracé de la tangente se fait assez simplement en observant que l'on peut considérer le lieu du point I comme étant la podaire du point O par rapport à une certaine parabole, enveloppe des droites PQ; parabole qui a pour sommet O et pour foyer D; ce qui la détermine complètement.

**121. Le Folium parabolique droit.** — Cette courbe est une cubique unicursale caractérisée par les faits suivants

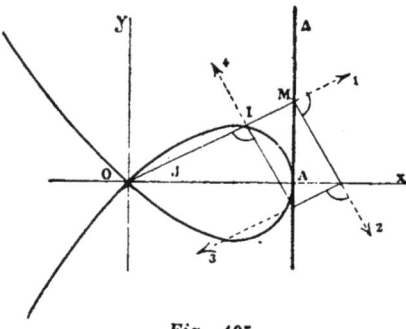

1° Elle admet une direction asymptotique unique;

2° Elle est droite;

3° Les tangentes au nœud sont rectangulaires.

Considérons un angle droit $yox$ et une droite $\Delta$ parallèle à $oy$; posons OA $= h$. Si nous effectuons la construction

*Fig. 105*

$(1, 2, 3, 4 ; fig. 105)$ nous obtenons un point I dont le lieu est une courbe correspondant à l'équation

$$x^3 = h(x^2 - y^2).$$

(*) La courbe qui nous occupe ici a été, comme la plupart des cubiques simples, distinguée par Newton dans son *énumération des lignes du troisième ordre* et par Euler dans sa magistrale *introduction à l'analyse infinitésimale*. Elle a fait l'objet d'une note (*N. A.*, 1843, p. 316); le lecteur qui se reportera à cette note voudra bien rectifier la construction indiquée pour l'asymptote.

L'erreur en question a d'ailleurs été relevée (*N. A.*, 1844 ; p. 299).

Si l'on prend OJ = IM, le lieu du point I est une cubique que nous avons examinée plus haut $(x^3 — hy^2 = 0)$ et nous savons construire la tangente à cette courbe au point J. L'application du principe des transversales réciproques permet de tracer la tangente au folium parabolique, au point I.

**122. Le Folium parabolique oblique.** — Cette cubique unicursale admet, comme la précédente, une direction asymptotique unique et un nœud droit; mais elle n'a plus d'axe de symétrie.

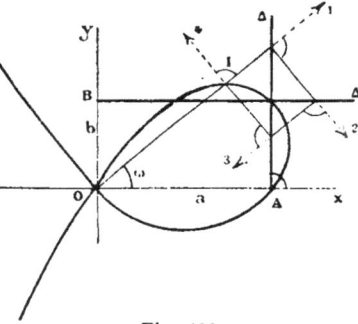

Exposant OA = $a$, OB = $b$ et, en exprimant les diverses lignes de la figure au moyen de l'angle ω, on trouve sans peine l'équation polaire du lieu décrit par le point I

$$\rho = \frac{a}{\cos \omega} — \operatorname{tg} \omega \frac{a \operatorname{tg} \omega — b}{\cos \omega}.$$

*Fig. 106*

L'équation cartésienne est donc

$$x^3 = a(x^2 — y^2) + bxy,$$

et celle-ci prouve que la cubique correspondante est un folium parabolique oblique, courbe que nous avons définie tout à l'heure.

## CHAPITRE XII

### LES QUARTIQUES UNICURSALES

Toutes les courbes unicursales sont évidemment susceptibles d'être tracées, point par point, au moyen de la règle et de l'équerre parce que, à un élément mobile, donné et convenablement choisi, ne correspond qu'un seul point de la courbe. Nous avons déjà fait cette remarque au chapitre précédent, mais nous y insistons encore à cause de son importance et nous allons montrer de nouveau, sur des exemples divers, l'application de cette idée générale.

Nous considérerons uniquement quelques quartiques unicursales.

**123. Le Folium double.** — Le Folium double est une quartique caractérisée par les propriétés suivantes :

1° Elle admet les directions isotropes comme directions asymptotiques doubles ;

2° Elle possède un point triple présentant la particularité d'un rebroussement pour deux des bras qui passent par ce point.

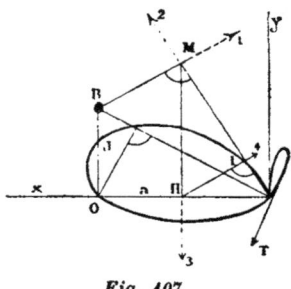

*Fig. 107.*

Il résulte de cette définition qu'en prenant l'origine au point triple, la tangente de rebroussement pour axe des $y$ et des axes rectangulaires, l'équation du folium double est

$$(x^2 + y^2)^2 = x^2(ax + by).$$

Voici comment on peut construire cette courbe point par point avec la règle et l'équerre.

Imaginons un angle droit AOB et soit ($1, 2, 3, 4$; *fig. 107*) une construction conduisant au point I. En posant

$$OA = a, \qquad OB = b,$$
$$AI = \rho, \qquad MAO = \omega,$$

nous avons, par application du théorème des projections,

$$AM = a \cos \omega + b \sin \omega$$

et comme

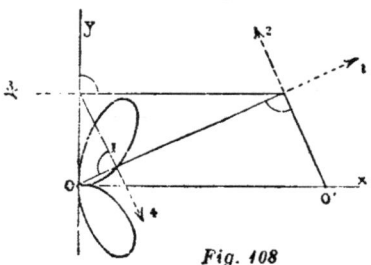

*Fig. 108*

$$\rho = AH \cos \omega = AM \cos^2 \omega,$$

nous pouvons écrire

$$\rho = a \cos^3 \omega + b \sin \omega \cos^2 \omega.$$

C'est l'équation polaire du lieu décrit par le point I ; l'équation cartésienne est donc

$$(x^2 + y^2)^2 = x^2(ax + by).$$

On peut distinguer deux espèces de foliums doubles : le folium droit, et le folium oblique ; suivant que la tangente de rebroussement est ou n'est pas un **axe** de symétrie.

Le folium double droit, qui correspond au cas particulier où

l'on suppose $a = b$, est une courbe bien remarquable (*);
les constructions (r, 2, 3, 4) des
figures 108 et 109 conduisent encore
au tracé du folium droit, point par
point.

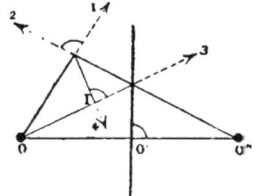

Dans cette dernière figure, on
suppose $OO' = O'O''$.

### 124. Le limaçon de Pascal.

Fig. 109.

— On sait que cette courbe se construit très rapidement,
point par point, conformément à sa définition, si l'on s'accorde l'usage du compas à pointes sèches, puisqu'il suffit de
porter sur un rayon vecteur mobile, à partir d'un point
qu'on détermine, une
longueur constante.

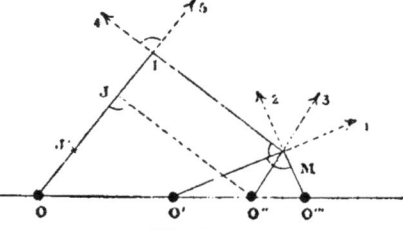

Mais on peut aussi,
par le seul usage de
la règle et de l'équerre,
construire ces cour-
bes; le tracé (r.2.3.4.
5; fig. 110) donne un
point I qui est un

Fig. 110.

point d'un limaçon, considéré comme étant la podaire du
point O par rapport à un cercle qui serait décrit du point O'',
milieu de O'O''', comme centre, avec O''O' pour rayon.

Pour le tracé de la tangente (**) au limaçon, menons O''J
parallèle à MI, et prenons J' isotomique de J sur OI; la tangente au lieu décrit par I sera partagée en deux parties égales
par les tangentes θ, θ' aux lieux décrits par les points J et J'
et cela par application du principe des transversales réciproques. Les points J et J' décrivent des circonférences; les
centres sont: le milieu du segment OO'' pour l'une; et O,
pour l'autre; or, nous savons, avec la règle et l'équerre,

(*) Nous nous proposons de publier prochainement une étude du folium double; nous donnerons alors diverses constructions de la tangente à cette courbe.

(**) Magnus a donné (Journal de Crelle, t. IX, 1832, p. 135) une construction de la tangente à la cardioïde; mais, cette construction exige l'emploi du compas, et elle ne s'applique qu'à ce limaçon particulier.

tracer les tangentes θ, θ'; nous saurons, par suite, construire celle du limaçon au point I.

### 125. La Lemniscate (*).

— Prenons sur deux axes rectangulaires donnés *ox, oy*, deux points fixes A et B, puis effectuons la construction (1, 2, 3, 4); le lieu du point I est une lemniscate.

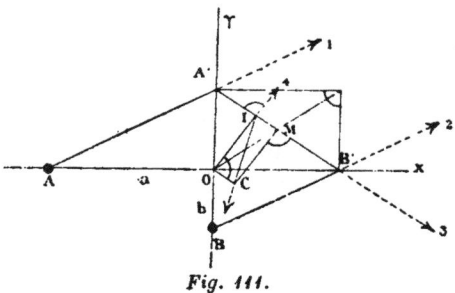

*Fig. 111.*

En effet, on a
$$\rho = OB' \cos \omega,$$
$$\rho = OA' \sin \omega :$$
et
$$OA'.OB' = O\, A.OB.$$
En posant
$$OA = a, \quad OB = b$$
on obtient ainsi l'équation
$$(x^2 + y^2)^2 = abxy,$$

qui représente le lieu décrit par I ; la courbe qui correspond à cette équation passe doublement par les ombilics du plan ; de plus, le point O est un centre de la courbe et un nœud droit ; le lieu considéré est donc une lemniscate (*C. M. S.*, t. II, p. 539).

On voit, en un mot, que nous venons de considérer la lemniscate comme la podaire du centre de l'hyperbole équilatère et, de cette génération remarquable, on déduit très simplement, comme nous allons le montrer, la normale, et par suite, la tangente à la lemniscate.

D'une façon générale, on sait (*C. M. S.*, t. II, p. 33) que si l'on considère une courbe quelconque U et, par rapport à cette courbe, la podaire d'un point O, la normale au lieu

---

(*) On sait que la lemniscate représente un cas particulier des ovales de Cassini ; voici, sur cette courbe célèbre quelques détails bibliographiques que nous empruntons à l'une de ces notes si intéressantes que le savant Terquem a jetées çà et là dans les *Nouvelles Annales.*

« Le nom de cette courbe dérive du mot grec λεμνισκος qui signifie une bandelette nouée en *huit*. Fagnano, (vers 1750) a découvert les principales propriétés de cette ligne qui est d'une si grande utilité dans la théorie des fonctions elliptiques. Les démonstrations du géomètre italien sont géométriques ; la théorie analytique est due à Euler (*Mémoires de Saint-Pétersbourg*, t. V, p. 351). »

décrit par le point I passe par le milieu ω de MO, M étant le point de contact de la tangente considérée MI.

Cette remarque étant faite, reportons-nous à la figure 111; A′B′ enveloppe une hyperbole ayant pour asymptotes Ox et Oy; le point de contact de A′B′ avec cette hyperbole, c'est

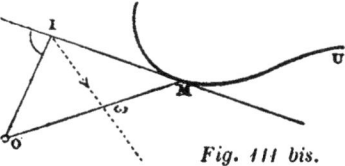

*Fig. 111 bis.*

le milieu M de A′B′, déterminé comme l'indique la figure. En achevant le rectangle qui correspond au triangle OIM on obtient un certain point C; IC est la normale à la lemniscate.

**126. Le Trifolium droit.** — Cette courbe est caractérisée par les propriétés suivantes :

1° Elle n'a pas d'autre direction asymptotique que les directions isotropes;

2° Elle admet un axe de symétrie Δ et un point triple O dont les tangentes sont : la perpendiculaire Δ′ à l'axe Δ pour l'une des branches et les bissectrices des droites Δ, Δ′ pour les deux autres.

D'après cela, l'équation du trifolium droit est
$$(x^2 + y^2)^2 = A x (x^2 - y^2).$$

On a pris pour axes les droites Δ, Δ′ que nous venons de définir et, dans cette équation, A désigne une constante.

Soit OO′ un segment donné, effectuons la construction (1, 2, 3, 4; *fig. 112*), construction dans laquelle M′ est le symétrique de M par rapport à OO′, et cherchons le lieu du point I.

En posant
$$OO' = d, \ OI = \rho, \ MOO' = \omega,$$
on a
$$\rho = d\cos\omega - 2d\sin^2\omega\cos\omega,$$
ou
$$(x^2 + y^2)^2 = dx(x^2 - y^2).$$

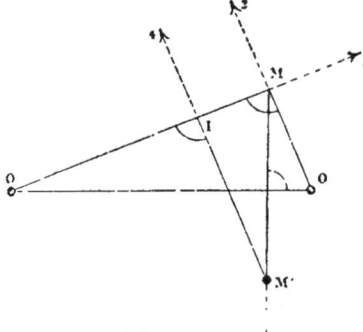

*Fig. 112.*

Le lieu du point I est donc un trifolium droit, courbe

définie comme il vient d'être dit. Pour sa forme et pour le tracé de la tangente en un point pris sur elle, nous renverrons à notre *Traité de Géométrie analytique* (p. 512).

## 127. Le Folium simple.

— Parmi les quartiques remarquables, nous signalerons encore le Folium simple ; cette courbe correspond à la définition suivante :

1° Les directions isotropes sont les seules directions asymptotiques de la courbe;

2° Elle possède un point triple et les tangentes en ce point sont coïncidentes.

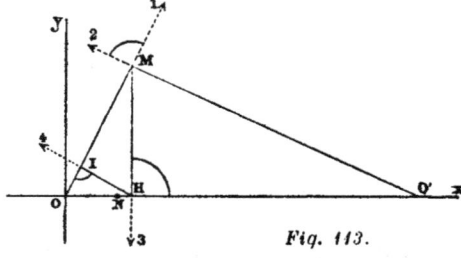

*Fig. 113.*

D'après cette définition, en prenant convenablement les axes, l'équation du Folium simple est $(x^2 + y^2)^2 = Ax^3$ (1), A étant une constante.

Soit OO′ un segment donné; effectuons la construction (1, 2, 3, 4, *fig. 113*), nous obtenons un point I, et en prenant

$$OO' = d, \qquad OI = \rho, \qquad MOO' = \omega,$$

nous avons

$$OM = d \cos \omega, \qquad MI = d \sin^2 \omega \cos \omega;$$

par suite,

$$\rho = d \cos^3 \omega. \qquad (2)$$

En convertissant cette équation en coordonnées cartésiennes, et en supposant A = d, nous obtenons bien l'équation du Folium simple.

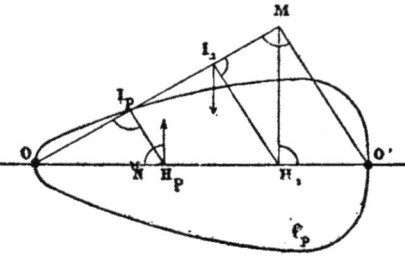

*Fig. 114.*

*Tracé de la tangente.* — De l'équation (2) on peut déduire une propriété remarquable de la normale en un point pris sur le Folium simple. Mais, comme nous allons le montrer, cette propriété appartient aux courbes, plus générales, qui correspondent à l'équation

$$\rho = d \cos^{2p+1} \omega, \tag{1}$$

dans laquelle $p$ désigne un nombre entier et positif.

Prenons deux points fixes OO′ et répétons, comme l'indique la figure, $p$ fois la construction visée plus haut. Des points $H_1$, $I_1$ nous déduisons des points analogues $H_2$, $I_2$; et, ainsi de suite, jusqu'à ce que nous arrivions aux points $H_p$, $I_p$.

Nous avons alors

$$OH_1 = d \cos^2 \omega,$$
$$OH_2 = d \cos^4 \omega, \ldots \quad OH_p = d \cos^{2p} \omega;$$
$$OI_1 = d \cos^3 \omega, \qquad OI_2 = d \cos^5 \omega, \ldots \quad OI_p = d \cos^{2p+1} \omega,$$

Le lieu décrit par le point $I_p$ est donc une courbe $f_p$ représentée, en coordonnées polaires, par l'équation (1).

Cherchons à déterminer la normale en un point $I_p$ pris sur cette courbe $f_p$.

On sait (*C. M. S.*, t. II, p. 575) que l'équation de la normale est

$$\frac{1}{\rho} = \frac{1}{\rho_1} \cos(\omega - \omega_1) + \frac{1}{\rho_1'} \sin(\omega - \omega_1) \cdot$$

Appliquons cette relation (1); nous obtenons, après calcul,

$$\frac{d}{\rho} \cos^{2p} \omega_1 = \frac{2p+2}{2p+1} \cos \omega + \left( \mathrm{tg}\ \omega_1 - \frac{\cot g\ \omega_1}{2p+1} \right) \sin \omega \cdot$$

Parmi les solutions remarquables de cette équation, on observera la suivante :

$$\omega = 0, \qquad \rho = \frac{2p+1}{2p+2}\, OH_p.$$

D'où nous concluons qu'en prenant sur $OH_p$ un point N tel que

$$\frac{ON}{OH_p} = \frac{2p+1}{2p+2},$$

N est le pied de la normale.

En particulier, si nous revenons au folium simple $f_1$, *(fig. 113)* supposant par conséquent $p = 1$, nous voyons que le pied de la normale au point I s'obtiendra en prenant

$$ON = \frac{3}{4}\, OH.$$

Parmi les conséquences remarquables de cette construction, on peut observer que *le rayon de courbure au point O est nul*.

**128.** REMARQUE. — Il est naturel, après avoir considéré les courbes qui correspondent à l'équation (1) du paragraphe précédent, d'examiner celles qui sont représentées par l'équation

$$\rho = d \cos^{2p} \omega; \qquad (2)$$

puis, de supposer, dans les formules (1) et (2), $p$ positif ou négatif. De la sorte, le problème qui nous occupe se trouvera donc résolu pour toutes les équations

$$\rho = d \cos^m \omega, \qquad (3)$$

quel que soit l'entier $m$, positif ou négatif.

Pour avoir les courbes (2), il faut projeter les points $H_1$, $H_2$, ... $H_p$, non plus sur OM, mais sur la droite qui va du point M au milieu de OO′.

Le degré de ces courbes s'élève très vite; le cas le plus simple, celui qui correspond à $p = 1$, donne déjà une courbe du sixième ordre; cette courbe a la forme d'un double ovale et l'on trouve, soit par la considération de l'équation de la tangente en coordonnées polaires, soit par celle de la normale, d'élégantes constructions pour le tracé de ces droites. Sans nous attarder sur ces détails faciles à vérifier, nous allons, pour donner un nouvel exemple remarquable de cette méthode, l'appliquer au cas particulier où dans l'équation (3) on suppose $m = -2$. On obtient ainsi une quartique très simple qui a déjà fait l'objet de notes diverses (*) parce qu'elle présente cette particularité, toujours recherchée, d'avoir des points d'inflexion qui peuvent se déterminer par la règle et le compas. Nous allons montrer que les tangentes de cette quartique se déterminent bien simplement avec la règle et l'équerre.

Prenons trois points en ligne droite O, O′, O″ et tels que $O′O = OO″ = \dfrac{h}{4}$; puis effectuons la construction (1, 2, 3, 4, 5, fig. 115);

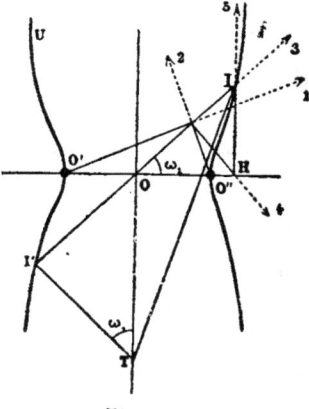

*Fig. 115*

nous trouvons ainsi un point I dont le lieu est une courbe

(*) *Nouvelles Annales*, 1843, p. 232  1845, p. 319; 1846, p. 214.

U représentée par l'équation

$$\rho = \frac{h}{\cos^2 \omega}.$$

Proposons-nous de déterminer la tangente au point I $(\rho_1, \omega_1)$, à cette courbe.

L'équation de la tangente à une courbe, en coordonnées polaires (voyez notre *Cours de Mathématiques spéciales*, t. II; p. 573), étant

$$\frac{1}{\rho} = \frac{1}{\rho_1} \cos(\omega - \omega_1) + \left(\frac{1}{\rho_1}\right)' \sin(\omega - \omega_1);$$

nous avons, dans le cas présent,

$$\frac{2h}{\rho} = (1 + \cos 2\omega_1) \cos(\omega - \omega_1) - 2 \sin 2\omega_1 \sin(\omega - \omega_1).$$

En faisant $\omega = 90°$, dans cette relation, nous trouvons que la tangente en I coupe l'axe des $y$ en un point T, tel que

$$OT = -OI \sin \omega_1.$$

De cette remarque nous pouvons conclure qu'en prenant le point I′ symétrique de I par rapport au centre O et en élevant en I′ une perpendiculaire à I′I, cette perpendiculaire va couper l'axe $Oy$ au même point T que la tangente cherchée.

En prenant l'équation de la normale, on arrive à une conclusion qui est aussi très simple et que l'on pourra : soit vérifier directement, soit déduire du tracé précédent (*).

Voici quelle est cette propriété.

Élevons au point I une perpendiculaire au rayon vecteur; cette droite rencontre l'axe en un point K; si nous prenons KN = OK, IN est la normale cherchée (**).

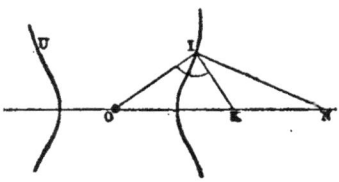

*Fig. 116.*

**129. Les quartiques py-riformes.** — Ces quartiques affectent la forme d'un simple

---

(*) Nous aurons d'ailleurs occasion, dans la deuxième partie de cet ouvrage, d'utiliser la propriété géométrique assez curieuse que nous rencontrons ici.

(**) Dans l'article que nous avons cité plus haut et qui est inséré dans le tome V des *Nouvelles Annales* (1846), on trouve une construction de la tangente à la courbe qui vient de nous occuper, mais cette construction

folium présentant un axe de symétrie et un point de rebroussement ; elles correspondent à l'équation

$$x^4 - ax^3 + b^2y^2 = 0,$$

dans laquelle $a$ et $b$ désignent deux longueurs données. Ces
courbes ont fait l'objet, du moins dans des cas particuliers que
nous signalerons tout à l'heure, de diverses recherches (***).
Elles offrent plus d'une propriété remarquable : 1° on peut les
construire par points et par tangentes, très simplement, avec
la règle et l'équerre ; 2° toutes ces courbes se déduisent de
l'une d'elles par
voie projective ;
3° on peut déter-
miner le point
le plus haut de
la courbe et ses
points d'infle-
xion ; 4° l'aire de
la courbe peut
être calculée,
elle se déduit en
celle du cercle
générateur en
multipliant cel-
le-ci par un rap-
port connu, etc..
Nous allons

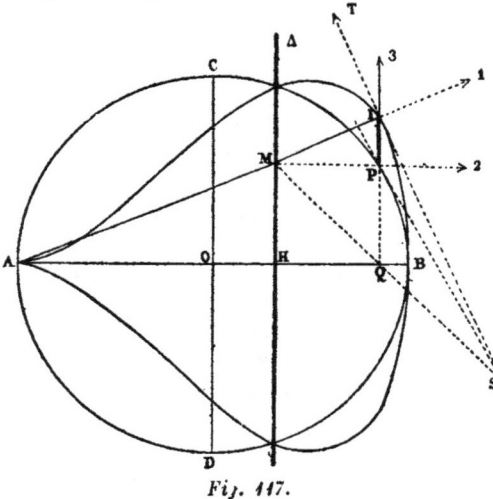

*Fig. 117.*

établir ces diverses propriétés.

est moins simple que celles que nous proposons ici et, de plus, elle
exige l'emploi d'arcs de cercle.

Dans une note qui accompagne cet article, note non signée mais qui
est évidemment due à Terquem, il est dit : « Descartes (*Œuvres*, t. V,
p. 336, édition Cousin) a imaginé un instrument formé de deux règles à
l'aide duquel il construit d'un mouvement continu et simultanément les
courbes données par les équations polaires

$$\rho = \frac{1}{\cos^2 \omega}, \qquad \rho = \frac{1}{\cos^4 \omega} \qquad \rho = \frac{1}{\cos^6 \omega}, \dots \text{»}$$

(***) O. Bonnet, *Nouvelles Annales* 1844, p. 75. — Brocard, *Nouvelle Correspondance mathématique*, t. VI, 1880 ; pp. 91, 121, 213, et *Mathesis*, t. III,
1883, pp. 23, 116, 191 ; t. V, p. 227. — J. Mister, *Mathesis*, 1881, pp. 78
et 128.

1° *Génération des pyriformes.* Imaginons un cercle O et deux diamètres rectangulaires AB, CD, puis effectuons la construction (1, 2, 3, *fig. 117*) ; nous obtenons ainsi un point I. L'équation du lieu géométrique décrit par ce point est facile à trouver. Prenons pour axe des $x$ le diamètre AB et pour axe des $y$ la tangente en A au cercle O et posons

$$\text{IAB} = \alpha,$$
$$\text{AH} = b,$$
$$\text{AB} = a.$$

Nous avons d'abord

$$\overline{\text{PQ}}^2 = \overline{\text{MH}}^2 = x(a - x),$$

ou

$$b^2 \, \text{tg}^2 \, \alpha = x(a - x).$$

D'ailleurs

$$y = x \, \text{tg} \, \alpha ;$$

le lieu du point I est donc une courbe, affectant la forme qu'indique la figure et correspondant à l'équation

$$b^2 y^2 = x^3(a - x). \tag{P}$$

2° *Les pyriformes sont projectives.* En effet, si l'on transforme l'équation (P) au moyen des formules

$$by = aY, \qquad x = X, \tag{1}$$

on a

$$a^2 Y^2 = X^3(a - X). \tag{P'}$$

Cette équation (P') représente une pyriforme particulière ; c'est celle qui a été étudiée par M. O. Bonnet *(loc. cit.)*, en supposant $a = 1$. Mais, lorsque $a$ varie, toutes les courbes (P') sont homothétiques et l'on peut, sans restreindre la généralité des propriétés de la courbe étudiée, faire l'hypothèse $a = 1$.

Quant aux courbes (P), elles se déduisent toutes, par voie projective, d'une courbe (P'), en supposant : 1° que $b$ varie, 2° que l'on donne à $a$ la même valeur dans (P) et dans (P').

En effet, on a reconnu, dans les formules (1), celles qui servent à transformer l'ellipse en cercle. La méthode classique qui sert à l'étude de l'ellipse, considérée comme la projection du cercle s'applique donc aux pyriformes et les propriétés signalées par M. O. Bonnet pour la pyriforme particulière (P'), celles qu'on pourrait encore trouver pour catte courbe, s'appliquent, avec les modifications ordinaires, aux pyriformes plus générales que nous avons définies tout à l'heure.

*3° Points d'inflexion, etc...* Pour n'en citer qu'un exemple, M. O. Bonnet a démontré que les points d'inflexion de (P') avaient pour coordonnées.

$$X = a\,\frac{3-\sqrt{3}}{4}, \qquad Y = \pm\,\frac{a}{8}\sqrt{6\sqrt{3}-9}.$$

Pour une pyriforme quelconque les points d'inflexion ont pour coordonnées

$$x = a\,\frac{3-\sqrt{3}}{4}, \qquad y = \pm\,\frac{a^2}{8b}\sqrt{6\sqrt{3}-9}\,;$$

Mais il faut observer que la détermination de ces points exige l'emploi du compas.

Il en est de même du point le plus haut des pyriformes. Ce point a pour coordonnées

$$x = \frac{3a}{4}, \qquad y = \frac{3a\sqrt{3}}{16}$$

pour la courbe (P'); pour une pyriforme quelconque ce point est représenté par

$$x = \frac{3a}{4}, \qquad y = \frac{3a^2\sqrt{3}}{16b}.$$

*4° Quadrature des pyriformes.* La méthode des projections permet encore de déterminer l'axe de la courbe, par des considérations géométriques que nous allons donner. On évite ainsi le calcul, relativement pénible, de l'intégrale définie

$$\frac{1}{b}\int_0^a x\sqrt{x(a-x)}\,dx.$$

Prenons d'abord la pyriforme de M. O. Bonnet, courbe qu'on obtient en supposant $b = a$, auquel cas $\Delta$ est tangente au cercle générateur au point B.

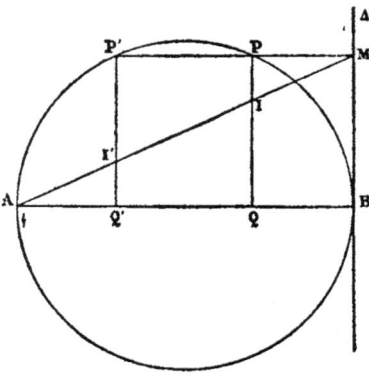

*Fig. 18.*

Si nous appliquons la construction exposée plus haut, au cas particulier visé en ce moment, nous trouvons sur le rayon vecteur AM deux points I, I' de la courbe et les propriétés élémentaires de la figure donnent

$$P'I' = QI.$$

On conclut de cette remarque, reconnue autrement par M. O. Bonnet, que *l'aire de courbe considérée est la moitié de celle du cercle générateur.*

Pour une pyriforme quelconque l'aire s'obtient en multipliant celle de (P') par le rapport $\dfrac{a}{b}$; concluons donc que *l'aire totale d'une pyriforme quelconque représentée par l'équation* (P) *est égale à* $\dfrac{\pi a^3}{8b}$.

5° *Tracé de la tangente.* On a dû observer que le tracé, point par point, que nous avons donné pour les pyriformes présente ces courbes comme des transformées du cercle par la méthode de Mac-Laurin. Le tracé de la tangente peut donc être effectué, avec la règle et l'équerre, conformément aux principes que nous avons déjà utilisés. La *fig. 117* rappelle comment ces principes ont été appliqués pour obtenir la tangente IT à la pyriforme (*).

**130. Réflexions générales.** — Beaucoup d'autres quartiques, et aussi certaines courbes d'un ordre plus élevé, sont susceptibles d'être tracées par points et par tangentes au moyen de la règle et de l'équerre. La *Kreuzcurve* et la quartique $\gamma_4$ dont nous avons parlé ailleurs *(Journal de Mathématiques spéciales* 1885, p. 272 et 1886, p. 202) ; la *rosace à quatre feuilles* (voyez notre *Géométrie analytique*, p. 597); la *Kohlenspitzencurve* de M. Schoute *(Archiv von Grünert,* 1885); les *hypocycloïdes à trois ou quatre rebroussements* etc., et leurs *pédaires*, donneraient lieu à d'intéressantse déve-

---

(*) Pour la construction, point par point, des pyriformes, avec la règle et l'équerre, il est bien entendu que le cercle O dont il a été question ne doit pas être tracé. On détermine d'abord le point P par le moyen de deux droites rectangulaires issues des extrémités A et B du diamètre AB; puis le point M, etc.

loppements dans l'ordre d'idées qui dirige ce travail; mais cette exposition nous entraînerait bien loin. Nous avions eu aussi la pensée, à laquelle nous renonçons, pour le même motif, et avec plus de regrets, de terminer la première partie de cet ouvrage par l'exposition de certaines méthodes de transformation permettant de multiplier, à l'infini, les tracés de la règle et de l'équerre dans la construction des courbes, par points et par tangentes. Nous donnerons un seul exemple des applications auxquelles nous venons de faire allusion, en prenant l'idée de la transformation réciproque, dans la géométrie cartésienne.

**131. Théorème.** — *Si, au moyen de la règle et de l'équerre, on sait construire, par points et par tangentes, la courbe U, d'ordre p, qui correspond à l'équation*

$$f(x, y) = o.$$

*on peut aussi, dans ces mêmes conditions, construire la courbe U, d'ordre* 2p, *qui correspond à l'équation*

$$f\left(\frac{a^2}{x}, \frac{b^2}{y}\right) = o.$$

Sur les axes $Ox$, $Oy$ on donne quatre points A, A'; B, B', tels que

$$OA = A'O = a, \qquad OB = B'O = b;$$

et soient

$$m(x, y), \qquad M(X, Y)$$

deux points correspondants, dans *la transformation réciproque cartésienne;* nous avons alors

$$xX = a^2, \qquad yY = b^2;$$

telles sont les formules de la transformation en question.

Les points $p$ et P, sont conjugués harmoniques par rapport au segment AA'; de même, $q$ et Q sont conjugués harmoniques, par rapport aux points B et B'.

D'après cela, au point $m$ correspond un point M et les constructions qui conduisent de $m$ à M n'exigent que l'emploi de la règle et de l'équerre.

La détermination de la tangente est plus délicate.

Il s'agit de montrer comment, connaissant la tangente en

$m$ à $u$, on peut, avec la règle et l'équerre, construire la tangente en M à la courbe U, transformée de $u$.

Les formules (L) donnent

$$x d\mathrm{X} + \mathrm{X}\,dx = 0, \qquad y d\mathrm{Y} + \mathrm{Y} dy = 0,$$

d'où

$$\frac{1}{x} \cdot \frac{y}{\left(\dfrac{dy}{dx}\right)} = \frac{1}{\mathrm{X}} \cdot \frac{\mathrm{Y}}{\left(\dfrac{d\mathrm{Y}}{d\mathrm{X}}\right)} \cdot \tag{1}$$

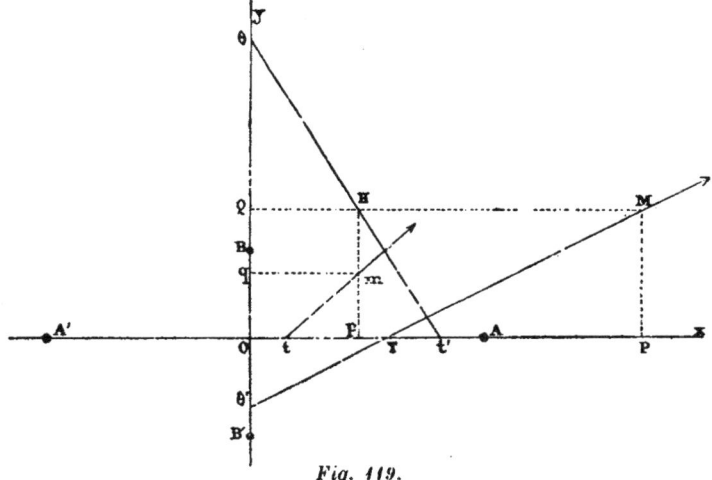

*Fig. 119.*

Soient $mt$ la tangente donnée, MT la tangente inconnue ; on a donc

$$y = pt\,\frac{dy}{dx}, \qquad y = \mathrm{PT}\frac{d\mathrm{Y}}{d\mathrm{X}} \cdot$$

La relation (1) devient

$$\frac{pt}{\mathrm{O}p} = \frac{\mathrm{PT}}{\mathrm{OP}} \cdot$$

Ainsi la ponctuelle $(\mathrm{O}, t, p)$ est homothétique à la ponctuelle $(\mathrm{O}, \mathrm{T}, \mathrm{P})$ et cette remarque permet de déterminer le point T, connaissant les quatre points $(\mathrm{O}, t, p, \mathrm{P})$ de plusieurs façons, toutes, très simples.

Mais la difficulté inhérente au sujet que nous traitons et à laquelle nous avons fait allusion tout à l'heure, tient à ce que nous ne nous accordons que l'usage de la règle et de l'équerre et, cette condition étant imposée, nous avons à montrer comment nous déterminons le point inconnu T.

Prolongeons *pm* jusqu'à sa rencontre en H avec MQ et joignons H au point *t'* symétrique de *t* par rapport à *p*; *t'*H rencontre *oy* en θ et nous avons

$$\frac{t'p \text{ ou } tp}{Op} = \frac{OQ}{Q\theta}. \tag{2}$$

D'autre part, la droite MT rencontre *oy* en un point θ' et nous pouvons observer que

$$\frac{TP}{OP} = \frac{MP \text{ ou } OQ}{\theta'Q}. \tag{3}$$

Comparant (2) et (3) nous en déduisons

$$\theta Q = Q\theta'.$$

Les deux points θ, θ' sont donc symétriques l'un de l'autre par rapport à Q.

De cette remarque résulte une construction de la tangente MT, par des tracés qui n'exigent, comme l'on voit, que l'emploi de la règle et de l'équerre.

# SECONDE PARTIE

LES APPLICATIONS

## AUX PROBLÈMES DE L'ARPENTAGE

ET A L'ART DE LA GUERRE

# CHAPITRE I<sup>er</sup>

Il n'entre nullement dans notre plan de reproduire ici la description des instruments d'arpentage, non plus que leurs applications classiques. Nous insisterons seulement dans ce premier chapitre sur deux instruments moins connus, et qui sont pourtant, croyons-nous, d'une utilité pratique incontestable; nous voulons parler de la *fausse équerre* et du *cordeau*.

**1. La fausse équerre et le cordeau.** — En principe, la fausse équerre est composée d'un piquet vertical sur lequel on peut fixer deux tiges horizontales, munies d'alidades, faisant entre elles un angle quelconque (\*).

Le but de cet instrument est de reproduire, en différents points, un angle déjà observé.

Quant au cordeau, c'est l'instrument d'arpentage le plus simple qu'on puisse imaginer; un ruban d'acier divisé en parties égales, comme celui dont se servent les géomètres arpenteurs, ou même une simple ficelle terminée par deux petits piquets en bois, voilà tout l'instrument. Nous emploie-

---

(\*) On trouve, dans une ancienne géométrie, cette description de la fausse équerre. « Il suffit de pratiquer sur la tête d'un gros piquet, deux entailles droites qui se coupent d'une manière quelconque, ou de fixer en croix, sur le bout d'un bâton, deux morceaux de bois qui fassent un angle quelconque et qui portent trois épingles plantées perpendiculairement, une au point de croisement, les deux autres vers les extrémités des côtés d'un des quatre angles formés. » (*Géométrie appliquée à l'industrie*, par Bergery, ancien élève de l'École Polytechnique, professeur à l'École d'artillerie de Metz, ... Bachelier, 1835 ; p. 70).

Cette description de la fausse équerre la montre bien, croyons-nous, sous son jour véritable. Telle est, en effet, l'extrême simplicité de cet instrument qu'on peut, à un moment donné, réaliser celui-ci sur le lieu même de l'opération. On observera notamment la différence essentielle qui distingue la fausse équerre des différents graphomètres. Ceux-ci ont pour but de *mesurer* des angles; la fausse équerre se propose simplement de *relever* un angle donné pour le reproduire en un autre point du terrain, sans que la valeur de cet angle ait besoin d'être connue.

rons pourtant, dans quelques solutions, un cordeau un peu plus compliqué, portant certaines divisions ou, pour mieux dire, certains points de repère et que nous nommerons le *cordeau divisé;* il peut, d'ailleurs, être obtenu sans difficulté avec une corde quelconque, comme nous l'expliquerons plus loin.

**2. Réflexions générales.** — L'utilité des développements dans lesquels nous allons entrer, et qui n'est peut-être pas suffisamment apparente, est surtout motivée par la simplicité extrême des instruments qui sont en jeu dans les solutions que nous allons exposer.

A ce propos, il est bon de noter ici, au moment où nous pénétrons dans l'exposition des applications pratiques de la géométrie de la règle et de l'équerre, qu'il n'est pas indifférent de savoir résoudre un problème d'arpentage par des procédés très divers. En effet, quand il s'agit d'obtenir sur le terrain certains résultats, les conditions matérielles qui sont imposées à une solution connue, bien que celle-ci soit irréprochable au point de vue théorique, peuvent la rendre absolument illusoire et vaine.

Cette observation, Servois, dans le livre que nous avons cité, l'a produite, à plusieurs reprises, y insistant avec raison; nous l'avons eue, nous-mêmes, l'estimant fort judicieuse, constamment présente à l'esprit dans la rédaction de la seconde partie de cet ouvrage. C'est précisément, pour répondre aux besoins si divers de la géométrie pratique, que nous nous sommes efforcé de multiplier et de varier autant que possible, sans toutefois sortir de la simplicité qui s'impose tout naturellement à cette géométrie, les solutions des problèmes fondamentaux de l'arpentage. Dans la géométrie théorique, on s'attache, et avec raison, à trouver la solution la plus élégante; il n'en est pas toujours ainsi dans la géométrie pratique et telle solution, bien qu'elle exige plus de tracés et plus de calculs, peut pourtant, dans certains cas, être celle qu'on doit préférer, du moins dans les conditions matérielles où le problème se présente.

Cette remarque générale étant faite ici, pour n'y plus reve-

nir, nous abordons l'exposition des solutions de quelques
problèmes d'arpentage, solutions obtenues par l'emploi de
la fausse équerre et du cordeau.

**3. — PROBLÈME I (\*). *Prolonger une droite au delà d'un
obstacle.***

Ce problème est l'un de ceux auxquels s'appliquent le
mieux la fausse équerre et le cordeau.

La *fig. 120* montre suffisamment, sans qu'il soit besoin
d'entrer dans des explications qui se présentent d'elles-
mêmes à l'esprit, comment la répétition de l'angle θ permet
de résoudre cette question
classique. On suppose bien
entendu que, avec l'aide du
cordeau, la longueur AB ait été
reportée de C en D.

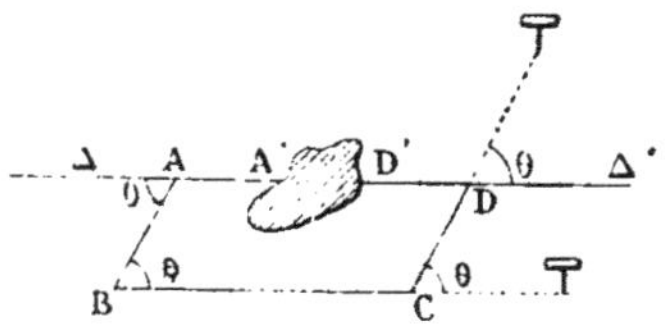

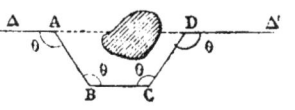

Mais il est bon d'observer, à
propos de ce problème, que la

*Fig. 120.*

fausse équerre permet de le résoudre dans des conditions
qui ne se prêteraient pas à l'u-
sage de l'équerre ordinaire. On
voit d'abord *(fig. 121)* comment
on peut trouver le prolongement
Δ′ de Δ en faisant marquer à la
fausse équerre un angle obtus ; et même ce procédé est,

*Fig. 121.*

dans la pratique un peu plus simple
parce qu'il exige seulement que des
jalons soient plantés aux points A,
B, C, D. Dans le cas de la *fig. 122* on
a précisément appliqué cette seconde
manière ; on voit qu'en supposant, et
cette disposition se présente fréquem-

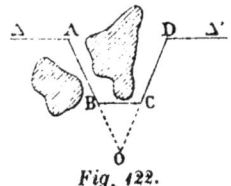

*Fig. 122.*

ment sur le terrain, l'obstacle considéré environné lui-même

(\*) Dans ce problème, auquel nous reviendrons dans le chapitre III,
et dans plusieurs de ceux qui sont traités dans ce chapitre, il est sous-
entendu que les solutions nécessitent seulement l'emploi de la fausse
équerre et du cordeau. S'il ne doit être fait usage que de l'un ou de
l'autre de ces instruments, l'énoncé fait alors mention de cette particularité.

d'autres obstacles rendant les mouvements de l'équerre ordinaire inefficaces, la fausse équerre résout le problème posé
avec la même facilité que dans le cas, plus simple, que nous
avons examiné d'abord.

Nous reviendrons d'ailleurs sur ce problème dans un chapitre suivant, pour le résoudre par des procédés très variés.

**4.** — REMARQUE I. Si l'on veut évaluer la longueur de la
droite ΔΔ′ qui est renfermée dans l'obstacle considéré, on
observera *(fig. 120)* que l'on a

$$A'D' = BC - AA' - DD';$$

il suffira donc de mesurer avec le ruban divisé les longueurs BC, AA′ et DD′; on appliquera ensuite la formule
précédente.

Dans le cas où l'on opère comme l'indique la *fig. 122*, la
longueur AD se calcule par la formule

$$AD = BC \cdot \frac{OA}{OB} \cdot$$

REMARQUE II. Dans le cas que nous avons soulevé tout
à l'heure, et dans lequel nous avons supposé que l'obstacle
considéré se trouvait dans le voisinage d'autres obstacles,
on peut imaginer que ceux-ci soient tellement multipliés que
les solutions données soient, l'une et l'autre, impraticables;
les jalonnements nécessaires ne pouvant être réalisés.

Voici une solution qui pourrait alors être essayée.

Par le point A, traçons deux jalonnements AB, AC, faisant
avec AA′, des angles θ, θ′ que l'on peut successivement relever

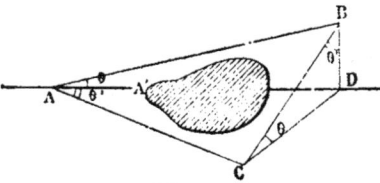

*Fig. 123.*

avec la fausse équerre. En
un point C, arbitrairement
choisi sur AC, portons la
fausse équerre dont les
branches font l'angle θ et,
dans la partie accessible,
jalonnons les droites CD,
CB telles que BCD = θ. Transportons-nous ensuite au point B
et, en partant de ce point, jalonnons la droite BD faisant avec
BC l'angle θ′. Le point D ainsi obtenu appartient au prolongement de AA′.

Si l'on observe que, dans cette solution, la position du point A, les angles θ et θ', la longueur AC et la direction de CB sont autant de quantités arbitraires, on reconnaîtra qu'elle offre, malgré sa complication relative, pour certains cas difficiles, comme ceux que nous avons prévus tout à l'heure, de réelles ressources.

Quant à la longueur de AD, elle se calcule en appliquant au quadrilatère ABCD le théorème de Ptolémée, et l'on a

$$AD = \frac{AB.CD + AC.BD}{BC}.$$

**5.** — PROBLÈME II. *Élever une perpendiculaire en un point* O *pris sur une droite* Δ.

Avec le cordeau, prenons, à partir du point O, deux points A et B équidistants de O et, en ces points, fixons deux jalons.

Ayant donné aux branches de la fausse équerre une inclinaison quelconque θ, transportons l'instrument au point A et dirigeons l'une des branches de façon à viser le jalon B; l'autre branche peut occuper, par rapport à AB, et successivement, deux positions sy-métriques AC, AD que l'on

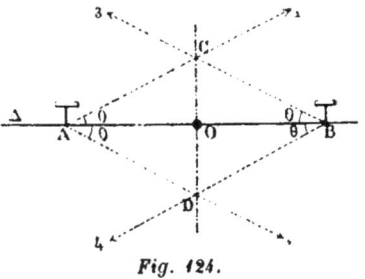

*Fig. 124.*

fait jalonner. Ayant répété au point B la même opération, on détermine ainsi, facilement, deux points C et D. Finalement, en jalonnant CD, on obtient une droite qui passe par le point O et qui tombe perpendiculairement sur AB.

REMARQUE. — La construction précédente résout aussi, évidemment, et par l'emploi de la fausse équerre seule, le problème qui a pour but d'*élever une perpendiculaire au milieu d'une droite donnée* AB.

**6.** — PROBLÈME III. *Avec la fausse équerre, d'un point* C, *abaisser une perpendiculaire sur une droite* Δ.

La solution de ce problème s'inspire tout naturellement de la précédente.

Ayant choisi sur Δ un point arbitraire A, on prend avec la fausse équerre (en visant du point A : 1° le point C, 2° un jalon quelconque placé sur Δ), l'angle θ des droites AC et AB (*). On répète alors les constructions que nous avons indiquées au paragraphe précédent, avec cette seule modification, que le point B se détermine sans faire usage du cordeau, en cherchant, par tâtonnement, le point de Δ duquel on voit les points connus A et C sous l'angle θ.

On peut d'ailleurs ramener le problème au précédent en menant d'abord, comme nous allons l'expliquer, par le point C, une parallèle à Δ; ou, inversement, on peut traiter le problème I, au moyen du problème II. Cette dernière remarque n'est pas absolument sans intérêt parce qu'elle prouve qu'on peut résoudre le problème I sans avoir recours au cordeau et par le seul usage de la fausse équerre.

**7. — PROBLÈME IV.** *Avec la fausse équerre, mener, par un point C, une parallèle à une droite donnée Δ.*

Plaçons-nous en un point A de Δ. point pour lequel l'angle CAB a une valeur θ, enregistrée par la fausse équerre. En

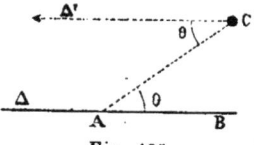

*Fig. 125.*

plaçant cet instrument au point C et en dirigeant une des branches dans la direction CA, l'autre branche donne la direction qu'il faut faire jalonner pour obtenir la parallèle demandée Δ'.

Pour résoudre le problème I, sans avoir recours au cordeau, voici la marche qu'il faudrait suivre.

(*) Les bras de la fausse équerre sont ordinairement fixés, sur le pivot vertical qui les supporte, au moyen d'une vis de pression ; ce qui permet de faire tourner ceux-ci arbitrairement, autour de leur point d'attache.

La fausse équerre, réduite à sa plus simple expression, est constituée par deux tiges horizontales fixées à demeure sur le pivot; et alors l'angle donné par l'instrument est *invariable*. On voit comment, dans ce cas, on doit modifier la présente solution.

Le point A ne peut plus être arbitrairement choisi et l'on doit, par un certain tâtonnement, qui aboutit d'ailleurs rapidement, chercher le point A pour lequel l'angle correspondant à celui que nous avons désigné par θ, est justement égal à celui de l'instrument avec lequel on opère.

Soit C le point par lequel on propose d'élever une perpendiculaire à la droite Δ'; on trace d'abord, comme nous venons de l'expliquer, une droite Δ parallèle à Δ' et, du point C, on abaisse une perpendiculaire sur Δ. Le problème II se trouve ainsi résolu au moyen des problèmes III et IV lesquels, comme on l'a remarqué, n'exigent que l'emploi de la fausse équerre (*).

**8. — PROBLÈME V.** *Étant donnée une inclinaison θ des branches de la fausse équerre, leur donner une inclinaison* $2\theta$, $\dfrac{\theta}{2}$, $90° \pm \theta$.

1° Prenons d'abord le cas où l'on veut faire l'angle $2\theta$.

D'un point A, arbitrairement choisi, on vise successivement deux points dans la direction des tiges qui font entre elles l'angle proposé θ et, dans ces directions, on fait fixer deux jalons B et C. Sans quitter le point A, et l'une des tiges étant dirigée encore vers le jalon B, mais l'instrument ayant été retourné, on vise de nouveau le long de la deuxième tige et, dans cette direction nouvelle, on fixe un jalon D. Laissant alors cette tige immobile, on fait tourner la première de façon qu'elle soit dirigée vers le point C; dans cette disposition, les deux tiges font bien l'angle $2\theta$.

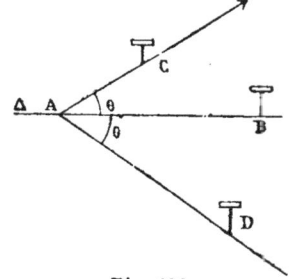

Fig. 126.

2° Cherchons maintenant à faire marquer à la fausse équerre un angle égal à la moitié de celui qu'elle donne.

Soit BAD l'angle θ observé par la fausse équerre. Ayant

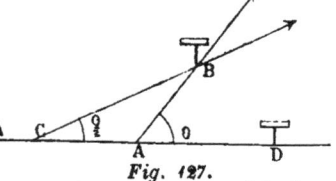

Fig. 127.

fixé un jalon au point B; avec un cordeau, on prend la longueur AB et on la porte, dans le prolongement de DA, de A en C. Si l'on transporte alors la fausse équerre au point C et si l'on vise, avec ses deux branches, les jalons D et B,

---

(*) ERRATUM. — A la page précédente, lignes 16 et 27; *au lieu de* problème I, *lisez* problème II.

celles-ci feront entre elles l'angle $\frac{\theta}{2}$. Ainsi, l'on peut, à volon-
té, doubler l'angle des branches de la
fausse équerre, ou le réduire à sa moitié.

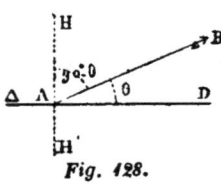

*Fig. 128.*

2° Enfin, si l'on veut former l'angle
complémentaire 90° — θ, il suffira de
jalonner la droite HH' perpendiculaire
à Δ, au point A; l'angle HAB est égal
à 90° — θ, On observera que si l'on
veut obtenir l'angle 90° + θ, celui-ci est égal à l'angle BAH'.

**9.** — REMARQUE. Dans les problèmes II, III que nous avons
résolus tout à l'heure, nous avons supposé que l'on pouvait
jalonner le terrain, de part et d'autre de la droite donnée Δ;
nous avons admis encore que celle-ci pouvait être prolongée
de part et d'autre du point considéré O. Dans la pratique, ces
conditions ne sont pas toujours accordées; soit que AB représente le bord d'un fleuve, soit, dans d'autre cas, qu'un obstacle vienne se placer au point O et ne permette pas les
opérations que nous avons décrites.

On peut résoudre ces cas particuliers par des procédés
divers et faciles à imaginer; mais nous indiquerons tout à
l'heure, pour ces singularités, des solutions tout à fait simples,
en utilisant l'instrument auquel nous avons fait allusion
plus haut et que nous avons nommé, pour le distinguer du
cordeau ordinaire, le cordeau divisé.

**10. Le cordeau divisé.** — Imaginons qu'une ficelle, d'une
longueur arbitrairement choisie, ait été repliée douze fois sur
elle-même; marquons par des nœuds les points de division et
plaçons des signes de reconnaissance à la troisième et à la
septième division. Nous aurons ainsi constitué le cordeau divisé.

Il nous reste à montrer quelques-unes de ses applications.

Si nous considérons l'équation indéterminée

$$x^2 + y^2 = z^2,$$

nous pourrons observer qu'elle admet une infinité de solutions entières; en particulier, elle est vérifiée par

$$x = 3, \qquad y = 4, \qquad z = 5.$$

Ces nombres correspondent à la solution la plus simple, en

nombres entiers; ils représentent les trois côtés d'un triangle rectangle. C'est pour ce motif que le cordeau AA′ a été divisé, comme nous l'avons dit, en trois parties AB=3, BC=4, CA′=5.

Le point B, qui sépare les intervalles AB et BC, se désigne par la notation (3.4); de même, C s'appelle le point (4.5). Quand nous réunirons les extrémités A, A′ du cordeau, nous obtiendrons un troisième point; ce sera le point (3.5).

**11.** — PROBLÈME VI. *Avec le cordeau seul, élever une perpendiculaire en un point* O *d'une droite donnée* Δ.

Au point O, je place le point (3.4) du cordeau, et, à l'aide d'un piquet, je fixe également le point (4.5) sur Δ, en P. Ayant pris le point (3.5) par la réunion des extrémités du cordeau dans la même main, on s'avance jusqu'à ce que le cordeau soit bien tendu. A ce moment le point (3.5) est placé quelque part

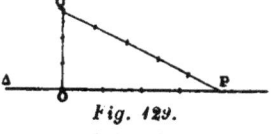

*Fig. 129.*

sur le terrain, en Q. Alors, OQ est la perpendiculaire demandée.

REMARQUE I. — On observera que la construction précédente exige seulement que l'on puisse parcourir une partie de la droite donnée Δ; cette solution s'applique donc d'une façon particulièrement simple au problème dans lequel on se propose d'*élever une perpendiculaire à l'extrémité d'une droite qu'on ne peut prolonger.*

REMARQUE II. — On voit aussi comment, avec le cordeau, on peut *abaisser, d'un point donné* Q, *une perpendiculaire sur la droite* Δ.

Ayant fixé en Q le point (3.5) on chemine sur Δ jusqu'à ce qu'on ait trouvé sur cette droite un point P tel que PQ, représente, dans le cordeau rigoureusement tendu, le segment de longueur 5. Prenant alors le piquet qui est fixé au point (3.4) on chemine de nouveau sur Δ, jusqu'à ce que l'on obtienne un cordeau bien tendu. Si O est le point auquel on s'arrête, QO est la perpendiculaire cherchée.

PROBLÈME (*). — *Avec le cordeau mener, par un point donné* M, *une parallèle à une droite* Δ.

---

(*) Ce problème, et plusieurs de ceux qui suivent ont été examinés

Jalonnons une droite, partant de M, et coupant Δ en P ; puis, avec le cordeau, ayant pris une longueur de corde égale

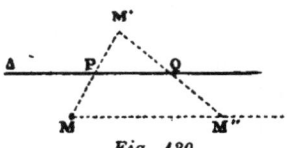

à MP, plantons sur le prolongement de MP un jalon M′, de telle sorte que PM′ = MP.

Cela fait, par M′ traçons un nouveau jalonnement M′QM″ et,

*Fig. 130.*

comme tout à l'heure, fixons en M″ un jalon, de telle sorte que QM″ = M′Q. Il ne reste plus qu'à jalonner MM″, pour avoir la parallèle demandée.

**12.** — PROBLÈME VII. *Avec le cordeau, tracer la bissectrice d'un angle donné.*

Soient Δ, Δ′ les droites données ; sur Δ je fixe, arbitrairement, un jalon en A et je prends une longueur de corde

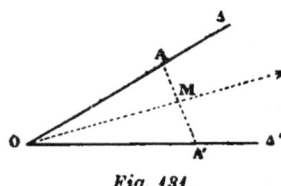

égale à OA. En portant cette même longueur, à partir de O, jusqu'en A′, on pourra tendre une corde de A en A′ ; et en repliant cette dernière longueur de façon que l'extrémité A′ vienne en A, la nouvelle extrémité M fera connaître le

*Fig. 131.*

milieu de AA′. Il ne reste plus qu'à jalonner OM.

REMARQUE. — Si Δ et Δ′ représentent les traces sur le plan horizontal de deux murs verticaux, on voit que la méthode précédente donne très rapidement, et dans des conditions tout à fait pratiques, la trace OM du plan bissecteur.

**13. Examen du cas où le sommet de l'angle considéré est inaccessible.** — On sait comment on résout ordinairement ce problème en coupant les droites données par une transversale quelconque et en s'appuyant sur ce fait que le centre du cercle inscrit au triangle ainsi formé,

dans une note intitulée *Sur les constructions dans le plan et dans l'espace, avec la droite seule,* par M. de Tilly, membre de l'Académie royale de Belgique (*Mathésis,* 1886 ; p. 124.)

étant joint au centre d'un des cercles ex-inscrits, donne une droite passant par le sommet correspondant du triangle.

Mais cette construction, très simple en théorie, présente, au point de vue pratique, quelques longueurs qu'on peut éviter, comme nous allons le montrer.

Nous rappelons que si, sur deux droites $\Delta$, $\Delta'$, on considère deux ponctuelles

$$A, B, C,\ldots; \quad A', B', C'\ldots,$$

telles que l'on ait

$$AB = A'B', \quad BC = B'C'\ldots,$$

les milieux des droites AA', BB', CC'... qui joignent les points homologues des deux ponctuelles sont des points situés sur une droite (*) parallèle à la bissectrice des droites $\Delta$, $\Delta'$

---

(*) C'est cette droite que Chasles, dans un de ses mémoires (*Comptes rendus*, 3 décembre 1860) appelait *la droite milieu*. La propriété en question, qui constitue une proposition d'ailleurs bien connue et très évidente, fait l'objet du théorème III, dans le mémoire cité, lequel a pour titre : *Propriétés relatives au déplacement fini quelconque dans l'espace d'une figure de forme invariable.*

Ce théorème que nous allons utiliser ici n'est qu'un corollaire d'une proposition plus générale, relative à la parabole, enveloppe des droites qui joignent les points correspondants B, B' de deux ponctuelles, telles que l'on ait

$$AB = K.A'B', \quad BC = K.B'C'\ldots$$

K désignant une constante.

Mais, pour les personnes auxquelles ces considérations ne seraient pas familières, voici comment on peut, en deux mots, démontrer le théorème présent.

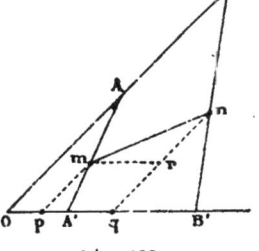

Fig. 132.

Soient $m$ et $n$ les milieux des droites AA', BB'; menons $mp$ et $nq$ parallèles à AB, puis $mr$ parallèle à A'B'.

Nous avons

$$mp = \frac{OA}{2}, \quad nq = \frac{OB}{2},$$

et, par suite,

$$rn = \frac{OB - OA}{2} = \frac{AB}{2}.$$

De même, nous pouvons écrire

$$op = \frac{OA'}{2}, \quad oq = \frac{OB'}{2}$$

d'où

$$pq = mr = \frac{A'B'}{2}.$$

Ainsi le triangle $mrn$ est isocèle; ce qui prouve bien que $mn$ est parallèle à la bissectrice de l'angle des droites AB, A'B'.

ou, pour être plus précis, à la bissectrice des semi-droites dont les directions sont celles des segments AB et A′B′.

Soient A et B deux points quelconques de Δ; à partir d'un

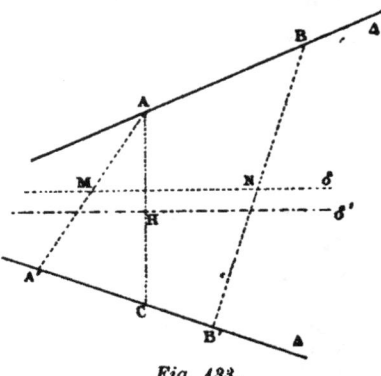

point A′, arbitrairement choisi sur Δ′, prenons, avec le cordeau, A′B′ = AB; d'après le théorème que nous venons de rappeler, la droite δ qui joint les milieux M, N des droites AA′, BB′ est parallèle à la bissectrice cherchée. En abaissant de A une perpendiculaire sur δ et en jalonnant, par le point H,

*Fig. 133.*

milieu de AC, une paral‚ lèle à δ, on obtient une droite δ′ qui est la bissectrice demandée.

### 14. Ajuster un jalon entre deux jalons donnés.

— Parmi les problèmes qui rentrent dans les premières applications de l'arpentage, il en est un que nous voulons traiter en terminant ce chapitre; c'est celui qui a pour objet de placer un jalon C, en ligne droite avec deux autres jalons A, B, *sur un segment donné* AB.

Dans la pratique, on opère par tâtonnements et de la manière suivante. On fixe, dans le voisinage de la droite AB, un jalon C′; puis on dispose deux jalons C″ et C‴, l'un sur C′A, l'autre sur C′B; opération possible au moyen de deux visées successives. Si les jalons C′, C″, C‴ sont sur une même ligne de visée, c'est que le point C′ a été bien déterminé, tout d'abord. Sinon, on constate que le point C′ doit être rapproché de AB, vers la droite, ou vers la gauche, de l'observateur. De là, quelques tâtonnements, mais

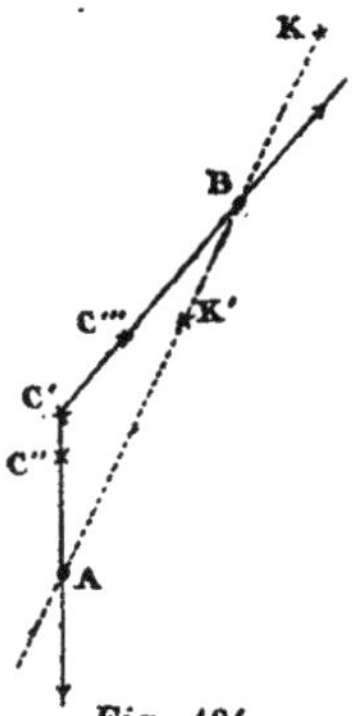

*Fig. 134.*

ils aboutissent rapidement.

La difficulté du problème qui nous occupe tient à ce que l'on suppose les extrémités A et B inaccessibles; s'il n'en est pas ainsi, si l'on peut notamment opérer sur le terrain où pénètre le prolongement de AB, toute difficulté disparaît. En effet, on peut toujours par une ligne de visée, fixer le jalon K sur le prolongement de AB; puis, ce jalon étant fixé, l'observateur revenant se placer entre A et B pourra, par une nouvelle visée, ajuster un jalon K', en ligne droite avec les jalons B et K. Mais, si nous supposons que AB ne puisse être prolongée, ni dans un sens, ni dans l'autre, alors (au point de vue théorique, tout au moins) la petite difficulté signalée existe, et voici comment on peut la tourner (*).

Une première solution se présente immédiatement à l'esprit: elle consiste à jalonner par les extrémités A et B de la droite donnée, et, bien entendu, dans la partie accessible, des alignements deux à deux parallèles. On obtient ainsi un parallélogramme AB*mn* dont la seconde diagonale *mn* passe par le milieu de AB. En répétant une seconde fois cette construction, on obtiendra donc deux droites *mn*, *m'n'* pas- 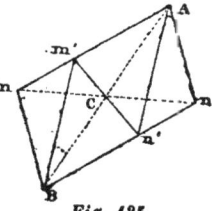 sant, l'une et l'autre, par le milieu de AB. Le point de croisement C des deux diagonales ainsi tracées se trouve nettement déterminé; en ce point C, on pourra donc placer un jalon qui sera situé sur la droite AB, au milieu de ce segment.

*Fig. 135.*

Voici une seconde solution. Elle exige, il est vrai, plus

---

(*) « Les personnes qui ne sont pas habituées à opérer sur le terrain dit Bergery (*loc. cit.* p. 105) trouveront peut-être quelque difficulté à planter un jalon dans un alignement dont les extrémités sont inaccessibles. » Bergery décrit alors un procédé par tâtonnements qui permet de résoudre pratiquement cette opération pour laquelle il n'indique pas d'ailleurs de solution théorique. La vérité est que les personnes qui se livrent aux opérations d'arpentage, étant habituées à ces difficultés, les résolvent instantanément par l'habileté personnelle qu'elles ont acquise; sans avoir recours à la méthode pratique de Bergery, ou à toute autre. Encore bien moins feront-elles usage des solutions rigoureuses que nous indiquons ici, lesquelles ne trouveraient une application réelle que dans le cas où l'on voudrait obtenir plus d'exactitude, ou dans celui où l'on doit considérer des distances relativement grandes.

d'alignements, mais elle ne nécessite pas le tracé de parallèles, opération toujours délicate ; de plus, au lieu d'indiquer
la position du troisième jalon, justement au milieu de AB,
particularité qui peut offrir quelques inconvénients, elle permet de placer ce jalon en un point quelconque du segment
AB. Elle prend pour base le théorème de Pappus (*Première
partie*, § 19).

Supposons que l'on veuille fixer un jalon sur le segment
AB. On choisira arbitrairement deux points *m* et *n* qui cons-

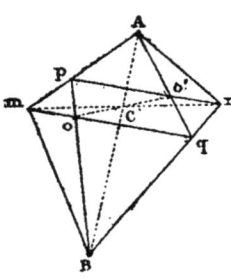

*Fig. 186.*

tituent, avec A et B, le quadrilatère
auquel on se propose d'appliquer le
théorème que nous venons de rappeler.
Ayant alors tracé les alignements qu'indique la figure, on obtient deux points
O, O'; et la droite AA' coupe *mn* en un
point C qui est rigoureusement en ligne
droite avec les points A et B.

Mais voici, au sujet de ce problème,
un cas particulier présentant plus d'intérêt, parce qu'il se rencontre dans la
pratique de l'arpentage et qu'il ne peut être résolu par la
méthode des tâtonnements. Il peut arriver que certains acci-
dents de terrain : arbres, maisons, talus, etc., cachent à l'opérateur, dans la partie du terrain où il doit fixer le troisième
jalon, les points A et B, extrémités de l'alignement considéré.

Nous allons examiner ce cas particulier.

**15. — Ajuster un jalon entre deux jalons donnés
inaccessibles et invisibles pour certaines parties
du terrain.** — Soient A et B les deux points qui sont
visibles dans les parties du terrain voisines de P et de Q, mais
non dans celle qui environne le point O, point inconnu et où
doit être planté un jalon en ligne droite avec A et B.

Traçons RS parallèlement à PQ. Nous avons

$$\frac{OM}{ON} = \frac{IR}{IS} = \frac{OP}{OQ}.$$

Le problème se trouve ainsi ramené au suivant:

Étant donnée *(fig. 137)* une ponctuelle (P, Q ; M, N), déterminer sur cette ponctuelle, un point O qui partage les segments PQ et MN, dans le même rapport.

Pour résoudre cette dernière question, menons par les points M, N deux alignements parallèles et, avec le cordeau, prenons MP′ = MP et NQ′ = NQ; le point O, déterminé comme l'indique la figure 138 est le point cherché.

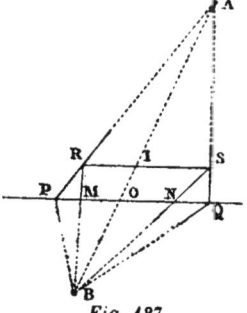

Fig. 137.

Au problème qui vient de nous occuper, correspondent, sans sortir des limites de la Géométrie de la Règle, de nombreuses solutions ; celle que nous venons d'exposer et à laquelle nous nous tiendrons, est la plus simple, parmi celles que nous avons imaginées. On observera peut-être qu'elle est encore assez compliquée; mais il faut reconnaître que la question qui vient de nous occuper

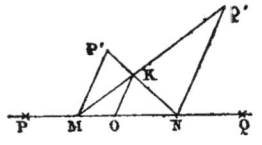

Fig. 138.

offre une certaine difficulté relative, et elle ne semble pas comporter, si nous ne nous trompons, de solution sensiblement plus simple, que celle que nous venons d'exposer.

## CHAPITRE II

### LA LARGEUR DE LA RIVIÈRE

**16.** — Nous avons exposé dans le chapitre précédent quelques applications de la fausse équerre et du cordeau; mais celles-ci sont beaucoup plus nombreuses qu'on ne serait peut-être tenté de le croire, au premier abord, et nous aurons occasion, dans la suite, de prouver ce fait par plus d'un exemple. Nous devons pourtant quitter ici le développement de ces applications pour nous attacher à l'exposition méthodique des solutions de quelques problèmes, plus particulièrement intéressants, de cette géométrie que nous nous

proposons de développer dans la seconde partie de cet ouvrage. Tels sont : le prolongement d'une droite au delà d'un
obstacle, la distance d'un point donné à un point inaccessible, ou, encore, celle de deux points inaccessibles, etc. Pour
le moment, nous voulons nous occuper du problème qui a
pour objet la détermination de la largeur d'une rivière.

**17. La largeur de la rivière** *(Première solution).* —
Soient Δ, Δ′ deux droites parallèles représentant les bords
du fleuve dont on veut mesurer la largeur. D'un point A,
pris sur la rive Δ où l'on se trouve placé, on vise avec la
fausse équerre : 1° un point B que l'on aperçoit sur l'autre
rive Δ′; 2° un jalon planté, quelque part, sur Δ; l'instrument
relève ainsi l'angle BAD = θ. Ayant ensuite jalonné la droite
AC que nous supposons élevée perpendiculairement à AB′,
au point A, on chemine sur AC jusqu'à ce que l'on ait
trouvé un point I duquel les points A et B soient vus sous
l'angle θ; soit AIB = θ. On jalonne IB jusqu'à Δ, ce qui
donne un certain point H; BH repré-
sente alors la largeur de la rivière.
Pour mesurer BH, on observe que
l'on a

$$\overline{AI}^2 = IH.IB = IH(IH + HB.$$

d'où l'on tire

$$HB = \frac{(AI + IH)(AI - IH)}{IH}.$$

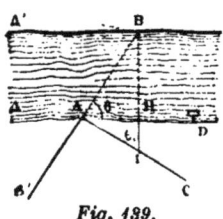

*Fig. 139.*

On peut aussi, le calcul est même un peu plus simple,
relever les longueurs AH, IH et calculer BH par la formule

$$BH = \frac{\overline{AH}^2}{IH}.$$

Ces solutions sont très simples, mais elles s'appliquent
surtout, et avec commodité, au cas où la largeur qu'il s'agit
d'évaluer est assez grande; ou, encore, à celui dans lequel se
présentent certaines difficultés, comme celles que nous signalons plus loin. Dans la pratique, il en est rarement ainsi; la
question qui nous occupe étant surtout un problème de pontonniers. Il s'agit, pour eux d'apprécier, rapidement, et pourtant

avec une précision suffisante, la largeur d'une rivière sur laquelle ils doivent, en un point déterminé, jeter un pont; nous allons indiquer d'abord les solutions qu'ils emploient en pareil cas; nous entrerons ensuite dans l'examen circonstancié de certains cas particuliers, plus difficiles.

A ce propos, revenant ici sur une idée précédemment exprimée, nous insisterons encore sur la nécessité de fournir des solutions variées pour les problèmes de la géométrie pratique et, surtout, des solutions bien appropriées aux conditions matérielles qui leur sont imposées. En définitive, le problème qui nous occupe en ce moment peut, *théoriquement*, être considéré comme identique à celui qui se propose de mesurer la distance d'un point donné à un point inaccessible (*), problème que nous traiterons avec les développements nécessaires dans un chapitre suivant. Mais, dans la pratique, quelle différence entre les procédés qui peuvent servir à mesurer la largeur d'un fleuve et ceux que l'on doit appliquer à l'évaluation des grandes distances, telles que celles qui intéressent la portée des projectiles! C'est pourquoi, il convient toujours, en géométrie pratique, d'examiner avec attention si les solutions indiquées conviennent bien, à tous les points de vue, au problème que l'on a voulu traiter, et si, pour nous résumer, les exigences pratiques inhérentes au tracé que l'on veut exécuter, ne sont pas en contradiction *matérielle* avec celles qui ressortent de la solution proposée.

**18. La largeur de la rivière** (*Solution des pontonniers*) (**). — 1° On jalonne sur l'une des rives une ligne

---

(*) C'est ainsi que le problème est envisagé ordinairement, notamment dans Bergery (*loc. cit.* p. 422). Bergery applique, pour le résoudre, la propriété des diagonales du quadrilatère complet, lesquelles se partagent, comme l'on sait, harmoniquement. Mais cette solution, sur laquelle nous reviendrons, en traitant le problème de la distance d'un point à un point inaccessible, très acceptable pour les grandes distances, n'est pas assez simple quand il s'agit d'évaluer une distance aussi faible, relativement, que la largeur d'un fleuve.

(**) Ces solutions sont empruntées à l'*Aide-mémoire* de Laisné à l'usage des officiers du génie (4° édition, 1861, p. 294 et 5° édition, 1884, chap. V; *Ponts militaires*) et, aussi, à l'ouvrage intitulé *Ecole de Ponts*, 1882, p. 59; elles nous ont été signalées par le capitaine Brocard.

BF sensiblement parallèle à cette rive et aussi rapprochée que possible du cours d'eau.

Sur la rive opposée, on choisit un point A facile à reconnaître et à l'aide d'un triangle rectangle de cordes BCD, dont les côtés ont 3, 4 et 5 mètres, ou des équi-multiples de ces

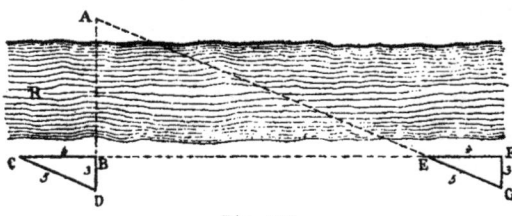

Fig. 140.

nombres, on détermine le pied B de la perpendiculaire AB, abaissée du point A sur la ligne BF. On promène ensuite le triangle de cordes tout tendu sur cette ligne BF, jusqu'à ce que l'un des côtés de l'angle droit, celui de 4 mètres par exemple, se trouvant sur la ligne BC on puisse voir le point A sur le prolongement de l'hypoténuse, ou côté de 5 mètres. La distance cherchée sera égale aux 3/4 de la longueur BE que l'on peut mesurer sur la rive, car

$$AB = BE \times \frac{FG}{EF} = \frac{3}{4} BE.$$

2° Déterminer un alignement AB perpendiculaire à la rive BE. Prendre BE égal à 40 mètres; EC égal à 10 mètres; mener CF perpendiculaire à BC jusqu'à sa rencontre avec l'hypoténuse :

$$AB = 4FC.$$

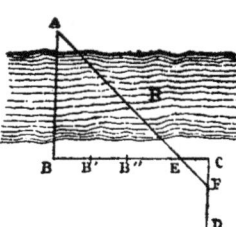

Fig 141.

3° Remarquez sur la rive opposée un point A; cherchez à l'œil, sur la rive où vous êtes, un autre point B, perpendiculairement opposé au point A; mettez le côté d'un cordeau perpendiculaire dans la direction de AB, prenez des points C et D sur les prolongements des côtés à angle droit du cordeau, et à des distances arbitraires du point B : élevez, au moyen du cordeau, la perpendiculaire CE jusqu'au prolongement de AD; mesurez BC, BD et CE.

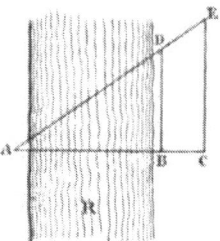

et vous aurez $AB = \dfrac{BC \times BD}{CE - BD}$. En retranchant ensuite, de cette valeur, la distance du point B à la crête de la rive, vous obtiendrez la largeur de la rivière. -

*Fig. 142.*

4° Si l'on n'a point de cordeau à perpendiculaire, on détermine comme ci-dessus les points A et B; on prend sur AB prolongé un point quelconque C; on choisit un point arbitraire D hors de la direction AB; on marque le point E, milieu de CD; on cherche le point F, rencontre des alignements BD et AE, et on mesure BC, BF, DF; or, on a $FG : BF :: EG$ ou $\dfrac{BC}{2}$.

AB, mais $FG = \dfrac{DF - BF}{2}$, donc

$AB = \dfrac{BC \times BF}{DF - BF}$. L'opération est d'autant plus exacte que la différence DF — BF est plus grande.

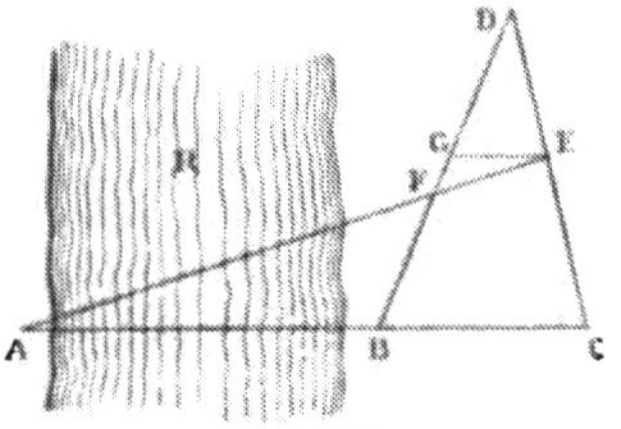

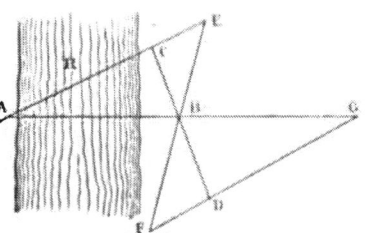

*Fig. 143.*

5° Enfin, le procédé suivant ne donne aucun calcul à faire.

Prenez de même, sur les rives, les points A et B perpendiculairement opposés; à la droite, par exemple, de B marquez un point quelconque C, à partir du point B, et sur CD prolongé, rapportez la distance BC, de B en D; marquez le point D; prenez un point quelconque E sur l'alignement des points A et C; et rapportez la distance EB sur la ligne EB prolongée de B en F; cherchez le point G sur les directions de D et F et de B et A; mesurez BG qui est égal à AB.

*Fig. 114.*

Si l'on avait fait $BD = \dfrac{1}{10} BC$ et $BF = \dfrac{1}{10} BE$, on aurait eu

$$BG = \dfrac{1}{10} AB.$$

**19. La Solution de Vauban.** — Servois (*loc. cit.* p. 60) s'occupant du problème de la distance d'un point à un autre point inaccessible dit : « On connaît la méthode attribuée à Vauban : elle suppose la construction d'angles droits, ou au moins d'un angle égal à un autre et requiert un *chaînage* assez long. » Mais il ne donne aucun renseignement sur cette construction.

Le procédé que Vauban indiquait (*) pour mesurer la

---

(*) Vauban, *Traité de l'attaque des places.* Je dois ce renseignement à l'obligeance de M. Louis Liège d'Iray, lieutenant d'artillerie. L'exemplaire de Vauban que possède cet officier n'est pas daté; il a été imprimé chez *Barrois* et *Magimel, quai des Augustins, à Paris.* La question présente y est exposée au chapitre VI, lequel traite de l'*ouverture de la tranchée,* p. 50.

D'après les renseignements que nous communique à ce propos M. d'Iray, la première édition de l'ouvrage de Vauban, a dû être celle qu'a éditée Jombert, rue Dauphine, à Paris; Elle date de 1769. La bibliothèque de l'Ecole de Saumur possède un exemplaire de l'ouvrage en question ayant pour sous-titre : *Nouvelle édition revue, rectifiée. augmentée de développements, de notes et de planches; par F. P. Foissac, chef de brigade au corps du génie de la République française; à Paris, chez Magimel libraire pour l'art militaire et les sciences et les arts, quai des Augustins, près le Pont-Neuf; l'an troisième de la République.*

Dans cette édition, la question est traitée au chapitre VI, p. 131; mais le texte de Vauban a, en grande partie, disparu; l'ouvrage a été profondément remanié, mis au goût du jour, et, comme nous l'écrit M. d'Iray, c'est presque autant un ouvrage de Foissac, écrit sur le cadre du livre de Vauban, qu'une édition de Vauban.

Aux renseignements qui précèdent, nous ajouterons encore les suivants qui nous ont été communiqués par M. Bertrand, capitaine du génie à la section technique du ministère de la guerre.

Le manuscrit de Vauban sur l'attaque des places a été rédigé pour le duc de Bourgogne et présenté à ce Prince en 1704; la bibliothèque du ministère de la guerre possède cet ouvrage précieux revêtu de la signature de l'auteur. Des copies n'ont pas tardé à circuler dans toute l'Europe et une première édition parut à la Haye, imprimée par de Hondt, en 1737.

La dernière édition est celle qui fut publiée en 1829 (*Traité des sièges et de l'attaque des Places* par le maréchal de Vauban; nouvelle édition entièrement conforme au manuscrit présenté par l'auteur au duc de Bourgogne; par M. Augoyat, chef de bataillon du Génie; Paris. Anselin successeur de Magimel).

Nous devons ajouter que la solution de Vauban se trouve exposée,

distance de l'ouverture de la tranchée au chemin couvert n'est autre chose que la solution exposée plus haut (§ 18; 2°). Nous croyons intéressant, ne serait-ce qu'au point de vue historique de rapporter ici, dans ses termes mêmes, la solution de Vauban. Il convient toutefois d'observer, comme le fait Servois, et la remarque a son importance, qu'elle n'exige nullement l'emploi de l'équerre ordinaire. Il suffit que les droites AB, CD *(fig. 141)* dont il est question soient parallèles; pour atteindre ce but, la fausse équerre suffit. Quant au chaînage nécessaire, contrairement à ce qu'en pense Servois, il est fort rapide; il faut observer, en effet, qu'il se réduit au relevé de la longueur CF et que les piquets fixés sur BC ne sont pas déterminés par des chaînages, mais simplement par un cordeau, plus ou moins long, que l'on porte successivement de B en B', de B' en B", etc.; opération simple et rapide.

Quoi qu'il en soit, voici la solution en question; elle s'applique également bien aux grandes et aux petites distances. On observera seulement, dans le cas des grandes distances, qu'il faut augmenter le nombre des piquets placés sur BC. On peut, par exemple, placer dix piquets équidistants entre B et C; E représentant le dixième piquet, il suffit alors de multiplier CF par 10.

« Soit *(fig. 141)* A l'angle du chemin couvert et B le lieu où l'on veut ouvrir la tranchée après avoir pris garde à se mettre en lieu où l'on puisse avoir l'espace nécessaire à l'opération, il n'y a qu'à former l'angle droit B et tirer la ligne BC (avec des piquets) de 60 ou 80 toises, plus ou moins. Vous couperez cette ligne en 3 ou 4 parties égales. Cela fait, sur son extrémité C, formez un autre angle droit BCD alterne au premier et tirez la ligne CD indéterminément, alignez l'un des piquets de la transversale BC, comme E, avec l'angle du

---

antérieurement, dans l'ouvrage, intitulé : R. P. Cl. Fr. Millet Dechales, e Societate Jesu, *Cursus seu mundus mathematicus universam Mathesin tribus tomis complectens.* — Lugduni M DC LXXIV. On trouve la solution, exposée depuis par Vauban, dans le volume cité, à la page 331 du livre Ier et dans la partie intitulée *Geometriæ practicæ.*

L'ouvrage en question a été cité par Chasles (Aperçu historique; pp. 272 et 433); il lui donne la date de 1690. — L'édition que nous avons eue sous les yeux est antérieure, comme l'on voit, à celle que Chasles a consultée.

chemin couvert A. Vous aurez deux points qui serviront à faire trouver dans leur alignement le point F sur la ligne CD. Mesurez ensuite CF avec une toise pour connaitre sa longueur; ensuite, si CE est le tiers de BE, prenez trois fois la longueur CF, vous aurez la distance AB connue en toises. »

**20. La largeur de la rivière** *(Cas particuliers).* — Les solutions que nous venons de reproduire supposent, toutes, la possibilité d'effectuer, sur la rive où l'on est placé, des tracés exigeant l'emploi d'une certaine étendue de terrain. Nous examinerons ici quelques cas particuliers, se rencontrant dans la pratique, et pour lesquels les solutions précédentes pourraient se trouver en défaut.

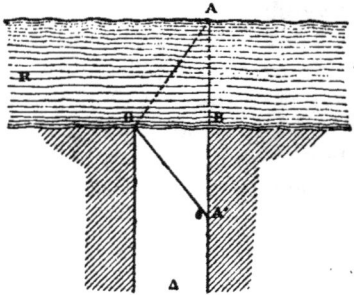

Fig. 145.

1°Nous supposerons d'abord qu'on arrive en B, à la rivière qu'il s'agit de traverser, par une route Δ, normale à sa direction, et bordée de terrains dans lesquels on ne peut pénétrer (groupes de maisons, marécages, collines, etc....). On vise le point A, opposé à B, et, après avoir jalonné la direction AB, on relève, suivant BOA', avec la fausse équerre, l'angle BOA. La largeur est égale à BA'.

2° Admettons maintenant que, dans les conditions précédentes, la route Δ soit oblique à la direction de la rivière. Alors, on peut exécuter le tracé indiqué par la figure 146, et, après avoir effectué le jalonnement OC, perpendiculaire à OA, et le jalonnement BC,

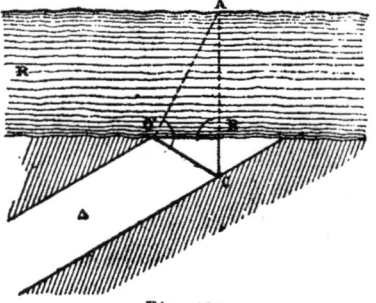

Fig. 146.

élevé perpendiculairement à la direction de la rive, au point B,

au point A déjà visé, on a

$$AB = \frac{\overline{OB}^2}{BC}.$$

3° Imaginons enfin que l'on ne puisse opérer que sur une
bande de terrain, assez
étroite, située entre la rivière et un terrain U, inaccessible. Soient O, A deux
points opposés; on vise A,
d'un point P arbitrairement
choisi; soient PQ la per-
pendiculaire à AP, et OQ la
perpendiculaire abaissée de
O sur PQ.

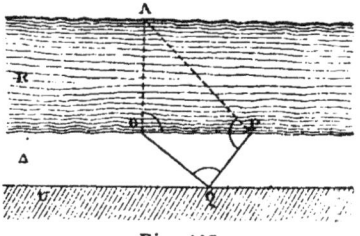

*Fig. 147.*

Les triangles semblables AOP, OQP donnent

$$OA = PQ.\frac{OP}{OQ}.$$

En prenant le point P, suffisamment près de O, on aura
un triangle OQP aussi petit que l'on voudra et cette remarque
permet de voir que la construction indiquée sera toujours
réalisable, si restreinte que soit la partie accessible du terrain.
Pour rendre l'approximation obtenue aussi bonne que possible, on doit choisir P de façon que Q soit à peu près sur la
ligne de séparation de Δ et de U; en général, on doit éviter,
autant du moins que les circonstances le permettent, de
prendre sur le terrain une base de trop grande, ou de trop
petite dimension. Dans le premier cas, les mesures sont
longues, et il y a perte de temps; dans l'autre cas, les erreurs
commises sont relativement plus grandes, et les résultats
obtenus n'ont pas une approximation suffisante.

REMARQUE. — La traversée d'un fleuve se présente, à tous
les points de vue, dans des conditions préférables lorsqu'elle
peut s'effectuer devant une île. A ce propos, un problème
surgit, que nous allons résoudre; c'est celui dans lequel on
se propose de déterminer la largeur du bras qui est situé
de l'autre côté de l'île.

Ayant jalonné une droite Δ, perpendiculairement à la direc-

tion de la rivière, et passant par le point C, extrémité de
l'île; d'un point O, arbitrairement choisi sur la rive accessible

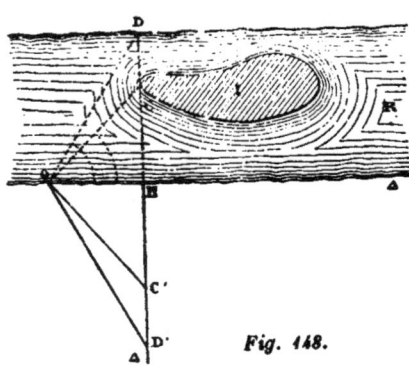

Fig. 148.

on vise : 1° l'extrémité
C; 2° le point D qui,
sur la rive opposée, est
déterminé par l'obser-
vateur placé sur Δ et
visant C dans une di-
rection perpendiculaire
à Δ. Avec la fausse
équerre, on relève suc-
cessivement les angles
HOC, HOD que l'on re-
porte en HOC′, HOD′.
La droite C′D′ repré-

sente la largeur demandée.

Si la rive de l'île qui est invisible est supposée sinueuse,
la distance cherchée pourra être plus faible que CD; mais,
dans tous les cas, on est assuré de pouvoir traverser le second
bras avec un pont dont la longueur est, tout au plus, égale à
CD; c'est un renseignement qui n'est pas inutile et que l'on
peut désirer connaître, avant de commencer le passage.

**21. — Examen du cas où les rives ne sont pas
parallèles.** — Soient Δ, Δ′ les rives que nous ne supposons
plus parallèles; il s'agit de jeter, sur elles, un pont partant
d'un point déterminé O.

On rencontre une première difficulté qui tient à ce que la
direction du pont devant être perpendiculaire à Δ′, pour des
raisons évidentes, il faut, avant tout, déterminer la direction
de Δ′ par une droite tracée dans la partie accessible du terrain. Nous donnerons, dans un chapitre suivant, diverses
solutions du problème qui se présente ici; mais, sans renvoyer
à ces solutions, nous indiquerons, dès maintenant, celle qui
nous paraît la mieux appropriée au cas présent.

Du point O, visons sur Δ′ deux points A et B; puis ayant
relevé l'angle AOB marchons sur Δ jusqu'à ce que nous
trouvions un point O′ tel que AO′B = AOB. Le quadrilatère

AOB′B étant inscriptible, si l'on relève l'angle BOO′ et si,
par le point O′, on trace O′x tel que AO′x = BO′O = BAO′,
la droite O′x est évi-
demment parallèle à
Δ′. Le pont jeté, du
point O, doit donc
avoir la direction de
la droite Oz, droite
perpendiculaire à
O′x.

Il faut encore dé-
terminer la longueur
de ce pont. Le point
P qui, sur Δ′, repré-
sente l'extrémité du
pont, peut être déter-
miné par la ligne de

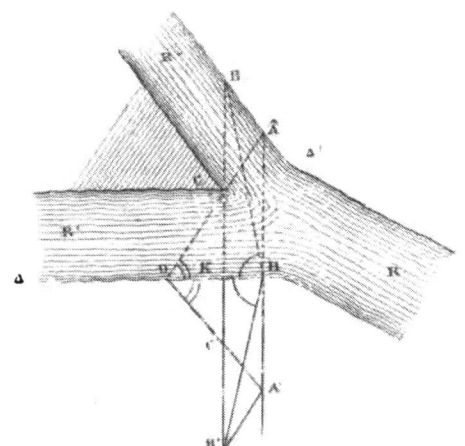

Fig. 149.

visée zO; il suffit d'observer un arbre, une pierre, ou le
moindre objet, placé,
sur Δ′, dans le pro-
longement de zO. Il
est donc possible de
déterminer avec l'é-
querre ordinaire le
point Q, où P se
projette sur Δ. Les
angles POR, OQR
étant droits, on a

$$PO = OR \times \frac{OQ}{QR}.$$

Cette relation per-
met de calculer PO.

**22. Le passage
au confluent. —**

Fig. 150.

Imaginons que deux rivières R′, R′ viennent se réunir en C,
pour former une troisième rivière R. On peut se proposer
d'effectuer le passage en coupant successivement les rivières

R', R"; dans cette hypothèse, un problème que nous n'avons pas encore traité apparaît ici, et l'on peut demander d'évaluer la largeur de R'.

Ayant, d'un point O de la rive de Δ, visé un point A de Δ' sur le prolongement de OC, on jalonne les droites HA', KB' perpendiculaires à Δ et passant respectivement par les points A et C. Avec la fausse équerre, on relève les angles AOH, BHO que l'on reporte en HOA', B'HO, comme l'indique la figure. Il est évident que le triangle A'B'C' est égal au triangle ABC et que, par suite, la largeur de R' est égale à la distance de C' à B'A'.

### 23. Le cas de la rivière ou du fossé inaccessible.

— Il peut arriver que l'on ne puisse, immédiatement du moins, approcher de la rivière; on veut pourtant, pour le moment favorable, préparer toutes les choses nécessaires au passage et, dans ce but, on désire connaître sa largeur. Dans d'autres cas, le problème se présentera sous

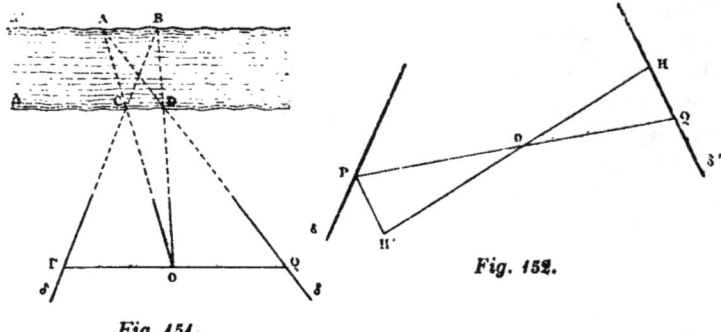

Fig. 151.

Fig. 152.

une autre forme et l'on se proposera de déterminer la largeur d'un fossé dont les bords sont visibles, mais inaccessibles. Pour fixer le langage, nous raisonnerons dans cette seconde hypothèse.

Nous dirons d'abord comment on peut tracer une parallèle aux bords Δ, Δ' du fossé considéré.

Soit O un poste d'observation (*); distinguons sur Δ deux points C, D ; et, sur Δ', deux autres points A, B, tels que les droites AC, BD passent par O; il est évident que la parallèle inconnue est une droite PQ partagée par le point O et par les droites BC, AD en deux parties égales. On peut jalonner les segments δ, δ' des droites BC, AD qui sont situées dans la région accessible et résoudre alors le problème connu : mener, par O, une droite partagée en deux parties égales par les segments δ, δ'.

Pour résoudre ce problème : par O (fig. 152), on mène une droite arbitraire, et l'on prend OH' = HO; si, par H', on mène H'P parallèle à δ', en joignant PO, on a la transversale demandée.

Cela posé, menons (fig. 153) MNRS parallèlement à OC et prenons RS = MN; nous avons OT = CA. En abaissant de T la perpendiculaire TH sur PO, TH représente la largeur du fossé.

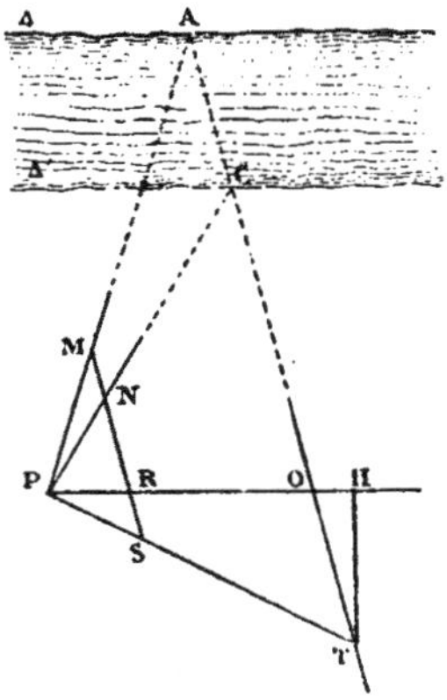

DEUXIÈME SOLUTION. — La solution précédente exige un certain effort, portant sur la réalisation des jalonnements qu'elle nécesite; mais il faut observer que le problème que nous traitons ici est, relativement, difficile; et il ne paraît pas aisé de le résoudre,

Fig. 153.

sans une certaine complication de lignes et de mesures.

La solution que nous allons indiquer maintenant n'est pas d'ailleurs sensiblement plus simple que la précédente, mais elle devrait être substituée à celle-ci dans le cas où les droites BC, AD que nous avons considérées tout à l'heure, feraient entre elles un angle trop grand ; auquel cas il résulterait, pour PQ, une longueur trop considérable.

---

(*) Pour ne pas donner à cette figure des dimensions trop grandes, les rapports des différentes lignes ne sont pas observés. Ainsi, dans la présente figure, on doit supposer, pour avoir une image approchée des choses réelles, que le point O est beaucoup plus éloigné de Δ que ne le montre notre dessin. Cette observation s'applique à plusieurs autres figures de cet ouvrage.

Observons sur Δ' un point A, et, sur Δ, deux points B, C.

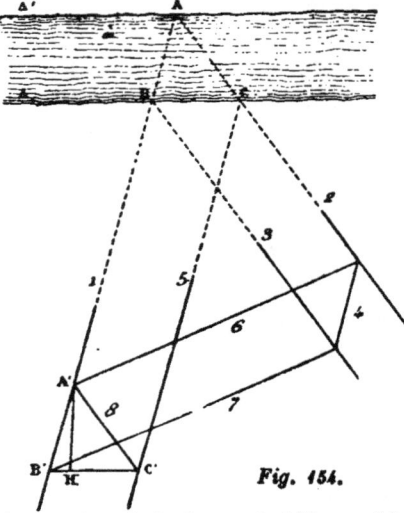

Ayant tracé les droites 1 et 2, du moins dans la partie accessible, puis les parallèles 3, 4, 5, 6, 7 et 8; nous obtenons trois points A', B', C'; la largeur du fossé est égale à la distance A'H' du point A' à la droite B'C'.

*Fig. 154.*

**24. Le pont oblique.** — La nature du terrain et la violence du courant peuvent, dans certains cas, et bien que cette disposition soit généralement défavorable, nécessiter la pose d'un pont oblique à la direction du fleuve. Dans ce cas, après avoir fixé les points A et B entre lesquels on veut jeter le pont, on peut demander de calculer la longueur de celui-ci c'est-à-dire la distance AB.

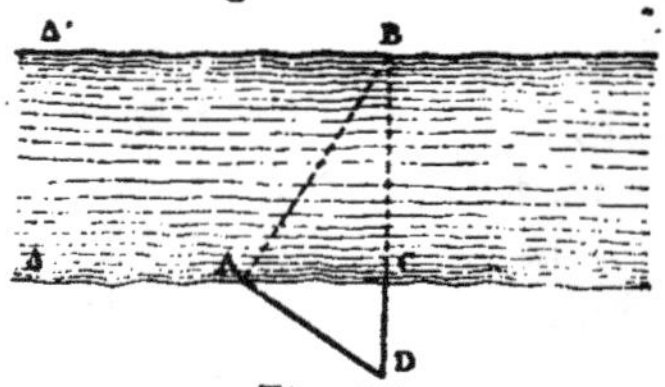

*Fig. 155.*

Soit C la projection de B sur Δ; on jalonne AD perpendiculairement à la direction AB et l'on a

$$AB = AD \frac{AC}{CD}.$$

# CHAPITRE III

## LE PROBLÈME DE L'OBSTACLE

Le problème qui va nous occuper dans ce chapitre est celui qui se propose de prolonger un alignement au delà d'un obstacle ; nous avons déjà signalé, dans le chapitre premier, certaines solutions de ce problème que nous reprenons ici, pour le traiter plus à fond.

**25. La solution par l'équerre.** — La première solution que nous voulions indiquer, pour ce problème, suppose que l'on ait à sa disposition une équerre d'arpenteur, instrument qui permet de déterminer, rapidement, sur le terrain, des angles droits. D'ailleurs, pour le moment, nous nous accordons uniquement l'usage de cet instrument. Dans ces conditions, la solution ordinaire, celle qui exige l'emploi de la fausse équerre, devient illusoire; parce qu'elle nécessite, outre l'équerre, la chaîne, ou, tout au moins, le cordeau.

Soit U l'obstacle que doit franchir une ligne Δ (*); si l'on effectue les jalonnements qu'indique la figure (**), le théorème relatif aux trois hauteurs d'un triangle prouve que les lignes 4 et 5 se coupent, au

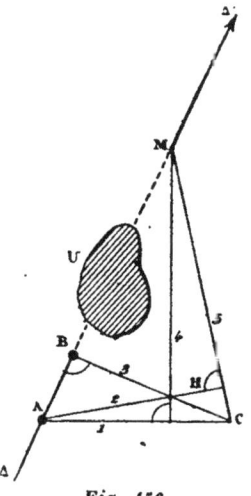

*Fig. 156.*

point M, sur le prolongement cherché Δ'. En répétant cette construction une seconde fois, on obtiendra un autre point de Δ'; et celui-ci se trouve alors bien déterminé.

En observant que le choix du point A pris sur Δ, celui de B, et la direction de BM sont absolument arbitraires on reconnaîtra que, dans la pratique, la solution précédente, grâce au jeu laissé aux jalonnements que nous avons décrits, pourra, presque toujours, être réalisée commodément.

---

(*) Il va, sans dire, que l'obstacle est supposé cacher la droite Δ, pour les observateurs placés sur le prolongement Δ'; autrement, la difficulté qui nous occupe n'existerait pas.

(**) Nous rappelons que les angles qui, sur les figures que nous employons, sont marqués d'un petit arc de cercle, sont des angles droits; nous avons déjà fait cette convention; elle nous permet une rédaction plus rapide.

**26.** — REMARQUE. La distance CM peut d'ailleurs se calculer facilement.

Une propriété connue donne, en effet,

$$AB.BM = CB.BH.$$

Cette égalité permet d'évaluer BM, quand on a relevé, par un chaînage, les longueurs accessibles AB, CB et BH.

### 27. Prolonger une droite AB dont les extrémités sont séparées par un obstacle.

— Le théorème qui vient de nous servir dans la solution précédente peut être utilisé dans le problème que nous allons considérer maintenant. Ce problème peut se définir ainsi : Deux points A et B sont situés de part et d'autre d'un obstacle U qui rend l'un d'eux invisible pour l'observateur placé dans le voisinage de l'autre; on propose de jalonner les prolongements de la droite AB, de part et d'autre de l'obstacle.

Prenons arbitrairement un point C, puis, avec l'équerre, effectuons les constructions (1, 2, 3, 4, 5, 6, 7, 8); la droite Δ ainsi obtenue représente l'un des prolongements demandés. Il va, sans dire, que le point C sera choisi de façon à permettre le tracé des alignements dans les régions accessibles du terrain sur lequel on opère; si l'on veut avoir l'autre prolongement, celui qui passe par A, on devra répéter, au point A, les opérations

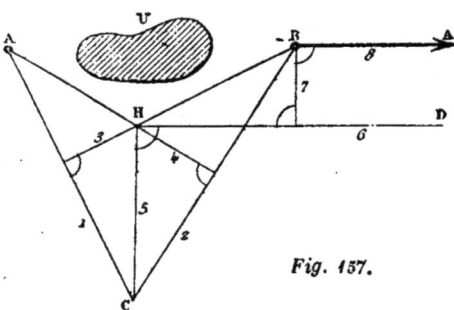

*Fig. 157.*

correspondant aux lignes 6, 7 et 8, qui ont été jalonnées pour obtenir Δ.

**28.** — REMARQUE. Si l'on rencontrait, dans le voisinage de B, un second obstacle V, on profiterait de la droite HD qui, dans la partie accessible, est parallèle à AB, pour effectuer le tracé de Δ, comme l'indique la *figure 158*. Nous exami-

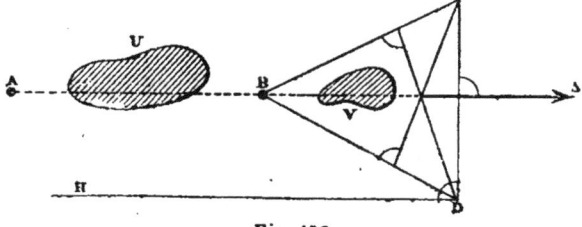

*Fig. 158.*

nons d'ailleurs, plus loin, et avec plus de détails, le cas des deux obstacles.

**29. La solution par les alignements.** — Nous allons supposer maintenant que l'on n'ait à sa disposition aucun instrument d'arpentage et nous nous proposons de résoudre le problème qui nous occupe par de simples alignements. Le nombre des solutions du problème ainsi posé est indéfini; les théorèmes relatifs à trois points en ligne droite (*) théorèmes que la géométrie élémentaire procure avec abondance, fournissent autant de réponses à la difficulté en question. Le livre des Porismes, notamment, est plein de propositions susceptibles d'être appliquées au cas présent; mais il suffit de signaler cette mine, sans qu'il y ait intérêt à énumérer toutes les ressources qu'elle renferme et nous nous bornerons à signaler quelques solutions, plus particulièrement simples.

La première qui se présente à l'esprit, solution donnée par Servois (**), 'par Bergery (***), et probablement par tous ceux qui ont écrit sur cette matière, est celle qui prend pour base la belle propriété des diagonales du quadrilatère complet. Voici d'ailleurs le détail des opérations qu'il faudra faire sur le terrain, quand on voudra l'appliquer.

On choisit, entre les points A et B, arbitrairement, un point

---

(*) Par exemple, celui que nous avons démontré dans la première partie (§§ 19 et 20).

(**) *Loc. cit.*, p. 31.

(***) *Loc. cit.*, p. 10

C, plus voisin de B que de A et d'autant plus voisin de A,

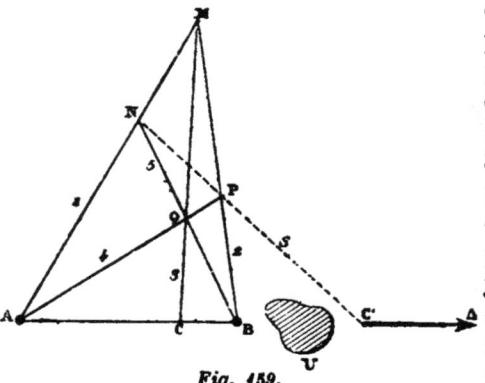

que l'obstacle pro-
posé a une plus
petite étendue. On
effectue alors les
alignements (1, 2,
3, 4, 5, 6) indiqués
par la figure. La
droite NP va passer
par le point C', con-
jugué harmonique
de C par rapport
au segment AB. En
répétant une secon-

*Fig. 159.*

de fois (*) la construction précédente, on obtient finalement
deux droites telles que NP qui, par leur intersection, déterminent un point du prolongement cherché Δ. Ainsi, on pourra,
par de simples alignements, se procurer autant de points que
l'on voudra du prolongement cherché.

Quant à la distance AC' elle se calcule par la formule

$$\frac{1}{AC'} = \frac{2}{AB} - \frac{1}{AC};$$

une table des inverses des nombres entiers, table dont nous
nous occuperons dans le chapitre suivant, permet de calculer
très rapidement la longueur AC'. Si l'on n'a pas à sa disposition la table en question, on fera le calcul de AC' au moyen
de la formule précédente.

DEUXIÈME SOLUTION. — On peut obtenir le point C', dont il
est question dans la solution précédente, par une seule opération comme nous allons le montrer. Cette seconde solution
n'est pas, somme toute, sensiblement plus simple que celle
qui est indiquée ci-dessus, mais elle donne lieu à une certaine vérification, présentant un intérêt pratique.

Considérons, comme tout à l'heure, un quadrilatère com-

---

(*) Dans ce second tracé il faut observer que les jalonnements 1, 2,
3 peuvent servir et qu'il suffit, par conséquent, de modifier la position
du point Q sur MC.

plet dont les points donnés A et B sont deux sommets ; puis
joignons le point O, point de concours des diagonales aux
points A et B; nous obtenons ainsi quatre points I, H, K, L.
Il est facile de reconnaître que les droites HK et IL concourent au point C'.

En effet, la figure ABMOKH constitue un quadrilatère

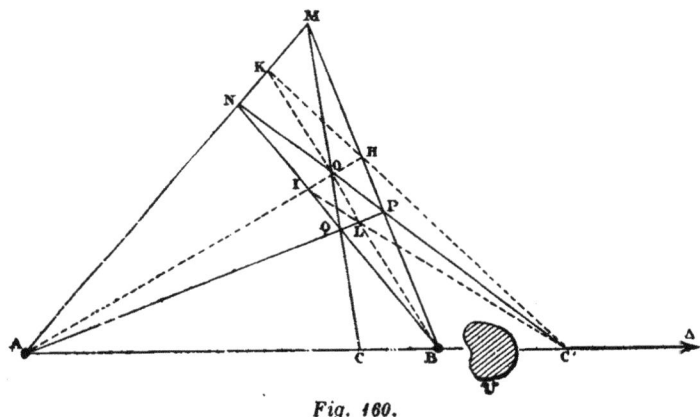

Fig. 160.

complet et la diagonale KH doit couper AB au point conjugué
harmonique de C ; c'est-à-dire au point C'. Cette remarque s'applique, bien entendu, à IL et l'on a, de la sorte, trois droites
KH, NP, IL concourant en C'. De là, résulte, pour le point C',
au point de vue pratique, une détermination plus sûre.

On peut résumer les deux solutions précédentes en observant qu'à un point Q pris sur MC correspond une droite NP
passant par le conjugué C' ; pour déterminer celui-ci, il faut
prendre deux points tels que Q et l'on obtient deux droites
telles que NP ; c'est la première solution. Mais, si l'on choisit
pour second point Q, le point O lui-même, chose naturelle
au fond, alors, on a la seconde solution. Celle-ci n'est donc
en définitive qu'une réalisation particulière de la première,
accompagnée d'une remarque pouvant d'ailleurs s'appliquer
à la construction obtenue en prenant sur MC, pour second
point Q, un point quelconque.

TROISIÈME SOLUTION. — Une solution un peu plus rapide, et

bien distincte des précédentes, est celle qu'on obtient en appliquant le principe de la transformation homologique (*).

La figure montre comment on a obtenu le point C sur le prolongement de AB, au moyen des deux triangles homologiques $mnp, m'n'p'$. Les jalonnements peuvent être effectués dans l'ordre (1, 2, ...8) indiqué;

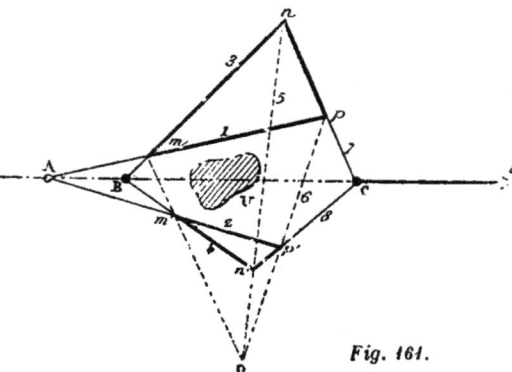

Fig. 161.

et, comme la direction des alignements 1, 2, 3, 4, la position de la droite 5, et même la direction de la droite 6, restent arbitraires, on voit qu'il y aura moyen, dans la plupart des cas, même dans ceux qui offrent une certaine difficulté pratique, de disposer les jalonnements de façon à déterminer la position du point C.

Le calcul de BC est moins simple que dans les solutions précédentes. Il faut avoir recours au théorème de Ménélaüs qui donne ici

$$BC = AB \, \frac{nC \cdot mp}{np \cdot mA}.$$

Il y aurait cinq droites à chaîner pour obtenir BC; cette formule paraîtra donc compliquée, du moins, comparée à celle que nous avons donnée dans la première solution.

Nous voulons borner à ces trois procédés (qui n'en forment réellement que deux, comme nous l'avons fait remarquer) la solution du problème de l'obstacle, par des alignements. On observera certainement que ces procédés offrent, dans la pratique, une certaine complication qui tient au nombre assez

---

(*) On sait que le théorème en question est dû à Desargues; voyez *Œuvres de Desargues, réunies et analysées par Poudra*; Paris, 1864, t. I, pp. 513, 430. On trouvera une analyse de l'ouvrage cité dans le tome III, série II, des *Nouvelles Annales*.

grand des alignements qu'ils nécessitent. Mais la raison
de cette complication est naturelle, et il paraît difficile d'imaginer, sans autre instrument que le jalon, une solution plus
simple que celles que nous avons fait connaître dans ce
paragraphe. Il n'en est plus de même quand on s'accorde
le droit de mener des parallèles, opération qui peut se faire,
très rapidement, avec la fausse équerre ou avec l'équerre
ordinaire. On peut alors, par l'emploi simultané des alignements et de l'équerre, obtenir des solutions très simples du
problème en question. Nous allons en indiquer quelques-unes.

**30. Les solutions par l'équerre et les alignements.**
—Les solutions que nous allons développer dans ce paragraphe
se distinguent de celle que nous avons donnée plus haut
(§ 25) en ce que l'on ne fait usage de l'équerre que pour mener
des parallèles, et non pour élever des perpendiculaires. Il y a
là, au point de vue pratique, une différence que l'on appré-
ciera, sans que nous ayons besoin d'y insister. Il résulte,
notamment des conditions dans lesquelles nous nous plaçons
ici, que la fausse équerre, pour les solutions que nous avons
en vue, est tout aussi bonne, pour ne pas dire meilleure, que
l'équerre ordinaire; car, bien que la fausse équerre puisse
servir, comme nous l'avons montré, au tracé des perpendiculaires il faut reconnaître qu'elle n'arrive pas à ce tracé sans
un certain effort et l'on doit considérer la fausse équerre
comme étant, avant tout, l'instrument des parallèles.

PREMIÈRE SOLUTION. — Considérons un triangle ABC, et
soit AD une droite
quelconque issue de
A et rencontrant BC
en D ; menons MN
parallèlement à BC
et joignons enfin BN
qui coupe AD en P,
puis MP; cette der-
nière droite coupe BC en un point Q qui reste fixe quand MN
se transporte parallèlement à elle-même (*).

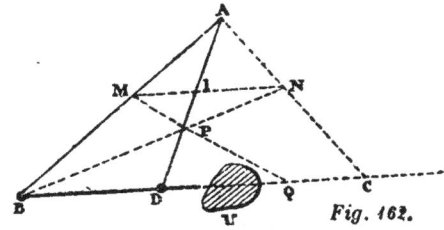

*Fig. 162.*

(*) Cette propriété fait partie de trente-huit lemmes de Pappus sur les

En donnant à MN deux positions arbitraires on obtient le point Q et l'on achève la construction en menant par Q une parallèle à MN.

Il reste à indiquer comment on évalue BQ.

De la relation

$$\overline{BD}{}^2 = DQ.DC,$$

on déduit

$$\overline{BD}{}^2 = (BQ - BD)(BC - BD),$$

ou

$$\frac{1}{BQ} = \frac{1}{BD} - \frac{1}{BC}.$$

Cette formule permet, dans tous les cas, de calculer BQ; mais si l'on possède la table des inverses, à laquelle nous avons déjà fait allusion, le résultat sera lu immédiatement sur cette table.

SECONDE SOLUTION. — Voici une seconde solution; elle exige, il est vrai, un emploi plus continu de la fausse équerre, mais elle présente l'avantage de donner un point C symétrique du point A, par rapport à B, ce qui, à l'occasion, peut être utile.

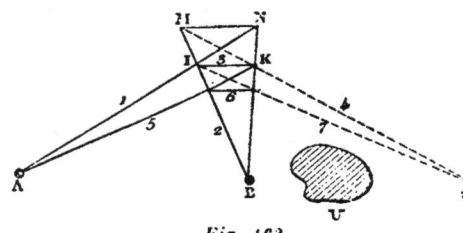

*Fig. 163.*

Dans tous les cas, pour mesurer BC, on n'a aucun nouveau chaînage à faire, puisque BC = AB.

Ayant déterminé, quelque part, les extrémités M, N d'un segment parallèle à AB, on effectue les alignements (1, 2,... 7). Les droites 4 et 7 concourent en un point C situé sur AB et tel que BC = AB.

---

Porismes d'Euclide (Voyez: *les trois livres des Porismes*, p. 89; proposition VII).

Elle se démontre immédiatement en observant que l'on a

$$\frac{MI}{IN} = \frac{BD}{DC}, \text{ et aussi } \frac{MI}{IN} = \frac{DQ}{BD}.$$

Ces égalités donnent par comparaison

$$\overline{BD}{}^2 = DQ.DC.$$

En effet le trapèze MNAB donne (*première partie*, § 14)

$$\frac{1}{IK} = \frac{1}{MN} + \frac{1}{AB}.$$

De même, dans le trapèze MNBC, nous avons

$$\frac{1}{IK} = \frac{1}{MN} + \frac{1}{BC}.$$

Ces égalités prouvent que MK coupe AB au point C, symétrique de A par rapport à B.

Cette remarque, appliquée aux droites 4 et 7, établit l'exactitude de la construction précédente.

Nous bornerons là les solutions que nous voulons indiquer pour résoudre le problème qui vient de nous occuper ; mais, en terminant ce chapitre, nous allons encore examiner quelques cas particuliers intéressants, auxquels les solutions précédentes ne sauraient convenir.

**31. Le cas des deux obstacles.** — On peut imaginer que le point qu'il faut obtenir, au delà d'un obstacle donné, soit situé dans un terrain où les alignements dont nous avons parlé, dans les diverses solutions qui précèdent, ne puissent être exécutés. Tel est le cas où un autre obstacle se trouve situé dans le voisinage de celui que l'on veut franchir et dans la partie où doit pénétrer le prolongement cherché.

Nous indiquerons deux cas correspondant à ce genre de difficultés.

PREMIER CAS. — Supposons d'abord que l'on puisse jalonner, entre les deux obstacles, une ligne droite ne rencontrant ni l'un ni l'autre de ces obstacles, et, néanmoins, assez étendue pour pénétrer dans les régions où peuvent, sans difficulté, s'effectuer les alignements nécessaires, représentés par la figure 164.

Soit Q (*) le point où AR rencontre PC; le théorème de Jean de Ceva, appliqué au triangle APQ, donne la relation

$$\frac{PC}{QC} = \frac{SP}{AS} \cdot \frac{AR}{RQ}.$$

On connaît donc le rapport des segments PC, QC et leur somme ; le point C se trouve ainsi déterminé. Mais cette solution exige plusieurs chaînages.

(*) Cette lettre a été omise sur la figure.

Si la droite RS rencontre PQ dans les limites du terrain (et l'on peut toujours, par quelques tâtonnements, faire en sorte qu'il en soit ainsi; il suffit de rapprocher suffisamment Q du

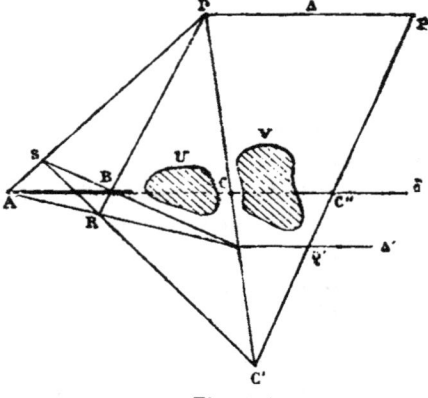

point inconnu C), on a

$$\frac{2}{C'C} = \frac{1}{C'Q} + \frac{1}{C'P}$$

et la table des inverses, dont nous parlerons bientôt, par un calcul rapide, donne C′C.

Pour prolonger AB au delà du second obstacle, on pourra mener, par les points P, Q, des parallèles Δ, Δ′ à AB, et, après avoir jalonné une droite C′Q′P′, on

*Fig. 164*

prendra sur celle-ci un point C″, la longueur C″C′ étant calculée au moyen de l'égalité

$$\frac{2}{C\,C'} = \frac{1}{C'Q'} + \frac{1}{C'P'}.$$

On peut d'ailleurs, la chose est manifeste, obtenir le prolongement δ de AB en considérant les deux obstacles U et V comme constituant un seul et même obstacle. Alors pour déterminer δ, on appliquera l'une des méthodes que nous avons indiquées plus haut; ou toute autre, car elles sont innombrables. Mais on a bien compris que l'intérêt de la remarque précédente porte, non, sur la construction de δ, mais uniquement sur la détermination du point C, point situé *entre* les deux obstacles et sur le prolongement de AB.

Second Cas. — Supposons maintenant que les obstacles U et V soient disposés comme le montre la *fig. 165;* alors on ne peut prolonger PC de part et d'autre des obstacles, comme dans le cas que nous venons d'examiner. Sans doute, on pourrait répéter la construction indiquée en prenant les points P et Q sur une semi-droite partant de la région comprise entre U et V; mais nous profiterons de la disposition particulière que nous venons d'imaginer pour signaler une autre solution.

Jalonnons deux alignements AR, AS, et d'un point M, pris sur AB, abaissons des perpendiculaires MP, MQ; puis, jalonnons une droite RS parallèle à PQ et choisie de telle sorte que les perpendiculaires élevées aux droites Δ, Δ' aux points R, S, pénètrent dans la région qui est située entre U et V. Nous avons ainsi construit deux figures homothétiques, et le point C, obtenu par cette construction, est situé sur AB.

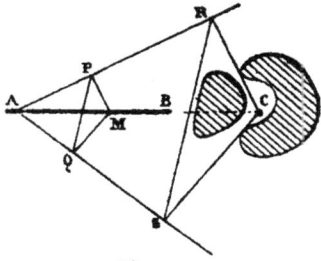

*Fig. 165.*

Si l'on opère avec une fausse équerre, on remplace les angles droits que nous avons considérés par des angles quelconques, mais égaux, deux à deux; le principe des figures homothétiques étant d'ailleurs appliqué, comme il vient d'être dit.

**32. Examen du cas où l'obstacle est inaccessible.** — L'obstacle peut être inaccessible dans plusieurs conditions; pour chacune d'elles, se présentent des difficultés que nous allons successivement considérer.

*Premier cas particulier.* — Supposons, pour donner une idée de la difficulté matérielle que nous abordons ici, que l'obstacle que nous avons à considérer soit constitué par une île boisée, située au milieu d'une rivière.

Les solutions que nous avons données jusqu'ici supposent, toutes, que l'on puisse librement circuler autour de l'obstacle, au moins dans l'une des régions qui correspondent à la droite que l'on veut prolonger, de façon à pouvoir jalonner les alignements nécessaires. Dans le cas présent, les jalonnements peuvent bien être faits successivement, sur une rive, puis sur l'autre; mais il existe entre ces

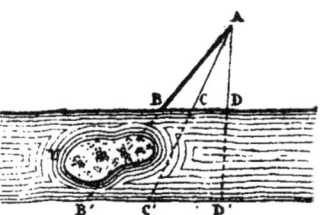

*Fig. 166.*

deux opérations une discontinuité matérielle, causée par la

présence de la rivière qui entoure l'obstacle. Nous devons
donc indiquer comment doivent être exécutés les jalonnements, ainsi séparés les uns des autres.

Soient Δ et Δ′ deux parallèles tracées sur les rives opposées.
Pour prolonger AB sur la rive Δ′, à travers l'obstacle U, on
prendra sur Δ un point arbitraire C, puis CD = BC et l'on
fixera des jalons aux points A, C et D.

Après avoir franchi la rivière, on détermine alors sur Δ′,
les points C′ et D′ qui, sur Δ, sont en ligne droite avec : A, C
d'une part ; A, D d'autre part. Enfin, ayant pris, avec le
cordeau, C′B′ = D′C′ ; le point B′, ainsi trouvé, représente le
point où AB prolongé rencontre Δ′. En répétant cette opération pour une droite Δ″ parallèle à Δ′, on obtient un second
point B″ du prolongement cherché, et celui-ci se trouve,
ainsi, complètement déterminé.

REMARQUE. — Nous avons supposé, dans la solution précédente, que les rives Δ, Δ′ étaient parallèles, ou, du moins
que l'on avait jalonné, de part et d'autre de la rivière, deux
alignements parallèles. Ces alignements imaginés ici, sont
toujours faciles à obtenir, soit avec la fausse équerre, soit
avec l'équerre ordinaire. Mais, si l'on n'a pas d'équerre
à sa disposition, on peut néanmoins résoudre, sans autre
emploi que les jalonnements et avec l'aide du cordeau, le
problème précédent, en opérant comme nous allons l'indiquer.

Prenons sur Δ des points C, D et E, soit arbitrairement,
soit, ce qui est préférable, de
telle sorte que
$$ED = DC = BC;$$
nous adopterons cette seconde hypothèse.

La propriété du rapport
anharmonique, appliquée aux
deux ponctuelles qui se trouvent sur Δ et sur Δ′, donne

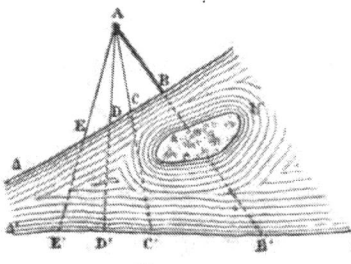

*Fig. 167.*

$$\frac{B'C'}{B'D'} = \frac{E'C'}{4E'D'}.$$

Le point B′ peut être déterminé d'après cette égalité ; et,
bien que la solution, signalée ici, présente, dans sa réalisa-

lion, quelques longueurs; elle offre pourtant un intérêt réel, si l'on se refuse l'emploi de l'équerre.

*Deuxième cas particulier.* — Deux points A et B sont visibles, mais ils sont situés dans une région inaccessible; on propose de jalonner, dans la région accessible, le prolongement de AB, en supposant : soit que les points A et B soient séparés par un obstacle qui ne permet pas de les viser, simultanément, dans la région accessible; soit que le segment AB rencontre, dans la région où il est situé, un obstacle qui le masque complètement à l'observateur placé dans la partie accessible.

Soit V l'espace inaccessible dans lequel se trouvent deux points A, B visibles de certains points placés dans la région accessible V'; mais la droite AB est cachée par un obstacle U pour un observateur placé au point C où AB rencontre la droite Δ qui sépare les deux régions V, V'; et, dans ces conditions, on demande de déterminer C.

1° Supposons d'abord que les points A et B ne soient pas très éloignés de Δ. Nous pourrons, avec l'équerre d'arpenteur, jalonner les droites αA', βB', qui, dans l'espace V', représentent les perpendiculaires abaissées des points A et B sur Δ. Soit O le milieu de AB. Ayant jalonné dans V' les prolongements de AO et de BO, nous obtenons deux points A', B'. La droite A'B' rencontre Δ en C' et le point inconnu C est le symétrique de C' par rapport à O.

2° Cette solution cesse d'avoir un caractère pratique si les points A et B

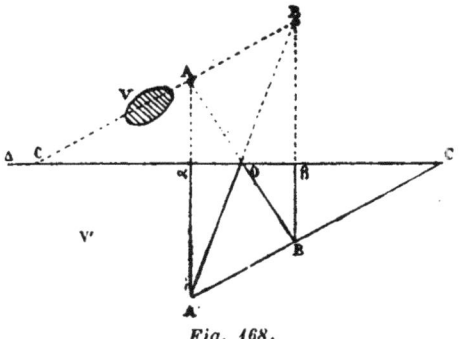

Fig. 168.

sont à une grande distance de Δ (*). Voici, dans cette seconde hypothèse, une solution préférable.

---

(*) Cette condition n'a pas été indiquée sur la figure. Pour plus de

Supposons, pour varier la disposition relative de l'obstacle V et des points A et B, que V soit placé entre A et B ; AB rencontre $\Delta$ en un point M que nous nous proposons de déterminer. A cet effet, prenons dans la partie accessible V' un point J d'où l'on puisse apercevoir simultanément A et B. Soit MI le prolongement inconnu de

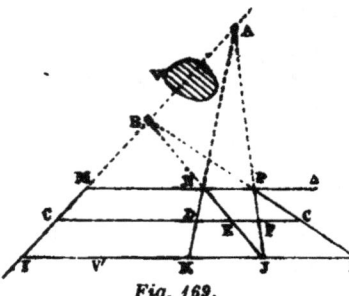

*Fig. 169.*

AB ; ayant mené la droite CG parallèlement à $\Delta$ nous avons

$$\frac{MN}{NP} = \frac{CD}{DF} = \frac{CE}{EG},$$

d'où

$$\frac{CD}{CE} = \frac{DF}{EG}.$$

Cette relation très simple permet de déterminer le point C et, si l'on observe que CG est une droite quelconque, parallèle à $\Delta$, on aura de la sorte autant de points que l'on voudra du prolongement de AB. En appliquant la remarque précédente à LI, droite menée par J parallèlement à $\Delta$, on a

$$\frac{IK}{IJ} = \frac{KJ}{JL},$$

ou

$$\frac{1}{JI} = \frac{1}{JK} - \frac{1}{JL}.$$

En utilisant la table aux inverses, on aura immédiatement la longueur JI. Si l'un des points est visible du point I (ce que nous avons supposé) on jalonnera IM, sans qu'il soit nécessaire d'avoir recours à la détermination d'un second point ; sinon, on fixera la position du point I et du point C, comme il vient d'être dit.

*Troisième cas particulier.* — Enfin, pour amener le problème qui nous occupe à une complication plus grande encore, supposons que la droite inaccessible AB soit déterminée par

commodité, on a donné à celle-ci de petites dimensions ; le lecteur imaginera que l'obstacle V, ainsi que les points A et B qui, sur la figure 169, sont voisins de $\Delta$, sont, au contraire, beaucoup plus éloignés de cette droite.

deux points qui ne soient pas visibles *à la fois* pour l'observateur se déplaçant dans la partie accessible. C'est ainsi que dans la figure 171 la partie accessible est divisée en trois régions U, U', U''; de U, on voit A, mais non B; de U'', on peut apercevoir B, mais non A; enfin, de U' on ne peut viser ni A, ni B. Dans ces conditions, on propose de jalonner dans la partie U', le prolongement de AB.

Nous ferons d'abord observer que, un point A *(fig. 170)* étant invisible pour un observateur placé en D, on peut néanmoins

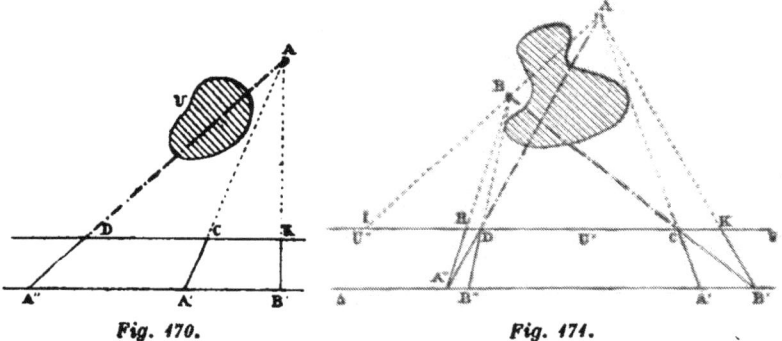

Fig. 170.        *Fig. 171.*

jalonner la droite DA'' qui représente le prolongement de DA ; voici comment cette détermination peut être obtenue :

Traçons deux droites parallèles A'B' et CD; nous avons

$$\frac{A'A''}{B'A'} = \frac{CD}{KC};$$

Cette égalité permet de calculer la longueur A'A', le point A' se trouve donc déterminé.

D'après cela, nous pouvons *(fig. 171)* nous accorder la connaissance des droites DA', CB' qui représentent les prolongements des droites DA, CB, bien que, encore une fois, ces lignes de visée ne puissent être effectuées.

Cela posé, considérons le quadrilatère ABCD et la droite Δ qui est parallèle à CD.

Le triangle A''DH et la transversale BAI donnent

$$\frac{BH}{BA'} \cdot \frac{AA'}{AD} \cdot \frac{ID}{IH} = \text{I} ;$$

d'autre part, nous avons

$$\frac{AA'}{AD} = \frac{A'A'}{CD}$$

et

$$\frac{BH}{BA'} = \frac{BD}{BB''} = \frac{CD}{B'B'}.$$

De ces égalités, nous concluons

$$\frac{IH}{ID} = \frac{A'A'}{B'B'}.$$

Nous aurions de même

$$\frac{IC}{IK} = \frac{A'A'}{B'B'}$$

et, par suite,

$$\frac{IH}{ID} = \frac{IC}{IK} = \frac{A'A'}{B'B'}.$$

Le point I cherché se trouve ainsi déterminé. On observera que les points C et D sont arbitrairement choisis sur la droite δ qui sépare la partie accessible et la région inaccessible; pourvu que, de C, on puisse voir A; et, de D, l'autre point B. Quant aux points K et H, ils ont été obtenus en visant A et B, des points A″, B″, déterminés comme on l'a expliqué.

La détermination du point I exige, comme on le voit, un certain effort portant, tout à la fois, sur les jalonnements des alignements nécessaires et sur le nombre des coups de chaîne; mais le problème, dans les conditions imposées, offre d'évidentes difficultés.

Voici d'ailleurs, dans le même ordre d'idées, un problème encore plus compliqué.

**33. Examen du cas où les deux points sont invisibles.** — Nous supposons maintenant que les points A et B, qui déterminent la droite qu'il faut prolonger, sont, tout à la fois, inaccessibles et invisibles. Nous accordons seulement que A est à l'intersection de deux droites données α, α'; et, de même, B est déterminé par les segments β, β', qu'on suppose prolongés dans l'espace inaccessible.

Soit Δ une droite tracée dans la partie accessible; elle rencontre AB en un point O′ que nous voulons déterminer.

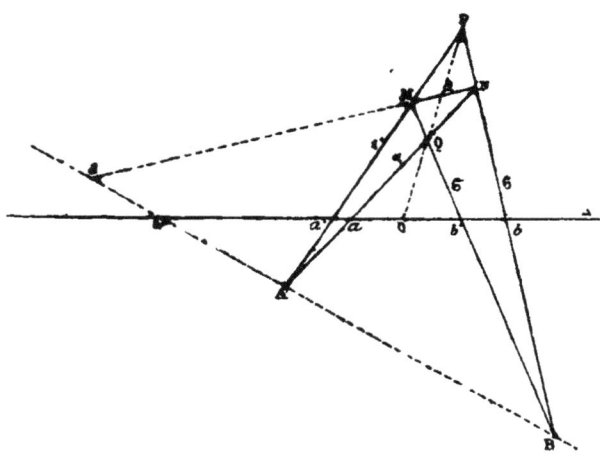

*Fig. 172.*

A cet effet, nous établirons la relation suivante

$$\frac{Oa.Ob}{Oa'.Ob'} = \frac{O'a.O'b}{O'a'.O'b'} \ (*).$$

(C)

---

(*) Ce théorème, ou plutôt un de ses corollaires, a été utilisé par Servois pour *trouver un point dans l'alignement des deux points de concours invisibles de deux paires de lignes données de direction;* il vaut mieux dire, croyons-nous, *données de situation.*

Quoi qu'il en soit, la solution de Servois ne fournit qu'un point particulier du prolongement cherché et celui-ci ne se trouve pas complètement déterminé.

Le théorème en question est dû à Carnot *(Géométrie de position,* p. 456).

Bergery (*loc. cit.* p. 109) s'est aussi occupé de ce problème, à propos duquel il dit : « Il peut être d'un grand secours dans l'attaque des places de guerre. Regardons AB comme une portion de la face d'un bastion. Il faudra, pour détruire l'artillerie placée sur cette face, établir dans la campagne une batterie qui l'enfile, et cette batterie devra avoir une de ses extrémités en un point du prolongement de AB. Or, on ne saurait déterminer ce prolongement à l'œil seul, en raison de ce qu'on ne peut apercevoir de loin deux points, ni même souvent un seul point de la face du bastion. Il s'agira donc, en général, de déterminer le prolongement d'une droite invisible AB. Voici comment on pourra faire etc. »

La solution de Bergery est d'ailleurs la même que celle de Servois; elle fournit un point du prolongement, mais non *un point quelconque*

Les triangles $Pa'b$, $Qab'$ et la transversale $O'AB$ donnent

$$\frac{O'b}{O'a'} = \frac{AP.Bb}{Aa'.BP},$$

et

$$\frac{O'a}{O'b'} = \frac{Aa.BQ}{AQ.Bb'};$$

d'où

$$\frac{O'a.O'b}{O'a'.O'b'} = \frac{Aa.Bb.AP.BQ}{Aa'.Bb'.AQ.BP}. \tag{1}$$

De même, les triangles $Aaa'$, $Bbb'$ et la transversale $PQO$ donnent

$$\frac{Oa}{Oa'} = \frac{Qa.AP}{Pa'.AQ},$$

et

$$\frac{Ob}{Ob'} = \frac{QB.Pb}{Qb'.PB};$$

par suite

$$\frac{Oa.Ob}{Oa'.Ob'} = \frac{Qa.Pb.AP.BQ}{Qb'.Pa'.BP.AQ}. \tag{2}$$

D'autre part, les triangles $ANP$, $BN'Q$, coupés par la transversale $\Delta$, prouvent que l'on a

$$\frac{a'A}{a'P} \cdot \frac{aN}{aA} \cdot \frac{bP}{bN} = 1,$$

et

$$\frac{b'B}{b'Q} \cdot \frac{bN}{bB} \cdot \frac{aQ}{aN} = 1.$$

De ces dernières égalités, on conlut:

$$\frac{Aa.Bb}{Aa'.Bb'} = \frac{Qa.Pb}{Qb'.Pa'}.$$

D'après cela, la comparaison des égalités (1) et (2) établit l'exactitude de (C).

La relation (C) permet de déterminer le point $O'$, quelle que soit la transversale $\Delta$ considérée; mais cette détermination, pour être faite avec simplicité, exige encore quelques

et si, comme il arrive le plus souvent, le point trouvé est trop éloigné du bastion, le feu de la batterie qui doit enfiler le bastion sera sans effet. Ce n'est donc pas un point particulier du prolongement qu'il faut déterminer, mais un point convenablement choisi, dans une portion déterminée du terrain.

précautions, dans le détail desquelles nous devons entrer, avant d'abandonner le problème que nous avons en vue.

On doit d'abord observer que l'égalité (C) semble faire dépendre la connaissance du point O' de la résolution d'une équation du second degré, mais il n'y a là qu'une apparence et la raison de la simplification que nous signalons ici tient à ce que, en supposant le point O' confondu avec O, on obtient une solution évidente de (C). Malgré cela, la détermination du prolongement de AB souffrirait encore certaines difficultés pratiques, si l'on ne faisait pas les observations suivantes.

Une première remarque porte sur ce fait que AB passe par le point J, conjugué harmonique de I par rapport au segment MN ; cette remarque a été faite par Servois et elle ne pouvait évidemment lui échapper. Pourtant, ce point peut, dans un grand nombre de cas, être rejeté hors des limites du terrain et la question qui nous occupe ne peut être considérée comme complètement résolue, par cette seule remarque.

Mais voici un corollaire du théorème de Carnot conduisant assez simplement, et dans des conditions pratiques très acceptables, à la solution cherchée.

Soit FG, une transversale quelconque; supposons que Δ

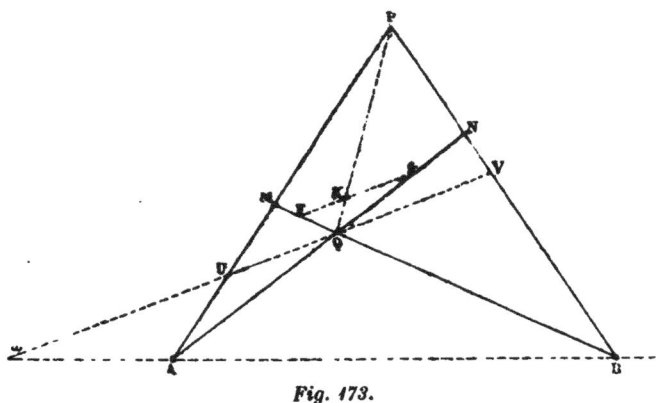

*Fig. 173.*

*(fig. 172)*, droite que nous supposerons parallèle à FG, se transporte parallèlement à elle même, jusqu'à ce qu'elle vienne passer par le point Q *(fig. 173)*; les points a, b' de la première

figure viennent alors coïncider avec Q et les segments $Oa$, $Ob'$
sont deux infiniment petits donnant la relation

$$\text{Lim}\,\frac{Oa}{Ob'} = \frac{KG}{KF}.$$

D'ailleurs

$$\text{Lim}\,\frac{O'a}{O'b'} = 1\,;$$

l'égalité (C) donne donc

$$\frac{KG}{KF} \cdot \frac{QV}{QU} = \frac{\omega V}{\omega U}.\,(^*)$$

C'est cette relation qui constitue le corollaire que nous
avions en vue; elle permet de trouver le point ω, point appartenant à une partie arbitraire du prolongement cherché.
Celui-ci se trouve donc bien déterminé, si restreinte que soit
la partie du terrain accessible sur laquelle il pénètre.

**34. La percée d'un bois.** — Ce problème de géométrie pratique a été sou-
levé par quelques-
uns (**) de ceux qui ont
écrit sur cette matière ;
il se rattache d'ailleurs
intimement à celui qui
vient de nous occuper
dans le présent chapi-
tre.

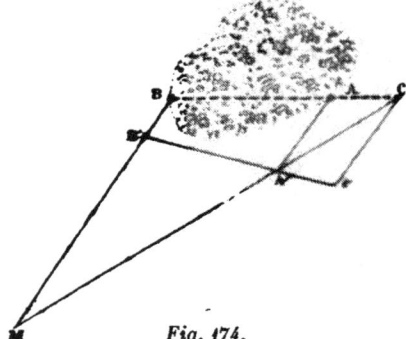

*Fig. 174.*

Voici comment on
peut poser le problème
de la percée d'un bois.

On imagine qu'un certain bois doit être traversé par
une route, allant du point A au point B ; et l'on propose,

---

(*) On voit qu'en supposant KF = KG, on déduit de là le théorème
classique, relatif aux diagonales du quadrilatère complet

(**) Voyez Bergery (*loc. cit.* p. 109). Bergery suppose que la direction
de la percée est complètement donnée d'un côté du bois ; dans ces conditions, le problème revient absolument à celui qui consiste à prolonger
une droite au delà d'un obstacle ; mais le problème, dans les termes où
nous l'avons posé, présente un intérêt particulier.

pour achever le travail plus rapidement, de faire attaquer la percée, simultanément, aux points A et B, en traçant deux alignements, formant une seule et même droite.

Ayant jalonné une droite quelconque B'A'C' dans la partie accessible, traçons trois alignements parallèles, AA', BB', CC'. Toute la question revient à déterminer le point C, qui se trouve sur le prolongement de AB. Une propriété connue donne

$$CC' = \frac{AA'.B'C' - BB'.A'C'}{B'A'} ; \qquad (1)$$

cette égalité permet de calculer CC', quand on a chaîné les segments BB', B'A, A'C' et AA'.

Il est vrai que la formule précédente est, relativement, compliquée ; mais on peut, dans la plupart des cas, lui substituer, pour la solution du problème en question, une égalité plus simple que nous allons indiquer.

Le point C' est arbitrairement choisi ; supposons que, au moyen du cordeau, nous prenions A'C' = A'A ; puis, joignons CA' et prolongeons cette droite jusqu'à sa rencontre en M avec BB',

Nous avons .

$$CC' = MB'.\frac{A'C'}{B'A'},$$

et, par comparaison avec (1)

$$MB'.A'C' = AA'.B'C' - BB'.A'C'.$$

Mais nous supposons AA' = A'C', cette égalité prouve donc que

$$MB = B'C'.$$

De là une construction très simple pour déterminer le point inconnu C, avec la fausse équerre et le cordeau.

On trace les parallèles AA', BB' et, avec le cordeau, on prend A'C' = A'A ; puis, toujours avec le cordeau, BM = B'C' ; la droite MA' et la parallèle à AA', menée par C', concourent au point cherché.

On déterminera, de même un second point sur le prolongement de AB et l'on aura finalement, de part et d'autre du bois, les deux jalonnements qui doivent être prolongés

pour exécuter, comme on l'a proposé, deux percées, partant
des points donnés A, B, et constituant une seule et même
droite.

REMARQUE I. — On peut avoir besoin d'évaluer, avant de
l'entreprendre, le travail nécessaire pour obtenir la percée AB ;
en d'autres termes, on peut demander la longueur AB.

Cette distance s'obtient en observant que

$$AB = A'B'.\frac{AC}{A'C'}.$$

REMARQUE II. — Le problème précédent est analogue au
*problème du tunnel;* du moins, quand l'obstacle qu'il s'agit de
percer est tel que les points A et B peuvent être reliés l'un à
l'autre par un circuit rectiligne, se maintenant dans un terrain horizontal. Mais, dans le cas le plus ordinaire, celui où
l'obstacle qu'il s'agit de percer, de A en B, appartient à une
chaîne de montagnes, le problème présente alors plus de difficultés ; il exige l'emploi des formules trigonométriques et
il cesse d'être du ressort de la géométrie de la règle et de
l'équerre.

**35. Les percées concourantes.** — On suppose, dit
Bergery *(loc. cit.),* que deux allées pratiquées dans un bois
concourent en O à un rond-point, ou à la grille d'un château ;
et l'on veut, en partant d'un
point pris sur la limite du
bois, effectuer une percée nouvelle, partant de ce point,
pour aboutir en O.

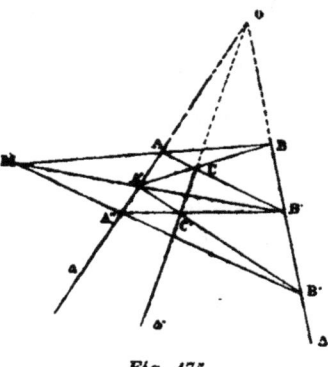

Au fond, le problème re-
vient à mener, par un point,
une droite allant passer par
le point de concours inaccessible de deux droites don-·
nées ; et ce problème peut,
comme l'on sait, se résoudre
de bien des façons diverses ;

*Fig. 175.*

notamment par la considération des pôles et polaires, comme
l'a montré Bergery.

Nous rapporlerons d'abord la construction qu'il indique ; bien qu'un peu longue, elle offre l'avantage de résoudre le problème par des alignements, sans avoir recours à la chaîne, ou même au cordeau.

Soient Δ, Δ' les alignements donnés, concourant en O ; il s'agit de mener par C une droite Δ' allant passer par ce même point O. A cet effet, par C, on mène deux transversales AB', BA'; les droites AB, A'B' concourent en M. Par M, on trace une troisième transversale quelconque MA″B'; on obtient alors, comme l'indique la figure, un point C'. La droite CC' étant la polaire de M par rapport aux droites Δ, Δ', on sait que CC' passe par le point O.

Le problème est donc résolu. On observera que les droites AB', BA' donneraient, par leur concours, un point en ligne droite avec CC'; cette remarque fournit une vérification de la construction précédente.

Voici, pour le même problème, une construction qui nous paraît plus pratique; elle permet en même temps d'évaluer, à priori, le travail de l'entreprise, ou, si l'on préfère, la dépense correspondante.

Menons, par C, des droites Cn, Cn' respectivement parallèles à Δ et à Δ'; puis, ayant tracé deux jalonnements arbitraires mnp, m'n'p', prenons sur ceux-ci des points p, p' tels que

$$np = mn, \qquad n'p' = m'n'.$$

Si nous menons alors,

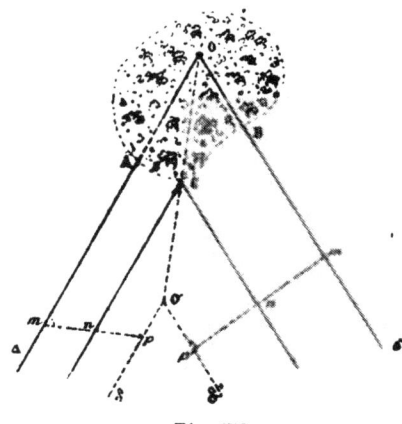

Fig. 176.

par p et p', des droites δ, δ' parallèles à Δ et à Δ', nous obtenons un point O'. La droite O'C passe par O; de plus, nous avons O'C = CO. Cette double remarque nous paraît résoudre complètement, et simplement, le problème des percées concourantes.

**36. La percée centrale.** — On suppose qu'une route Δ, déjà tracée, traverse un certain bois U et l'on propose, en partant d'un point C, d'effectuer une percée nouvelle coupant la partie AB, interceptée par U sur Δ, en deux **segments égaux**.

La solution de ce problème est des plus simples. Sur Δ, avec le cordeau, on prendra deux segments égaux AA′, BB′

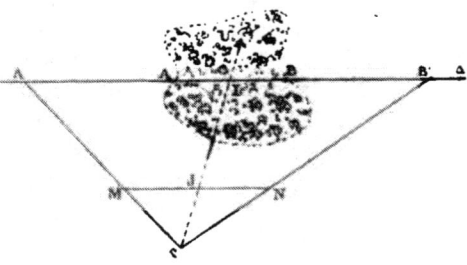

les points A′, B′ étant choisis de telle sorte qu'ils soient visibles, l'un et l'autre, du point C. Ayant mené MN parallèlement à Δ, la droite qui joint C au milieu J de MN passe

*Fig. 177.*

évidemment par le milieu I de AB.

Si, généralisant ce problème, on voulait couper AB dans un rapport donné $\frac{p}{q}$; on voit qu'on devrait prendre les segments AA′, BB′ proportionnels à $p$ et à $q$, puis partager MN dans le rapport $\frac{p}{q}$.

# CHAPITRE IV

### LA DISTANCE AU POINT INACCESSIBLE

Nous abordons maintenant les différents problèmes qui concernent un point supposé inaccessible. Parmi ces problèmes, le plus connu, et aussi le plus intéressant, est celui qui se propose de mesurer la distance d'un point donné, accessible à un autre point inaccessible.

Nous avons déjà, au chapitre II, à propos du problème de la largeur de la rivière, examiné ce problème, pour lequel nous avons indiqué diverses solutions. Mais nous reprenons ici cette intéressante question pour la traiter par des procédés variés et avec les développements qu'elle comporte.

**37. Les solutions par la fausse équerre.** — PREMIÈRE SOLUTION. Soit C le point situé dans la partie inaccessible U; on propose de déterminer la distance du point donné O, à ce point C.

Dans la partie accessible V, traçons un jalonnement AB et prolongeons, suivant OD, la ligne OC. Plaçons ensuite la fausse équerre en un point arbitraire A et jalonnons la direction AD donnée par l'une des branches, l'autre branche étant dirigée suivant AC. Sans toucher aux branches qui indiquent alors l'angle DAC, on détermine, par

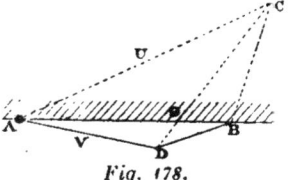

Fig. 178.

tâtonnements, un point B de Δ, duquel on voit les points C et D sous un angle supplémentaire de DAC. Nous disons qu'il ne faut pas, pour l'opération que nous décrivons, modifier la position des branches de la fausse équerre; car, suivant qu'on vise deux directions des branches, ou, au contraire, l'une d'elles et la direction opposée de l'autre, on obtient évidemment deux angles supplémentaires. En un mot, *la fausse équerre donne, en même temps, un angle θ et l'angle* $\pi - \theta$.

Ayant mesuré, avec le ruban divisé, les longueurs OA, OB, OD le théorème de Ptolémée donne

$$OC = \frac{OA.OB}{OD}.$$

DEUXIÈME SOLUTION. — Traçons, dans la région du terrain sur laquelle on peut opérer, une base OA et jalonnons les parties accessibles OE et AC des droites MO et MA.

Si nous effectuons le **tracé** qu'indique la figure, dans laquelle CD et AB sont parallèles à OE, une propriété connue donne

$$\frac{1}{OM} = \frac{1}{CD} - \frac{1}{AB}.$$

Cette égalité permet de calculer OM, quand on a mesuré CD et AB; ce calcul se trouve d'ailleurs immédiatement fait quand on possède une table des inverses des nombres entiers. Nous avons déjà, précédemment, et à plusieurs reprises, fait allusion à celle-ci; et nous aurons encore, dans la suite, plus d'une occasion de préconiser son emploi dans les opérations d'arpentage. Nous allons, dans le paragraphe suivant, faire connaître, à propos du problème qui nous occupe, la pratique de cette table.

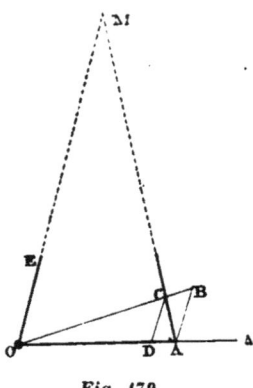

*Fig. 179.*

Mais avant d'aborder cette exposition, nous indiquerons encore deux solutions, presque aussi simples que la précédente et qui s'appliqueraient au cas où, pour de certains motifs, les chaînages ne pourraient être faits que sur la droite allant du point donné au point inaccessible.

TROISIÈME SOLUTION. — Prenons, sur la partie accessible de OM, un point arbitraire Q pour le joindre à un autre point A, pris en dehors de OM, mais, bien entendu, dans la partie accessible. Menons alors CB parallèlement à OQ; soit D le point de concours des lignes OC, BM; AD coupe OM en un point P.

Nous allons montrer que

$$\frac{1}{OM} = \frac{1}{OP} - \frac{1}{OQ}.$$

En effet, le triangle AOP et la transversale BDM donnent

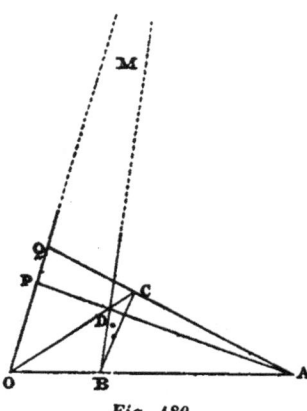

*Fig. 180.*

$$\frac{MO}{MP} \cdot \frac{DP}{DA} \cdot \frac{BA}{BO} = 1. \tag{1}$$

On a, de même   en considérant le triangle APQ et la

transversale CDO

$$\frac{OP}{OQ} \cdot \frac{DA}{DP} \cdot \frac{CQ}{CA} = 1. \qquad (2)$$

Multiplions (1) et (2); en observant que CB étant parallèle à OM, les rapports $\frac{BA}{BO}$, $\frac{CA}{CQ}$ sont égaux, il vient

$$MO.OP = MP \cdot OQ,$$

ou

$$OM.OP = (OM - OP)OQ$$

ou enfin

$$\frac{1}{OM} = \frac{1}{OP} - \frac{1}{OQ}. \quad (*)$$

On peut alors, comme dans la solution précédente, pour calculer rapidement OM, utiliser la table des inverses; on observera, et la figure a été faite pour montrer l'utilité de cette remarque, comment la construction précédente s'applique à la mesure de grandes distances. Le triangle OAQ, qui sert de base aux opérations, peut être tracé dans un espace de terrain aussi restreint qu'on voudra; seulement, dans le cas où le point M est très éloigné de O, les droites AP, AQ sont très voisines l'une de l'autre. En effet, si PQ tend vers zéro, OM croît indéfiniment.

QUATRIÈME SOLUTION. — Pour obtenir la distance du point O au point inaccessible A, on choisit un point O′ dans la partie accessible et, avec la fausse équerre, on relève l'angle OO′A. On peut alors jalonner une droite O′B dirigée de telle façon que OO′B soit précisément le

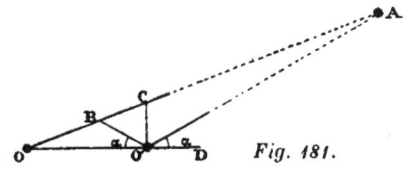

Fig. 181.

supplément de l'angle OO′A, chose bien facile puisque la fausse équerre donne, tout à la fois, un angle et son supplément. La perpendiculaire élevée au point O′ à la droite OO

(*) Cette propriété remarquable, sous une forme différente, fait partie des trente-huit lemmes de Pappus sur les Porismes d'Euclide (Chasles, *les trois livres des Porismes*, p. 89; lemme VII).

rencontre OA en un certain point C; la ponctuelle OBCA est harmonique et l'on a

$$\frac{1}{OA} = \frac{2}{OC} - \frac{1}{OB}.$$

**38. La table des inverses.** — Imaginons le tableau suivant dans lequel la colonne désignée par N renferme la suite naturelle des nombres entiers ; tandis que, en regard de ces nombres, et dans la colonne I, sont écrits leurs inverses.

| N | I | N | I | N | I |
|---|---|---|---|---|---|
| 2 | 0,5 | 68 | 0,01470 | . | . |
| 3 | 0,3* | 69 | 0,01449 | . | . |
| 4 | 0,25 | . | . | . | . |
| 5 | 0,2 | . | . | . | . |
| 6 | 0,16* | . | . | . | . |
| 7 | 0,14285 | 77 | 0,012987 | 227 | 0,00440 |
| . | . | . | . | 328 | 0.00438 |
| . | . | . | . | . | . |
| . | . | . | . | . | . |
| 33 | 0,$\overline{03}$ | 93 | 0,010752 | . | . |
| 34 | 0,02941 | . | . | . | . |
| 35 | 0,02857 | . | . | . | . |
| 36 | 0,027* | . | . | . | . |
| . | . | 97 | 0,01031 | 396 | 0,101$\overline{5}$ |
| . | . | 98 | 0,01020 | . | . |
| . | . | 99 | 0,01 | . | . |
| 66 | 0,01$\overline{5}$ | 100 | 0,01 | . | . |
| 67 | 0,01492 | . | . | . | . |

(*) Nous avons, comme on le voit, fait figurer dans ce tableau, quelques nombres seulement, pour donner une idée de sa composition.

L'astérisque placée à côté d'un chiffre veut dire qu'il doit être indéfiniment répété. Ainsi nous écrivons 0,3* au lieu de 0,333... pour représenter $\frac{1}{3}$. De même, 0,027* est écrit à la place de 0,02777...

Voici l'usage qu'on peut faire de cette table. Supposons connus les nombres $a$, $b$ et admettons d'abord que nous considérions seulement des nombres entiers. Dans la table, en regard des nombres $a$ et $b$ se trouvent écrits deux nombres, dans la colonne I; on en fait la différence $\delta$. Avec un peu d'habitude, cette différence peut se faire de tête; puis, on cherche, dans la colonne I, le nombre $\delta$. Si $\delta$ se trouve écrit dans cette colonne; en regard, on pourra lire la distance cherchée. Si non, on trouvera que $\delta$ est compris entre deux nombres consécutifs $\delta'$, $\delta''$ de la colonne I; en prenant pour $x$ le nombre entier écrit en regard de $\delta'$, ou celui qui est placé en face de $\delta''$, on aura donc, à une unité près, par défaut ou par excès, la longueur inconnue.

Ainsi, *de simples lectures* permettent de trouver la longueur de $x$ et cette observation s'applique à toutes les formules dans lesquelles entrent, uniquement, l'inverse des quantités données et l'inverse de l'inconnue, sous une forme linéaire.

Appliquons ceci à quelques exemples numériques.

1° En cherchant la distance d'un point à un point inaccessible *(fig. 179)* on a relevé CD = 33 et AB = 36. En face de ces nombres, on lit dans la table: $0,\overline{03}$ et $0,027$*. La différence est $0,00\overline{25}$. On cherche ce nombre dans la colonne I et, en regard, on lit 396; le point inaccessible est donc à 396 mètres du point où l'on se trouve placé.

2° Prenons un autre exemple, et supposons que les opérations du chaînage fournissent les nombres suivants:

$$AB = 93, \qquad CD = 77.$$

---

qui représente $\frac{1}{36}$. Lorsqu'une barre est placée au-dessus de plusieurs chiffres consécutifs, ce signe indique que la partie formée par l'ensemble de ces chiffres doit être indéfiniment reproduite.

D'après cela, $0,\overline{03}$ veut dire $0,030303.$ . nombre égal à $\frac{1}{33}$; de même $0,0\overline{15}$ $= 0,0151515... = \frac{1}{66}$.

Dans la pratique, il suffirait, pour le plus grand nombre de cas, d'avoir une table s'étendant aux nombres de 1 à 1000, les inverses étant calculés avec 5 ou 6 décimales.

La table donne pour les nombres inverses correspondants :
$$0,010752, \quad \text{et} \quad 0,012987,$$
dont la différence est
$$0,002235.$$

On cherche ce dernier nombre dans la colonne I et l'on trouve, en regard de 448, le nombre 0,002232 ; et, 0,002237, en face de 447. La distance demandée est donc 447$^m$, par défaut ; et 448$^m$, par excès.

En effectuant directement le calcul, on trouve que la distance exacte est :
$$447,5625.$$

Mais, dans la pratique, et pour de telles distances, il suffit de connaître, à un mètre près, la longueur inconnue ; d'ailleurs, les erreurs qui s'attachent nécessairement aux opérations pratiques déterminant les longueurs des segments accessibles, ne permettent pas, évidemment, de compter sur une approximation meilleure.

3° Choisissons un dernier cas, dans lequel les longueurs considérées sont plus petites que celles que nous avons envisagées dans les exemples précédents. Il faut alors, bien entendu, que les mesures soient prises avec plus d'approximation et tout au moins, à un décimètre près.

Imaginons donc que nous ayions trouvé
$$AB = 9^m,90, \quad \text{et} \quad CD = 6^m,90.$$

En observant que la formule que nous employons :
$$\frac{1}{x} = \frac{1}{CD} - \frac{1}{AB},$$
peut s'écrire, quel que soit $\lambda$,
$$\frac{1}{\lambda x} = \frac{1}{\lambda.CD} - \frac{1}{\lambda.AB},$$
on voit qu'on pourra toujours, par l'application de cette remarque, se débarrasser des décimales qui peuvent entrer dans l'évaluation des nombres représentant les longueurs AB, CD ; il suffira de les multiplier par une certaine puissance de 10 et, après avoir fait le calcul avec les nouveaux nombres, on divisera le résultat obtenu par une puissance de 10, égale à celle que l'on a introduite.

Ainsi, dans l'exemple numérique que nous considérons,

nous prendrons, dans la table, les nombres

$$0,01449, \quad 0,01010$$

qui correspondent à 69 et à 99; la différence donne

$$0,00439.$$

Nous reportant alors à la table, nous trouvons que les nombres.

$$227 \quad \text{et} \quad 228$$

correspondent, respectivement, à

$$0,00440 \quad \text{et} \quad 0,00438.$$

D'après cela la distance cherchée est comprise entre

$$22^m,70 \quad \text{et} \quad 22^m,80.$$

Le calcul direct donne $22^m,77$ ; mais, encore une fois ces opérations effectuées sur le terrain ne comportent pas assez de certitude pour qu'il y ait lieu de rechercher quelques centimètres, en plus ou en moins, sur une pareille longueur. La *tolérance*, c'est-à-dire la différence qu'on peut accorder entre les résultats obtenus et les résultats vrais, ne comporte pas des approximations aussi grandes ; elles ne doivent donc pas être recherchées.

Ainsi, la table des inverses, dont nous venons d'indiquer le maniement, fournit toute l'approximation désirable, toute celle du moins qui est compatible avec les erreurs inévitables des mesures que l'on doit effectuer pour la recherche de la longueur inconnue.

On observera que la construction indiquée par la *fig. 179* peut être réalisée en prenant, pour base des opérations, un terrain aussi limité que l'on voudra et que les points O, D, A, qui servent de base à la construction, sont arbitrairement choisis. Dans ces conditions, et avec le secours de la table des inverses, on voit que la solution que nous venons de proposer a bien, au plus haut degré, le caractère pratique, si désirable pour le problème que nous venons de traiter, l'un des plus importants dans l'art de la guerre.

### 40. La solution de Schooten (*). — Les solutions

(*) Schooten, *loc. cit.* p. 160-162.

Cette solution de Schooten a été retrouvée par Carnot dans son ouvrage sur *la Corrélation des Figures* (Duprat, libraire pour les mathématiques,

précédentes nécessitent l'emploi de l'équerre, ou tout au moins celui de la fausse équerre; celle que nous allons indiquer maintenant, d'après Schooten, n'exige que des alignements.

Cette solution repose sur la propriété des diagonales d'un quadrilatère complet qui se coupent, en déterminant, mutuellement, sur chacune d'elles, une ponctuelle harmonique.

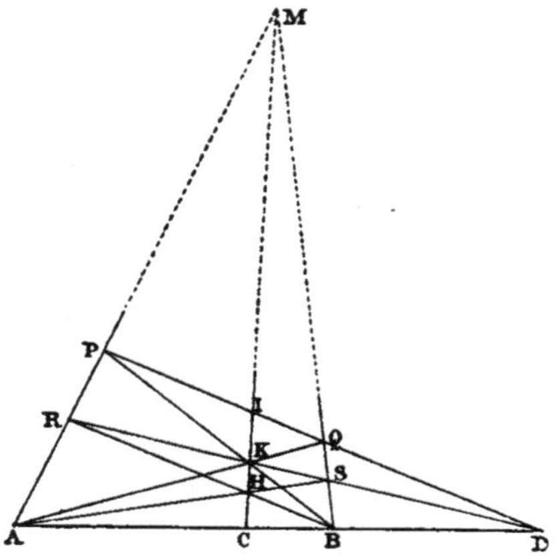

Fig. 182.

Ayant effectué, dans la partie accessible du terrain, la construction indiquée sur la figure, laquelle ne demande que l'emploi du jalon, le théorème auquel nous venons de faire allusion donne

$$\frac{1}{\overline{CM}} = \frac{1}{\overline{CK}} - \frac{2}{\overline{CI}}.$$

On utilisera la table des inverses pour le calcul de la longueur CM donnée par cette formule. Il faut, il est vrai, doubler le nombre qui, dans la table en question, est écrit en regard du nombre CI. Mais cette multiplication se fait sans effort et elle ne constitue pas une dérogation sensible aux conclusions que nous avons formulées plus haut, quand nous avons cherché à mettre en lumière les avantages qui ressortent de l'emploi de la table des inverses.

_____

au IX, § 191, p. 135), et donnée, sous son nom, dans l'ouvrage de Servois (p. 58). Mais elle est, comme on le voit, bien antérieure à Carnot et, probablement, à Schooten lui-même.

Je profite de l'occasion que me fournit ici le nom de Carnot pour réparer l'oubli commis par moi, lorsque j'ai écrit l'introduction du présent ouvrage, en ne citant pas la *Corrélation des Figures*, la *Géométrie de position* et l'*Essai sur la théorie des transversales*, parmi les importantes publications qui intéressent la Géométrie de la Règle. On trouvera d'ailleurs, au chapitre suivant, la solution même de Carnot.

**41. La solution de Mascheroni.** — Mascheroni, dans ses *Problèmes de Géométrie pratique* (*), etc., présente quinze solutions du problème qu'il énonce dans ces termes : *mesurer la droite* OM *dont on ne peut approcher qu'au point* O; mais, de ces solutions diverses, celle qui est certainement la plus pratique repose sur le théorème de Ménélaüs.

Si l'on considère le triangle OBC et la transversale ADM, on a

$$\frac{OA}{AB}\cdot\frac{DB}{DC}\cdot\frac{MC}{MO} = 1;$$

d'où, en remplaçant MC par OM — OC,

$$OM = \frac{OA.OC.DB}{OA.DB - AB.DC}.$$

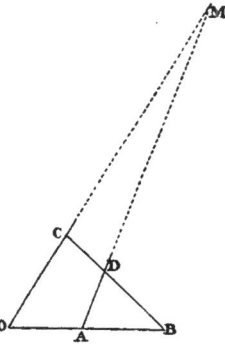

On peut simplifier notablement cette solution, et Mascheroni en a fait la remarque, en supposant : A au milieu de OB; ou, dans une autre hypothèse, D au milieu de CB.

Le théorème de Gergonne fournirait une solution analogue. Cette solution,

*Fig. 183.*

et aussi celle de Mascheroni, ne sont pas sans intérêt, même au point de vue pratique, parce qu'elles n'exigent, comme celle de Schooten, que des jalonnements et l'usage d'un simple ruban, divisé en mètres.

**42. La solution de l'équerre.** — Imaginons que l'on jalonne une droite Δ dans une direction arbitraire, mais non perpendiculaire à OM; puis, déterminons avec l'équerre la projection de M sur Δ et, du point A, ainsi

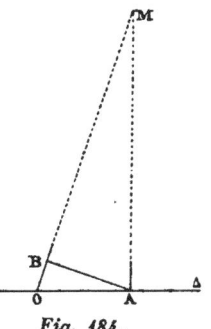

*Fig. 184.*

obtenu, abaissons une perpendiculaire AB sur OM. Nous avons

$$OM = \frac{\overline{OA}^2}{OB},$$

---

et cette égalité permet, assez commodément, le calcul de OM ;
celui-ci n'exigeant, finalement, qu'une multiplication et une
division.

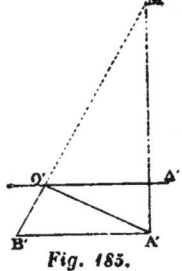

On peut modifier cette solution comme
l'indique la *fig. 185* dans laquelle le
triangle rectangle B'A'M' donne

$$O'M' = \frac{\overline{O'A'}^2}{O'B'}.$$

Dans cette construction, on suppose, bien entendu, O'A' perpendiculaire
sur B'M'.

*Fig. 185.*

### 43. La distance au point invisible et inacces-
sible. — La détermination de la distance d'un point donné
à un point inaccessible peut se traiter de mille façons différentes ; toutes les relations métriques qui existent entre les
éléments d'une figure, ou presque toutes, fournissent, en effet,
autant de solutions de ce problème.

Cette observation s'applique, dans une certaine mesure, au

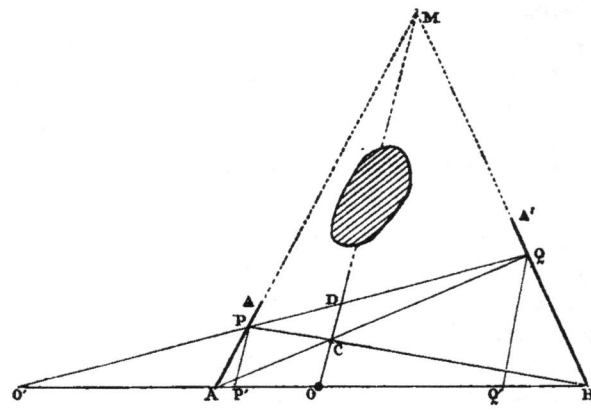

*Fig. 186.*

problème, plus difficile, que nous abordons maintenant et
dans lequel on suppose que le but, étant, tout à la fois, inaccessible et invisible, se trouve simplement déterminé par
deux jalonnements Δ, Δ', partant des points A et B. Ces ali-

gnements, bien entendu, sont supposés accessibles sur une certaine longueur, à partir de ces points.

Nous nous bornerons à la solution qu'on va lire et qui nous paraît, surtout quand on s'accorde la table des inverses, d'une pratique sûre et rapide. Un seul côté de ce problème a été soulevé par Servois lorsqu'il s'est proposé, et nous reviendrons nous-même sur ce point, quand nous traiterons, dans un chapitre suivant, certains problèmes d'Artillerie, de *viser un but invisible*. Mais, pour que la question ainsi posée, soit complètement résolue, il faut pouvoir déterminer : 1° la direction du projectile, et 2° la longueur de la distance qu'il doit parcourir.

Voici comment on peut répondre à cette double question.

Soit O le point d'où il faut viser le point inaccessible et invisible M ; on détermine d'abord, par un des procédés connus, le point O', conjugué harmonique de O, par rapport à AB. Si l'on trace les alignements OPQ, PB et AQ, on obtient un certain point C. La droite OC est la polaire de O' par rapport aux droites MA, MB ; OC passe donc par le point M ; c'est la ligne de visée.

Proposons-nous maintenant de déterminer la longueur de OM, et, à cet effet, ayant mené PP' et QQ' parallèlement à OC, démontrons l'égalité

$$\frac{1}{OM} = \frac{1}{PP'} + \frac{1}{QQ'} - \frac{1}{OC}.$$

Le théorème de Gergonne donne

$$\frac{OC}{OM} + \frac{PC}{PB} + \frac{QC}{QA} = 1. \qquad (1)$$

Mais on a     $\dfrac{PC}{PB} = 1 - \dfrac{CB}{PB} = 1 - \dfrac{CO}{PP'}, \qquad (2)$

et     $\dfrac{QC}{QA} = 1 - \dfrac{CA}{QA} = \dfrac{CO}{QQ'}. \qquad (3)$

Les égalités (1), (2) et (3) donnent

$$\frac{OC}{OM} + 1 - \frac{CO}{PP'} - \frac{CO}{QQ'} = 0.$$

On a donc     $\dfrac{1}{OM} = \dfrac{1}{PP'} + \dfrac{1}{QQ'} - \dfrac{1}{CO}.$

Cette égalité permet de calculer OM. quand on a relevé les

longueurs CO, PP′ et QQ′; le calcul se fait d'ailleurs rapidement quand on fait usage de la table des inverses.

REMARQUE. — Si l'obstacle qui rend le point M invisible
quand on se place en O permet de chaîner OD, on peut
encore abréger le calcul que nous venons d'indiquer en observant que, la ponctuelle (O, C, D, M) étant harmonique, on a

$$\frac{1}{\overline{OM}} = \frac{2}{\overline{OD}} - \frac{1}{\overline{OC}}.$$

D'ailleurs, on peut toujours réaliser la construction indiquée, dans les limites accessibles du terrain, en effectuant
celle-ci, au besoin, de l'autre côté de AB. Mais, dans ce cas,
la formule employée pour le calcul de OM devrait être modifiée conformément à ce principe, que si quatre points, situés
en ligne droite, et formant une division harmonique, sont
placés dans l'ordre A, B, C, D, on a

$$\frac{2}{\overline{AC}} = \frac{1}{\overline{AB}} + \frac{1}{\overline{AD}}.$$

Comme l'observe avec raison Bergery (*loc. cit.*, p. 422),
ce problème se rencontre fréquemment dans certaines opérations pratiques, quand il s'agit, par exemple, de mesurer la
largeur d'un bois, d'un groupe de maisons; ou encore, l'épais-
seur d'une montagne, c'est-à-dire, la distance de deux points
opposés, pris sur sa base, etc.

Il va, sans dire, que les deux alignements Δ, Δ′ peuvent être
indifféremment choisis de part et d'autre de O, comme dans
la figure que nous avons considérée, ou du même côté; on adop-
tera l'une ou l'autre de ces deux dispositions, suivant la nature
du terrain et les dimensions de l'obstacle placé entre O et M.

**44. Examen d'un cas particulier. (La solution
de l'équerre.)** — Dans le problème précédent, nous avons
supposé que l'on pouvait, par le point O, tracer une base sur
laquelle il était possible de trouver deux positions A et B
d'où l'on apercevait le but M. Mais, dans la pratique, les
points A et B en question ne sont pas nécessairement placés
en ligne droite avec O; de plus, la méthode que nous avons
indiquée exige des jalonnements assez multipliés. On opère
plus rapidement avec l'équerre, en procédant comme il suit:

Élevons, en A et B, des perpendiculaires à MA et à MB ; nous
obtenons ainsi un certain point
C ; traçons, par O, des parallèles
OB′, OA′ aux directions MB,
MC. Ces parallèles se déterminent, en même temps que l'on
jalonne les droites BC, AC, en
plaçant l'équerre sur BC, par
exemple, en un point B″ tel
que OB″ soit perpendiculaire
sur BC. Si, par les points B′,
A′, nous élevons des perpendiculaires à B′O et à A′O,
elles se coupent en C′ et la
droite CC′ coupe AB en un
point O′ qui est situé en ligne
droite avec les points M et O.

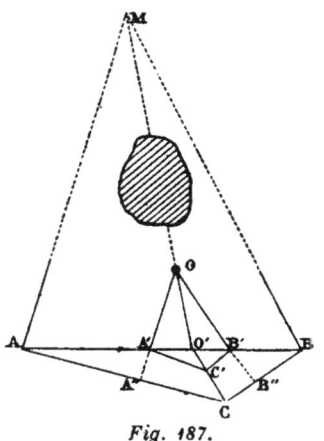

Fig. 187.

En effet, les deux quadrilatères MBAC, OB′A′C′, ayant : leurs
côtés parallèles, et deux de leurs diagonales AB, A′B′ con-
fondues en direction, sont homothétiques ; le centre d'homothétie O′ est donc situé sur cette droite AB.

Ainsi, la droite OO′ donne la ligne de visée vers le but invisible.

Quant à la distance inconnue MO, elle est donnée par l'égalité

$$MO = OO' \cdot \frac{CC'}{O'C'} \cdot$$

**45. Solutions diverses.** — Nous
résumons rapidement, dans ce paragraphe, quelques solutions du présent
problème, solutions qui se font remarquer, parmi beaucoup d'autres, par
un caractère particulier de simplicité.

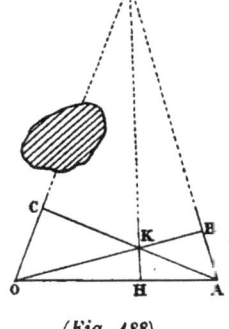

1° Le théorème des trois hauteurs
d'un triangle, théorème que nous
avons utilisé déjà (§ 25) pour un
autre problème, s'applique remarquablement bien à celui qui nous occupe ici.

(Fig. 188)

Jalonnons OA dans la partie accessible et, avec l'équerre

abaissons sur OA et sur AM les perpendiculaires MH, OB qui se coupent en K. Sur l'alignement AK, ainsi obtenu, on abaisse de O une perpendiculaire OC; OC représente la ligne de visée vers le point invisible.

Quant à la distance OM, elle est donnée par l'égalité

$$OM = \frac{OH.OA}{OC}.$$

2° Soit toujours *(fig.189)* O le point d'où il faut viser le but M caché par un obstacle. On jalonnera les parallèles AB et CD; A et B désignant deux points d'où l'on peut apercevoir le but. On partagera CD au point O′, dans le rapport $\frac{AO}{BO}$; cette opération peut se faire par le chaînage des longueurs AO, AB, CD et par le calcul de CO′ au moyen de la formule

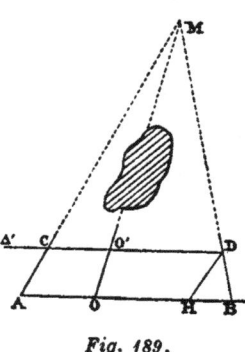

*Fig. 189.*

$$CO' = AO\left(\frac{CD}{AB}\right).$$

La ligne de visée OO′ se trouve ainsi déterminée; quant à la distance OM, elle résulte de la formule

$$OM = OO'\frac{1}{1 - \left(\frac{CD}{AB}\right)}.$$

Dans la pratique, on peut toujours s'arranger de façon que le rapport $\frac{CD}{AB}$, qui entre dans la formule précédente, soit égal à $\frac{1}{2}$, ou à $\frac{3}{4}$, ... en un mot, de la forme $\frac{n}{n+1}$. Alors on a

$$OM = (n + 1)OO',$$

formule bien commode pour calculer OM.

Pour réaliser cette disposition favorable des parallèles AB et CD, on prendra, sur Δ, de A en B, $n + 1$ fois la longueur du cordeau; et, de A en H, $n$ fois seulement cette même longueur. Ayant tracé HD parallèlement à AC, c'est par le point D qu'on jalonnera la droite Δ′ parallèlement à Δ.

3° Traçons, dans la partie accessible, un alignement Δ passant par le point O et cherchons, sur Δ, un point A d'où
l'on peut apercevoir M ; puis
menons AO′ perpendiculairement à AM. Ayant relevé,
avec la fausse équerre, l'angle OAM, on se transporte
sur AO′ en un point B que
l'on détermine de telle sorte
que, de ce point, on aperçoive OM sous un angle
égal à OAM. Alors, la ligne
de visée est perpendiculaire
à OB.

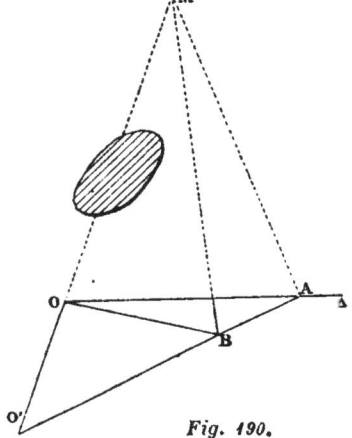

Fig. 190.

Pour évaluer OM ; ayant
prolongé MO jusqu'à sa ren-
contre en O′ avec A′B, on observera que, dans le quadrilatère inscriptible OMAB, on a

$$O′O(O′O + OM) = O′B.O′A.$$

Cette égalité permet de calculer OM.

## CHAPITRE V

### LES PROBLÈMES DU POINT INACCESSIBLE

La position d'un point M dans une région inaccessible, soulève évidemment des problèmes différents de celui que nous
avons traité dans le chapitre précédent. On peut demander, par
exemple, d'évaluer la différence des distances du point inaccessible à deux points donnés, ou le rapport de ces distances,
etc. On peut aussi se proposer d'évaluer la longueur de la
perpendiculaire abaissée de M sur une droite donnée; puis,
imaginer que le point inaccessible soit mobile, et demander alors comment varie sa distance à un point donné, fixe, ou
même mobile, ainsi qu'il arrive dans le problème de la poursuite, etc, etc...

Ces différentes questions vont nous occuper; mais nous examinerons d'abord un cas particulier du problème général, traité au Chapitre précédent.

### 46. Le Problème de la plate-forme. — Nous supposons qu'on ne puisse se mouvoir que dans un espace très limité, comme celui que présentent les talus d'une forteresse, la terrasse d'un château, ou même le pont d'un bateau ; et, dans ces conditions, nous voulons déterminer la distance qui sépare l'observateur d'un point R, visible dans l'espace environnant; on pourra, si l'on veut, supposer que R est, relativement, assez éloigné.

1° Une première solution découle du théorème de Chasles (*Première partie*, 2, p. 9). Prenons, sur la plate-forme donnée,

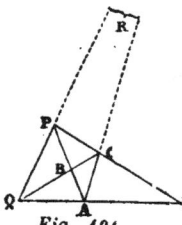

*Fig. 191* .

un triangle DPQ aussi grand que possible, et dont un côté PQ passe par le point visé. Déterminons ensuite, entre les côtés DP, DQ, une droite AC passant par R; enfin, traçons AP et CQ. Le théorème cité donne

$$RC = \frac{AC.BP.DQ}{BA.DQ - AD.BP}.$$

Comme le point A peut être pris arbitrairement sur DQ, en choisissant pour A, le milieu de DQ la formule précédente se simplifie, et l'on a

$$RC = \frac{2AC.BP}{2BA - BP}.$$

2° *La solution de Carnot.* Soit ABCD la plate-forme donnée; effectuons les tracés indiqués *(fig. 192); nous* allons montrer que

$$\frac{2}{OR} = \frac{1}{OH} - \frac{1}{OK}.$$

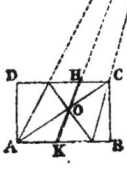

*Fig. 192.*

En effet, K, O, H, R forment une ponctuelle harmonique; donc

$$\frac{2}{RO} = \frac{1}{RH} + \frac{1}{RK}; \text{(A)}$$

ou

$$\frac{1}{OR} - \frac{1}{OR + OK} = \frac{1}{OR - OH} - \frac{1}{OR},$$

ou encore
$$\frac{OK}{OR + OK} = \frac{OH}{OR - OH}.$$

Cette dernière égalité donne bien

$$\frac{2}{OR} = \frac{1}{OH} - \frac{1}{OK}, \qquad (1)$$

relation connue, qu'on pouvait écrire immédiatement, en appliquant la formule (A) et en tenant compte de ce fait que OK est de signe contraire à OH et à OR.

Cette solution diffère peu de celle qu'a proposée Carnot et à laquelle nous avons fait allusion au Chapitre précédent. Voici d'ailleurs, explicitement, la solution proposée par Carnot pour mesurer la distance, d'un point donné A, à un autre point R visible, mais inaccessible.

Dans la région accessible, effectuons les jalonnements qu'indique la *fig. 193*; la ponctuelle AOBR (*) est harmonique et l'on a

$$\frac{1}{AR} = \frac{2}{AB} - \frac{1}{AO}. \qquad (2)$$

Carnot donne la valeur de la distance inconnue AR sous la forme équivalente

$$AR = \frac{AB.OA}{OA - OB},$$

mais les formules (1) et (2) sont plus commodes, quand on fait usage de la table des inverses.

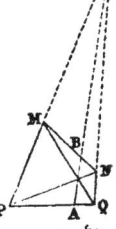

*Fig. 193*

3° *La Solution par l'équerre*. Soit OR la ligne de visée, R étant le point considéré; traçons AB perpendiculairement à OR et prenons, sur la plate-forme donnée, deux points A, B, symétriques par rapport à O, de telle sorte que AB ait toute la longueur possible. De B, visons de nouveau le point R; puis, joignons A à un point C de cette ligne de visée; enfin abaissons, sur AB, la perpendiculaire CH. AC rencontre OR en M et il est facile de reconnaître que

$$\frac{1}{OR} = \frac{2}{CH} - \frac{1}{OM}.$$

(*) La lettre O, dans la *fig. 193*, doit être placée à l'intersection des lignes MQ, NP.

Cette propriété peut être considérée comme étant une conséquence de celle que nous avons utilisée tout à l'heure On peut aussi l'établir en appliquant le théorème de Ménélaüs au triangle ORB et à la transversale CMA. On a, en effet

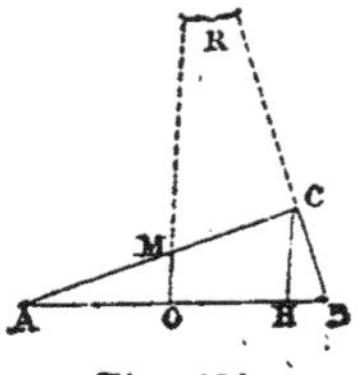

$$\frac{CB}{CR} \cdot \frac{MR}{OM} \cdot \frac{AO}{AB} = 1,$$

ou

$$\frac{CH}{OR - CH} \cdot \frac{OR - OM}{OM} = 2.$$

De cette relation, on déduit

$$\frac{2}{CH} = \frac{1}{OR} + \frac{1}{OM}.$$

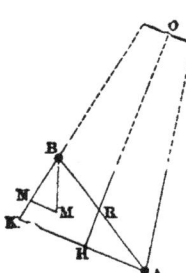

*Fig. 194.*

Cette égalité résulte encore, si l'on veut, de ce fait que CA, CB, CO et la parallèle menée par C, à AB, forment un faisceau harmonique. On observera d'ailleurs qu'elle subsiste, si l'on suppose OR non perpendiculaire sur AB.

**47. Différence des distances entre un point inaccessible et deux points donnés.** — Dans certains cas, on peut proposer de reconnaître si un point inaccessible O est plus rapproché d'un point A que d'un autre point B. On peut aussi demander d'évaluer la différence OA — OB, sans rechercher, séparément, les longueurs OA et OB.

Voici une solution de ce problème.

Jalonnons BM, parallèlement à OA et, avec le cordeau, prenons BM = BN = *l*, *l* désignant la longueur du cordeau. Il suffit alors de jalonner AK, parallèlement à MN; BK représente la différence cherchée.

*Fig. 195.*

Dans le cas où l'on veut seulement apprécier si, au point B, on est, ou non, plus rapproché de O, qu'on ne l'est en A ; alors, la fausse équerre indique immédiatement le résultat demandé. Il suffit de relever, en A, l'angle BAO ; et, après l'avoir transporté en B, d'observer si l'angle ABO est, ou n'est pas, plus grand que celui qui est marqué par l'instrument.

On observera que, si l'on connaît la distance de A à un point inaccessible O, le problème précédent donne le moyen d'obtenir les distances de tous les autres points accessibles, à ce même point O; cette remarque s'applique au problème suivant.

**48. Évaluer le rapport des distances entre un point inaccessible et deux points donnés.** — Au milieu de AK *(fig. 195),* élevons une perpendiculaire HR; cette droite étant la bissectrice de l'angle AOB, nous avons

$$\frac{OB}{OA} = \frac{RB}{RA}.$$

Il suffit donc de chaîner les longueurs RB, RA, puis de prendre le rapport des deux nombres obtenus.

**49. Remarque.** — Les constructions indiquées dans les deux paragraphes précédents fournissent deux relations entre OA et OB; elles font connaître la différence et le rapport des distances OA et OB; elles les déterminent donc complètement. On pourra, avec avantage, adopter cette méthode, lorsqu'on aura besoin, simultanément, des deux longueurs OA, OB.

**50. Distance d'un point inaccessible à une droite**

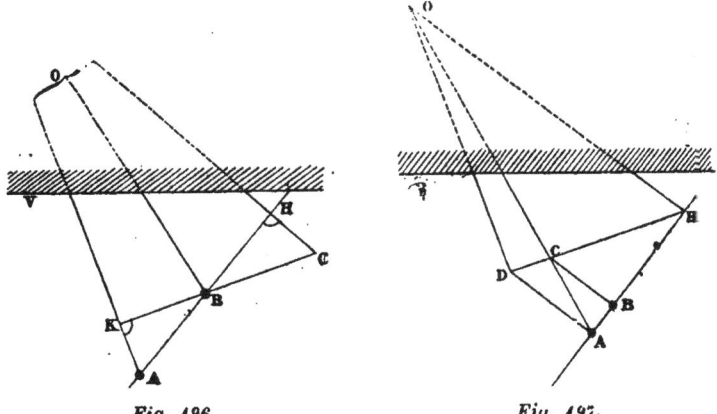

Fig. 196.                    Fig. 197.

**accessible.** — Soit AB la droite proposée; on considère un point O, situé dans une région inaccessible U, mais visible; on demande d'évaluer la distance OH, de O à AB.

1° Abaissons la perpendiculaire BK sur OA, puis pro-
longeons-la jusqu'à ce qu'elle rencontre HO au point C; les
triangles semblables CHB, AHO donnent

$$OH = \frac{AH.BH}{CH}.$$

2° On peut aussi utiliser la propriété si remarquable du
trapèze *(Première partie, § 14).*

Ayant fait la construction indiquée *(fig. 197)*, la propriété
rappelée donne

$$\frac{1}{OH} = \frac{1}{CB} - \frac{1}{DA}.$$

*Examen d'un cas particulier.* — Mais ces méthodes exigent
que le pied H, de la perpendiculaire abaissée de O, sur AB,

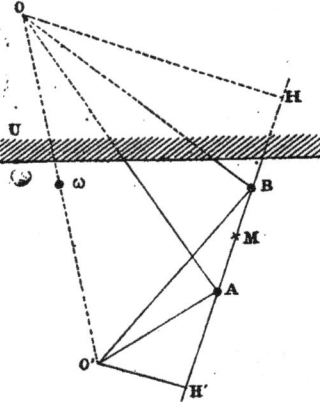

soit placé dans la partie accessible V; supposons, comme le
montre la *fig. 198*, qu'il n'en
soit pas ainsi.

1° Élevons O'A, O'B respectivement perpendiculaires sur
OA, OB; puis projetons le
point O', en H', sur AB. Nous
observerons d'abord que les
points H et H' sont isotomiques
sur AB, c'est-à-dire symétriques
par rapport au point M milieu
de AB. En effet. le quadrilatère OO'AB est inscriptible et
le centre ω est situé au milieu

*Fig. 198.*

de OO'. La perpendiculaire abaissée de ω sur HH' tombe
donc au milieu de ce segment; d'autre part, AB étant une
corde du cercle considéré, cette perpendiculaire tombe aussi
au milieu de AB. Ainsi HH' et AB admettent le même point
milieu; en d'autres termes, H,H' sont isotomiques sur AB.

Cette remarque étant faite, observons que les triangles
semblables O'AH', OAH donnent

$$\frac{OH}{AH'} = \frac{AH}{O'H'}.$$

Et comme $\qquad$ AH $=$ H'B;

on a, finalement, $\qquad$ OH $= \dfrac{H'A \cdot H'B}{O'H'}$ .

Cette égalité permettra de calculer OH, quand on aura relevé les longueurs O'H', H'A, H'B.

2° La solution précédente est, dans la pratique, assez simple, aussi simple du moins que paraît le comporter la nature du problème ; mais elle exige que le point H', isotomique de H, sur AB, soit situé dans les limites du terrain sur lequel on opère. Dans certains cas, si le point H est très éloigné de M, cette condition pourra n'être pas remplie ou, tout au moins, le grand éloignement de H' pourra donner lieu à de longs chaînages et à des difficultés pratiques, de natures diverses.

Voici, pour ce cas particulier, une solution qui n'exige que des chaînages exécutés dans le voisinage des points donnés.

Abaissons la per-
pendiculaire BC sur
OA. Nous avons d'a-
bord

$$OH = BC \cdot \dfrac{OA}{BA} \cdot$$

Menons mainte-
nant, par C, une pa-
rallèle CD à OB ; nous
avons

$$\dfrac{OA}{BA} = \dfrac{CA}{DA} ;$$

et par conséquent,

$$OH = \dfrac{BC \cdot CA}{DA} \cdot$$

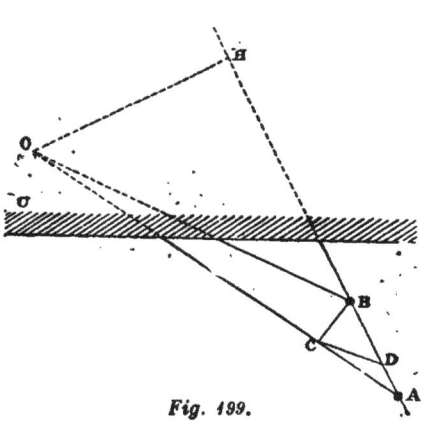

*Fig. 199.*

**51. Distance d'un point inaccessible S, très éloi-
gné, à une droite donnée** AB. — Dans certains cas, le
point considéré est très éloigné, et visible seulement dans
les lunettes. On peut imaginer, pour résoudre ces problèmes
dans lesquels on fait entrer la considération de grandes distances, un appareil formé de deux lunettes superposées, dis-

posées sur un pied pouvant se fixer sur le sol, et dont les directions sont rigoureusement rectangulaires. Au fond, cet appareil est une équerre ordinaire, à l'usage des grandes distances. Voici comment on peut l'utiliser pour la solution du problème qui nous occupe.

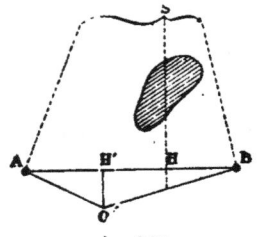

*ig. 200.*

Aux points A, B visons le point S ; puis jalonnons les droites partant de ces points, perpendiculairement aux directions AS, BS. Nous obtenons ainsi un point O ; pour des raisons évidentes, il se projette sur AB en un point H' isotomique de H, projection de S sur AB. Les triangles semblables BOH', SBH donnent, d'ailleurs,

$$SH = \frac{BH'.BH}{.OH'}.$$

Et comme

$$AH' = BH,$$

nous avons finalement

$$SH = \frac{AH'.BH'}{OH'}.$$

Cette formule permet de calculer la distance inconnue SH au moyen des longueurs AH', BH', OH', faciles à chaîner ; car elles sont aussi petites que l'on voudra, bien que SH puisse être très grand.

Remarque. — On observera que la solution précédente n'exige nullement que le point H soit déterminé et, dans certains cas, s'il existait par exemple un obstacle entre H et S, cette détermination ne serait pas facile.

Nous rencontrons ici, incidemment, une solution du problème suivant : *Abaisser d'un point* S, *inaccessible, une perpendiculaire sur une droite accessible* AB ; S *étant invisible du pied* H *de la perpendiculaire en question.*

On détermine le point H', comme nous l'avons expliqué ; puis on prend l'isotomique H.

**52. Distance à un but inaccessible, mobile sur une trajectoire rectiligne.** — Nous allons supposer, maintenant, que le but proposé est mobile sur une trajectoire ;

mais nous n'examinerons que le cas où cette trajectoire est rectiligne ; mais nous reviendrons, dans le Chapitre que nous consacrons aux problèmes d'Artillerie, sur le cas général, celui où la trajectoire décrite par le but est quelconque.

Soit O la position de l'observateur ; un point R est mobile sur un terrain inaccessible, ou très éloigné, mais sur une droite Δ déterminée par deux points E, F visibles de différents points du terrain qui avoisine le point O. Effectuons les jalonnements qu'indique la figure et déterminons notamment les points P, Q où la droite qui va, de l'œil de l'obser-

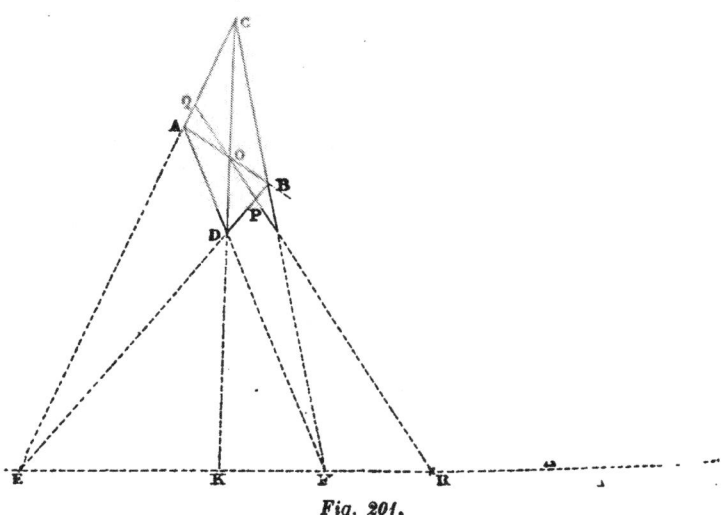

*Fig. 201.*

vateur, au point mobile R, coupe les alignements BD, AC.

Une propriété connue prouve que CODK est une ponctuelle harmonique ; la ponctuelle QOPR, elle aussi, est donc harmonique. En conséquence, nous avons :

$$\frac{2}{RO} = \frac{1}{OP} - \frac{1}{OQ}.$$

On pourra donc, par l'application de la table des inverses, calculer rapidement la distance RO, connaissant les distances OP et OQ.

Dans la pratique, on doit opérer avec deux cordeaux,

divisés en décimètres, de zéro à cent. L'origine de ces cordeaux étant en O; les longueurs OP, OQ sont relevées par une simple lecture faite par les aides placés aux points P, Q; un calculateur, muni de la table des inverses, fait la lecture des nombres $\frac{1}{OP}$, $\frac{1}{OQ}$; une simple soustraction et une nouvelle lecture donnent la valeur du nombre $x$,

$$\frac{1}{x} = \frac{1}{OP} - \frac{1}{OQ}.$$

La distance inconnue est double de la longueur ainsi calculée.

Le principe de cette solution est emprunté au livre de Servois (*loc. cit.*. p. 62). Nous l'avons seulement modifiée de manière à l'adapter à la pratique de la table des inverses; et, telle que nous la présentons ici, elle nous paraît susceptible de certaines applications. Elle peut notamment permettre d'apprécier, sans calcul, et par la seule lecture des nombres OP et OQ, si le point mobile R se rapproche, ou non, de O.

**53. Le problème de la poursuite.** — Nous allons enfin supposer que les deux points, dont la distance est inconnue, sont mobiles, et animés d'un mouvement uniforme.

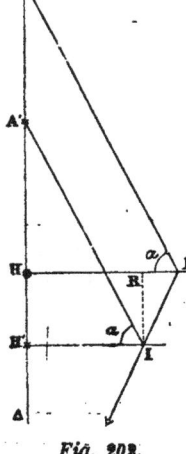

*Fig. 202.*

Sans vouloir déterminer la valeur absolue de la distance des deux points mobiles, on peut demander si cette distance augmente ou diminue. Nous nous occuperons d'abord de ce problème; il se résout très simplement et sans aucun calcul.

Soit Δ la droite sur laquelle nous supposons un mobile H poursuivi par un autre mobile A. L'observateur, chargé d'étudier les variations de cette poursuite, se place en K, à une certaine distance de Δ, sur une perpendiculaire à Δ. De ce point K, avec la fausse équerre, il relève l'angle α sous lequel on aperçoit H et A; cela fait, il laisse un jalon planté en K. Puis, se déplaçant en même temps que H de façon à rester toujours, avec ce point mobile, sur une perpendiculaire à Δ, il vient occuper, sur la droite H'K', un point I, tellement choisi qu'il aperçoive encore les deux points mobiles A', H', sous l'angle α, précédemment observé. De ce point I, visant H', puis le jalon laissé en K, il relève un angle φ qu'on pourrait appeler *l'angle de poursuite;* cet angle, pour les raisons que nous allons donner, permet d'apprécier si la distance des deux mobiles augmente, diminue ou reste constante.

Nous ferons d'abord observer que l'opérateur, dans le mouvement qu'il exécute pour voir constamment les points mobiles sous le même angle α, décrit une droite; en supposant, bien entendu, que les mobiles considérés sont, comme nous l'avons dit, animés, l'un et l'autre, d'une vitesse constante.

Les triangles semblables AHK, A'H'I donnent :

$$t = \frac{HK}{HA} = \frac{H'I}{H'A'} = \frac{RK}{HA - H'A'},$$

$t$ désignant une constante donnée, puisque α est supposé invariable.

On a donc

$$t = \frac{RK}{HA' + AA' - (HH' + HA')},$$

ou

$$t = \frac{RK}{AA' - HH'}.$$

Soit θ le rapport des vitesses des deux mobiles, on a :

$$\theta = \frac{AA'}{HH'}.$$

Par suite,    $$t\,(\theta - 1) = \frac{RK}{HH'} = \frac{RK}{RI}. \qquad (1)$$

L'angle H'IK = φ, que nous appelons *angle de poursuite* est donc constant; et le lieu décrit par le point I est une droite.

La formule (1) prouve que si φ est obtus, le mobile poursuivant se rapproche de l'autre; au contraire, si φ est aigu, la distance des deux mobiles augmente; enfin, la distance reste constante si φ est un angle droit. L'exactitude de ces résultats est évidente, et, pour vérifier ceux-ci, il n'est pas nécessaire d'avoir recours à la formule (1); mais il était bon d'établir cette égalité pour montrer que, dans la solution présente, l'observateur doit se déplacer sur une droite déterminée.

Lorsque la poursuite s'effectue par des mouvements non uniformes, en relevant l'angle de poursuite, pour des intervalles déterminés, équidistants si l'on veut, on obtiendra une certaine ligne brisée correspondante et, par suite, une courbe que l'on peut tracer en réunissant, par un trait continu, les sommets de cette ligne. La *courbe de poursuite*, comme on peut l'appeler, indiquera les variations qui ont été éprouvées par les distances des deux mobiles, aux divers moments de la poursuite.

2° Il est, certainement, plus difficile d'évaluer, à un instant donné, la distance absolue des deux points mobiles; voici pourtant une solution de cette question, assez simple, relativement (*).

Supposons que l'opérateur après avoir relevé l'angle α, au point K, se transporte, avec la même vitesse que H, parallè-

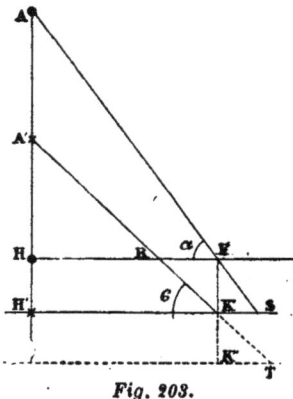

lement à AH, de K en K′. Arrivé au point K′, il observe les points mobiles A′, H′, dans leur nouvelle position; soit β l'angle relevé en K′.

On voit facilement que la distance des points mobiles augmente, diminue, ou reste constante, suivant que l'on a β > α, β < α, ou β = α; et cette remarque permet de résoudre encore le problème de la poursuite, quand on veut simplement apprécier si le mobile A gagne, ou perd, du terrain, sur le mobile H qu'il poursuit.

*Fig. 203.*

Mais proposons-nous d'évaluer, exactement, le rapport des vitesses des deux mobiles; de cette connaissance, nous déduirons la vitesse de A, connaissant celle de H; et, par suite, la variation qu'a subie la distance des deux mobiles, aux deux instants observés.

Nous avons

$$AA' = AH - A'H = AH - A'H' + HH',$$

ou
$$AA' = KK' . \frac{HK}{K'S} - KK' . \frac{H'K'}{RK} + HH';$$

et, par conséquent,

$$(1) \qquad \frac{AA'}{HH'} = 1 + HK \left( \frac{1}{K'S} - \frac{1}{RK} \right).$$

Le point S peut être déterminé par un aide qui, partant de K avec une vitesse convenable, se déplace dans la direction KA; K'S est donc une longueur que l'on peut relever avec le ruban divisé.

Quant à la longueur RK, elle n'est pas connue; car on ne doit pas admettre, dans le cas présent, que l'on puisse revenir en arrière de la position H'K'. Il faut alors supposer qu'un second aide parte de K', dans la direction déterminée A'K'. Au bout d'un temps égal à celui qui a séparé les deux observations faites en K et en K', le second aide occupe une position T, et, le mouvement étant uniforme, on a K'T = RK.

La formule (1), dans laquelle, pour simplifier le calcul, on supposera HK = $100^m$, permet de calculer le rapport $\frac{AA'}{HH'}$.

On pourra, avantageusement, pour ce calcul, faire usage de la table des inverses. Malgré ces diverses remarques, on peut prétendre que la solution précédente est plutôt théorique ; mais il ne paraît pas facile d'en imaginer une autre plus pratique ; le problème en question offre nécessairement, au point de vue des exigences matérielles qu'il comporte, une certaine difficulté.

Avant de quitter le sujet qui vient de nous occuper, nous voulons faire connaître le procédé pratique, employé par l'Artillerie, pour résoudre le problème de la distance d'un point donné à un but inaccessible. Les instruments employés, dans cette intention, sont les *télémètres* ou *télomètres;* nous allons indiquer les principaux.

LES TÉLÉMÈTRES OU TÉLOMÈTRES (*)

**54. Réflexions générales.** — Le principe général qui sert de base à ces instruments peut s'énoncer ainsi : on considère un triangle, et, le plus ordinairement, un triangle rectangle dont un côté constitue une base invariable, mesurée avec soin; les instruments font connaître la grandeur de l'angle à la base.

Au point de vue de l'Artillerie, ces petits appareils sont d'un intérêt médiocre et purement théorique. L'un d'eux, le télomètre Goulier, est réglementaire; et il existe dans toutes les batteries d'Artillerie de campagne; mais pas un seul n'est employé pratiquement et, pour divers motifs, on a renoncé à se servir du télomètre.

Pour donner une évaluation, toujours médiocre, de la distance, le télomètre exige une manipulation trop longue, et trop minutieuse, pour être vraiment pratique. Il y a incontestablement économie de temps à évaluer approximativement la distance à vue, en s'entourant de quelques précautions; puis, à ouvrir le feu sans retard. Un très petit nombre de coups suffisent pour rectifier, par le réglage, l'erreur commise sur la distance; de plus, on a l'avantage d'avoir fait du bruit le premier, ce qui n'est pas sans profit, au point de vue du moral. Avec l'usage du télomètre, on risque de voir le tir de l'ennemi réglé sur la batterie, avant que celle-ci ait tiré son premier coup.

Dans le tir de place (tir concentrique par exemple) on élude la recherche de la distance, en employant directement au calcul de l'angle de tir qui convient et de la direction à donner à la pièce, les données qui pourraient servir à l'évaluer. Il est évident en effet que si, d'une part, la distance est fonction de certaines mesures angulaires; si, d'autre part, les éléments du tir (orientation et inclinaison de l'axe de la pièce) sont fonctions de la distance, les éléments du tir sont fonctions des mesures angulaires. Il y a donc intérêt à éliminer, pour ainsi dire, la distance qui n'est pas, *par elle-même,*

---

(*) Nous devons les renseignements suivants, sur les Télémètres, à l'obligeance de M. Louis Liège d'Iray, lieutenant d'Artillerie.

intéressante a connaître. On conçoit alors que des calculs, faits d'avance, ou des constructions graphiques, préparées une fois pour toutes, puissent donner le résultat, pour ainsi dire directement, du moins dans le cas où la pièce qui tire occupe un emplacement fixe et où les postes d'observation, d'où sont faites les mesures d'angles, sont des points invariables.

L'opération qui consiste à mesurer les distances est également supprimée dans le tir de côte. L'altitude de la batterie étant connue, les éléments du tir sont fonction de l'angle de dépression seulement ; et on a même là des appareils de visées dans lesquels certains profils d'excentriques sont calculés suivant les propriétés balistiques de la pièce, ce qui permet de tirer directement, sans autre manipulation que celle qui amène le but dans le champ du viseur. Du même coup, en effet, la pièce se trouve dirigée de façon à atteindre l'objectif. L'appareil Deport, auquel nous faisons allusion ici, est curieux au point de vue mécanique ; mais on peut dire, d'une façon générale, que l'emploi des télémètres et télomètres est actuellement, de l'histoire ancienne, au point de vue militaire. Ils sont décrits dans les cours, comme représentant des tentatives faites en vue de l'Artillerie ; mais on considère, généralement, qu'il n'existe pas encore de solution satisfaisante de ce problème. Aussi, pratiquement, la difficulté est plutôt tournée que résolue.

Cependant, il n'est pas douteux que, pour l'Artillerie de campagne principalement, un appareil qui demanderait *très peu de temps* à employer et donnerait une grande précision *sans manipulation trop minutieuse*, serait *extrémement* précieux.

Quoi qu'il en soit, voici une description sommaire des principaux télémètres et télomètres.

**55. Télémètre Goulier.** — Soit P le point inaccessible dont on veut mesurer la distance au point A ; soit *d* cette distance inconnue. Supposons deux observateurs placés en A et B. Si l'angle A est droit il suffira de mesurer α pour en conclure D, la distance AB étant connue.

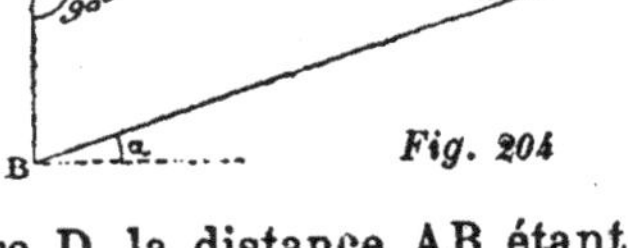

Fig. 204

Il faut donc, en A, un appareil permettant de faire deux vi
sées rectangulaires (appareil A. L'une de ces visées sera dirigée sur P; l'observateur B ira se placer sur le prolongement
de l'autre. En B, il faudra un appareil permettant de viser à
la fois A et P, c'est-à-dire un appareil donnant deux visées
à angle variable, cet angle différant d'ailleurs peu de l'angle
droit (appareil B).

AB ayant une longueur fixe (pratiquement 40 mètres), $d$ est
simplement une fonction de α. Si donc la vis de rappel, qui
permet de faire varier α, fait mouvoir en même temps une

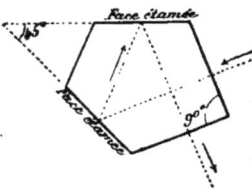

réglette convenablement graduée en
distances, en face d'un repère, une
simple lecture donnera $d$.

APPAREIL A. — Il comprend un
voyant pour que B puisse le viser avec
précision, et un viseur dont le champ
est divisé en deux parties. La partie
supérieure reçoit directement les

*Fig. 205.*

rayons émanés du point sur lequel est dirigé le viseur. La
partie inférieure reçoit des rayons sortant d'un prisme à réflexion totale après y avoir subi une déviation égale à 90°. Ce
prisme est placé dans l'intérieur du viseur, et ses
deux faces rectangulaires correspondent à deux ou-
vertures pratiquées dans l'enveloppe.

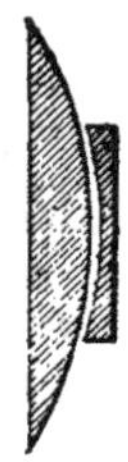

APPAREIL B. — Même principe que l'appareil A dont
il est symétrique, sauf que, pour rendre variable
l'angle des deux visées, on interpose, sur le trajet
des rayons directs, un prisme à angle variable composé de deux lentilles; l'une, plan-convexe; l'autre,

*Fig. 206.*  plan-concave de même rayon. Dans la position ci-
contre, les faces planes sont parallèles ainsi que les faces
courbes : c'est donc une glace à faces parallèles. Au contraire,
si l'on déplace l'une d'elles perpendiculairement à la direction
de la visée, c'est-à-dire de manière que l'axe optique reste
parallèle à lui-même, le système formé par les deux lentilles
devient équivalent à un prisme dont l'angle varie suivant
l'amplitude du déplacement : on peut donc modifier l'angle des
deux visées suivant l'éloignement du point P.

Une réglette à crémaillère, mue par un pignon monté sur l'axe de la vis de rappel qui produit les déplacements de la lentille, glisse en face d'un repère fixé à l'appareil. Pour chaque position de la lentille et, 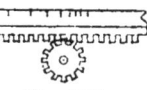 par suite, de la réglette, on a inscrit sur la réglette la distance correspondant à la valeur de α qui résulte du déplacement donné à la

Fig. 207.

lentille mobile. D'après cela, lorsque B aperçoit à la fois A et P, il n'a qu'à lire, sur l'instrument, la distance cherchée.

*Opération pratique.* — L'observateur A se place de manière à voir P par double réflexion dans le prisme; puis, il fait placer B, qui lui est relié par un fil long de 40<sup>m</sup>, de façon à l'apercevoir directement dans son viseur.

L'observateur B, une fois placé, se tourne de façon à voir P par réflexion dans le prisme, et il agit sur la vis de rappel jusqu'à ce qu'il aperçoive A, directement, dans le champ de son viseur. Ce résultat obtenu, il donne un signal pour que A, qui est immobile, rectifie, s'il y a lieu, la coïncidence des deux images; il rectifie lui-même la coïncidence des siennes et il lit la distance. Les deux appareils sont tenus à la main.

**56. Télémètre Gautier.** — Un tube cylindrique renferme deux miroirs à 45° qui fonctionnent comme les deux faces étamées des prismes de l'appareil précédent. Une lunette reçoit, dans une moitié de son champ, des rayons de visée directe; dans l'autre, des rayons doublement réfléchis. Sur la partie antérieure du tube est monté un anneau mobile portant un prisme. En faisant tourner l'anneau et le prisme, on fait varier l'angle de déviation des rayons destinés à la lunette. L'appareil est donc analogue à l'appareil B du télémètre Goulier.

*Emploi.* — Tourner l'anneau mobile, de manière à amener le trait *infini* en face du repère fixe (déviation nulle); alors les deux visées sont rectangulaires. L'observateur vise le point dont il veut savoir la distance et remarque, dans la campagne, un objet éloigné dans le prolongement de la direction de la seconde visée.

Il se transporte alors, dans cette direction AB, d'une certaine

distance AB qu'il mesure. Arrivé en B; il vise de nouveau
P et agit, sur l'anneau mobile, jusqu'à ce que l'image de
l'objet éloigné qu'il a remarqué lui parvienne. A
ce moment il lit, sur une graduation portée
par l'anneau mobile, la distance qui se trouve
inscrite sur le trait correspondant au repère.

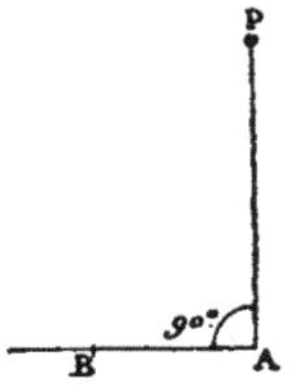

On peut appliquer cette méthode, en se servant de l'appareil B du télomètre Goulier.

*Fig. 208.*

**57. Télémètre Labbez.** — Cet appareil est
analogue au précédent, mais la vision de l'objet auxiliaire se
fait sans interposition de prisme. C'est par la variation de
l'angle des deux miroirs qu'on obtient la coïncidence des deux
images.

On fait varier l'inclinaison du second miroir sur le premier
qui est fixe, en agissant sur un anneau mobile qui porte,
comme l'appareil précédent, une graduation en distances,
mobile devant un repère. Quand l'angle est de 45°, le repère
se trouve en regard du trait ∞ .

**58. Télémètre Sapia.** — Il donne la distance d'un navire à
une batterie de côte, en fonction de la hauteur de la batterie
au-dessus du niveau de la mer et de l'angle de dépression,

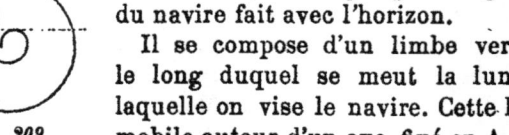

c'est-à-dire, de l'angle que la ligne de visée
du navire fait avec l'horizon.

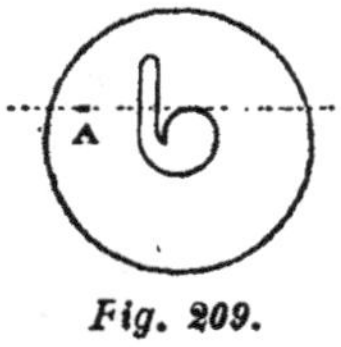

Il se compose d'un limbe vertical fixe,
le long duquel se meut la lunette avec
laquelle on vise le navire. Cette lunette est

*Fig. 209.*          mobile autour d'un axe, fixé en A, perpendiculaire au plan du limbe; elle s'appuie, en outre, sur un
excentrique à came, appelé *limaçon multiplicateur*. L'inclinaison de la lunette varie suivant la portion du limaçon sur
laquelle elle repose.

La came amplifie cette variation d'angle. Le mouvement
angulaire du limaçon entraîne une aiguille indicatrice mobile
contre l'autre face du limbe. Cette aiguille porte un curseur
mobile. Sur la seconde face du limbe, des circonférences
concentriques ont été tracées, ayant leur centre au centre de
rotation du limaçon et des rayons proportionnels à différentes

altitudes. Sur chacune d'elles, on marque les positions de la
règle indicatrice qui correspondent, pour une altitude proportionnelle à son rayon, à une même distance horizontale.

*Emploi.* — Si l'on a soin de mettre le curseur à hauteur de
la circonférence correspondant à l'altitude de la batterie, il
suffit de viser le navire : la position correspondante du limaçon détermine une certaine position de l'aiguille indicatrice
et la distance cherchée se lit *à hauteur du curseur* sur la circonférence correspondante.

**59. Méthode Arnould.** — Une base fixe, de grande
longueur, a été préalablement mesurée; un observateur est
placé à chaque extrémité. Chaque observateur muni d'un appareil pour mesurer les angles se tient en relation téléphonique
avec un poste central où la base, réduite à une échelle donnée, est reportée sur une planchette. Les indications angulaires transmises par le téléphone permettent de fixer immédiatement la position du but, grâce à des rayons divergeant des
deux stations, tracés à l'avance, sous toutes les inclinaisons.
Des cercles concentriques, tracés également à l'avance, autour
de l'emplacement de la pièce, donnent la distance du but par
une simple lecture.

On prendra trois stations, au lieu de deux, si l'on veut avoir
une vérification. Les erreurs grossières, accidentelles, seront
ainsi évitées.

Cette méthode est analogue à celle qui est employée dans
les places, pour le tir concentrique. Elle en diffère en ce que
le but des planchettes Perruchon, pour le tir concentrique, est
de donner par une simple lecture la hausse et la dérive à
employer pour ouvrir le feu sur le but; même, s'il n'est pas
visible de la batterie.

## CHAPITRE VI

### LES PROBLÈMES DE LA DROITE INACCESSIBLE

Avant d'aborder, comme nous le ferons dans le chapitre
suivant, la détermination de la longueur d'un segment constitué par deux points inaccessibles, nous devons examiner

au préalable, certaines questions dont la solution intéresse les différents problèmes de la droite inaccessible et, notamment, celle qui peut se poser ainsi: *mener, par un point donné C, une parallèle à une droite inaccessible,* AB.

Servois et Mascheroni ont compris toute l'importance de ce problème pour lequel ils ont proposé plusieurs solutions; nous indiquerons d'ailleurs tout à l'heure une de ces solutions, présentant un caractère particulier de simplicité; elle est basée sur le principe des antiparallèles.

**60.** — Il est sous-entendu que le prolongement de AB ne pénètre pas dans la partie accessible; autrement, on pourrait jalonner ce prolongement; et l'on serait ramené à tracer une parallèle à une droite accessible.

Nous signalons aussi, sans nous y arrêter, la solution souvent présentée, qui consiste à porter, sur les jalonnements CA et CB, dans la partie accessible, des longueurs CA CB', proportionnelles aux distances CA, CB. Cette solution, très simple au point de vue théorique, présente, quand on envisage son côté pratique, le grave inconvénient d'exiger la connaissance des longueurs CA, CB. En la comparant à celles que nous allons successivement exposer, on reconnaîtra qu'elle offre vraiment une complication relative.

### 61. La solution par les figures homothétiques.

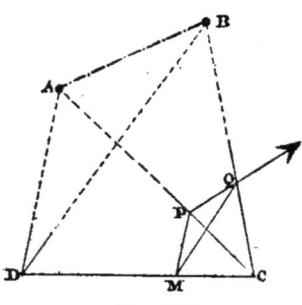

*Fig. 210.*

— Une des solutions qui se présentent le plus naturellement à l'esprit est celle qui prend pour base le principe des figures homothétiques. Nous l'exposerons avant plusieurs autres, plus pratiques, parce qu'elle est très facile à retenir.

Prenons, arbitrairement d'ailleurs, deux points C, D, dans la partie accessible; puis, jalonnons les lignes de visée CA, CB, DA, DB dans la région où la chose est possible. Si, par un point quelconque M, de CD, nous

menons les alignements MP, MQ respectivement parallèles à
DA, DB; nous obtenons ainsi deux points P, Q, sur les droites
CA, CB.

Il résulte, de cette construction, que les quadrilatères CMPQ
COAB sont homothétiques; PQ est donc parallèle à AB.

La construction précédente donne aussi la longueur du
segment inaccessible AB. On a, en effet,

$$AB = PQ\ \frac{CD}{CM}\ .$$

Mais nous ne signalons ce résultat que très incidemment;
parce que nous traiterons, avec détails, dans le chapitre suivant, le problème de la distance de deux points inaccessibles.

### 62. Les solutions par l'équerre ordinaire. — 1° Si
la distance AB est peu considérable, et si les points A,B

ne sont pas trop éloignés de
la partie accessible V, on peut
opérer de la manière suivante.
Sur une droite HK, jalonnée
sur le terrain V, on détermine
les points H,K, projections de
A, B, sur cette droite; puis, on
jalonne les prolongements HB',
HA' des droites AH, BK. Cela
fait, on prend le milieu O de HK
et l'on jalonne encore les prolongements des droites AO,BO;
enfin, on achève le tracé,
comme l'indique la figure.

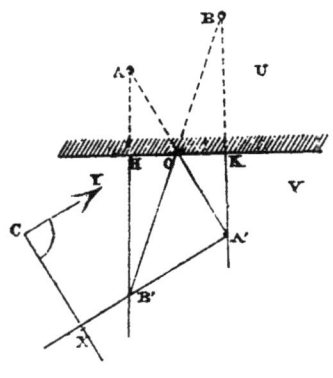

*Fig. 111.*

Cette construction permet aussi, comme on le voit, de déterminer la longueur de AB, car l'on a A'B' = AB. Elle est peut-
être un peu plus simple que celle qui prend pour base la
considération des points symétriques de A et de B par rapport
à une droite Δ jalonnée sur le terrain accessible. Voici d'ailleurs
cette construction.

2° On détermine, comme nous venons de l'expliquer, les
droites HA', KB' qui représentent les prolongements, dans la

partie accessible de HA, et de KB *(fig. 212)*. Ayant pris, arbitrairement, un point O sur Δ, on relève, avec la fausse équerre, successivement les angles AOH, BOK; et l'on reporte ces angles, de l'autre côté de Δ, en HOA′ et KOB′. Si l'on veut avoir, simplement, la distance AB, on relèvera la longueur A′B′; si l'on veut, en outre, avoir la parallèle à la direction AB, il faudra prendre le point B″ symétrique de B, par rapport à AA′; alors A′B″ est parallèle à AB.

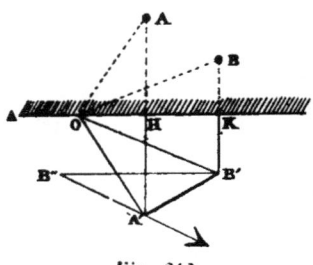

Fig. 212.

3° Supposons que les points A, B soient très éloignés, mais admettons qu'il existe, dans la partie accessible, une droite Δ sur laquelle A et B se projettent, en H et en K.

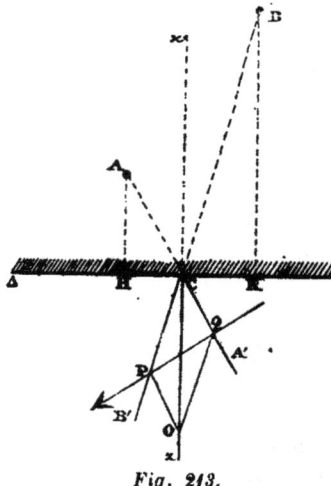

Fig. 213.

Soit C le milieu de HK; jalonnons Cz perpendiculairement à HK, et aussi les prolongements CA′, CB′ des directions CA, CB. Prenons maintenant, sur Cz, un certain point O, et traçons les alignements OP, OQ parallèles, respectivement à CA′, CB′. La droite PQ sera partagée en deux parties égales par Cz; le segment AB jouit de cette même propriété, relativement au prolongement Cz′ de Cz; finalement PQ est parallèle à AB.

D'ailleurs, si l'on possède, dans la partie accessible, un alignement parallèle à AB, le problème peut être considéré comme résolu.

**63. La solution par l'orthocentre.** — Aux solutions par l'équerre, exposées ci-dessus, se rattache une solution très naturelle; nous voulons parler de celle qui prend pour base la considération de l'orthocentre.

On détermine la projection B' de B, sur OA puis la projection A' de A, sur OB. On obtient ainsi un point H qui est l'orthocentre de AOB; par suite OHX est la direction perpendiculaire à AB. En élevant OX', perpendiculaire à OX, cette droite OX' est la parallèle cherchée.

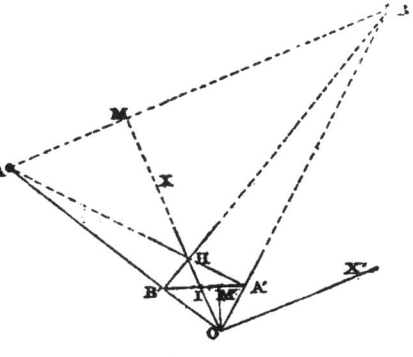

*Fig. 214.*

On peut calculer, bien simplement, la distance du point O à la droite AB, en observant que la ponctuelle O, I, H, M est harmonique; on a donc

$$\frac{1}{\overline{OM}} = \frac{2}{\overline{OH}} - \frac{1}{\overline{OI}}.$$

On peut aussi déduire, de cette construction, la longueur de AB, en observant que les triangles OA'B', OAB étant semblables, on a

$$AB = A'B'\,\frac{OM}{OM'}.$$

Dans cette formule, OM' désigne la distance de O à A'B'.

Mais, la solution que nous venons d'exposer offre un inconvénient grave; elle exige, en effet, que l'orthocentre du triangle OAB soit situé sur le terrain accessible.

Cette condition est réalisée quand l'angle AOB diffère peu d'un angle droit; dans d'autres cas, il peut arriver que H appartienne, au contraire, à la région inaccessible. Bref, suivant un terme que nous expliquons plus loin, cette solution, au point de vue pratique, n'est pas *générale*. Elle se trouve notamment en défaut lorsqu'on suppose les points A, B très éloignés et l'angle AOB très aigu.

Voici une construction, conséquence naturelle d'une idée générale, et qui convient à tous les cas. Nous indiquerons, à ce propos, quelle est cette idée, que nous appliquerons d'ail leurs, dans d'autres occasions.

### 64. La méthode d'inversion. — Imaginons une figure

F formée de points A, B, C... (ou de lignes) situés dans une région inaccessible. Dans la partie accessible, choisissons un point O, qui sera le pôle de la transformation que nous allons effectuer. De O, visons le point A ; puis, élevons à cette direction une perpendiculaire sur laquelle nous prenons un point M, tel que OM = h ; h désigne une longueur arbitraire, mais qui sera la même pour tous les points de F ; une simple ficelle, plus ou moins longue, suivant les cas, tendue à partir de O, dans la direction OM, déterminera nettement ce point M. Avec l'équerre, placée en M, on vise A, et l'on obtient, dans la direction perpendiculaire, une ligne de visée MA' ; on jalonne celle-ci ; un point A' se trouve ainsi déterminé, sur le prolongement de AO. D'après cette construction, on a

$$OA.OA' = h^2.$$

En la répétant, pour les différents points B, C, ..., de la figure F, on obtiendra finalement, dans la région accessible,

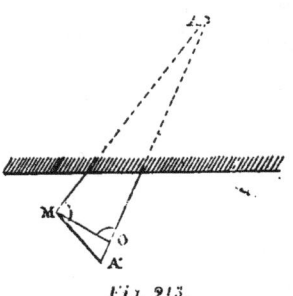

*Fig. 215.*

une figure f, inverse de F, et cette figure f, sera aussi restreinte que l'on voudra, si l'on choisit h suffisamment petit. Des propriétés et des dimensions de f, on peut déduire les propriétés correspondantes et, aussi, les dimensions de la figure F qu'on ne peut aborder.

D'une façon générale, on voit comment, en utilisant l'idée qui sert de base aux méthodes de transformation des figures, et en l'appliquant à une figure inaccessible F, on pourra déduire certaines propriétés de cette figure, de l'étude de la figure transformée f, pourvu que celle-ci soit placée sur le terrain accessible.

Revenons au problème particulier que nous avons en vue.

Au point O, élevons, aux droites OA, OB des perpendiculaires sur lesquelles nous portons deux longueurs OA', OB', arbi-

trairement choisies, mais égales. Des points A′, B′ ainsi
obtenus, déterminons les lignes de visée A′A, B′B, puis les
lignes de visée, perpendiculaires à
celles-ci. Les égalités

$$OA.OA'' = \overline{OA'}^2,$$
$$OB.OB' = \overline{OB'}^2,$$
$$OA' = OB',$$

prouvent que

$$OA.OA' = OB.OB'.$$

La droite A′B′ est donc l'antipa-
rallèle de AB, dans l'angle AOB.

Pour achever le problème, il ne
reste plus qu'à mener B″β perpendiculaire sur OA′, et A″α perpendiculaire sur OB′. Le quadrilatère
A″B″αβ étant inscriptible, on a

$$OA''.O\beta = OB'.O\alpha;$$

et par suite     $\dfrac{OA}{OB} = \dfrac{O\beta}{O\alpha}.$

Ainsi αβ est parallèle à AB.

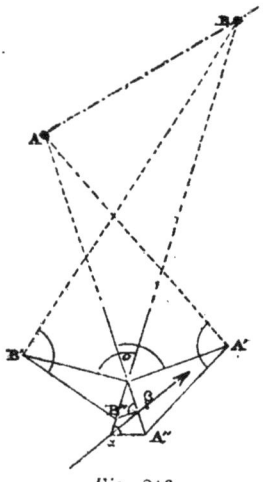

Fig. 216.

## 65. Les solutions par la fausse équerre. *La solu-*
*tion de Mascheroni.* —
Ayant jalonné, dans la
région accessible V, les
lignes de visée OA, OB,
on relève l'angle AMB;
puis on se transporte
sur OB, en partant de
O, jusqu'à ce qu'on ait
trouvé un point N tel
que ANB = AMB. La
droite MN est donc anti-
parallèle à AB. On relève
alors l'angle ONM, et, par
un point M′, arbitraire-

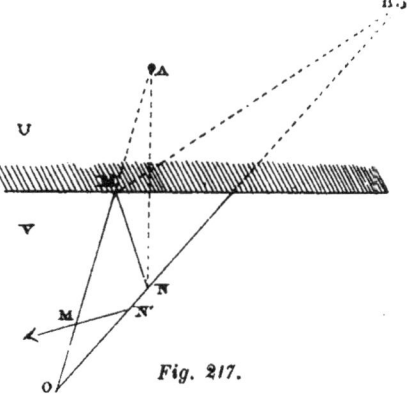

Fig. 217.

ment choisi sur OM, on tire un alignement M′N′, de façon que
OM′N′=ONM. La droite M′N′ ainsi obtenue, est parallèle à MN.

Telle est, arrangée par Servois, et aussi simplifiée que possible, la meilleure des solutions de Mascheroni ; elle offre, au plus haut degré, le caractère pratique nécessaire aux solutions qu'on devrait nommer, dans cette géométrie que nous développons ici, *les solutions générales* (*) ; pour exprimer qu'elles répondent à toutes les exigences des situations diverses susceptibles d'être imaginées. On observera, en effet, que les tracés indiqués plus haut peuvent être réalisés dans un espace de terrain aussi limité qu'on le voudra.

Ajoutons que la solution précédente est bien propre à montrer la supériorité de la fausse équerre sur l'équerre ordinaire dans les opérations effectuées sur le terrain. Pour résoudre ce problème avec l'équerre ordinaire, il faudrait trouver, sur la partie de OA qui est accessible, un point d'où le segment AB serait vu sous un angle droit. Mais si la distance AB est relativement petite, le cercle décrit sur AB comme diamètre est situé, tout entier, dans la région inaccessible V ; la construction donnée devient illusoire. L'emploi de la fausse équerre est donc préférable.

Ce caractère de généralité, que nous avons reconnu à la solution de Mascheroni, appartient aussi à celle que nous allons exposer maintenant : on verra, au chapitre suivant, l'avantage qu'elle présente sur celle de Mascheroni.

*Seconde solution.* — Prenons, sur une droite ∆. tracée dans la partie accessible, deux points quelconques C, D ; puis jalonnons, comme l'indique la figure : 1° les prolongements de AC et de BD, 2° les droites DP et CQ, parallèles, respectivement aux prolongements CX, DY, BC et de AD.

Nous allons montrer que PQ est parallèle à AB.

Les triangles semblables AOC, CO′P donnent

$$\frac{AO}{CO'} = \frac{CO}{PO'},$$

_____

(*) Ces solutions générales, on le comprend bien, n'ôtent rien à l'intérêt qui doit s'attacher aux solutions particulières. Sans doute, celles-ci ne pourront pas toujours être employées ; et, devant certaines difficultés pratiques, elles devront faire place à l'une des solutions générales ; mais, dans d'autres cas, si les difficultés auxquelles nous faisons allusion n'existent pas, elles devront au contraire être préférées aux solutions générales ; car, le plus souvent, elles nécessitent moins de travail.

ou

(1)                   $CO.CO' = AO.PO'$.

De même, dans les triangles BOD, DO'Q,

(2)                   $DO.DO' = BO.QO'$.

D'ailleurs, OCO'D étant un parallélogramme, on a

$$OD = CO', \quad CO = DO'.$$

Les égalités (1) et (2) prouvent que

$$AO.PO' = BO.QO',$$

égalité que l'on peut écrire ainsi :

$$\frac{AO}{BO} = \frac{QO'}{PO'}.$$

Les deux triangles AOB, QO'P ont un angle égal, compris entre côtés proportionnels ; ils sont donc semblables. Les

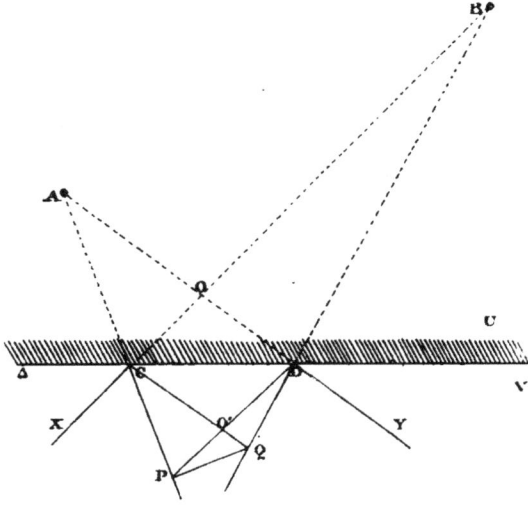

*Fig. 218.*

angles ABO, O'PQ étant égaux, BO étant parallèle à PO', et les angles étant alternes internes, les droites AB, PQ sont parallèles.

Observons que les points C, D sont arbitrairement choisis ; par suite, le quadrilatère CDPQ est aussi limité qu'on le voudra, la construction précédente répond complètement au problème que nous venons de traiter, dans toutes les conditions, plus ou moins difficiles, qui peuvent lui être imposées. Enfin, suivant le terme employé plus haut, c'est une solution *générale* du problème qui vient de nous occuper.

Cette remarque importante s'applique encore à la solution suivante.

### 66. Solution de Poncelet. — Le problème actuel a été envisagé par Poncelet (*) lorsqu'il a traité l'exercice suivant :

*Étant donnés un parallélogramme et une droite indéfinie ; lui mener, par un point donné, une parallèle, en ne se servant que de la règle seule.*

On observera d'abord les termes dans lesquels la question est posée.

Au premier abord, ces mots : *la règ'e seule* semblent faire supposer que le problème en question ressort de la géométrie de

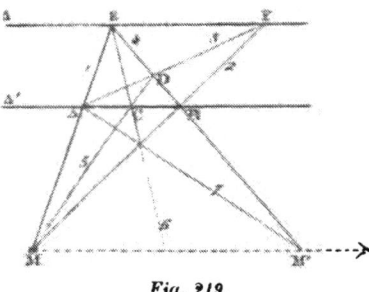

la règle ; ce qui ne peut pas être. Mais Poncelet s'accorde, dans le domaine de l'épure, la présence d'un parallélogramme, comme le faisait Lambert (*première partie*, § **22**) pour résoudre le même problème. Quoi qu'il en soit, nous plaçant au point de vue des tracés que l'on peut exécuter sur

*Fig. 219.*

un terrain, nous revenons ici sur cette question ; et nous allons, après l'avoir dégagée de certaines considérations de géométrie supérieure, exposer l'élégante construction de Poncelet.

Nous expliquerons d'abord comment on ramène le problème posé à la question suivante :

*Deux parallèles Δ, Δ' étant jalonnées sur un terrain, leur mener, par de simples alignements, une parallèle, par un point donné M.*

Effectuons, dans l'ordre indiqué, les alignements 1, 2, ...7 ;

---

(*) Voyez : *Applications d'Analyse et de Géométrie*, par J.-V. Poncelet p. 437.

nous obtenons ainsi un certain point M' : MM' est la droite cherchée.

En effet, MD coupe AB en son point milieu C. D'ailleurs, il résulte de la construction que la droite MM' doit couper Δ' en un point conjugué harmonique de C, par rapport à AB. D'après cela, MM' est parallèle à Δ'.

Cette remarque étant faite, nous pourrons considérer le problème qui nous occupe comme résolu par des alignements seuls, si nous pouvons tracer, dans la partie accessible du terrain, des parallèles à la droite inaccessible proposée. Voici la solution de Poncelet.

Soient O, O' deux points visibles sur la droite inaccessible. On jalonne les lignes de visée AO, AO'; et on leur mène les parallèles CD, CB. Soit R un point arbitrairement choisi sur AC; les lignes de visée RO, RO' permettent de déterminer les points P, Q ; la droite PQ est parallèle à OO'.

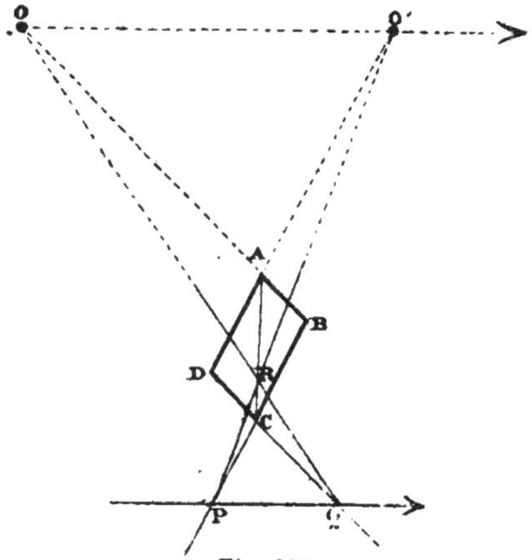

*Fig. 220.*

En effet, les triangles semblables RAO, RCQ, d'une part; RAO', RCP, d'autre part; donnent :

$$\frac{RA}{RC} = \frac{AO}{CQ}, \qquad \frac{RA}{RC} = \frac{AO'}{CP} ;$$

et, par suite,

$$\frac{AO}{AO'} = \frac{CQ}{CP}.$$

Les triangles OAO', QCP ont donc un angle égal compris entre deux côtés proportionnels; ainsi, ils sont semblables ; d'où l'on peut conclure que PQ est parallèle à OO'.

**67. La solution directe par les alignements.** — Le tracé que nous venons d'indiquer, d'après Poncelet, donne un alignement PQ parallèle à OO'. Le même procédé permet d'obtenir un second alignement : puis, au moyen de ces deux parallèles tracées dans les parties accessibles, on peut, comme nous l'avons montré, obtenir une parallèle passant par un point donné. En un mot, la difficulté proposée se trouve tranchée par deux opérations successives.

Proposons-nous de traiter le problème en question *directe-*

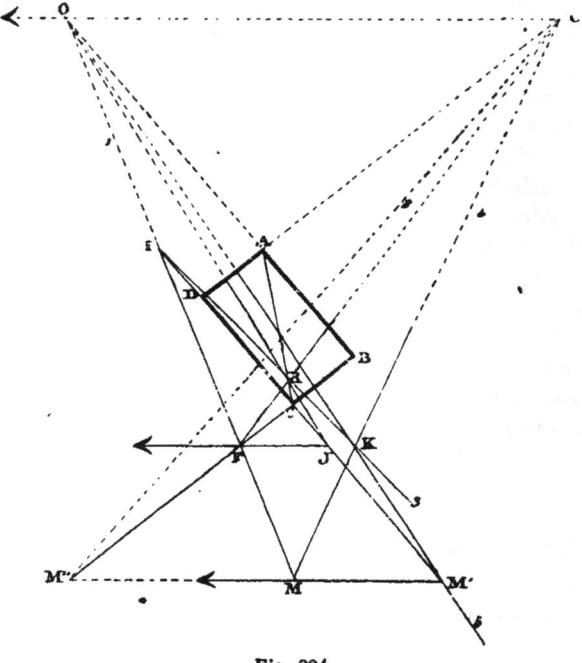

*Fig. 221.*

*ment*, c'est-à-dire par un tracé donnant immédiatement la parallèle cherchée. Poncelet *(loc. cit.)* a résolu ce tracé direct, par deux constructions ; nous allons faire connaître la plus simple.

Soient : OO′ la droite inaccessible, M le point par lequel on propose de mener une droite parallèle à OO′, ABCD le parallélogramme situé dans la partie accessible et servant de base aux constructions nécessaires, lesquelles sont exécutées, comme le montre la figure, dans l'ordre 1, 2, ... 5. On obtient ainsi un point M′ ; MM′ est la parallèle demandée.

En effet, traçons OR, et prolongeons cette droite jusqu'à ce qu'elle rencontre CD en J ; FJ, comme nous l'avons observé au paragraphe précédent, est parallèle à OO'. D'autre part, les triangles JRI, FRI coupés, respectivement par les transversales OKM', MKO', donnent

$$\frac{OR}{OJ} \cdot \frac{M'J}{M'I} = \frac{RK}{KI} \cdot \frac{MF}{MI} = \frac{O'F}{O'R} \cdot \frac{KR}{HI}.$$

Les droites FJ, O'O étant parallèles, comme nous l'avons rappelé, on a

$$\frac{OJ}{OR} = \frac{O'F}{O'R},$$

et, par suite,

$$\frac{M'J}{M'I} = \frac{MF}{MI}.$$

Cette égalité prouve que MM' est parallèle à FJ et, par conséquent, parallèle à OO'.

Telle est la solution directe, donnée par Poncelet, et déduite par lui de considérations inutiles à rappeler dans ce livre élémentaire.

On peut observer, et cette remarque a été faite par Poncelet, que la construction précédente est susceptible d'une vérification, d'autant plus précieuse qu'elle exige un grand nombre d'alignements, dont quelques uns peuvent se couper sous des angles très aigus.

La droite O'S, prolongée jusqu'à sa rencontre avec BC, donne un point M″ qui appartient à la droite MM'. Cette propriété est une conséquence de la remarque faite au paragraphe précédent, remarque déjà rappelée tout à l'heure, et en vertu de laquelle M'M″ est parallèle à OO'.

Malgré cette vérification, le tracé de la figure 220 reste peu pratique, à cause des jalonnements nombreux qu'il nécessite; il faut aussi reconnaître que la construction indiquée se fixe difficilement dans la mémoire; or, c'est une qualité indispensable des solutions de la géométrie pratique, d'être facilement saisies et retenues.

**68. Viser le milieu d'un segment inaccessible** — On suppose qu'un point invisible ω soit situé au milieu de la droite qui joint deux points visibles et inaccessibles O, O' ;

on peut alors se proposer d'établir la ligne de visée qui va d'un point donné M, au point ω; on peut aussi demander d'évaluer la distance Mω.

Nous ferons observer que ce problème peut se présenter dans la guerre des sièges, pour les motifs suivants. On peut savoir, par exemple, que, dans une ville assiégée, un certain point présentant un intérêt particulier (une caserne, une poudrière, etc.), point invisible pour les assiégeants, se trouve sur la droite qui joint deux monuments visibles et à égale distance de ceux-ci. Alors se pose le problème

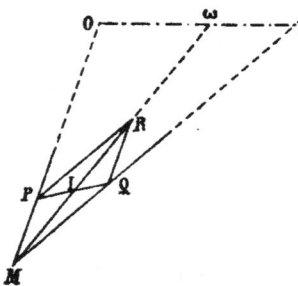

Fig. 222.

que nous venons de soulever et sur lequel nous aurons à revenir d'ailleurs, dans un prochain chapitre.

Nous nous bornons, pour l'instant, à noter que, parmi les solutions qu'il comporte, il y en a une, au moins, qui est la conséquence immédiate des résultats obtenus plus haut.

Menons PQ parallèle à OO′, puis construisons le parallélogramme MPQR : MR est la ligne de visée.

Quant à la distance Mω, elle peut se calculer par la formule

$$M\omega = MI \cdot \frac{MO}{MP}.$$

Il faudra relever, avec la chaîne, les longueurs MP, MI et connaître la distance MO, ou la calculer, comme il a été expliqué au chapitre précédent.

*Autrement.* On peut encore résoudre le problème précédent comme nous allons l'indiquer; cette nouvelle solution est même plus simple.

Traçons, dans la partie accessible, un alignement XX′, et déterminons, avec l'équerre ordinaire, les projections M, M′ des points O, O′ sur XX′: soit N le milieu de MM′. La ligne de visée, pour une batterie placée en N, sera la droite NC, perpendiculaire à XX′.

Il reste à déterminer la distance Nω. A cet effet, traçons les lignes de visée NO, NO′ et, par C, menons-leur les parallèles

CA, CB. La droite AB est parallèle à OO'. Nous avons donc

$$\frac{N\omega}{NI} = \frac{NO}{NA} = \frac{NM}{NP},$$

d'où
$$N\omega = NI \cdot \frac{NM}{NP}.$$

Cette formule donnera la longueur de la ligne de visée, sans qu'il soit nécessaire de connaître autre chose que les longueurs des lignes accessibles NI, NM, NP, qui sont données par un chaînage des plus simples, si la distance OO', comme nous l'avons supposé, n'est pas très grande, ou si, tout au moins, sa projection sur XX' est suffisamment petite. Nous ne parlons pas, bien entendu, des autres longueurs NI, NP, car celles-ci peuvent être choisies aussi courtes que l'on voudra.

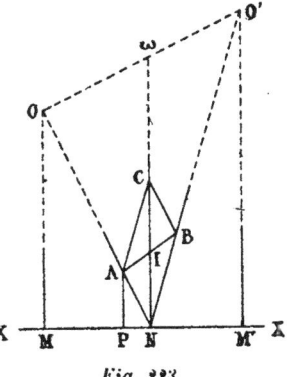

*Fig. 223.*

REMARQUE 1. — Si l'on veut établir le point de visée, non pas en N, mais en un autre point M, de XX'; on doit continuer la construction, comme il suit.

Ayant jalonné PI(*), on tracera, par M, une parallèle à cette droite; on obtiendra ainsi la ligne de visée. Quant à la distance Mω elle se calcule par la formule

$$M\omega = PI \cdot \frac{MN}{NP};$$

Mais, en général, du moins dans une certaine étendue de terrain, la position du centre de la batterie importe peu; on choisit donc l'alignement fondamental XX' de façon que le point N soit dans la région favorable à l'établissement de cette batterie.

REMARQUE II. — Les solutions précédentes réclament l'emploi de l'équerre ou celui de la fausse équerre; une autre

---

(*) Les droites PI, Mω n'ont pas été tracées pour laisser plus de netteté à la figure.

construction, celle-ci n'exigeant que des alignements et un cordeau, repose sur la propriété des points milieux des diagonales d'un quadrilatère complet; nous l'indiquerons dans un chapitre suivant, quand nous traiterons de certains problèmes d'artillerie. A ce moment, nous reviendrons sur la question présente, pour l'examiner dans toute sa généralité.

### 69. La distance à une droite inaccessible. — 1° *La solution directe.*

Représentons toujours par A, B les deux

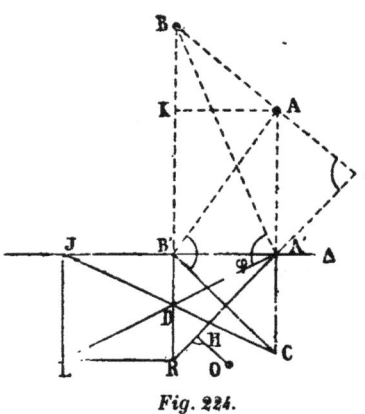

*Fig. 224.*

points inaccessibles considérés; et proposons-nous d'évaluer la distance d'un point O, pris dans la région accessible, à la droite AB.

Bien entendu, on ne suppose pas que le prolongement de AB pénètre dans la partie accessible.

Dans celle-ci, traçons une droite Δ; soient A', B' les projections de A, B sur Δ. Les angles AB'C, BA'D étant droits, traçons CD

qui rencontre A'B' en J. Nous avons

$$BB' = \frac{\overline{A'B'^2}}{B'D}, \qquad AA' = \frac{\overline{A'B'}}{A'C};$$

par suite, $BB' - AA' = BK = \overline{A'B'^2}\left(\frac{1}{B'D} - \frac{1}{A'C}\right).$

D'autre part, le trapèze CA'JL donne *(Première partie, § 14)*

$$\frac{1}{B'D} = \frac{1}{A'C} + \frac{1}{JL} = \frac{1}{A'C} + \frac{1}{B'R}.$$

D'après cela, nous avons donc
$$BK \cdot B'R = \overline{A'B'^2}.$$

Cette égalité prouve que les triangles ABK, A'B'R sont semblables. Ainsi A'R est perpendiculaire sur AB. Incidemment, on voit que nous trouvons ici une solution du problème, envisagé d'ailleurs à la fin de ce chapitre, qui consiste à *abaisser une perpendiculaire sur une droite inaccessible*. Ce problème ne présente guère d'intérêt particulier; en effet, si l'on sait tracer des parallèles à une droite AB (et nous avons résolu ce problème de plusieurs façons, dans les paragraphes précédents) on détermine, par cela même, au moyen de l'équerre, des perpendiculaires à cette direction.

Mais l'évaluation de la distance du point donné O à la droite inaccessible est au contraire un problème que nous n'avons pas encore abordé; on peut le résoudre comme nous allons l'indiquer.

Considérons les triangles semblables AA'S, A'B'R; nous

avons
$$\frac{A'S}{A'A} = \frac{B'R}{A'R}.$$

Mais
$$A'A = \frac{\overline{A'b'^2}}{A'C};$$

donc
$$A'S = \frac{\overline{A'B'^2}.B'R}{A'R.A'C}.$$

On calcule A'S : la distance inconnue est égale à A'S + A'H.

2° *La solution par le quadrilatère.* — Lorsqu'on a déterminé, par une méthode quelconque, la direction de la perpendiculaire OS abaissée, du point donné O, sur la droite AB, on peut calculer OS en utilisant la propriété classique des diagonales du quadrilatère.

Ayant pris un point arbitraire M sur la partie accessible de OS, on a

$$\frac{1}{OS} = \frac{2}{OM} - \frac{1}{OR}.$$

Cette formule est commode, quand on fait usage de la table des inverses.

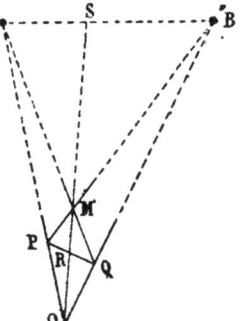

*Fig. 225.*

Cette solution, et une autre (*), beaucoup plus compliquée, ont été indiquées par Servois *(loc. cit.,* p. 66).

---

(*) Cette seconde solution repose sur l'égalité bien connue
$$\frac{ah}{2} = \sqrt{p(p-a)(p-b)(p-c)}.$$

Pour déterminer l'inconnue *h*, il faudrait, par ce procédé, calculer les trois côtés du triangle OAB; en particulier, AB, problème plus compliqué certainement que celui qu'on propose. Servois, après l'avoir exposée, ajoute : « Cette solution est conforme, pour la marche, à ce qu'on présente communément ». Pour la marche, la solution en question ne sou-

3° *Là solution par la Table des inverses*. — Nous indique-

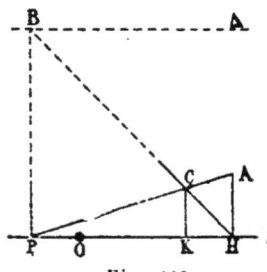

*Fig. 225.*

rons, en dernier lieu, une méthode particulièrement simple, surtout quand on fait usage d'une table des inverses.

Soit Δ la droite inaccessible; par le point donné O, jalonnons une droite Δ′ parallèle à Δ. On observe, sur Δ, un point visible B; soit P la projection de B sur A. Ayant effectué les jalonnements qu'indique la figure, on a *(Première partie, § 14)*.

$$\frac{1}{BP} = \frac{1}{CK} - \frac{1}{AH}.$$

Les longueurs CK, AH peuvent être choisies aussi petites que l'on voudra et dans le voisinage même du point O, si la région accessible se trouve très limitée ; c'est donc bien là, dans le sens expliqué plus haut (p. 230), une solution générale.

## 70. La perpendiculaire à la droite inaccessible. —

Si l'on sait tracer, dans la région accessible, une parallèle

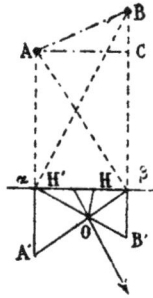

*Fig. 227.*

à une droite inaccessible AB, on sait, par cela même lui mener des perpendiculaires, et vice-versa. On peut donc ramener le problème actuel à celui qui a été traité plus haut, et qui permet de mener, par un point, une parallèle accessible à une droite inaccessible. Il n'est pourtant pas sans intérêt de le résoudre directement.

Soient α, β les projections de AB sur une droite Δ, tracée dans la partie accessible. Ayant déterminé, comme l'indique la figure,

les points A′, B′ (*) en construisant les angles droits AβA′, BαB′,

___

(*) Suivant une expression que nous proposons dans le chapitre suivant (§ 73) A′, B′ sont les *réciproques* de A, B.

on a

$$A\alpha = \frac{\overline{\alpha\beta}^2}{A'\alpha}, \quad B\beta = \frac{\overline{\alpha\beta}^2}{B'\beta}.$$

Par suite,

$$B\epsilon - A\alpha = BC = \overline{\alpha\beta}^2 \left( \frac{1}{B'\beta} - \frac{1}{A'\alpha} \right).$$

Abaissons, sur αβ, la perpendiculaire OH; les triangles semblables βOH, A'α', d'une part; αOH, αB'β, d'autre part, donnent les valeurs de B'β, A'α; et l'on a

(1) $$BC = \frac{\alpha\beta}{OH} (\alpha H - \beta H).$$

Soit H′ l'isotomique de H, sur αβ. On a

$$HH' = \alpha H - \beta H,$$

et l'égalité (1) devient

$$\frac{BC}{AC} = \frac{HH'}{OH}.$$

D'après cela, les triangles rectangles ABC, OHH′ sont semblables, et la droite OH′ est perpendiculaire sur AB.

En résumé, ayant déterminé le point O par les perpendiculaires aux lignes de visée αB, βA , on projette O, en H, sur αβ, et l'on prend l'isotomique de H par rapport à αβ (αH′ = Hβ) : la droite OH′, ainsi obtenue est perpendiculaire sur AB.

La distance inaccessible AB se détermine bien facilement si l'on observe que

$$AB = \frac{OH'}{OH} \cdot \alpha\beta.$$

Cette détermination de la longueur de la droite inaccessible, problème que nous allons développer, en entrant dans des détails plus circonstanciés, dans le chapitre suivant, est suffisamment simple dans la pratique, lorsqu'il s'agit d'évaluer un segment très éloigné, si l'on peut tracer, dans la région accessible, deux parallèles aboutissant aux extrémités du segment. On remarquera, en effet, que la hauteur OH est d'autant plus petite que les points A et B sont plus éloignés; la construction précédente pourra donc, dans ce cas, être effectuée, sans nécessiter l'emploi d'une grande étendue de terrain.

# CHAPITRE VII

## LA DISTANCE DE DEUX POINTS INACCESSIBLES

Parmi les problèmes de la Géométrie pratique, concernant deux points inaccessibles, le plus important est celui que nous abordons maintenant. Nous voulons parler de la détermination de la distance de ces deux points. De nombreuses solutions ont été proposées pour cette question; nous ferons connaître les principales, en mentionnant les avantages ou les inconvénients qu'elles nous paraissent présenter. Nous indiquerons aussi d'autres solutions, plus simples, ou mieux appropriées à certaines difficultés. La marche que nous indiquons ici, pour les développements qui vont suivre, est d'ailleurs, comme on peut l'observer, conforme au plan général que nous avons adopté dans la rédaction des chapitres précédents.

**71. La méthode cartésienne.** — Voici quel est le principe de cette méthode. Imaginons une figure inaccessible F constituée par un certain nombre de points A, B, C, ... Traçons, dans la région accessible, deux droites rectangulaires OX, OX′ et, au moyen de l'équerre d'arpenteur, déterminons sur OX et sur OX′ les points $a$, $b$, $c$, ..., d'une part; $a'$, $b'$,

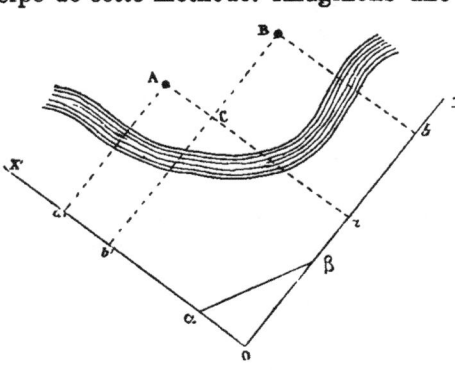

*Fig. 228.*

$c$, ... d'autre part; représentant les projections, sur ces droites des points A, B, C, ... Si les deux ponctuelles $a$, $b$, $c$, ...; $a'$, $b'$, $c'$, ... sont situées dans la région accessible, on comprend que des mesures effectuées sur elles permettront de déterminer certaines longueurs relatives à la figure inacces-

sible F. Tel est, en peu de mots, le principe de cette méthode:
on voit pourquoi nous la nommons *méthode cartésienne* (*).

En particulier, si nous considérons deux points A et B;
après avoir relevé les longueurs $ab$, $a'b'$, nous aurons la distance inconnue AB par la formule

$$AB = \sqrt{(ab)^2 + (a'b')^2}.$$

Si l'on veut éviter tout calcul, on pourra, au moyen d'un
cordeau, prendre $O\beta = ab$,     $O\alpha = a'b'$;
alors $\alpha\beta$ est la longueur cherchée.

Dans le cas où l'on ne posséderait qu'une fausse équerre,
on répéterait les construc-
tions précédentes, comme
l'indique la figure 229. On
jalonne les droites OX, OX',
sur deux lignes de visées
fournies par les branches
de la fausse équerre, supposées fixes pendant tout
le cours des opérations.
Le triangle O$\alpha\beta$, ainsi déterminé, est égal au triangle
CAB; on a donc, encore,

$\alpha\beta =$ AB.

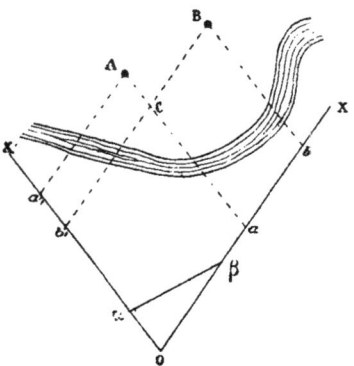

*Fig. 229.*

**72. La méthode pseu-
do-cartésienne.** — La solution que nous venons d'exposer
est, au point de vue pratique, soumise à une objection sérieuse.
Elle exige, en effet, que les segments $ab$, $a'b'$ soient situés,
l'un et l'autre, dans la région accessible; or, quels que soient
les axes OX, OX' choisis dans cette région, il peut se faire
que l'un au moins de ces segments soit rejeté dans la partie
inaccessible.

Lorsque cette circonstance se présente, voici comment on
peut modifier la méthode précédente.

---

(*) L'idée que nous exposons ici, qui repose sur la considération de
deux axes tracés dans la partie accessible, se trouve appliquée à la mesure
des aires des polygones inaccessibles dans les *éléments de Géométrie* de
l'abbé Reydellet, revue par l'abbé Reboul. 7ᵉ édition, p. 499.

Il est toujours possible de choisir l'un des axes (OX, par exemple) de façon que la projection *ab*, de AB, sur cette droite, se fassedans le voi-

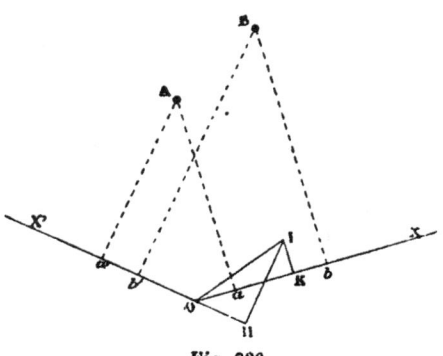

*Fig. 230.*

sinage du point O. Si l'on jalonne ensuite une droite OX' faisant, avec OX, un angle suffisamment obtus, la projection *a'b'* de AB, sur OX', se fera, dans le voisinage du point O. Cela posé, prenons OH = *a'b'*, OK = *ab*; les perpendiculaires élevées aux points H, K, aux axes OX, OX', se coupent en un certain point I; OI est une droite égale et parallèle à AB. On le voit immédiatement en observant que, si l'on mène OI égale et parallèle à AB, les projections de OI, sur les axes OX, OX', doivent être respectivement égales à *ab* et à *a'b'*.

REMARQUE I. — En appliquant cette méthode, on doit soigneusement observer que les distances OH et OK doivent être non seulement égales aux longueurs respectives *a'b'*, *ab*, mais qu'elles doivent encore avoir *la même direction*.

REMARQUE II. — La solution précédente donne lieu à une vérification qu'on ne doit pas négliger, si l'on veut opérer avec exactitude. En plaçant la fausse équerre au point O, on pourra relever l'angle AOI; supposons que cet angle soit aigu. Alors, après avoir transporté l'instrument en I, les branches étant restées invariables, l'angle OIB, observé en I, doit être égal à l'angle obtus, marqué par ces branches.

## 73. Les solutions par la transformation réciproque.
— Voici le principe de la transformation que nous allons considérer (*).

---

(*) La transformation que nous utilisons ici est un cas particulier de celle que nous avons exposée autrefois, sous ce nom (*Journal de Mathématiques spéciales*, 1882, p. 49). Dans le cas présent, nous rejetons à l'infini l'un des pôles fixes constituant la figure de référence.

Soit OX une droite tracée dans la région accessible ; on prend,
sur OX, un point O. Soit OA′ la
ligne de visée perpendiculaire à
celle qui va, de O, au point inaccessible A. On voit que si A′
correspond à A, réciproquement,
A correspond à A′ ; pour ce motif,
nous dirons que A et A′ sont deux
points réciproques. La ligne OA′
dont il est ici question, se détermine d'ailleurs sans difficulté
puisqu'elle est *en retour d'équerre,*

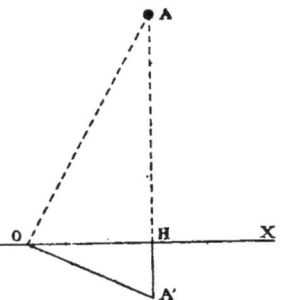

Fig. 231.

relativement à OA. On fixe alors un piquet au point H, où A
se projette sur OX, et l'on jalonne le prolongement de la
ligne AH. Au point A, considéré dans la région inaccessible,
correspond ainsi un point A′, situé, au contraire, sur le
terrain où l'on peut opérer. Dans ces conditions, à une figure
F, constituée par un certain nombre de points A, B, C...
correspond une figure *f*, placée dans la partie accessible.
D'une façon générale, on comprend comment : des mesures
effectuées sur cette figure *f*, on peut déduire les longueurs
de certaines droites de la figure inaccessible F.

PREMIÈRE SOLUTION. — Jalonnons, dans la partie accessible,
Appliquons cette idée à la détermination de la distance de
deux points inaccessibles, A, B.
une droite OX perpendiculaire à AB ; soient A′, B′ les points
qui correspondent aux points visibles, mais inaccessibles
A, B.

Nous pouvons écrire :

$$\frac{\overline{OH}^2}{HA'} = HA, \qquad \frac{\overline{OH}^2}{HB'} = HB.$$

Par conséquent,

$$\overline{OH}^2 \left( \frac{1}{HA'} - \frac{1}{HB'} \right) = AB.$$

Cette formule permet de calculer AB.

Pour rendre la solution plus pratique, on observera que,
OH étant arbitraire, on pourra prendre, suivant les cas,

$OH = 10^m, OH = 100^m$, etc... Par exemple, pour des distances

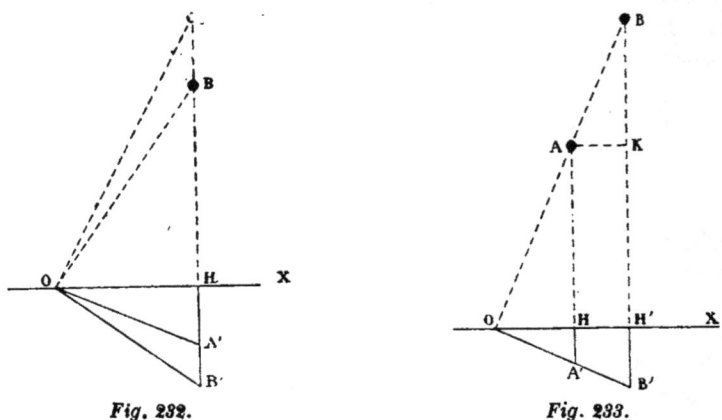

Fig. 232.                    Fig. 233.

peu considérables, on donnera à OH la longueur 10, et l'on aura
$$\frac{AB}{100} = \frac{1}{A'H} - \frac{1}{B'H}.$$

En se servant de la table des inverses, une simple soustraction donnera $\frac{AB}{100}$; et, par suite, AB.

DEUXIÈME SOLUTION. — Voici une autre solution, de même nature que la précédente.

Prenons *(fig. 233)* une droite quelconque OX dans la région accessible; soient A', B' les réciproques de A, B, par rapport à Δ. La distance inconnue AB se calculera par la formule

$$AB = HH'\frac{OA'}{HA'},$$

laquelle résulte immédiatement de la similitude des triangles BAH, OA'H.

TROISIÈME SOLUTION. — Voici, toujours dans le même ordre d'idées, une troisième solution qui conviendrait assez bien au cas où les points A et B seraient très éloignés de la base des opérations, la distance AB étant relativement petite.

Ayant choisi un point O dans la partie accessible, jalonnons les droites OX', OX respectivement perpendiculaires à OA et OB; puis, prenons les points A′, B′ réciproques de A, B, relativement à OX et à OX′. On a

$$OB = OB' \frac{OH}{HA'}, \quad \text{et } AH = \frac{\overline{OH}^2}{HA'}$$

d'où

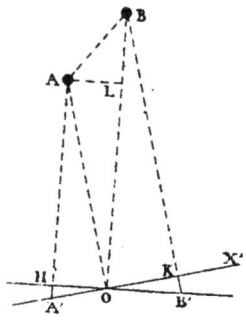

$$BL = OB - AH = \frac{OH}{HA'} (OB' - OH)$$

Ayant calculé BL, par cette formule, on observe que AB est l'hypoténuse d'un triangle ABL dont les côtés de l'angle droit (AL = OH et BL) sont connus.

REMARQUE. — Aucune des solutions précédentes ne résout complètement

*Fig. 234.*

la question posée, parce qu'elles sont soumises, plus ou moins, à des exigences matérielles pouvant, dans la pratique, soulever certaines difficultés. L'idée des points réciproques permet pourtant de présenter une solution générale en prenant deux axes OX OX′, quelconques, mais suffisamment rapprochés des perpendiculaires élevées aux droites OA, OB, pour que les constructions puissent être effectuées dans une région déterminée, voisine de O. Nous ne développerons pas cette solution; elle conduit, en effet, à une formule offrant une certaine complication; d'ailleurs, nous aurons occasion, un peu plus loin, de présenter une solution générale, beaucoup plus simple.

Mais, avant de faire connaître cette méthode, nous exposerons les solutions principales qui ont été proposées pour le problème actuel.

## 74. La solution de Mascheroni.

**74. La solution de Mascheroni.** Des vingt solutions que propose Macheroni (*loc. cit.*, p. 18) pour déterminer la distance d'un segment entièrement inaccessible AB, aucune ne présente un caractère vraiment pratique. Ou bien, elles exigent des conditions, rarement acceptables (par exemple, de voir le segment sous un angle droit, de certains points de la région accessible); ou bien, elles conduisent à des formules (trigonométriques ou algébriques) compliquées, nécessitant, par exemple, l'extraction d'une racine carrée; opération arithmétique qu'on doit éviter, s'il est possible.

Nous ferons simplement connaître l'idée que Mascheroni a exploitée dans ces diverses solutions; elles peuvent se résumer de la manière suivante.

Imaginons qu'on vise les points inaccessibles A, B, en se plaçant successivement aux points C, D, arbitrairement choisis dans la région accessible. Traçons alors, par le point C, la transversale PQ; le théorème de Ménélaüs, appliqué au triangle PMC et à la transversale NQB, permettra de calculer BC, par la formule

$$\frac{BC + CM}{BC} = \frac{QP}{QC} \cdot \frac{NM}{NP},$$

de laquelle on tire

$$BC = \frac{CM.QC.PN}{QP.MN - QC.NP}.$$

De même, le triangle PCN et la transversale MRA donnent

$$AC = \frac{PM.RC.CN}{MN.RP - PM.RC}.$$

Ainsi, dans le triangle BAC, on connaît deux côtés CA, CB et l'angle compris ACB; de ces données, on peut déduire le côté AB.

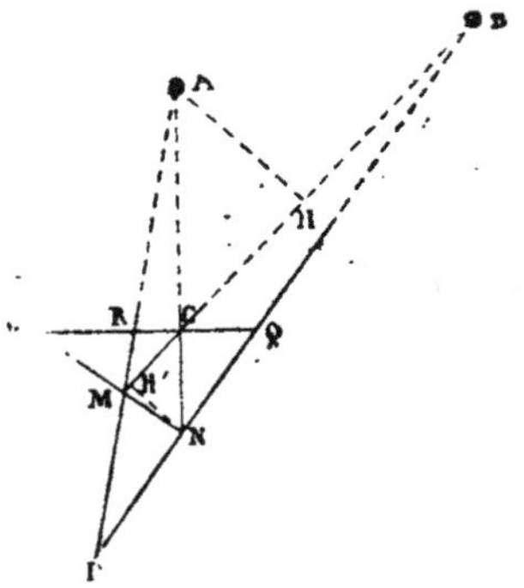

On peut éviter l'emploi de la Trigonométrie en observant que les deux triangles ACB, MCN ont un angle égal; on a donc

$$\overline{AB}^2 = \overline{CA}^2 + \overline{CB}^2 - 2CB.CH,$$

$$\overline{MN}^2 = \overline{MC}^2 + \overline{CN}^2 - 2MC.CH';$$

avec l'égalité

$$\frac{CH}{CH'} = \frac{AC}{CN}.$$

*Fig. 235.*

Ces relations donnent

(1) $$\frac{\overline{CA}^2 + \overline{CB}^2 - \overline{AB}^2}{\overline{MC}^2 + \overline{CN}^2 - \overline{MN}^2} = \frac{CB.AC}{CM.CN}.$$

On calcule CA et CB par les formules établies tout à l'heure; les longueurs MC, MN, CN sont relevées directement par le chainage, et l'on calcule AB au moyen de l'égalité (1). Mais on voit combien cette solution, même simplifiée par certaines dispositions particulières de la figure, est peu pratique ; il est vrai qu'elle n'exige aucun instrument ; mais seulement quelques jalons et un cordeau divisé.

### 75. La première solution de Servois.

— Cette solution, comme la précédente, dont elle diffère peu d'ailleurs. n'exige que des alignements ; malheureusement, comme celle-ci, elle conduit à une formule peu commode.

De deux points C, O, pris dans la région accessible, on dirige, comme tout-à-l'heure, des lignes de visée, vers les points A, B. On prend ensuite, sur CO, arbitrairement, un point U ; les lignes de visée UA, UB, déterminent les points P, Q. Les triangles ADB, MDN ont un angle égal ; comme nous l'avons expliqué au paragraphe précédent, nous pourrons calculer AB, si nous connaissons les distances OA et OB.

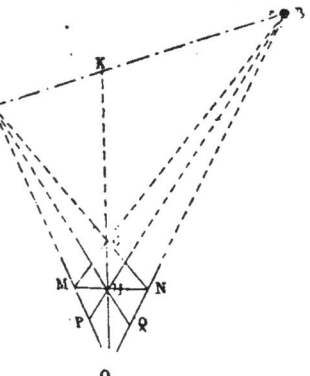

C'est, comme on voit, le principe de la méthode de Mascheroni, principe dont le but est de ramener la recherche de la distance de deux points inaccessibles, à la détermination, plus simple, et précédemment résolue, de la longueur d'un segment dont une extrémité seulement est inaccessible. Mais la détermination des longueurs OA, OB se fait plus simplement, dans le tracé imaginé par Servois ; voici pourquoi.

*Fig. 236.*

Prolongeons OC jusqu'à sa rencontre en K avec AB ; dans le quadrilatère complet ACBMON, la diagonale CO est partagée harmoniquement aux points U et K ; par suite, les ponctuelles OPMA, OQNB sont harmoniques.

Donc,   $\dfrac{2}{\overline{ON}} = \dfrac{1}{\overline{OQ}} + \dfrac{1}{\overline{OB}}$,       $\dfrac{2}{\overline{OM}} = \dfrac{1}{\overline{OP}} + \dfrac{1}{\overline{OA}}$.

Telles sont les formules qui permettent de calculer assez

rapidement, si l'on fait usage de la table des inverses, les distances OA et OB et, par suite, AB. Néanmoins, la méthode de Servois, tout en perfectionnant un peu celle de Mascheroni, laisse encore beaucoup. à désirer, au point de vue pratique.

**76. La seconde solution de Servois.** — Vers la fin de son ouvrage, Servois, revenant sur le problème qui nous occupe, développe une solution de Mascheroni, à laquelle il apporte une modification importante.

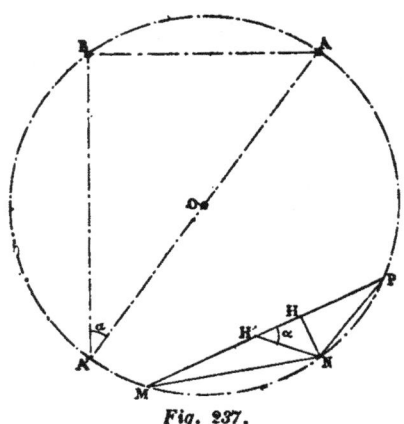

*Fig. 237.*

Cette solution de Mascheroni est une application du théorème bien connu : *dans tout triangle, le rectangle de deux côtés est équivalent au rectangle du diamètre du cercle circonscrit, par la hauteur qui correspond au troisième côté.*

En prenant cette propriété, pour base de sa construction, Mascheroni supposait que, de trois points accessibles M, N, P, le segment inaccessible AB pouvait être vu sous un angle droit. En abaissant NH perpendiculaire sur MP, on a

$$AB = \frac{MN \cdot NP}{NH}:$$

la longueur AB se trouve ainsi déterminée.

Mais cette solution rencontre, dans la pratique, des difficultés et il n'y aurait pas lieu de la signaler ici, sans le perfectionnement, très notable, que Servois lui a donné.

Comme l'observe Servois, il n'est pas nécessaire de supposer, pour appliquer le théorème cité, que les angles sous lesquels le segment inaccessible est vu des points M, N, P soient droits; il suffit qu'ils soient égaux, et que, α désignant leur valeur commune, on mène, du point N, sous l'angle α, une oblique NH′ à la base MP.

En effet, soit A′ le point diamétralement opposé à A. Les deux triangles A′AB, H′NH sont semblables et l'on a

$$\frac{AB}{AA'} = \frac{NH}{NH'}.$$

Mais

$$AA' = \frac{MN \cdot NP}{NH}.$$

Donc, finalement,

$$AB = \frac{MN \cdot NP}{NH'}.$$

Pour toutes ces constructions, une fausse équerre suffit; de plus, les tracés indiqués peuvent toujours être exécutés. En effet, α est quelconque, et MNP représente un triangle dont les dimensions peuvent être aussi petites que l'exigera le peu d'étendue du terrain accessible.

Tels sont, croyons-nous, les principaux procédés qui ont été proposés pour mesurer la distance de deux points inaccessibles.

Nous exposerons maintenant, pour ce même problème, plusieurs solutions qui nous paraissent plus pratiques.

**77. Les solutions par la fausse équerre.** — 1° Soit Δ une parallèle menée à AB, dans la partie accessible. Prenons, sur Δ, un segment CD, arbitrairement, et jalonnons les lignes de visée CB, DA, de façon à obtenir le point O; si nous menons OI, parallèlement à CD, nous avons *(première partie, § 14).*

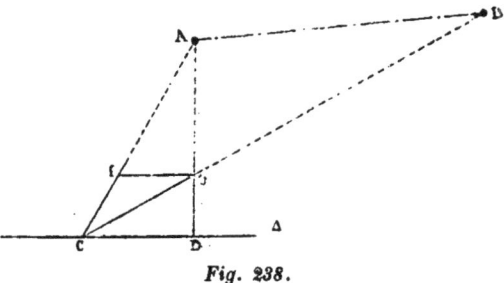

Fig. 238.

$$\frac{1}{AB} = \frac{1}{OI} - \frac{1}{CD}.$$

Le calcul de AB, au moyen de cette égalité, n'offre aucune difficulté; mais il se trouve encore abrégé, si l'on fait usage de la table des inverses.

2° La solution précédente est fort simple, en apparence; mais elle exige que l'on ait déterminé, dans la région accessible, une parallèle au segment inaccessible, opération toujours un peu longue; la solution que nous allons donner maintenant est plus directe; elle fait connaître, tout à la fois, la parallèle cherchée et la longueur du segment.

Prenons deux points arbitraires O, O′; puis effectuons les jalonnements qu'indique la figure 239, conformément à une construction précédemment donnée (§ 65). Nous avons démontré,

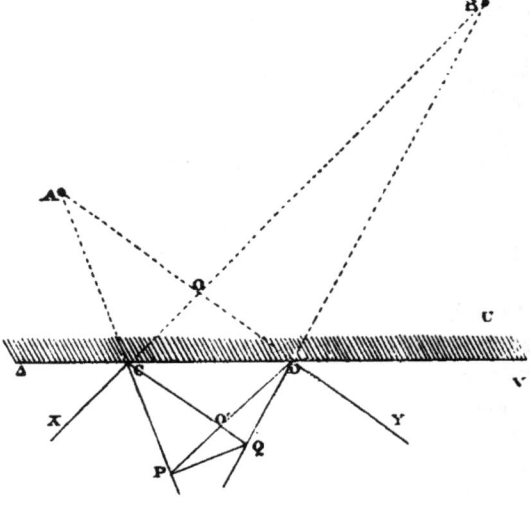

*Fig. 239.*

au paragraphe cité, que PQ est parallèle à AB. On pourra donc appliquer à la figure ABPQ la construction indiquée tout à l'heure.

Mais on peut aussi calculer AB, sans effectuer de nouveaux jalonnements, par une formule que nous allons établir. Les triangles semblables AOB, QO′P donnent

$$\frac{AB}{PQ} = \frac{AO}{QO'}.$$

D'ailleurs

$$\frac{AO}{OC'} = \frac{CO}{PO'}.$$

De ces égalités, en observant que $OC = O'D$, on déduit

$$AB = QP \cdot \frac{CO' \cdot O'D}{PO' \cdot QO'}.$$

Cette formule permet de trouver BA, et la solution qu'on vient de lire peut être considérée comme générale, parce que le quadrilatère PQCD étant aussi petit que l'on voudra, les jalonnements nécessaires peuvent être effectués dans un espace donné, quelconque.

3° Parmi les solutions qui, dans le problème actuel, ressortent de l'emploi de la fausse équerre, nous citerons encore celle qui découle de la transformation par inversion.

Prenons une base OO' dans la région accessible et, avec la fausse équerre, relevons, en O', l'angle OO'A. Ayant

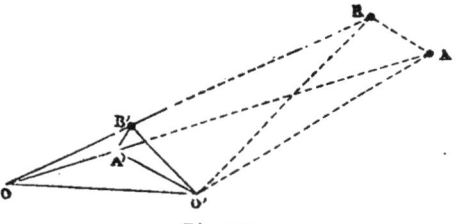

Fig. 240.

jalonné la partie accessible de OA, déterminons, sur cette droite le point A' d'où l'on voit OO' sous un angle OA'O' égal à OO'A. Les triangles semblables OA'O, OO'A donnent

(1)          $OA \cdot OA' = \overline{OO'}^2.$

On trouvera, de même, sur la partie accessible de OB, un point B' tel que

(2)          $OB \cdot OB' = \overline{OO'}^2.$

Les relations (1), (2) donnent

$$OA \cdot OA' = OB \cdot OB';$$

et cette dernière égalité prouve que les triangles ABO, B'A'O sont semblables. Nous avons donc

$$\frac{AB}{A'B'} = \frac{OA}{OB'},$$

et, par suite,     $\dfrac{AB}{A'B'} = \dfrac{OA \cdot OA'}{OA' \cdot OB'} = \dfrac{OO'^2}{OA' \cdot OB'}.$

Ainsi, la longueur inaccessible AB pourra se calculer par la formule

$$AB = A'B' \frac{OO'^2}{OA' \cdot OB'}.$$

On observera, d'ailleurs, qu'en prenant pour base une droite OO', suffisamment courte, les longueurs OA', OB' seront aussi petites que l'on voudra ; les jalonnements qu'il faudra faire, pour mesurer les distances qui entrent dans l'expression de AB, seront donc aussi restreints que l'exigera l'espace accessible, sur lequel on doit opérer.

### 78. Solution par l'équerre ordinaire. — Parmi les solutions, très nombreuses, qu'on peut appliquer au problème

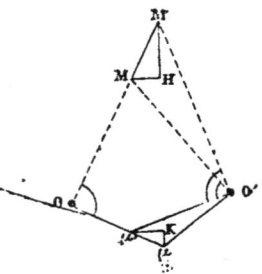

*Fig. 241.*

actuel, en utilisant l'équerre ordi-naire, nous exposerons seulement la suivante, d'une simplicité remar-quable.

Imaginons deux pôles fixes O, O' ; à un point M, pris dans la figure inac-cessible, faisons correspondre un autre point μ, en élevant μO, μO' res-pectivement perpendiculaires à MO, MO'. Si le point μ se trouve placé dans la région accessible, on pourra, par

ce procédé, base d'une transformation quadratique et réci-proque, construire une figure accessible ; puis, des mesures effectuées sur celle-ci, déduire les dimensions des lignes inaccessibles considérées. Cette correspondance des points M, μ, il est bon de l'observer, offre bien le caractère pratique indispensable aux constructions que l'on doit exécuter sur le terrain. En effet, après avoir fixé deux jalons en ω, ω' sur les directions Oμ, O'μ, il suffit, pour déterminer la position de μ, de planter un troisième jalon en ligne droite avec : O, ω, d'une part ; O', ω', d'autre part. Or, tout cela constitue une opération des plus simples ; la transformation en question peut, par con-séquent, donner lieu à de nombreuses applications, dans la géométrie pratique. Nous aurons occasion de l'utiliser plus loin (chap. XI) à propos de la détermination de la base d'essai pour la mesure de la vitesse des bâtiments ; pour le moment, voici comment elle permet de résoudre le problème qui nous occupe.

Nous supposons, pour signaler le cas où la méthode actuelle s'applique avec le plus de succès, que le prolongement du segment MM' considéré, pénètre dans la partie accessible. Nous prenons alors, pour pôles de transformation, un point O de ce prolongement, et un autre point, arbitraire, O'.

On observera que, dans cette transformation des figures, les projections des points correspondants M, $\mu$ sur la ligne des pôles OO' forment, avec ces points, une ponctuelle isotomique. En effet, le quadrilatère OM$\mu$O' est inscriptible à une circonférence ayant pour centre le milieu de M$\mu$; par suite, la projection des points M, $\mu$ se fait, sur OO', à égale distance des points O, O'. De cette remarque, découle immédiatement la suivante : *les projections des segments correspondants* MM', $\mu\mu'$, *sur* OO', *sont égales.*

Traçons par M, $\mu'$ des parallèles à OO'; puis, par M', $\mu$ des perpendiculaires à cette même direction OO'. Nous formons ainsi deux triangles MM'H, $\mu\mu'$K qui ont leurs côtés perpendiculaires, deux à deux. Nous avons donc la relation

$$\frac{MM'}{\mu\mu'} = \frac{MH}{\mu K};$$

mais $$MH = \mu'H,$$

donc, $$MM' = \mu\mu' \cdot \frac{\mu'K}{\mu K} \cdot$$

En prenant le point O' de façon que l'angle M'OO' soit suffisamment voisin de 90°, on pourra, avec une base OO', relativement petite, mesurer des distances telles que MM', beaucoup plus grandes. Tout revient donc, comme l'on voit, à mesurer les trois côtés d'un triangle $\mu\mu'$K, facile à déterminer ; aussi, croyons-nous pouvoir signaler cette solution, comme particulièrement simple.

Nous terminerons ce chapitre en nous proposant l'examen du cas intéressant où les extrémités du segment inaccessible sont invisibles.

**79. La distance des deux points invisibles.** — Supposons, pour mieux préciser le caractère pratique du problème que nous abordons ici, que $\Delta$, $\Delta'$ représentent deux routes rectilignes, bifurquant en un certain point O, invisible. La même hypothèse étant faite pour O', point de concours des droites $\delta$, $\delta'$; on peut alors demander : 1° de déterminer, sur la droite AB, le point où elle est rencontrée par OO′;

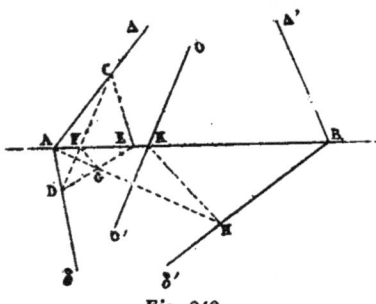

*Fig. 242.*

2° d'évaluer la distance OO′ et de jalonner cette droite.

Prenons, sur AB, un point arbitraire E, suffisamment rapproché de A, pour que les jalonnements puissent être effectués rapidement. Après avoir mené EC, ED parallèles, respectivement, à Δ et à δ′, la droite CD indique déjà la direction de OO′.

Pour avoir le point de rencontre de OO′ avec AB, il suffit de construire, comme l'indique la figure, le point K, homologue de F; la parallèle à CD, menée par K, est la droite cherchée.

Enfin, la longueur inconnue OO′ est donnée par la formule

$$OO' = CD.\frac{AF}{AK}.$$

## CHAPITRE VIII

### LES FIGURES INACCESSIBLES — LE PROBLÈME DE LA CAPITALE

Nous allons supposer maintenant que, dans la région inaccessible, nous ayons à considérer des points, en nombre quelconque, ou des droites; et nous nous proposons de résoudre un certain nombre de problèmes relatifs à ces figures.

Nous envisagerons d'abord le cas le plus simple qu'on puisse imaginer dans l'ordre d'idées que nous abordons maintenant, celui où la figure en question est formée par trois points A, B, C visibles, mais inaccessibles.

**80. L'angle inaccessible.** — Une première question se présente au début de cette étude. En supposant trois points A, B, C, placés dans les conditions que nous venons d'indiquer, on peut demander la valeur de l'angle ABC. En particulier on peut rechercher si ces trois points sont, ou non, en ligne droite;

en supposant, bien entendu, que les lignes BC, AB, prolongées, ne pénètrent pas dans la partie accessible.

Ayant pris, quelque part, un point O; on mène, par O, une semi-droite Δ, parallèle à BA; puis, par une deuxième opération, on détermine une autre semi-droite Δ', parallèle à BC. Si les jalonnements Δ, Δ' sont bien dans le prolongement l'un de l'autre, les points considérés sont en ligne droite. Dans tous les cas, l'angle de Δ avec Δ' est égal à l'angle ABC.

Pour avoir Δ et Δ' on peut opérer de diverses façons. La figure 243 reproduit la construction indiquée précédemment (§ **65**) : elle nous paraît donner, d'une façon suffisamment pratique la valeur d'un angle inaccessible, quand on suppose, com

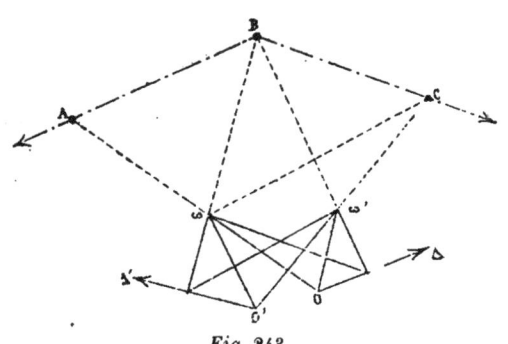

*Fig. 243.*

me nous l'avons fait, que les prolongements des côtés de l'angle ne pénètrent pas dans la région accessible.

### 81. Les trois points inaccessibles en ligne droite.

— Le cas où les trois points A, B, C sont en ligne droite mérite un examen particulier. Bien des solutions se présentent à l'esprit pour résoudre cette question: *trois points inaccessibles A, B, C étant supposés visibles, les lignes de visée AB, AC, BC ne pénétrant pas dans la région accessible, dire si ces points sont, ou ne sont pas, en ligne droite.*

On peut d'abord, comme nous venons de l'indiquer, tracer des parallèles aux côtés AB, BC et vérifier que ces alignements sont parallèles. On peut aussi, en appliquant les méthodes exposées au chapitre précédent, calculer les distances AB, AC, BC et reconnaître que le plus grand de ces nombres est égal à la somme des deux autres. On peut encore, comme nous l'indiquons un peu plus loin, calculer l'aire du triangle **ABC** et voir si elle est nulle; etc, etc...

Mais ces diverses solutions exigent, sur le terrain, des opérations assez longues; nous allons en indiquer d'autres, plus pratiques.

PREMIÈRE SOLUTION. — Si les distances OA, OB, OC sont connues, ou si elles ont été calculées, on peut vérifier que les points A, B, C sont en ligne droite, au moyen d'une égalité que nous allons établir.

Prenons sur OB, dans la partie accessible, un point M; puis, menons les parallèles MP, MQ aux lignes OC et OA. Les triangles OPR, OAB, qui ont un angle commun, donnent

$$\frac{OAB}{OPR} = \frac{OA.OB}{OP.OR}.$$

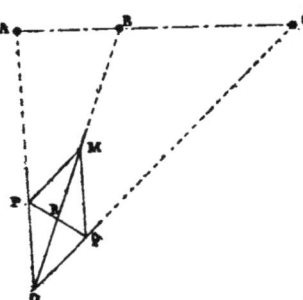

*Fig. 244.*

On a, de même,     $\dfrac{OBC}{OQR} = \dfrac{OB.OC}{OQ.OR}.$

En observant que les triangles OPR, OQR sont équivalents, on peut écrire

$$\frac{OAC}{\frac{1}{2}OPQ} = \frac{2OA.OC}{OP.OQ} = \frac{OA.OB}{OP.OR} + \frac{OB.OC}{OQ.OR};$$

ou, finalement,     $\dfrac{OM}{OB} = \dfrac{OP}{OA} + \dfrac{OQ}{OC}.$

Réciproquement; si cette égalité est vérifiée, les trois points A, B, C sont en ligne droite.

SECONDE SOLUTION. — La méthode précédente exige que l'on connaisse les longueurs OA, OB, OC; celle que nous allons indiquer maintenant ne nécessite aucun calcul. Elle repose sur le principe des figures inverses.

Prenons un point arbitraire O. Soit Oα un jalonnement perpendiculaire à la ligne de visée OA. Avec le simple cordeau, on prend, sur Oα, un point arbitraire α et l'on jalonne αA' perpendiculaire à αA. En répétant cette construction pour les points B et C, le cordeau ayant, dans les trois cas, *la même longueur Oα,* on obtient deux autres points B', C'.

Cela fait, pour savoir si les points A, B, C sont en ligne droite, on se transporte avec une fausse équerre au point A' et l'on relève l'angle (*) B'A'C'. L'instrument donne, en même temps, un angle égal au supplément de B'A'C'. En se plaçant au point O, on verra si l'angle B'OC' est, ou non, égal à ce supplément.

Cette construction, comme l'on voit, repose sur ce principe des figures inverses : *à une droite correspond une circonférence passant par le pôle,* ET RÉCIPROQUEMENT. Elle offre d'ailleurs

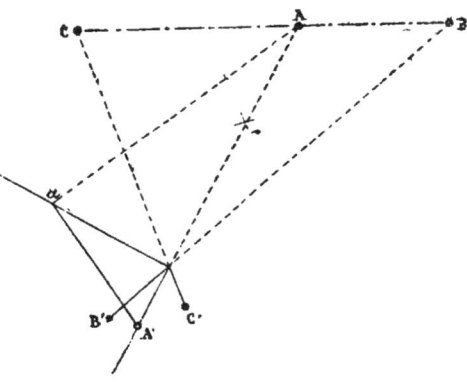

*Fig. 245.*

l'avantage de pouvoir être effectuée dans un espace aussi limité qu'on voudra le supposer.

**82. La mesure de l'angle inaccessible.** — La méthode précédente peut servir aussi à mesurer l'angle inaccessible; mais il faut alors avoir à sa disposition un instrument permettant d'évaluer la grandeur des angles observés, par exemple, un goniomètre.

Représentons encore par A', B', C' les inverses des points inaccessibles A, B, C. Les quadrilatères ACA'C', BCB'C' étant inscriptibles; les angles α, α', d'une part; β, β', d'autre part,

---

(*) L'expression *relever un angle,* que nous employons ici, ne veut pas dire qu'on ait besoin de l'expression numérique de cet angle; on fait marquer aux branches de la fausse équerre, tout simplement, un angle égal à celui des semi-droites A'B', A'C'; sa valeur n'importe pas et, pour le dire en passant, ceci distingue la fausse équerre du *Goniomètre,* instrument dont nous parlons plus loin, et qui, lui, donne la valeur de l'angle.

sont égaux, or, nous avons

$$zC'A' = \alpha' + C'OA',$$
$$zC'B' = \beta' + C'OB ;$$

et, par conséquent,

$$B'C'A' = BCA + A'OB'.$$

Ainsi, après avoir construit les points A', B', C', inverses des points inaccessibles A, B, C, on obtiendra ACB, en retranchant B'OA' de l'angle observé B'C'A'.

Il y a pourtant lieu d'observer ici, pour éviter toute erreur, que, en appliquant cette règle, il faut compter l'angle B'C'A' de zéro à $2\pi$; cet angle étant mesuré par la rotation de la semidroite C'A' tournant autour de C', jusqu'à ce qu'elle vienne s'appliquer sur la semi-droite C'B', après avoir rencontré, non pas C'O, mais son prolongement; c'est-à-dire, la semi-droite

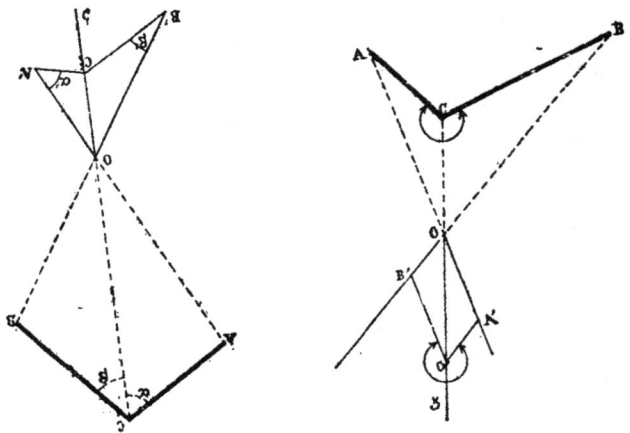

Fig. 246.                    Fig. 247.

C'z. Dans ces conditions, la règle est générale et conduit à des résultats pouvant varier de $\pi$ à $2\pi$ ou de zéro à $\pi$, suivant que le saillant de l'angle est dirigé vers le point O comme dans la figure 247; ou vers le prolongement de OC, comme le montre la figure 246. On peut ainsi apprécier, non seulement la grandeur de l'angle inaccessible considéré, mais aussi sa disposition relativement à l'observateur.

Beaucoup d'autres solutions pourraient être proposées pour

déterminer la grandeur d'un angle inaccessible; mais nous croyons avoir indiqué les plus pratiques et, sans insister autrement sur cette question, nous abordons l'important problème de la capitale.

### LE PROBLÈME DE LA CAPITALE

Parmi les problèmes qui se rattachent à l'angle inaccessible, le plus important, par l'application qu'on en fait dans l'art de la guerre, est celui qui se propose la détermination de la *capitale*. On sait qu'on entend, par là, la bissectrice d'un saillant, angle formé par deux lignes de fortification.

**83. La solution par le Goniomètre** (*). — 1° Soient CA, CB les côtés de l'angle inaccessible, formant, par exemple les arêtes d'un saillant; il s'agit de déterminer la capitale de ACB.

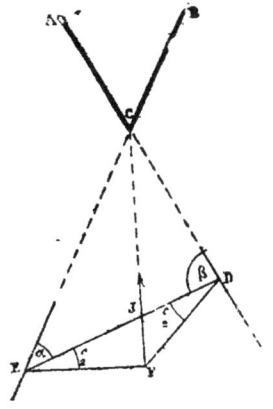

Sur les prolongements des côtés AC, BC on choisit, arbitrairement d'ailleurs, deux points D, E; et avec le Goniomètre, on relève les angles CED $= \alpha$, CDE $= \beta$. On a donc

$$ACB = \pi - \alpha - \beta.$$

Ayant ainsi calculé l'angle C, on se reporte, successivement, aux points D, E; et, par ces points, on trace deux jalonnements faisant avec DE, dans la partie opposée à C, des angles égaux à $\dfrac{C}{2}$; on obtient ainsi un certain point F'.

*Fig. 248.*

De cette construction, il résulte d'abord que le quadrilatère EFDC est inscriptible.

On a donc $$\text{ECF} = \text{EDF} = \frac{C}{2},$$

(*) Cette solution et la suivante sont empruntées (p. 21) à l'ouvrage *la Guerre des sièges*, à l'usage des Académies militaires et des Écoles de cadets en Autriche; par Moriz Brunner, capitaine de l'État-major du Génie autrichien, — traduit de l'allemand, par H. Piette, capitaine du Génie. (Firmin Didot, 1874.)

$$FCD = DEF = \frac{C}{2};$$

par suite                    ECF = FCD.

On peut dire aussi que FE = FD ; or, à des cordes égales correspondent des arcs égaux ; CF est donc la bissectrice de l'angle ECD.

Un point F de la capitale étant ainsi déterminé, la ligne de visée s'obtient en fixant un jalon entre F et C, en ligne droite avec ces deux points.

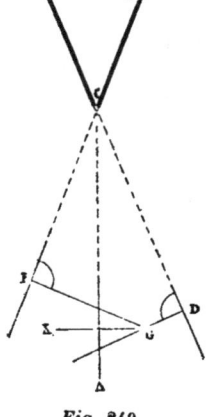

Fig. 249.

**84. La solution par l'équerre ordinaire.** — Prenons, comme tout à l'heure, les points D, E ; les perpendiculaires, menées par ces points, aux côtés CD, DE, donnent un certain point G. Si l'on trace la bissectrice GK de l'angle G, la capitale cherchée s'obtient en déterminant la ligne de visée Δ, qui, partant de C, tombe perpendiculairement sur GK.

**85. La solution par la fausse équerre et le cordeau.** — Si l'on ne possède pas les instruments que nous

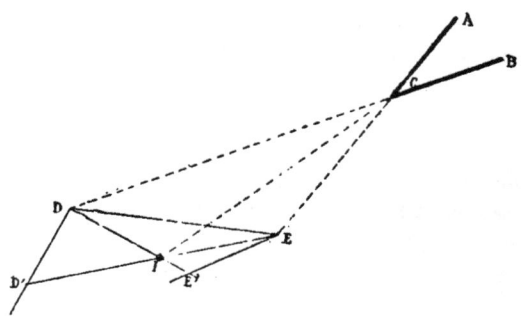

Fig. 250.

avons utilisés dans les solutions précédentes, on pourra toujours opérer avec une fausse équerre, ou avec un simple cordeau, comme nous allons l'indiquer.

Par les points D, E, au moyen de la fausse équerre, traçons des jalonnements DD', EE' respectivement parallèles aux lignes de visée CE, CD. Si nous prenons D' arbitrairement, puis, avec un cordeau, E'E = D'D, par un théorème connu (*) les lignes DE', ED' se coupent en I, sur la capitale cherchée.

### 86. La solution générale. — Les solutions qu'on vient de

lire exigent que les prolongements des arêtes du saillant, pénètrent dans la région où l'on peut opérer. Il n'en est pas toujours ainsi; notamment, lorsque le saillant est obtus.

Mais voici une solution générale; c'est-à-dire, une solution susceptible d'être utilisée dans tous les cas.

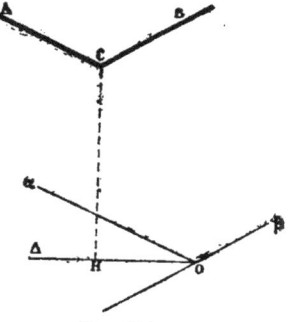

*Fig. 251.*

---

(*) Ce théorème a été proposé sous le n° 9020 dans l'*Educational Times* ; puis, résolu dans le numéro de juin 1887. Voici, d'ailleurs, comment on peut le démontrer.

Soit OABC un parallélogramme; ayant pris AQ = CP, il faut montrer que AP et CQ se coupent, en I, sur la bissectrice de AOC. A cet effet, menons IR parallèlement à OA; je dis que IR = OR.

Le trapèze OACP et la droite IR parallèles aux bases, donnent :

(1) IR.OC = OA.RC + CP.OR

D'autre part, en considérant le triangle APB et la transversale QIC, on a

$$\frac{AQ}{QB} \cdot \frac{IP}{IA} \cdot \frac{CB}{CP} = 1.$$

Mais AQ = CP, donc

$$\frac{IP}{IA} = \frac{RC}{OR} = \frac{QB}{BC}.$$

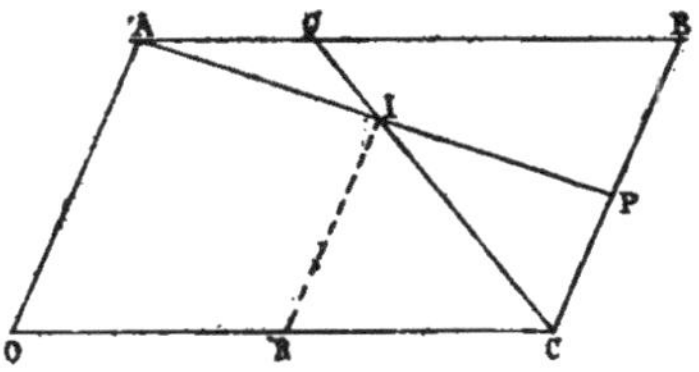

*Fig. 252.*

La relation (1) peut alors s'écrire sous la forme

$$OR.\frac{OC}{IR.} = OA.\frac{QB}{CB} + CP = QB + CP = QB + AQ = AB.$$

Or, OC = AB; finalement

$$IR = OR,$$

Par un point O, arbitrairement choisi, on tracera, par l'un des procédés connus, des jalonnements Oα, Oβ respectivement parallèles aux semi-droites CA, CB. On détermine ensuite la bissectrice Δ de l'angle formé par Oα et le prolongement de βO ; la projection de C sur Δ détermine, en H, un point de la capitale.

Cette construction s'applique, bien entendu, au cas où les prolongements des côtés de l'angle pénètrent sur le terrain accessible ; elle se trouve même simplifiée, parce que l'on peut prendre l'un des prolongements, pour constituer l'un des côtés de l'angle αOβ.

### LES AIRES INACCESSIBLES

Nous avons appris, précédemment, à calculer la longueur d'un segment inaccessible ; nous pouvons déterminer l'aire d'un triangle inaccessible en évaluant successivement ses trois côtés et en appliquant, ensuite, la formule de Héron. Sachant trouver l'aire d'un triangle inaccessible, on en déduit celle d'un polygone quelconque en décomposant celui-ci en triangles. Mais une pareille solution est peu pratique, vu les longueurs qu'elle comporte. Nous allons proposer, pour ce problème, des solutions plus simples.

### 87. L'aire du triangle inaccessible. — *La méthode cartésienne.* 

Lorsque les côtés du triangle considéré ABC ne sont pas trop considérables ; si, en outre, les sommets ne sont pas très éloignés du terrain où l'on opère, la méthode cartésienne s'applique remarquablement bien à la

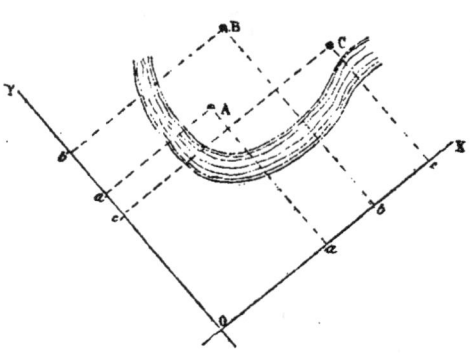

*Fig. 253.*

détermination de l'aire de ce triangle.

Après avoir tracé deux alignements rectangulaires $Ox$, $Oy$, on détermine avec l'équerre ordinaire, les projections des points A, B, C sur ces axes. Ayant relevé, au moyen de la chaîne, les longueurs $Oa$, $Ob$, $Oc$; $Oa'$; $Ob'$, $Oc'$; l'aire cherchée S est donnée par la formule connue (*).

$$\pm S = \frac{1}{2} \begin{vmatrix} Oa & Oa' & 1 \\ Ob & Ob' & 1 \\ Oc & Oc' & 1 \end{vmatrix}.$$

**88. L'aire du polygone inaccessible.** — On peut généraliser cette méthode et l'appliquer à la détermination de l'aire d'un polygone quelconque, $A_1 A_2 \ldots A_n$, supposé inaccessible.

Dans ce cas, on a (**)

$$\pm 2S = \begin{vmatrix} Oa_1 & Ob_1 \\ Oa_2 & Ob_2 \end{vmatrix} + \begin{vmatrix} Oa_2 & Ob_2 \\ Oa_3 & Ob_3 \end{vmatrix} + \ldots + \begin{vmatrix} Oa_n & Ob_n \\ Oa_1 & Ob_1 \end{vmatrix} \cdot \text{(A)}$$

Dans la pratique, cette formule est commode parce qu'elle est générale et toujours applicable, quelle que soit la disposition des sommets du polygone. On sait comment l'aire du polygone se ramène à celle du triangle, en la décomposant en triangles; mais, pour les polygones inaccessibles, il peut se présenter une difficulté, résultant de ce fait que les triangles considérés doivent être, tantôt ajoutés; et, suivant les cas, tantôt retranchés. Or, pour des figures inaccessibles, il n'est pas toujours facile de distinguer le premier cas, du second. En employant la formule (A), on évitera cette difficulté.

La construction précédente ne peut être employée que si les points A, B, C ne sont pas très éloignés du terrain sur lequel on peut opérer; elle n'est pas générale. Il nous reste donc à traiter, par des moyens plus pratiques, le problème des aires inaccessibles.

**89. Aire du triangle inaccessible.** *(Solutions diverses.)* — 1° Supposons d'abord qu'un seul sommet C du triangle

---

(*) On pourrait assurément se passer ici de la notation des déterminants; mais nous l'adoptons pour éviter toute discussion sur les signes dont il faut affecter les produits : $Oa$, $Ob'$, etc., dont *la somme algébrique* fait connaître la valeur de S.

(**) *Cours de mathématiques spéciales*; t. II; p. 75.

soit accessible. Jalonnons un alignement Δ, passant par C, et prenons les réciproques A′, B′ des points A, B, par rapport à Δ. Avec la chaîne, nous pourrons relever les longueurs

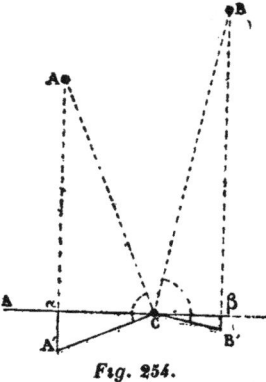

$$C\alpha = a, \quad A'\alpha = a' ;$$
$$C\beta = b, \quad B'\beta = b'.$$

Désignons aussi par $u$ et $v$ les distances inconnues A$\alpha$, B$\beta$; nous avons

$$a^2 = ua', \quad b^2 = vb'.$$

D'ailleurs

$$ACB = AB\alpha\beta - AC\alpha - BC\beta.$$

Par suite.

$$ACB = \frac{u + v}{2}(a + b) - \frac{au}{2} - \frac{bv}{2}$$
$$= \frac{av + bu}{2};$$

*Fig. 254.*

ou finalement,          $ACB = \dfrac{ab}{2}\left(\dfrac{a}{a'} + \dfrac{b}{b'}\right).$

Cette solution s'applique particulièrement bien au cas où les sommets A, B sont très éloignés, lorsque la projection de AB, sur Δ, est relativement faible; car, dans cette hypothèse, les chaînages nécessaires se font sur de petites longueurs.

Lorsque les trois sommets sont inaccessibles, comme dans la *fig. 255*, on peut prendre, sur la ligne de séparation Δ, un point O, arbitrairement; puis observer que

$$ABC = OBC - OAB - OAC.$$

Mais ce procédé offre quelques longueurs et il est préférable d'attaquer le problème par des méthodes plus directes, comme celles que nous allons indiquer.

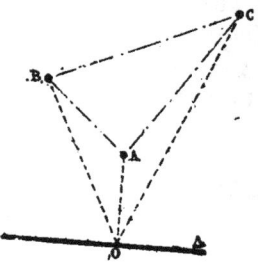

*Fig. 255.*

2° Supposons donc, pour nous placer dans le cas le plus difficile, les trois sommets inaccessibles, et jalonnons une droite Δ rencontrant les lignes de visée AC, AB en des points P, Q. Effectuons maintenant la construction qu'indique la *fig. 256* et qui nous a déjà servi (§§ 65 et 80).

Nous allons montrer que le triangle POQ est moyen proportionnel entre ABC et ROS.

Les triangles semblables ABP, POR, d'une part; CAQ, QOS, d'autre part; donnent :

$$\frac{AB}{OP} = \frac{AP}{OR}, \quad \frac{CA}{OQ} = \frac{AQ}{OS};$$

par suite

$$(1) \quad \frac{AB.AC}{OP.OQ} = \frac{AP.AQ}{OR.OS}.$$

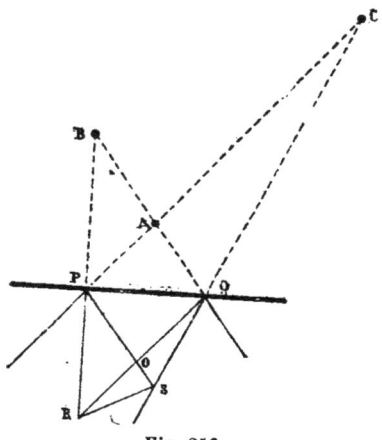

D'ailleurs, la figure APOQ étant un parallélogramme; donne donc AP $=$ OQ,  AQ $=$ OP.

La proportion (1) prouve donc que

$$\frac{AB.AC}{OP.OQ} = \frac{OP.OQ}{OR.OS},$$

ou

$$\frac{ABC}{POQ} = \frac{POQ}{ROS}.$$

Fig. 256.

La détermination de l'aire inaccessible ABC est ainsi ramenée à celle des aires accessibles POQ, ROS. Le problème qui nous occupe se trouve donc résolu par une méthode présentant des conditions pratiques très acceptables, si l'on peut approcher suffisamment près de l'un des points inaccessibles. En effet, la figure PQRS, quelles que soient les dimensions de ABC, est aussi petite que l'on veut; du moins, si l'on opère dans le voisinage du point A.

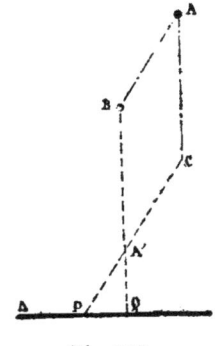

3° Lorsque les points A, B, C sont, tous les trois, très éloignés; on peut néanmoins appliquer la méthode précédente. en la modifiant comme nous allons l'expliquer.

Fig. 257.

On détermine d'abord les directions $\delta$, $\delta'$ des lignes AB, AC; puis, sur une droite $\Delta$, avec la fausse équerre, on détermine les points P, Q tels que CP soit parallèle à $\delta'$ et BQ à $\delta$. En cherchant (par le procédé indiqué tout à l'heure, par exemple) l'aire du triangle A'BC, on aura celle de ABC. Or, plus le point A est éloigné, plus le point A' se trouve rapproché de la région accessible; condition favorable, comme nous l'avons observé, à l'application de la méthode à laquelle nous venons de faire allusion.

**90. Solution générale.** — Mais aucune des solutions précédentes ne résout complètement la question précédente, lorsqu'elle est posée dans les termes suivants : *Un triangle inaccessible, de dimensions quelconques, dont les sommets supposés visibles peuvent être très éloignés, étant considéré; trouver l'aire de ce triangle, si restreint que soit le terrain accessible.*

Première solution. — C'est à la méthode d'inversion que nous aurons d'abord recours pour résoudre le problème qui, dans ces conditions, offre, au point de vue pratique, certaines difficultés.

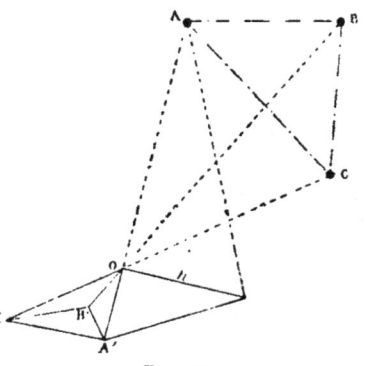

Nous avons expliqué précédemment, et la figure 258 rappelle la construction à laquelle nous faisons ici allusion, comment, un point A étant visible, on déterminait le point inverse A', de telle sorte que
$$OA.OA' = h^2.$$
Soient, de même, B' et C' les inverses des points B, C; nous aurons, d'abord,
$$OA.OA' = OB. OB'$$

*Fig. 258.*

$$= OC.OC' = h^2.$$

Les triangles OAB, OA'B, ayant un angle égal, donnent
$$\frac{OAB}{OA'B'} = \frac{OA.OB}{OA'.OB'} = \frac{h^4}{OA'^2 OB'^2}.$$

On trouve, de même :
$$\frac{OBC}{OB'C'} = \frac{h^4}{OB'^2 OC'^2}, \qquad \frac{OCA}{OC'A'} = \frac{h^4}{OC'^2 AO'^2}.$$

Mais ABC = OAB + OBC — OAC;
on a donc

$$ABC = \frac{h^4}{\overline{OA'^2}.\overline{OB'^2}.\overline{OC'^2}}\left\{\overline{OC'^2}.OA'B' + \overline{OA'^2}.OB'C' - \overline{OB'^2}.OA'C'\right\}.$$

Cette formule résout la question posée. On observera que, en prenant $h$ suffisamment petit, la figure OA'B'C' est aussi petite que l'on voudra, la solution indiquée est donc générale; aucune difficulté matérielle ne peut empêcher sa réalisation, si les points A, B, C considérés sont visibles, à la fois, d'un point convenablement choisi dans la région accessible.

SECONDE SOLUTION. — La solution que nous allons maintenant exposer est certainement plus simple; mais elle exige la connaissance d'une formule précédemment établie (*Première partie*, § **8**).

Soit ABC le triangle proposé ; nous le supposerons d'ailleurs aussi grand et aussi éloigné que l'on voudra.

On observera d'abord que, un point A inaccessible, appartenant à une certaine droite PQ, étant considéré, il est très facile d'obtenir le conjugué harmonique de A, relativement au segment PQ. Il suffit, en effet, de jalonner $mm'$, parallèlement à OA et, avec un cordeau, de prendre $m'$, milieu de $mm'$. Om' va couper PQ au point cherché A'.

Cela posé, voici quel est le principe de la méthode en question.

Jalonnons, dans la région accessible, trois alignements quelconques $\beta\gamma$, $\gamma\alpha$, $\alpha\beta$ passant respectivement par les points A, B, C; puis, déterminons les points A', B', C', conjugués harmoniques de A, B, C, sur les segments $\beta\gamma$,

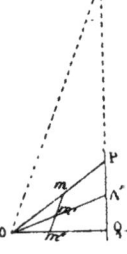

Fig. 259.

$\gamma\alpha, \alpha\beta$. On connait alors la valeur de chacun des rapports $u, v, w$ :

$$u = \frac{A'\gamma}{A'\beta}, \qquad v = \frac{B'\alpha}{B'\gamma}, \qquad w = \frac{C'\beta}{C'\alpha};$$

lesquels sont égaux, respectivement, à :

$$u = \frac{A\gamma}{A\beta}, \qquad v = \frac{B\alpha}{B\gamma}, \qquad w = \frac{C\beta}{C\alpha}.$$

Il n'y a plus alors qu'à appliquer la formule, rappelée tout à l'heure,

$$\text{aire ABC} = \text{aire } \alpha\beta\gamma \frac{1 - uvw}{(1-u)(1-v)(1-w)}.$$

La construction indiquée pour déterminer le triangle A'B'C' comporte une vérification intéressante parce que les droites B'A', C'B', A'C' passent respectivement par C, A, B.

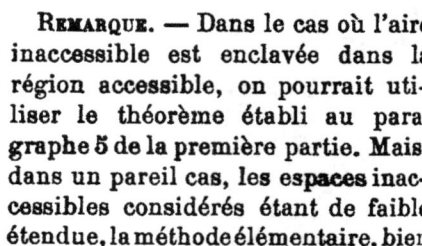

*Fig. 260.*

**REMARQUE.** — Dans le cas où l'aire inaccessible est enclavée dans la région accessible, on pourrait utiliser le théorème établi au paragraphe 5 de la première partie. Mais, dans un pareil cas, les espaces inaccessibles considérés étant de faible étendue, la méthode élémentaire, bien connue, résout la question avec plus de simplicité. Nous rappelons seulement que cette méthode consiste à envelopper la partie inaccessible d'une ligne polygonale θ, choisie aussi simplement que possible; on calcule l'aire inaccessible en retranchant, de l'aire du polygone considéré, celle de la partie comprise entre θ et la périphérie de la région inaccessible.

**91. — Examen du cas où les trois points ne sont pas visibles simultanément.** — Ce que nous avons dit, en terminant l'exposition de la première de deux solutions développées au paragraphe précédent, nous conduit à l'examen d'une difficulté. On peut supposer que les trois points, sommets du triangle inaccessible, ne sont pas visibles, à la fois, pour l'observateur se déplaçant dans la région restreinte d'où il ne peut sortir. Nous allons montrer comment on pourrait opérer, dans ce cas.

On voit d'abord que toute la question est ramenée à celle-ci: *Un point* A *est supposé inaccessible; de plus, il est invisible pour l'observateur placé en* O; *trouver l'inverse de* A, *par rapport à* O.

Soient O' et O' deux points d'où l'on aperçoit A; on peut

d'abord déterminer les inverses $\alpha$, $\alpha'$ de A, parrapport aux pôles O' et O''; on peut aussi, bien que A ne soit pas visible du point O, jalonner par les procédés que nous avons fait connaître (§, **32** fig. 170) la direction Oz de la ligne de visée OA, ligne qu'on ne peut obtenir directement, puisque A est caché par l'obstacle U.

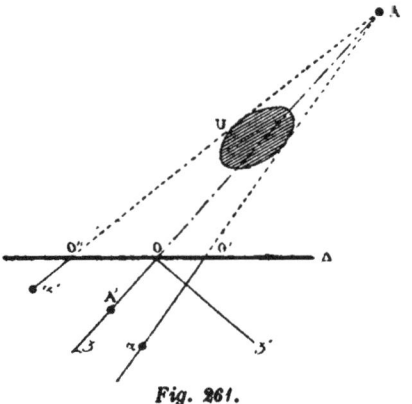

Cela posé, le théorème de Stewart (*), appliqué au triangle AO'O'', donne

*Fig. 261.*

$$\overline{AO}^2 . O'O'' = \overline{AO'}^2 . OO' + \overline{AO''}^2 . OO' - OO' . OO'' . O'O'.$$

Mais
$$AO'' . O'\alpha' = AO . OA' = AO' . O'\alpha = h^2;$$
et, par conséquent,

$$\frac{O'O'}{\overline{A'O}^2} = \frac{OO'}{\overline{O'\alpha'}^2} + \frac{OO'}{\overline{O'\alpha}^2} - \frac{OO' . OO'' . O'O''}{h^4}.$$

Cette égalité permettra de calculer A'O; par suite le point A' se trouve déterminé.

REMARQUE. — Le plus souvent on pourra prendre $h$ assez grand pour que l'observateur placé sur la droite Oz' perpendiculaire à Oz, puisse apercevoir le point A; dans ce cas, la détermination de A' se fait par un coup d'équerre. Mais cette solution est soumise à objection, si l'on exige que $h$ soit très petit ; condition que nous nous sommes imposée en abordant, tout à l'heure, la solution générale. La détermination de OA', telle que nous venons de l'indiquer, peut, au contraire, être effectuée, si petit que soit $h$; de là, malgré sa complication, l'intérêt que comportent les développements du paragraphe présent, intérêt qui n'apparaîtrait peut-être pas immédiatement, sans cette explication.

---

(*) Matthew Stewart's *(Some general Theorems of considerable use in the higher parts of Mathematics*, 1746, prop. II).

**92. Distance d'un point inaccessible A, à une droite Δ, inaccessible.** — Première solution. — On suppose que Δ est déterminée par deux points B, C, visibles, mais inaccessibles. On détermine : 1° la longueur BC ; 2° l'aire S de ABC. Cela fait, la distance inconnue *z* est donnée par la formule

$$z = \frac{2S}{BC}.$$

Seconde Solution. — On trace, dans la région accessible, une droite Δ' *(fig. 262)* parallèle à Δ. En mesurant, par l'un des

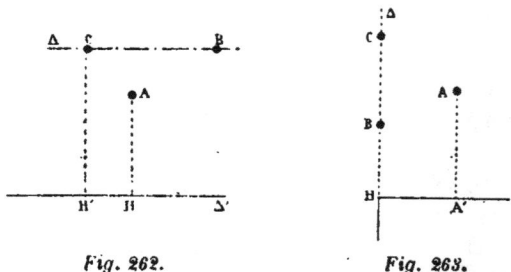

Fig. 262.                    Fig. 263.

procédés que nous avons fait connaître, les distances CH' et AH ; leur différence donne la longueur cherchée.

Nous supposons que le prolongement de Δ ne pénètre pas dans la région accessible ; autrement, la difficulté que nous venons de résoudre n'existerait même pas. En déterminant la projection A', de A, sur la ligne perpendiculaire à Δ, la longueur A'H *(fig. 263)* est égale à la distance demandée.

**93. Déterminer le point de concours de deux droites inaccessibles.** — Deux droites Δ, Δ' déterminées, chacune, par deux points visibles :

A, α, pour Δ;        B, β, pour Δ';

étant inaccessibles, on propose, par un point donné O, de jalonner un alignement allant concourir au point ω, commun à ces deux droites ; on demande, aussi, de calculer la longueur Oω.

Ayant visé, du point O, successivement, un point A de Δ et un point B de Δ', on pourra jalonner, dans la région accessible, les prolongements Ox, Oy de ces deux lignes OA, OB. Soit

A′B′ une parallèle à AB tracée, bien entendu, dans cette même région. Cela fait, on déterminera, par les constructions qui ont été utilisées pour obtenir A′B′, les droites δ, δ′ parallèles à Δ et à Δ′ et passant respectivement par A′ et par B′. Les triangles ωAB, ω′A′B′ étant homothétiques, les droites qui joignent les sommets homologues sont concourantes, ωω′ passe donc par le point O.

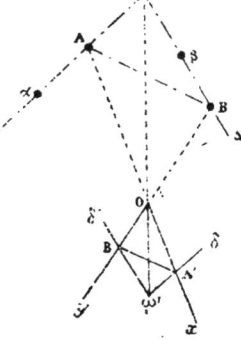

Après avoir déterminé la direction Oω, si l'on veut avoir cette distance, on observera que

$$O\omega = \frac{OA}{OA'}\,O\omega'.$$

*Fig. 264.*

Il suffit donc, pour connaître Oω, de calculer, comme nous savons d'ailleurs le faire, la distance du point O au point inaccessible A.

Cette solution est générale, parce que la figure Oω′A′B′ est aussi petite que l'on veut.

## 94. Les trois droites inaccessibles.

— La figure constituée par trois droites inaccessibles soulève divers problèmes ; mais, pour nous borner, nous envisager seulement le cas où les trois droites sont concourantes.

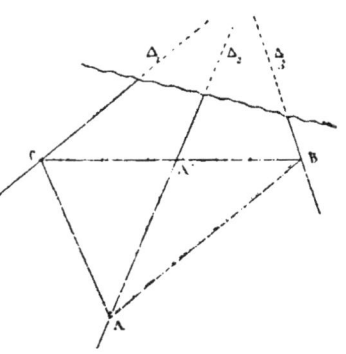

*Fig. 265.*

Nous supposons donc que l'on considère trois droites inaccessibles Δ₁, Δ₂, Δ₃ chacune d'elles étant supposée déterminée par deux points visibles. Dans ces conditions, on propose : 1° de reconnaître que ces droites sont concourantes ; 2° de déterminer les angles qu'elles font, à deux deux.

Cette seconde partie (que les droites en question soient, ou non, concourantes) peut être considérée comme déjà résolue, puisque nous avons appris, précédemment, à mener, sur le terrain accessible, des parallèles à des droites inaccessibles. Nous nous bornerons donc à l'examen de la première partie.

1° Supposons d'abord, pour envisager le cas le plus facile, que les prolongements des droites $\Delta_1$, $\Delta_2$, $\Delta_3$ pénètrent dans la partie accessible du terrain. Ayant mené, par un point A, de $\Delta_2$, des parallèles AB, AC aux droites $\Delta_1$, $\Delta_3$; si BC est partagé par $\Delta_2$, au point A', en deux parties égales, les droites considérées sont concourantes.

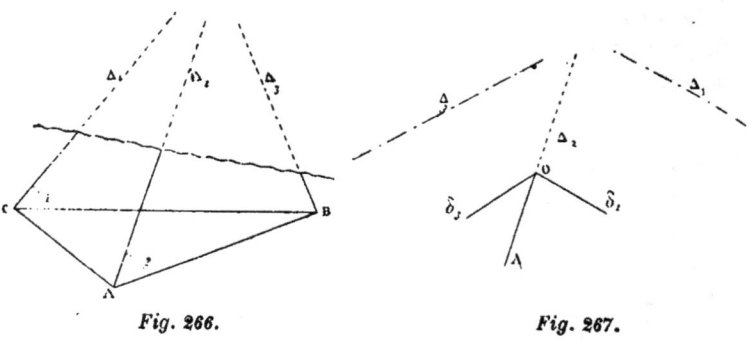

Fig. 266.                    Fig. 267.

Mais cette solution, que nous avons déjà utilisée dans le problème des percées concourantes, est, pour le cas présent, peu pratique, parce qu'elle nécessite des opérations exigeant une certaine étendue de terrain. En voici une autre qui nous paraît moins compliquée.

D'un point A, pris sur $\Delta_2$ on abaisse des perpendiculaires AC, AB sur $\Delta_1$ et $\Delta_3$; si les angles $\widehat{1}$ et $\widehat{2}$ sont égaux, les trois droites concourent.

Le lecteur trouvera d'ailleurs, sans aucune peine, d'autres solutions de ce problème très simple; et, sans y insister davantage, nous allons examiner certains cas offrant plus de difficultés.

2° Imaginons, par exemple, que le prolongement de $\Delta_2$, seul pénètre dans la région accessible.

Par un point O, pris sur le prolongement de $\Delta_2$, on mènera des droites $\delta_1$, $\delta_3$ parallèles à $\Delta_1$ et à $\Delta_3$; on appliquera ensuite, aux trois droites $\delta_1$, $\delta_3$, et OA, l'une ou l'autre des vérifications indiquées tout à l'heure.

3° Admettons enfin qu'aucun des prolongements des droites considérées ne pénètre dans la région accessible, ce qui constitue le cas le plus général.

Si l'on peut viser, d'un certain point O de la région accessible : les points $A_1$, $A_2$, $A_3$, d'une part; $B_1$, $B_2$, $B_3$, d'autre part; en ligne droite avec ce point O, et respectivement placés sur les droites $\Delta_1$, $\Delta_2$, $\Delta_3$, on pourra calculer les distances de O à ces différents points et l'on devra vérifier que les rapports anharmoniques (O, $A_1A_2A_3$), (O, $B_1B_2B_3$), sont égaux.

Comme il serait pénible de calculer toutes ces distances, $OA_1$, $OA_2$ ...; $OB_1$, ..., on simplifie l'opération en visant, de deux points O', O", arbitrairement choisis d'ailleurs, les points $A_1$, $A_2$, $A_3$; $B_1$, $B_2$, $B_3$, et l'on coupe ces lignes de visée par deux transversales quelconques O$x$, O$y$.

On a :

(O, $A_1A_2A_3$) = (O, $\alpha_1\alpha_2\alpha_3$);   et   (O, $B_1B_2B_3$) = (O, $\beta_1\beta_2\beta_3$).

Par suite, si $\Delta_1$, $\Delta_2$, $\Delta_3$ concourent,

(O,$\alpha_1\alpha_2\alpha_3$)

= O,$\beta_1\beta_2\beta_3$),

Ainsi les droites considérées concourent si les droites $\alpha_1\beta_1$. $\alpha_2\beta_2$, $\alpha_3\beta_3$ concourent elles-mêmes; et réciproquement.

On peut faire,

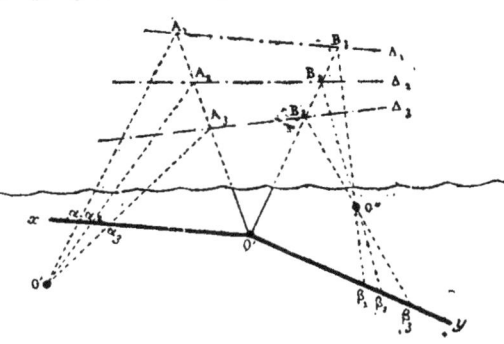

Fig. 268.

à cette solution, une objection : les points $A_1$ et $A_3$ visibles sur $\Delta_1$ et $\Delta_3$, peuvent n'être pas en ligne droite avec un point *visible* de $\Delta_2$. Le problème que nous allons traiter, dans le paragraphe suivant, répond à cette objection et permet de considérer la solution précédente comme étant générale.

**95. Déterminer le point de rencontre d'une ligne de visée avec une droite inaccessible.** — Voici dans quels termes doit se poser la question que nous venons de soulever.

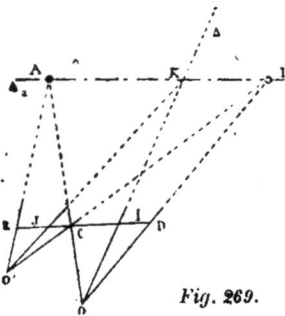

Fig. 269.

Soit $\Delta_2$ une droite inaccessible, déterminée par deux points visibles A,B. D'un point O part une ligne de visée $\Delta$, et cette droite coupe AB en un point invisible K : on veut pourtant, d'un point donné O', viser ce point K.

Jalonnons une parallèle à AB sur le terrain accessible; O'K rencontre cette droite en un point J; et nous avons

$$\frac{EJ}{JC} = \frac{AK}{KB} \quad \text{et} \quad \frac{CI}{DI} = \frac{AK}{KB},$$

par suite
$$\frac{EJ}{JC} = \frac{CI}{DI}.$$

Cette égalité permet de déterminer la position du point J; et, par conséquent, de fixer la position de la ligne de visée O'K. Cette détermination peut d'ailleurs s'effectuer, sans chaînages et sans calculs, par de simples alignements.

En quittant cette étude des figures inaccessibles nous devons faire observer qu'elles donnent lieu à beaucoup d'autres problèmes. On peut, par exemple, proposer de reconnaître que quatre points visibles, mais inaccessibles, sont situés sur une circonférence ; ou demander l'aire d'un triangle dont les côtés sont inaccessibles et les sommets invisibles, etc... Mais nous ne pouvons nous étendre ici plus longuement sur ce sujet. Il suffira d'ailleurs, pour résoudre ces diverses questions, d'appliquer les idées générales que nous avons exposées, notamment celles qui ont trait à la transformation, par les diverses méthodes indiquées plus haut, des figures inaccessibles.

**96. La méthode de M. Lemoine.** — Nous indiquerons encore, en terminant ce chapitre, un procédé dû à M. Emile Lemoine et qui permet de déterminer les aires et les distances inaccessibles.

Soit ABC le triangle considéré; prenons trois points $M_1$, $M_2$, $M_3$ d'où nous puissions abaisser des perpendiculaires sur ses côtés prolongés; soient $\alpha_1$, $\beta_1$, $\gamma_1$; $\alpha_2$, $\beta_2$, $\gamma_2$; $\alpha_3$, $\beta_3$, $\gamma_3$; les coordonnées normales de ces points.

En désignant par S l'aire de ABC, nous avons :

$$a\alpha_1 + b\beta_1 + c\gamma_1 = 2S,$$
(1)
$$a\alpha_2 + b\beta_2 + c\gamma_2 = 2S,$$
$$a\alpha_3 + b\beta_3 + c\gamma_3 = 2S.$$

Posons

$$m = \begin{vmatrix} \alpha_1\beta_1\gamma_1 \\ \alpha_2\beta_2\gamma_2 \\ \alpha_3\beta_3\gamma_3 \end{vmatrix}, \quad m_\alpha = \begin{vmatrix} 1\,\beta_1\gamma_1 \\ 1\,\beta_2\gamma_2 \\ 1\,\beta_3\gamma_3 \end{vmatrix}, \quad m_\beta = \begin{vmatrix} \alpha_1\,1\,\gamma_1 \\ \alpha_2\,1\,\gamma_2 \\ \alpha_3\,1\,\gamma_3 \end{vmatrix}, \quad m_\gamma = \begin{vmatrix} \alpha_1\beta_1\,1 \\ \alpha_2\beta_2\,1 \\ \alpha_3\beta_3\,1 \end{vmatrix}.$$

Les équations (1) résolues par rapport à $a$, $b$, $c$ donnent

(2) $\quad a = 2S\,\dfrac{m_\alpha}{m}, \qquad b = 2S\dfrac{m_\beta}{m}, \qquad c = 2S\,\dfrac{m_\gamma}{m}.$

Mais on sait que
$$16S^2 = 2a^2b^2 + 2b^2c^2 + 2c^2a^2 - a^4 - b^4 - c^4.$$

Substituons, dans cette égalité, les valeurs de $a$, $b$, $c$ données par les formules (2); il vient

$$m^4 = S^2(m_\alpha + m_\beta + m_\gamma)(m_\gamma + m_\beta - m_\alpha)(m_\alpha + m - m_\beta)(m_\beta + m_\alpha - m_\gamma).$$

Cette formule permet de calculer l'aire du triangle inaccessible ABC, si l'on peut mesurer les quantités $\alpha_1$, $\beta_1$, $\gamma_1$; $\alpha_2$, $\beta_2$, $\gamma_2$; $\alpha_3$, $\beta_3$, $\gamma_3$. Les égalités (2) feront ensuite connaître les longueurs $a$, $b$, $c$ des côtés du triangle ABC, si l'on veut les déterminer. En posant

$$K^2 = (m_\alpha + m_\beta + m_\gamma)(m_\gamma + m_\beta - m_\alpha)(m_\alpha + m - m_\beta)(m_\beta + m_\alpha - m_\gamma),$$

les formules trouvées deviennent

$$m^2 = SK, \qquad a = \frac{2mm_\alpha}{K}, \qquad b = \frac{2mm_\beta}{K}, \qquad c = \frac{2mm_\gamma}{K}.$$

Cette méthode est fort ingénieuse, mais elle n'est pas générale (dans le sens que nous donnons à ce mot, dans cet ouvrage) parce qu'elle exige, conformément à l'hypothèse faite plus haut, que les prolongements des côtés du triangle ABC, pénètrent dans la région accessible; condition qui ne sera pas toujours vérifiée.

## CHAPITRES IX et X

### LES PROBLÈMES D'ARTILLERIE

Le tir de projectiles à de grandes distances et la guerre des sièges soulèvent plusieurs problèmes dont la solution ressort de la géométrie qui nous occupe. Nous nous proposons d'examiner un certain nombre d'entre eux.

Au premier abord, on sera sans doute porté à ne voir, dans les développements qui suivent, que de simples jeux de l'esprit; quelque chose enfin, dans le domaine *géométrique*, d'assez semblable aux *récréations mathématiques* de l'Arithmétique. Certes, ce jugement serait exact, de tous points, si l'on devait considérer uniquement les manœuvres exécutées par l'artillerie, en un jour de combat. En pareil cas, les théories ne sont pas à leur place. Mais on voudra bien accorder que le rôle de l'artillerie est plus étendu. Ainsi, il peut arriver (la dernière guerre n'en a-t-elle pas fourni plusieurs exemples?) que deux armées, dont l'une est enveloppée par l'autre, restent longtemps en présence. A d'autres moments, l'artillerie peut être appelée à entreprendre, ou à soutenir, des sièges de longue durée; à cerner des forts; à surveiller les côtes, ou à protéger certains passages, etc.

Alors, les problèmes que nous allons traiter, même envisagés au point de vue pratique, ne paraîtront peut-être plus aussi frivoles qu'à la première vue; et des cas pourront se produire où les solutions que nous allons exposer rencontreront des applications intéressantes.

**97. L'établissement du fort central.** — Trois points A, B, C donnés représentent des positions qui doivent être protégées par un fort; il s'agit de déterminer l'emplacement de celui-ci de façon qu'il commande également bien les trois positions données. En d'autres termes, on propose de fixer la situation du centre O du cercle circonscrit à ABC. Ce point obtenu, il restera, bien entendu, à comparer les distances OA = OB = OC, avec la portée moyenne des pièces, pour vérifier que la position trouvée, pour le point O, n'est ni trop éloignée; ni, ce qui peut être un inconvénient d'une autre nature, trop rapprochée.

**PREMIER CAS.** *(Les points A, B, C sont accessibles.)* — Bien que les points donnés soient supposés accessibles, il ne saurait être question de résoudre le problème actuel en élevant des perpendiculaires aux milieux des côtés AB, BC, CA ; ces droites ont des longueurs beaucoup trop considérables, pour qu'il soit possible, en général, de trouver commodément leurs points milieux. Il y a donc là, on le comprend, une certaine difficulté, de l'ordre pratique ; voici comment on peut la résoudre.

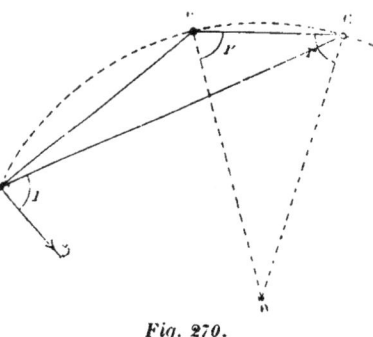

*Fig. 270.*

Élevons A$z$ perpendiculaire à AB; et, avec la fausse équerre, relevons l'angle CA$z$ ; en transportant l'instrument successivement aux points B, C, on pourra jalonner deux droites BO, CO formant avec BC des angles $\widehat{\imath'}$, $\widehat{\imath''}$, égaux à l'angle $\widehat{\imath}$. Ces droites concourent au point cherché.

On observera que la construction précédente comporte une vérification très utile puisque l'on peut reproduire, de deux autres façons, le tracé indiqué en remplaçant successivement : A, par B ; puis par C.

Quant à la distance OA, elle est trop considérable pour être trouvée par un chaînage direct. On l'obtiendra, en considérant le point A comme inaccessible, et en déterminant OA par l'une des méthodes que nous avons indiquées au chapitre VI.

**DEUXIÈME CAS.** *(Les points A, B, C sont inaccessibles.)* — Imaginons par exemple que l'on veuille établir, au bord de la mer, un fort dont les feux commandent trois îlots voisins A, B, C; on peut demander de placer ce fort à la même distance de ces trois points.

Pour déterminer le point central ; on tracera d'abord, dans

la partie accessible, une droite ΔΔ′ parallèle à AB (Chapitre VII). Autant que possible, pour éviter des jalonnements trop longs, on cherchera à placer ΔΔ′ dans le voisinage du point inconnu. D'un point P, pris sur ΔΔ′, arbitrairement d'ailleurs on vise les points A, B; et, après avoir jalonné les lignes de visée PM, PM′, on

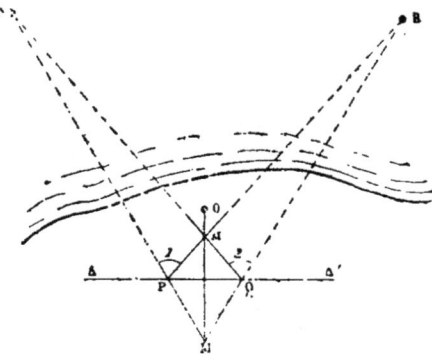

Fig. 271.

relève avec la fausse équerre l'angle APB. On se transporte ensuite sur ΔΔ′ jusqu'à ce qu'on trouve un point Q d'où l'on aperçoive AB sous un angle AQB = APB; puis, on jalonne de nouveau les lignes de visée QM, QM′, on obtient ainsi une droite MM′ qui va passer par le point inconnu. En reproduisant, avec AC, les constructions que nous venons d'indiquer, on déterminera une seconde droite qui coupera MM′ au point cherché.

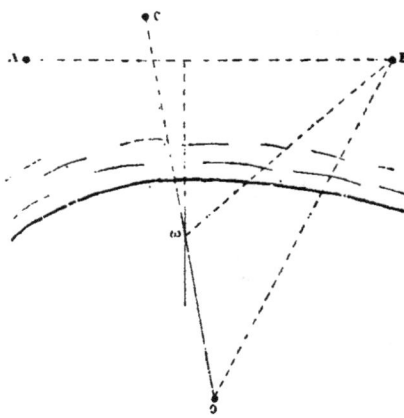

Fig. 272.

## 98. Cas où le point central est trop éloigné.

— Dans le cas où le point central est trop éloigné, et par conséquent sans usage, on peut rechercher quelle est la meilleure situation qui convienne à l'établissement du fort que l'on veut construire. Si, pour fixer les idées, nous supposons que le point C soit celui des trois points donnés que l'on veuille plus particulièrement tenir sous l'action du fort, on placera avantageusement le fort au point d'intersection de la perpendiculaire élevée au milieu de AB (droite que l'on peut obtenir comme nous l'avons expliqué tout à l'heure), avec OC.

Soit ω ce point : on a ωA = ωB et ωC < ωB. Pour vérifier que ωC est plus petit que ωA, on observera que l'on a

$$OB < O\omega + \omega B,$$

ou $$OC = O\omega + \omega C < O\omega + \omega B,$$

ou, enfin, $$\omega C < \omega B.$$

Ainsi, du point ω, on commandera également bien les points A, B ; si la distance ωA ne dépasse pas la portée du tir, cette condition se trouvera, *a fortiori*, réalisée pour le point C.

**99. Le Tir central.** — Un point O donné doit servir de but ; on propose alors de fixer les emplacements de plusieurs batteries qui soient, toutes, à la même distance de O. Bien entendu, ce point est supposé inaccessible et à une distance relativement grande, de la région où l'on peut opérer.

Ayant pris un point A, arbitrairement, pour y établir la première batterie, on trace un alignement A*z* faisant, avec OA, un angle $\widehat{1}$ que l'on relève avec la

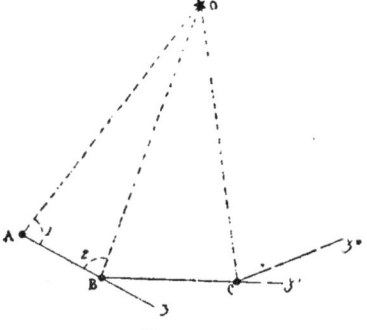

Fig 273.

fausse équerre. On chemine alors sur A*z* jusqu'à ce qu'on trouve le point B d'où l'on voit OA sous un angle $\widehat{2}$ égal à l'angle $\widehat{1}$ ; c'est en B qu'on doit fixer la position de la deuxième batterie. On répétera, avec les alignements B*z'*, C*z''*... la même opération ; et l'on obtiendra, de la sorte, autant de points que l'on voudra, équidistants de O.

Si les batteries doivent être très rapprochées les unes des autres, on prendra pour l'angle $\widehat{1}$ un angle aigu, voisin de l'angle droit ; et, si l'on veut qu'elles soient équidistantes, on conservera à la fausse équerre, dans tout le cours des opérations, l'angle $\widehat{1}$ primitivement adopté.

### 100. Le chemin de sûreté.

— Supposons que O représente un fort assiégé ; on veut tracer une ligne polygonale ; aussi rapprochée que possible de celui-ci, et de telle sorte que les points extérieurs de cette ligne soient à l'abri des projectiles de O.

Soit A la trace d'un projectile lancé par O ; jalonnons A$z$ perpendiculaire à OA et prenons, sur A$z$, un certain point B. Ayant relevé avec la fausse équerre l'angle ABO, on trace l'alignement B$z'$, de telle sorte que OB$z'$ = ABO. Cette droite B$z'$ représente un des côtés du chemin de sûreté. En opérant ainsi, successivement, on obtiendra une ligne polygonale A$z$, B$z'$, C$z''$,... enveloppant le fort, et, tous les points situés hors du périmètre de cette ligne ne seront pas exposés au feu du fort.

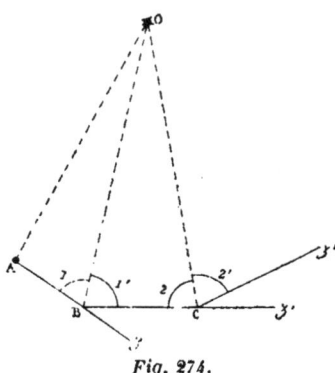

*Fig. 274.*

Bien entendu on prendra, pour point de départ de la construction indiquée, la trace du projectile qui est tombé à la plus grande distance de O. Deux traces semblables A, A' étant données ; pour savoir quelle est celle qui est la plus éloignée de O, on relève avec la fausse équerre l'angle OAA' et l'on voit si cet angle est supérieur, égal, ou inférieur à OA'A. Suivant ces différents cas, on a : OA < OA', OA = OA', ou enfin OA > OA'.

Nous abordons maintenant une question qui peut offrir un intérêt particulier dans la guerre des sièges ; aussi, le traiterons-nous avec quelques détails. Nous voulons parler du problème dans lequel on propose de lancer des projectiles sur un but invisible. Il faut, pour résoudre complètement ce problème, déterminer : 1° la ligne de tir ; et, 2° la distance du point d'attaque, au but que l'on veut atteindre.

### 101. Le tir sur le but partiellement invisible (*).

— Nous examinerons d'abord le cas particulier où, un point B

---

(*) Pour qu'un but soit bien déterminé, il faut qu'il soit visible de deux points au moins, pour l'observateur qui se déplace sur le terrain accessi-

étant visible, on veut tirer sur un but invisible : 2, 4, 8,... fois plus éloigné du centre de la batterie que le point B. La propriété sur laquelle nous allons nous appuyer a été déjà signalée (Première partie, § 128); mais nous allons la rappeler et la démontrer.

Prenons, dans le voisinage de O, un point M tel que OMB soit un angle droit; prolongeons MO d'une longueur égale

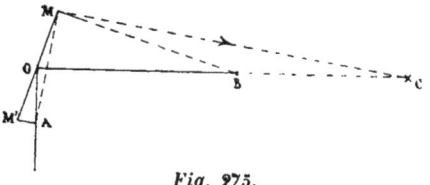

OM', puis élevons à MM', en M', une perpendiculaire qui rencontre en A la perpendiculaire à OB, au point O. Si, de M, on vise le point A, la perpendiculaire MC, à AM, va couper OB en C. Cela posé, on a OC = 2OB.

Fig. 275.

Pour le démontrer, observons que les triangles MBC, MOA ont leurs côtés perpendiculaires deux à deux; ils sont donc semblables, et nous avons

(1)                  $\dfrac{BC}{MB} = \dfrac{OA}{OM}$ .

D'autre part, les triangles rectangles OMB, OM'A semblables, eux aussi, donnent

(2)                  $\dfrac{OB}{OA} = \dfrac{MB}{OM'}$ .

En comparant les égalités (1) et (2) et en observant que OM' = OM, on voit que

BC = OB.

Ainsi, les projectiles d'une batterie placée en M, dont le tir serait dirigé perpendiculairement à MA, comme l'indique la figure, iraient frapper un but invisible, situé en C, point symétrique de O par rapport à B.

En opérant avec MC, comme nous l'avons fait avec MB, on pourrait régler le tir d'une ou de plusieurs batteries dont les

---

ble. S'il n'est visible que d'un point seulement, nous traduisons ce fait, faute d'une expression meilleure, en disant qu'il est *partiellement invisible*. Enfin, s'il arrive que le but ne puisse être aperçu, quelle que soit la position que peut prendre l'observateur, hypothèse examinée plus loin, nous dirons alors qu'il est *complètement invisible*.

feux convergeraient vers un but C', invisible, et tel que
OC' = 4OB. etc.

Dans cette construction, il n'est pas inutile de le remarquer,
B sert uniquement comme point de visée ; il peut être très
éloigné de O. Mais les alignements nécessaires à la détermination de MC portent uniquement sur les points M, M', A, qui
peuvent être aussi rapprochés de O que l'on voudra.

### 102. La solution par la fausse équerre.

— Le but
est placé en B ; on le suppose visible, du point A, mais on
admet que, pour des raisons diverses, dans le détail desquelles il est inutile d'entrer ici, on veuille placer la batterie
en un certain point C, différent de A. Dans ces conditions,
on propose de déterminer la ligne de visée CB.

Dans la partie du terrain qui est accessible, jalonnons
une droite Δ ; et, après avoir relevé l'angle BAC avec la
fausse équerre, cherchons, sur Δ, le point M d'où l'on voit BC
sous un angle BMC = BAC. Revenons au point A ; et, avec
la fausse équerre, relevons maintenant l'angle BAM. L'instrument donne, en même temps, un angle α supplémentaire
de BAM ; c'est celui-ci que nous allons considérer. Ayant
transporté la fausse équerre en C, visons le point M avec
une des branches de l'instrument ; l'autre branche, celle qui
est inclinée sur la première de l'angle α, détermine la direction inconnue.

Il existe, il est vrai, deux droites partant de C et faisant
avec CM l'angle α, en question. Mais, dans la pratique, cette ambiguïté ne saurait exister ;
parce qu'on sait de quel
côté, par rapport à CM,
se trouve le but invisible.

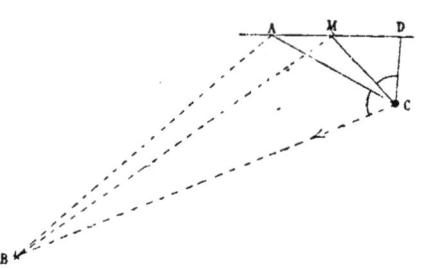

*Fig. 276.*

Pour mesurer la dis-
tance CB, on pourrait
déterminer d'abord les
distances AB, MB,
comme nous l'avons
indiqué précédemment
(chap. IV) ; puis, on appliquerait le théorème de Ptolémée au

quadrilatère BAMC. Mais ce procédé serait beaucoup trop long ; il est préférable d'opérer de la manière suivante.

Ayant relevé l'angle BCA, ce qui est possible, puisque la direction de CB est maintenant connue, on tire un alignement CD, de telle sorte que MCD = BDA. Le quadrilatère BCMA étant inscriptible, CMD = ABC ; les triangles ABC, MCD sont donc semblables, et l'on a

$$EC = MC \cdot \frac{AC}{CD}.$$

**103. La solution par les alignements.** — Le but, placé en B, est supposé visible des points A, C ; il est au con-

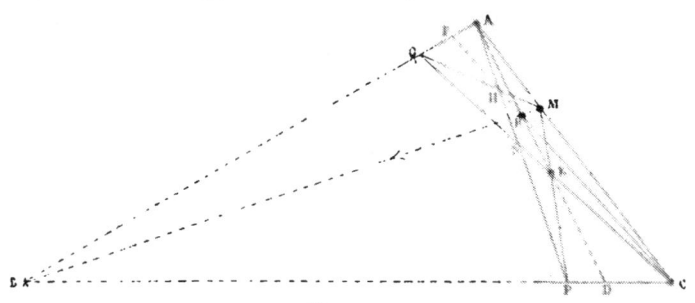

*Fig. 277.*

traire invisible de M, point situé sur AC et l'on veut établir la ligne de visée qui, partant de M, aboutit au point B.

Dans la partie des alignements AB, CB, qui est accessible, on prend : deux points P, Q et l'on effectue la construction indiquée par la figure. On trouve ainsi un point R ; MR est la ligne cherchée.

Pour établir, en peu de mots, ce théorème ; formons la perspective de la figure 276, de façon à rejeter à l'infini la droite AMC ; nous obtenons alors la figure 278. Aux quadrilatères BQSP, HSKR, correspondent les parallélogrammes B'Q'S'P', H'S'K'R' ; aux

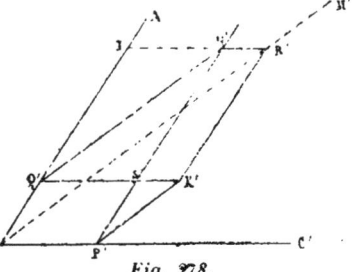

*Fig. 278.*

droites QH, PK, les parallèles Q'H', P'K' et il faut démontrer
que B'R' est parallèle à la direction commune des droites Q'H',
P'K'.

En effet, les triangles semblables Q'S'H', P'S'K' donnent

$$\frac{S'K'}{S'P'} = \frac{S'Q'}{S'H'},$$

ou

$$\frac{H'R'}{B'Q'} = \frac{H'I}{Q'I}.$$

Dans le triangle B'IR', Q'H' partage les côtés en IR', IB',
en segments proportionnels; Q'H' est donc parallèle à B'R'.
La construction indiquée plus haut se trouve ainsi justifiée.

Si nous revenons à la figure 277, on peut demander de
calculer la longueur MB. A cet effet, on pourra considérer le
triangle ABC et les droites AD, CE, BM qui, dans ce triangle,
concourent en R. Le théorème de Gergonne *(Première partie,*
§ 1) donne

$$\frac{MR}{MB} + \frac{DR}{DA} + \frac{ER}{EC} = 1.$$

A l'exception de MB, toutes les longueurs qui entrent dans
cette égalité peuvent être obtenues par des chaînages; on
pourra donc calculer la distance inconnue qui sépare, du but,
la position de la batterie.

**104. La solution par l'équerre ordinaire.** — Désignons toujours, par B, le but qui n'est pas visible du point M
où l'on veut établir la batterie. Choisissons, dans les régions
accessibles, deux points A, C d'où l'on aperçoit BM sous des
angles droits; les angles
C'MC, A'MA, MC'R,
MA'R étant droits, MR
représente la ligne de
visée.

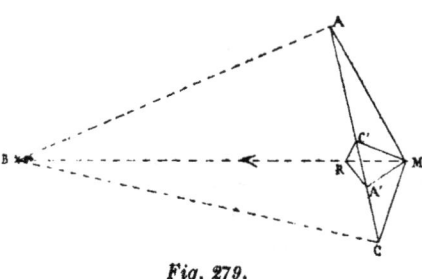

*Fig. 279.*

En effet, nous avons
C'MR = C'A'R' = MAC
= MBC = C'MB :
les trois points M, R, B
sont donc en ligne droite.

Quant à la distance MB, on peut la calculer en observant

que les deux quadrilatères MABC, MA′C′R sont semblables :

on a donc $$MB = MR.\frac{MC}{MC'}.$$

**105. Examen d'un cas particulier concernant le problème précédent.** — Nous allons supposer maintenant que le but proposé est visible d'un seul point de la région accessible ; tel serait, par exemple, un obstacle fortifié B protégé par un bois V ; de telle sorte que B soit visible d'un seul point A, à travers une percée du bois.

Soit C le point où l'on veut établir la batterie. On prendra, sur les directions AC, AB, des longueurs AC′, AB′ telles que

$$\frac{AC'}{AC} = \frac{AB'}{AB}.$$

La ligne de visée CZ est parallèle à C′B′, et la distance CB se calcule par la formule

$$CB = C'B'.\frac{AC}{AC'}.$$

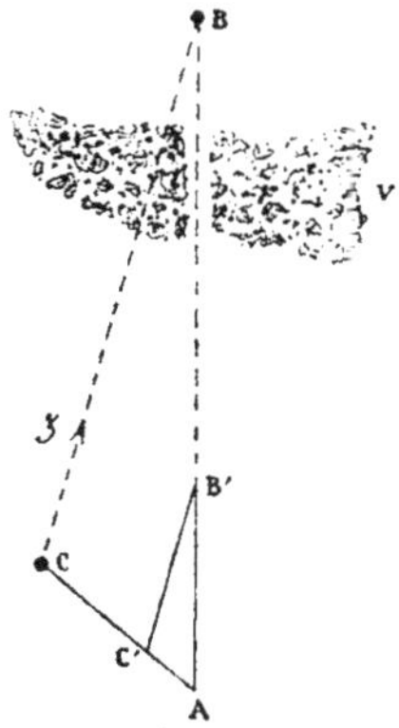

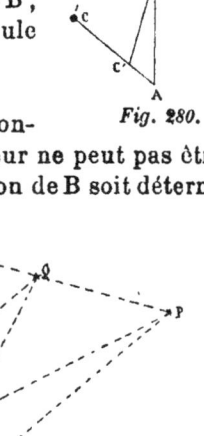

Fig. 280.

Cette solution exige que l'on connaisse la distance AB. Si cette longueur ne peut pas être calculée, il faut alors, pour que la position de B soit déterminée,

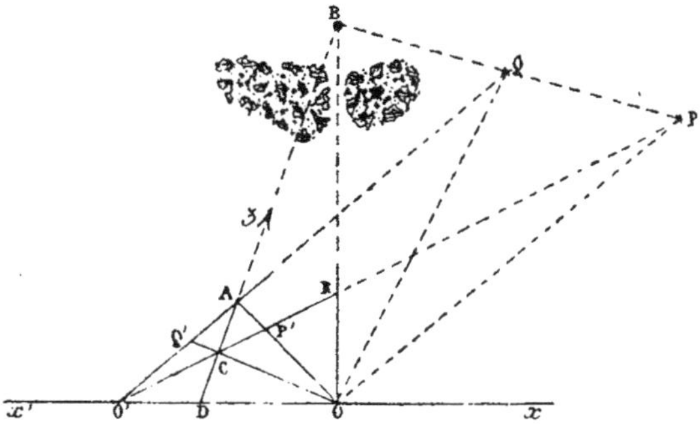

Fig. 281.

que l'on puisse indiquer, sur le terrain, deux points P, Q en ligne droite avec B. D'ailleurs, P, Q sont inaccessibles ; car, dans l'hypothèse que nous avons faite, B ne peut être aperçu que d'un seul point de la partie accessible. Voici comment on peut résoudre ce cas, l'un des plus difficiles du problème actuel.

Traçons O$x$ perpendiculairement à OB, dans la région accessible; prenons, sur O$x$, un point O′ arbitraire, mais tel que les lignes O′P, O′Q passent dans le voisinage du terrain où l'on veut établir le centre d'attaque. Les perpendiculaires OA, OC, élevées aux droites OP, OQ, coupent les lignes OQ, OP en des points A, C; la droite CA est la ligne de tir.

Pour démontrer que les trois points C, A, B sont en ligne droite (*), on peut raisonner de la manière suivante. Les côtés des angles droits BOX, AOP, COP rencontrent PQ en six points formant une involution dont le point central est la projection de O sur PQ. D'autre part, le quadrilatère complet AC, OO′, P′Q′ donne, lui aussi sur PQ (théorème de Desargues) par ses côtés O′C, OA; OC, O′A; et ses diagonales OO′, AC, six points en involution. Dans ces deux ponctuelles en involution, cinq points sont confondus; par conséquent elles coïncident, et l'on peut conclure que AC passe par B.

La longueur de la ligne de tir peut s'obtenir de bien des façons et, notamment, en observant que le rapport anharmonique (D, C, A, B) est égal à celui des points (O′ C P′ R).

La solution précédente est, comme on le voit, une nouvelle application de la transformation des figures, que nous avons nommée *transformation réciproque* (**); elle exige l'emploi de l'équerre ordinaire. Si l'on ne dispose que d'une fausse équerre, on opérera comme nous allons l'indiquer, en effectuant une transformation homologique de la figure inaccessible.

Soit toujours désigné par B *(fig. 282)* le but qu'il faut atteindre et qui n'est visible que d'un seul point O, lequel ne peut, pour certains motifs, servir de centre d'attaque. Effectuons la construction indiquée par la figure, en supposant

$$Q'OB = QOB, \qquad P'OB = POB;$$

la droite P′Q′, ainsi obtenue passe par B. Si l'on ne veut pas, pour reconnaître cette propriété, invoquer les principes de la transformation homologique, il suffira d'observer que

_____

(*) Cette propriété m'a été communiquée par M. Laurens.
(**) *Journal de Mathématiques spéciales*, 1882, p. 49.

les droites OB, OO' étant les bissectrices des angles formés
par les droites OQ'OQ, OP',
OP : les ponctuelles (O', P',
R, P), (O', Q', S, Q) sont
harmoniques. Cette remar-
que une fois faite, un théorème élémentaire bien connu
prouve que P'Q', RS, PQ
sont des droites concou-
rantes. On pourra donc
installer la batterie en P' ;
P'Q' sera la ligne de tir.

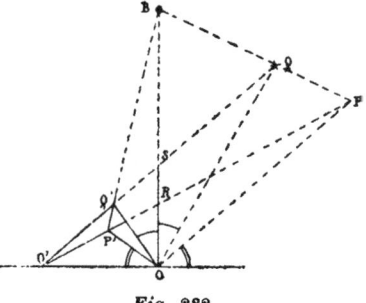

Fig. 282.

Quant à la distance PB',
elle se calculera, si l'on veut, par le procédé indiqué plus haut.

Nous abordons maintenant un cas plus difficile; c'est
celui où le but est invisible de tous les points de la partie
accessible.

### 106. Le tir sur un but complètement invisible. —
Imaginons, par exemple, que, dans une ville assiégée, on
veuille atteindre un point
B, invisible dans quelque
position qu'on se place; on
sait seulement qu'il se
trouve placé en ligne
droite avec deux couples
de points visibles A, C;
D, E.

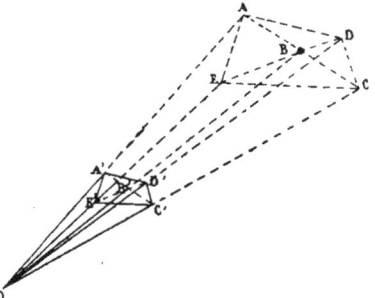

La transformation
homothétique des figures
donne une première solu-
tion du problème actuel.

Fig. 283.

Après avoir jalonné, en partant d'un point O, les directions OA,
OC, OD, OE; on prend, sur ces droites, des points A', C', D', E',
tels que

$$\frac{OA'}{OA} = \frac{OC'}{OC} = \frac{OD'}{OD} = \frac{OE'}{OE}.$$

Les lignes A'C', D'E' se coupent en un point B'; OB' est la

ligne de visée. OB se calcule d'ailleurs par la formule

$$OB = OB' \cdot \frac{OA}{OA'} \cdot$$

Mais cette solution, très simple en théorie, offrirait dans l'application, certaines longueurs, parce qu'elle exige le calcul préalable des distances OA, OC, OD, OE. Celle que nous allons indiquer, basée sur la transformation homologique, nous paraît sensiblement plus pratique.

La transformation à laquelle nous faisons ici allusion est celle que nous avons déjà employée au paragraphe précédent;

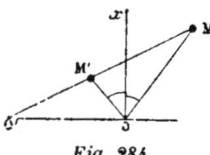

*Fig. 284.*

elle peut se définir ainsi. On prend un angle droit O'Ox; et, sur OO', un point fixe O'; c'est la figure de référence. Un point M étant donné, le correspondant M' s'obtient en traçant O'M et en menant la droite OM', symétrique de OM, par rapport à OX. Cette construction du point M' peut être facilement réalisée, sur le terrain, avec une fausse équerre.

Si l'on transforme, par ce procédé, une figure inaccessible,

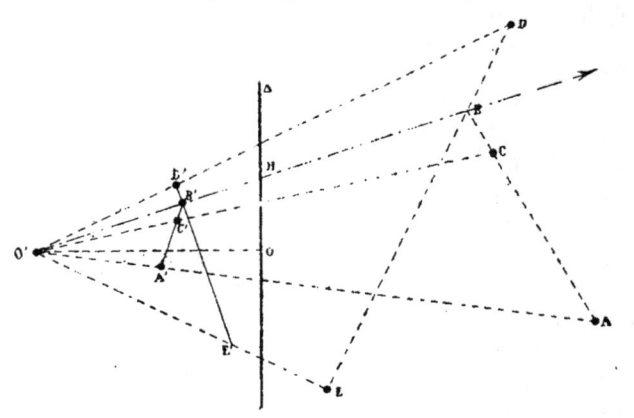

*Fig. 285.*

et notamment le quadrilatère A, C, D, E, dont il a été question plus haut, on obtiendra des points associés A', C', D', E', D'ailleurs, dans cette méthode, la transformée d'une droite est une autre droite; de plus, deux points correspondants sont en ligne droite avec le pôle fixe O'. D'après cela, les droites A'C', D'E' se coupent en un point B'; OB' va passer par B; c'est la ligne de visée.

Pour avoir la longueur O'B, on observera que, si OB rencontre l'axe d'homologie en H, la ponctuelle OB'HD est harmonique; on a donc

$$\frac{1}{O'B} = \frac{2}{OH} - \frac{1}{O'B'}.$$

**107. Le bombardement de la passe.** — Soient, sur le terrain, deux points remarquables O, O', inaccessibles et très éloignés; on voudrait régler le tir de façon à faire tomber les projectiles au milieu de OO' (*). Cette question, à un autre point de vue, nous a déjà occupé (*Seconde partie*, § 68); mais nous nous étions réservé de l'examiner de nouveau, dans le chapitre actuel.

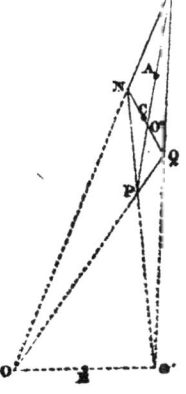

Deux cas, au point de vue pratique. doivent être distingués dans le présent problème; suivant que OO' pénètre, ou ne pénètre pas, dans la région accessible.

PREMIER CAS. — Plaçons-nous d'abord dans cette seconde hypothèse. Après avoir effectué les alignements qu'indique la figure 286, nous obtenons un quadrilatère complet; les milieux A, C des diagonales MP. NQ, donnent deux points situés en ligne droite avec le point invisible B; AC représente donc la ligne de visée.

Pour obtenir la distance inconnue AB, on observera que les droites O'O, O'P, O'O',

*Fig. 286.*

O'Q déterminent, sur ACB, une ponctuelle harmonique; et l'on appliquera la formule indiquée précédemment (*Seconde partie*, § 52). Ces opérations exigeraient, il est vrai, un peu de temps;

(*) On peut imaginer par exemple que O, O' représentent deux forts protégeant l'entrée d'un défilé, commençant en B; ou, l'embouchure d'un fleuve; le mouillage d'une rade, etc. Dans cette hypothèse, on peut avoir intérêt à préparer le tir de façon que les projectiles viennent frapper, à un moment donné, non pas les forts eux-mêmes, mais le point qu'ils protègent, point invisible et que nous supposons placé au milieu de OO'.

mais on peut admettre que la guerre des sièges comporte pour cette détermination, tous les loisirs nécessaires.

SECOND CAS. — Supposons maintenant que le prolongement de OO′ pénètre dans la région où se trouve l'observateur. Sur ce prolongement, prenons un point A, et traçons, dans la région accessible, deux alignements quelconques Δ, Δ′. On choisira, pour Δ, Δ′, des droites faisant, avec AO, des angles d'autant plus voisins de 90° que la distance OO′ est plus considérable ; de cette façon les constructions que nous allons indiquer se feront toujours dans des limites convenables.

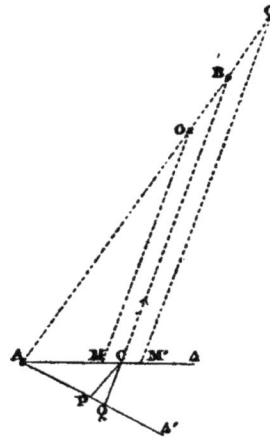

*Fig. 287.*

Au point M, pris arbitrairement sur Δ, on relève, avec la fausse équerre, l'angle AMO et l'on détermine ensuite, sur Δ, le point M′ d'où l'on voit AO′ sous le même angle. Soit C le milieu de MM′ ; la ligne de visée est une droite, partant de C, et formant avec CA un angle égal à OMA ; cet angle a d'ailleurs, été relevé par la fausse équerre.

Pour avoir la longueur de la ligne de tir, prolongeons la ligne de visée jusqu'à ce qu'elle rencontre Δ′ en P ; puis, menons CP, parallèle à AO. Nous avons alors

$$QB = QC.\frac{QA}{QP}.$$

Comme la longueur QC est connue, par un chaînage direct, on pourra, au moyen de cette formule, calculer QB ; c'est la distance cherchée, si la batterie doit être installée en Q. Dans le cas où l'on voudrait placer les pièces au point C ; on aurait CB, en observant que CB = QB − QC.

**108.** REMARQUE. — Il n'y a aucun intérêt à soulever ici, dans cet ordre d'idées, des problèmes plus difficiles que ceux que nous avons examinés dans les paragraphes précédents ; car, vraisemblablement, ils ne se présenteront jamais dans les applications.

Pour citer un exemple, relativement simple, des cas auxquels nous faisons allusion, supposons qu'on veuille, d'un point O, tirer sur un point invisible, également éloigné de trois points visibles A, B, C. On tracera, sur le terrain, une figure A', B', C', homothétique de ABC en prenant

$$\frac{OA'}{OA} = \frac{OB'}{OB} = \frac{OC'}{OC} = \frac{1}{100}.$$

Soit ω le point où concourent les perpendiculaires élevées aux milieux des côtés de A'B'C'; Oω est la ligne de visée, et la distance inconnue est égale à 100 Oω.

**109. Le tir sur le but mobile.** — « Le problème actuel (*) dit Servois, (*loc. cit.* p. 61) que nous reproduirons ici textuellement, est de la plus grande importance pour l'artilleur qui doit toujours connaître la distance du but, s'il ne veut pas consommer inutilement les munitions. Les solutions connues sont suffisantes quand le but est fixe : mais elles paraissent difficilement applicables lorsqu'il est mobile; parce qu'exigeant du temps pour être exécutées, elles ne peuvent être assez souvent répétées pour donner à chaque instant la distance de l'objet en mouvement. On a proposé, il est vrai, pour ce cas, l'usage des deux graphomètres placés aux extrémités d'une base connue; mais c'est un appareil qu'on ne peut pas toujours avoir; et puis, il faut encore du temps pour conclure, de deux angles pris à la fois, la distance dont on a besoin : cependant il importerait singulièrement qu'on pût estimer, à chaque instant, ou au moins à des intervalles assez rapprochés, la distance d'un objet telle qu'une tête de colonne, un bâtiment en mer, etc., qui s'approche ou s'éloigne : on saurait alors quand il faut commencer et cesser le feu; on me permettra quelques vues sur ce point intéressant; elles ne sont point une digression. Si l'objet qu'on doit frapper se meut dans le rayon d'un cercle dont la batterie occupe le centre, on pourra se servir avec avantage du *triangle-équerre de Lagrange;* car, ayant mesuré d'avance une base perpendiculaire à la direction du mobile, terminée d'une part à la batterie, et fixé l'instrument à l'autre extrémité, un observateur tenant constamment l'alidade mobile dirigée vers l'objet, pourra prononcer à chaque

_____

(*) Le problème de la distance d'un point à un autre point inaccessible.

instant à quelle distance de la batterie est cet objet, parce
que l'instrument donne cette distance, sans calcul » (*).

Si l'objet se meut dans une ligne droite, oblique par rapport
aux lignes de feu de la batterie, on parviendra à connaître sa
distance, en procédant comme s'ensuit... »

Servois indique alors pour calculer la distance de la batterie
au but mobile, la solution que nous avons, en la modifiant

---

(*) On voit, par cette description, en quoi consistait le triangle-équerre
de **Lagrange**, aujourd'hui remplacé par les télémètres. Imaginons un
triangle rectangle ABC, dont l'un des côtés AB porte une graduation,
de 0 à 100 par exemple. Au sommet C est fixée une lunette ou une alidade mobile autour de ce point et qu'on peut, à un moment donné,
diriger vers le but mobile. Un trépied supporte l'instrument et permet

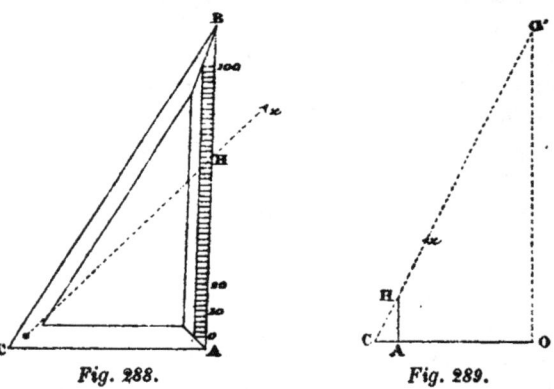

*Fig. 288.*                         *Fig. 289.*

de l'installer dans un plan horizontal. La base CO, dont parle Servois,
étant mesurée, l'instrument fait connaître, par une simple lecture, la
longueur AH ; d'après cela, la distance inconnue est donnée par la formule

$$OO' = OC \cdot \frac{AH}{AC}.$$

En supposant AB = 10AC, $h$ désignant le nombre correspondant au
point H, on a

$$OO' = OC \cdot \frac{AB}{AC} \cdot \frac{AH}{AB} = OC \cdot 10 \cdot \frac{h}{100};$$

ou, enfin,                         $$OO' = \frac{OC.h}{10}.$$

Il suffit donc de multiplier la longueur de la base, par le nombre $h$
donné par l'instrument; on divise ce produit par 10.

Pour les grandes distances, il faudrait prendre un triangle équerre
dans lequel le rapport $\frac{AB}{AC}$ serait plus grand que 10; mais, dans ces conditions, les dimensions de l'instrument le rendraient peu pratique.

un peu, reproduite (§ 52), et au moyen de laquelle on détermine la distance d'un point donné à un point inaccessible.

Lorsque le but ne se meut pas en ligne droite, on peut, dit Servois, employer la méthode suivante :

« A est le centre de la batterie, ou à peu près ; X est le but mobile ; AZ est une base de longueur plus grande que la portée moyenne des bouches à feu de la batterie ; elle est mesurée exactement et, sur l'extrémité Z, les divisions, de mètre en mètre, sont indiquées par des piquets, par des cailloux, etc. Si le terrain l'a permis, la direction de cette base a été prise de manière à ne pas former d'angle obtus avec la première ou dernière ligne de feu dirigé sur le mobile ; des jalons sont placés en A, D, B sur AZ, à des distances arbitraires ; un cordeau AC égal à AB et sur lequel on a marqué en E une longueur AF égale à AD, est fixé par une extrémité en A ; huit hommes désignés par E, C, F, G, L, M, N, Z sont chargés des

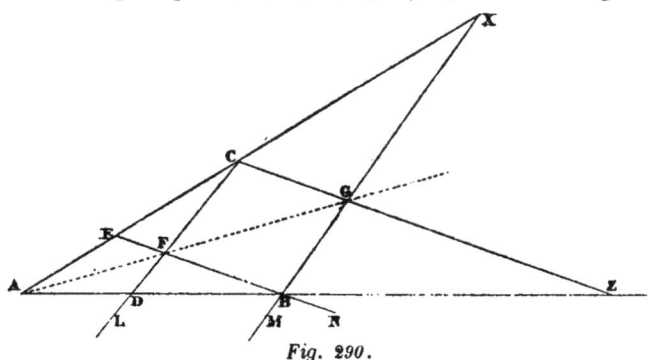

*Fig. 290.*

fonctions suivantes. C, E tiennent le cordeau, l'un en E, l'autre en C, et ont soin d'être toujours dans l'alignement AX ; L, placé à quelque distance du jalon D, se tient constamment dans l'alignement CD ; M est toujours dans l'alignement BX ; N est toujours dans l'alignement BE ; F a soin d'occuper constamment le point de concours de DL et BN ; G est constamment au point de concours de AF et BM ; enfin Z est toujours au concours de CG et AB, et il proclame à chaque moment à quelle distance il est du point A : elle est la même que celle du but X. Si l'objet se meut dans la direction AX, il est clair

que les observateurs E, C, F, M peuvent être remplacés par
des jalons, que L, N deviennent inutiles, et que G et Z, avec
les attributions qu'on leur a données, peuvent seuls déterminer à chaque instant la distance AZ égale à AX. »

Cette solution, assurément, est fort simple, *en théorie* ; mais
bien que Servois, avant de l'exposer, prenne la précaution
d avertir le lecteur qu'elle a été, par lui-même « essayée plusieurs fois avec succès », on comprend, sans qu'il soit utile
d'insister, qu'une pareille méthode, exigeant le choix d'une
base égale à la portée moyenne des bouches à feu, est con-
damnée d'avance; elle ne peut, manifestement, donner lieu
à aucune opération pratique.

Nous allons, dans les paragraphes suivants, exposer une
solution, moins compliquée, de la question actuelle. Il est vrai
qu'elle nous a déjà occupé, quand nous avons examiné (chapitre V, § 53) le problème de la poursuite. Nous la reprenons
ici, pour la traiter avec plus de détails, et en nous plaçant au
point de vue spécial du tir des bouches à feu, sur un but qui
se déplace. Mais, nous avons à nous demander d'abord comment on pourra décider si la trajectoire du but mobile est
rectiligne, ou ne l'est pas.

**110. Déterminer la nature de la trajectoire du
but mobile.**

Fig. 291.

— Soient : 0,
le centre de la
batterie; O', un
poste d'obser-
vation, aussi
rapproché de 0
qu'on le vou-
dra; M, le point
mobile qu'on
veut observer.
Ayant relevé,
avec la fausse
équerre, l'an-
gle MOO', jalonne, par un retour d'équerre, la ligne OZ telle

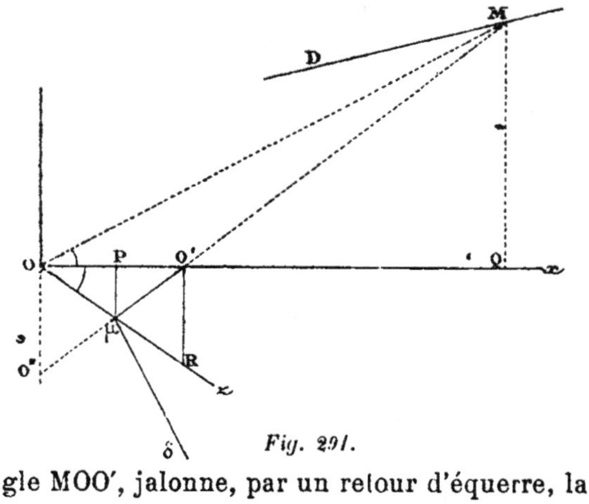

que $\widehat{ZOU'} = \widehat{MOO'}$; le prolongement de MO' rencontre OZ en un certain point $\mu$. Si $\mu$ se meut sur une droite $\delta$; M est, lui-même, mobile sur une droite D.

Plus généralement, bien que cette dernière remarque n'ait aucun intérêt pratique, les points M, $\mu$, se correspondant homologiquement, décrivent deux courbes de même ordre.

Mais il faut, c'est toujours le point délicat dans ces sortes de problèmes, déterminer la distance du point fixe au point mobile. Nous supposerons, dans ce qui suit, que le déplacement du but ait lieu en ligne droite; c'est ce qui se produit le plus ordinairement et ce cas offre, seul, assez de simplicité et d'intérêt, pour être examiné ici.

**111. La distance au but mobile.** — Pour évaluer, rapidement, la distance OM, observons d'abord que les quatre points O", $\mu$, O', M forment une ponctuelle harmonique; il en est de même de la ponctuelle formée par leurs projections O, P, O', Q, sur OX. Nous avons donc

$$\frac{2}{\overline{OO'}} = \frac{1}{\overline{OP}} + \frac{1}{\overline{OQ}},$$

ou, en remplaçant, dans cette relation homogène, OO', OP, OQ par des longueurs proportionnelles OR, O$\mu$, OM,

(1) $$\frac{1}{O\mu} + \frac{1}{OM} = \frac{2}{OR}.$$

On imaginera donc un cordeau divisé, fixé en O, à l'une de ses extrémités; un observateur se déplace, en même temps que M, de façon à rester sur la ligne MO' et sur la droite $\delta$ qui correspond à celle sur laquelle se déplace M, droite déterminée par deux observations particulières. Cet observateur n'a plus qu'à lire, sur le cordeau, la distance O$\mu$; puis, un aide calcule OM, d'après la formule (1); s'il possède une table des inverses, le calcul peut être fait, mentalement, avec la plus grande rapidité.

Le cas particulier où le but mobile M se dirige en ligne droite vers le point O mérite d'être signalé. Dans ce cas, OZ est une droite fixe, et l'observateur $\mu$ n'a qu'à se transporter sur OZ, en restant en ligne droite avec le jalon fixé en O', d'une part, et le but mobile, d'autre part.

**112. L'ouverture du feu.** — Imaginons qu'un vaisseau
ennemi M, soit en vue, du point O, centre d'une batterie ; on
connaît la portée maxima $h$, des pièces à feu de cette batterie, et l'on voudrait savoir, d'abord, si le bâtiment observé
s'avance à portée du tir ; on veut aussi, dans ce cas, déterminer le moment favorable à l'ouverture du feu ; de façon à sur-
prendre le vaisseau, à l'instant précis où les projectiles peuvent le toucher.

Nous distinguerons différents cas ; suivant que la trajectoire
rectiligne suivie par M est dirigée vers O, ou est parallèle à la
côte, ou, enfin, est quelconque.

1° Le long de la plage, jalonnons une droite OZ sur laquelle nous
établissons, en O', un poste d'observation. Prenons, par un retour

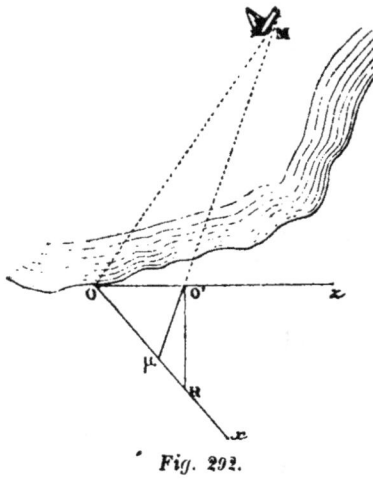

de la fausse équerre, comme
nous l'avons fait à plusieurs
reprises, l'alignement OX,
symétrique de OM par rap-
port à OZ. Soit $\mu$ le point
de rencontre de OX avec le
prolongement de MO'. Com-
me nous l'avons remarqué
tout à l'heure, nous avons

$$\frac{1}{OM} + \frac{1}{O\mu} = \frac{2}{OR}.$$

Soit M la position du bâ-
timent au moment où il
pénètre dans le champ de
tir ; on a OM $= h$. La relation précédente permet de

*Fig. 292.*

calculer O$\mu$. Un observateur placé en $\mu$ attend le moment
où le point mobile vient se placer sur le prolongement de $\mu$O' ;
et, à cet instant même, donne le signal convenu.

Les constructions nécessaires, si grande que soit la distance
$h$, peuvent se faire dans le voisinage de O ; puisque la base
OO', étant arbitraire, peut être choisie aussi petite que l'exigera le terrain sur lequel on peut opérer.

Le problème devient plus difficile, lorsque la trajectoire
suivie par le vaisseau qu'on observe est une ligne droite $\Delta$ ne

renfermant pas le centre O de la batterie; tel serait le cas d'un bâtiment passant au large, ou croisant à distance, pour se livrer à certaines observations. Il faut alors déterminer la distance de O à Δ, et savoir si cette longueur est, ou n'est pas inférieure à $h$. Puis, dans le cas où le bâtiment s'approche suffisamment de O, pour rendre le tir efficace, on peut demander quel est le moment précis où doit s'ouvrir le feu de la batterie, sans qu'il soit nécessaire d'effectuer des tentatives qui, si elles étaient vaines, instruiraient, trop tôt, l'ennemi de la position qu'il doit conserver et de la distance à laquelle il doit se maintenir pour rester hors de la portée de la batterie.

2° Nous supposerons d'abord que le bâtiment observé M se meut parallèlement à une ligne OZ tracée sur le rivage.

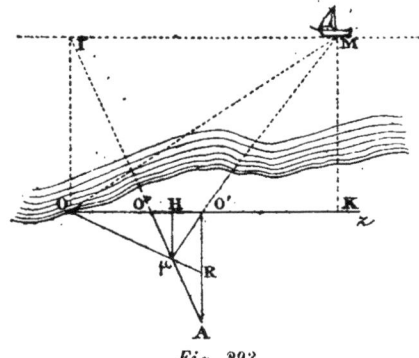

*Fig. 293.*

Mais on doit se demander, avant tout, comment on pourra vérifier que cette condition se trouve réalisée.

A cet effet, considérons le point μ qui correspond à M, dans la transformation homologique imaginée précédemment. Nous répétons, pour éviter toute confusion, que les points M, μ sont en ligne droite avec un point fixe O', et que OO' est, à chaque instant, la bissectrice de MOμ. On sait que, dans cette transformation, à une droite correspond une autre droite; c'est un principe que nous avons déjà utilisé. Mais on sait aussi: 1° que deux droites correspondantes se coupent toujours sur l'axe d'homologie, droite perpendiculaire à OO', au point O; 2° que deux droites correspondantes coupent OO' en deux points qui divisent harmoniquement ce segment. En particulier, si l'un d'eux est à l'infini, le point correspondant coïncide avec le milieu de OO'.

Imaginons donc, pour donner à la solution présente un caractère vraiment pratique, un miroir, de dimensions suffisantes, placé en O, dans un plan perpendiculaire à OZ. Un observateur cherche à voir, dans ce miroir, le bâtiment observé M ; soit μ la position qu'il occupe à cet instant. Un jalon étant fixé en O', milieu de OO', l'observateur en question se déplace de façon à ne pas perdre de vue l'image de M. Si la trajectoire, ainsi décrite, est une droite passant par O", c'est que M est mobile sur une droite MI parallèle à OZ.

Il nous reste à calculer la distance OI du point O, à la droite MI.

Élevons O'R perpendiculairement à OZ ; soit R le point de rencontre de O'R avec Oμ. Comme nous l'avons déjà observé, on a

$$\frac{1}{O\mu} + \frac{1}{OM} = \frac{2}{OR}.$$

D'ailleurs, les droites OR, OM étant également inclinées sur OZ, leurs projections sur des perpendiculaires à OZ sont proportionnelles et comme la relation précédente est homogène, nous avons

$$\frac{1}{\mu H} + \frac{1}{MK} = \frac{2}{O'R},$$

ou

$$\frac{1}{OI} = \frac{2}{O'R} - \frac{1}{\mu H}.$$

Cette égalité permet de calculer OI : immédiatement, si l'on possède une table des inverses ; très simplement, dans tous les cas. On saura donc si OI est inférieur à la portée maxima des pièces, et si, par conséquent, on doit faire les préparatifs nécessaires pour ouvrir le feu, au moment où M passe en I. On observera, d'ailleurs, que la ligne de visée OI est perpendiculaire à OZ, et que la longueur de

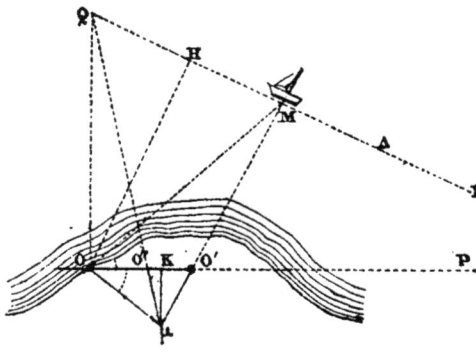

Fig: 294.

la ligne de tir est connue : c'est la quantité OI, calculée comme il vient d'être dit.

3° Supposons que la trajectoire suivie par M soit une droite quelconque $\Delta$, rencontrant la ligne OO' en P, point inconnu, bien entendu, et que nous pouvons supposer très éloigné de O.

L'expérience étant disposée comme nous l'avons indiqué tout à l'heure, l'observateur $\mu$, mobile avec M, décrit, sur le rivage, une trajectoire rectiligne $\mu O''$; cette droite, comme nous l'avons dit, va rencontrer $\Delta$ en un point Q situé sur la perpendiculaire élevée, en O, à OO'. Imaginons la perpendiculaire OH abaissée de O sur $\Delta$; nous voulons d'abord évaluer OH.

Le triangle rectangle POQ donne

$$(1) \qquad \frac{1}{\overline{OH}^2} = \frac{1}{\overline{OP}^2} + \frac{1}{\overline{OQ}^2}.$$

La longueur OP se calcule en observant que la ponctuelle O, O', O'', P est harmonique. Donc

$$(2) \qquad \frac{1}{\overline{OP}} = \frac{2}{\overline{OO'}} - \frac{1}{\overline{OO''}}.$$

Quant à OQ, les triangles semblables OQO', K$\mu$O' prouvent que

$$(3) \qquad OQ = K\mu \cdot \frac{OO'}{O'K}.$$

Les égalités (1), (2), (3) résolvent la question posée; si la longueur OH, calcu-lée par ces for-mules, est plus petite que la por-tée maxima des pièces, il sera pos-sible, à la bat-terie placée en O, de diriger ses feux sur le bâtiment observé. Mais il reste à déterminer le moment où le feu doit s'ouvrir et celui où il doit

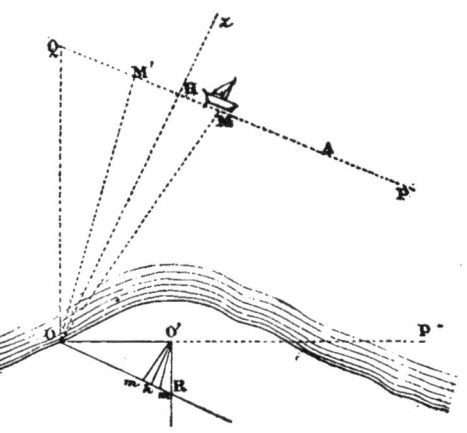

Fig. 293.

cesser; c'est-à-dire les deux instants où M est, sur sa trajec-toire $\Delta$, à une distance de O égale à la portée maxima $h$.

Ayant calculé OP, OQ, comme il a été dit, prenons, sur la perpendiculaire élevée, en O', à OO', une longueur O'R telle que

$$O'R = OO' \frac{OQ}{OP}.$$

La droite OZ, perpendiculaire à ORL, passe par la projection de O sur PQ; c'est la ligne de tir la plus favorable.

D'autre part, abaissons O'h perpendiculaire sur OR ; et, avec un cordeau fixé en O', bien tendu, et dont la longueur est calculée par la formule

$$O'm = O'm' \quad = OM \frac{OH}{O'h}, \quad (OM = h)$$

déterminons, sur OR, les points m, m'; la ligne de tir, pour l'ouverture du feu, sera parallèle à O'm; et, pour la cessation du feu, parallèle à O'm'.

Cette solution, basée sur la transformation homologique et sur les principes élémentaires des figures semblables, est assez compliquée; on en imaginera, sans doute, de plus simples.

### 113. Les feux croisés. — Soient deux batteries instal-

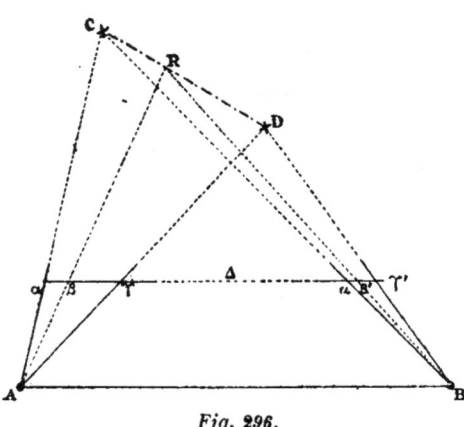

lées en A, B; on veut que leurs pièces aillent frapper un alignement CD de façon que les feux se croisent toujours sur cette droite ; pourtant, on suppose que le point qu'il faut atteindre n'est visible : ni de A, ni de B. La propriété que nous avons établie (Première partie, § 16) peut être utilisée pour résoudre la difficulté proposée.

*Fig. 296.*

Ayant tracé $\Delta$ parallèlement à AB, on prendra, sur les segments $\alpha\gamma$, $\alpha'\gamma'$, deux points $\beta$, $\beta'$ tels que

$$\frac{\alpha\beta}{\alpha\,\beta'} = \frac{\alpha\gamma}{\alpha'\gamma'} :$$

les feux dirigés suivant $A\beta$, $B\beta'$ se croiseront sur CD. Pour le démontrer, on peut s'appuyer sur la propriété rappelée; on peut aussi raisonner de la manière suivante.

Les points $\beta$, $\beta'$ décrivent, sur $\Delta$, deux divisions homographiques; les droites homologues $A\beta$, $B\beta'$ se coupent en un point dont le lieu géométrique est une conique. Mais, si $\beta$ s'éloigne à l'infini, $\beta'$, lui aussi, s'éloigne indéfiniment sur $\Delta$; et les rayons homologues, dans ce cas, coïncident avec AB. La droite AB fait donc partie du lieu; par suite, celui-ci se compose de AB et d'une autre droite. Mais C et D font évidemment partie du lieu; par suite, $A\beta$, $B\beta'$ se croisent sur CD.

Dans la pratique, on pourrait partager, au moyen d'un cordeau quelconque, les intervalles $\alpha\gamma$, $\alpha'\gamma'$ en un même nombre de parties égales; en plaçant des piquets aux points obtenus, on devra viser, des points A, B, ceux qui se correspondent.

**114. Les feux convergents.** — Supposons que, dans le voisinage d'un point O, on veuille disposer des pièces à feu dont le tir converge vers un point B, invisible mais que l'on sait exister, dans la direction OX, à une distance $l$, de O.

Prenons sur OX un point arbitraire A; puis, sur OA, un point C tel que

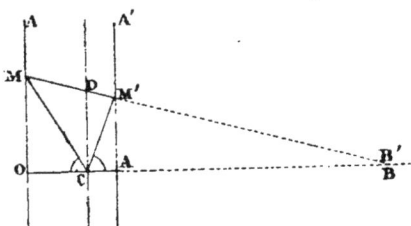

Fig. 297.

(1) $\quad \dfrac{1}{OC} = \dfrac{2}{OA} - \dfrac{1}{h}.$

On observe que cette longueur OC se calcule rapidement en utilisant la table des inverses; d'ailleurs, dans le cas actuel, on peut supposer qu'on a tout le loisir nécessaire pour faire le calcul fort simple qui correspond à cette formule.

Cela fait, on jalonne deux droites Δ, Δ' perpendiculaires en O, A sur OA. On fixe sur Δ un jalon en M, point où l'on veut installer la pièce. Avec la fausse équerre, on relève l'angle MCO, et, par un retour d'équerre, on fixe sur Δ', en M', un jalon, de telle sorte que l'angle M'CA = MCO. En visant M', le tir de la pièce à feu placée en M sera dirigé vers le point invisible.

En effet, CX étant la bissectrice extérieure de MCM', MM' rencontre OX en un point B' qui forme avec M, D, M' une ponctuelle harmonique; mais, d'autre part, d'après (1), O, C, A, B est une ponctuelle harmonique : d'où l'on conclut que B se confond avec B'.

On peut ainsi établir, sur les lignes Δ, Δ', autant de couples tels que M, M' que l'on voudra.

Si l'on préfère disposer les pièces *en éventail*, après avoir installé, comme le représente la figure 298, une pièce en O', avec A' pour point de mire, on répétera, *(fig. 298)* avec O'A' pour base, la construction précédemment faite avec OA; puis, on la reproduira, autant de fois que l'on voudra, en O'A', O'''A''', etc... On obtiendra ainsi, successivement, les lignes OA, O'A',..., qui concourent au but invisible B.

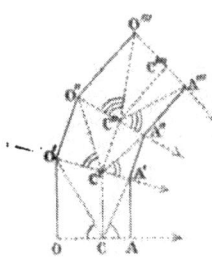

Fig. 298.

Quant aux distances OB, O'B,... on les calcule par les formules :

$$\frac{1}{OB} = \frac{2}{OA} - \frac{1}{OC},$$

$$\frac{1}{O'B} = \frac{2}{O'A'} - \frac{1}{O'C'},$$

$$. \quad . \quad . \quad . \quad . \quad . \quad .;$$

Dans la pratique, si les pièces ne sont pas très éloignées les unes des autres, on peut considérer les longueurs OB, O'B,... comme sensiblement égales, et régler les hausses en conséquence.

Pour indiquer une application de ce problème à l'art de la Guerre, on pourrait imaginer que l'ennemi, après avoir été attiré en B, serait, à un signal donné, brusquement assailli

par les projectiles des pièces, celles-ci étant disposées comme
nous l'avons dit. Leur tir serait préparé de façon que les projectiles vinssent frapper ce point B, et l'effet produit serait
d'autant plus efficace qu'il proviendrait de points invisibles
pour l'ennemi.

**115. Le tir concentrique.** — Nous avons supposé que le
tir des pièces, dont les feux convergent vers le point B, pouvait
être réglé de façon que les obus
vinssent, uniformément, frapper
le but, bien que ces pièces fussent
placées à des distances inégales.
Le problème actuel peut être
envisagé à un autre point de vue.

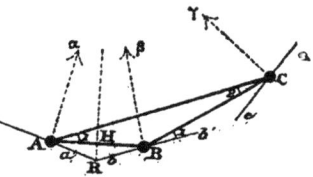

*Fig. 299.*

Supposons que trois batteries
soient installées aux points A, B, C. On voudrait tirer, de ces
points, sur une ville assiégée, *à la portée maxima* et de façon
que le tir soit *concentrique;* nous entendons, par là, que les
projectiles doivent tomber au même point. On demande si le
problème en question est possible, et, dans tous les cas, on
propose d'installer une série de batteries pouvant, à un signal
donné, ouvrir, à la portée maxima, un tir concentrique.

Soient A, B, C les emplacements jugés favorables à l'établissement des trois premières batteries ; il s'agit de déterminer
d'abord, pour chacune d'elles, la ligne de visée.

Relevons, avec la fausse équerre, l'angle CAB ; puis, jalonnons aux points B, C, les droites $bb'$, $cc'$, telles que

$$\widehat{b'BC} = \widehat{cCB} = \widehat{BAC},$$

Les lignes de tir sont des droites Bβ, Cγ perpendiculaires, respectivement : la première, à $bb'$ ; l'autre, à $cc'$. On détermine, de
même, en relevant l'angle ACB, la droite $aa'$ et par suite, la perpendiculaire Aα qui représente la ligne de tir, au point A. On voit,
en effet, que les droites $aa'$, $bb'$, $cc'$ construites comme il vient
d'être dit, sont les tangentes à la circonférence circonscrite au
triangle ABC. Les droites Aα, Bβ, Cγ, suffisamment prolongées,
vont donc concourir en un certain point O, centre de cette circonférence.

Pour avoir la longueur commune des droites OA, OB, OC,

on peut utiliser la formule connue

$$4OA = \frac{AB.\ BC.\ CA}{\text{aire ABC}}.$$

On peut aussi observer que le triangle rectangle OAR donne

$$\frac{1}{OA^2} = \frac{1}{AH^2} - \frac{1}{AR^2}.$$

Si la longueur OA, ainsi calculée, est égale à la portée maxima $h$, des pièces, les batteries occupent l'emplacement qu'elles doivent avoir: et, pour chacune d'elles, la ligne de tir est déterminée. Dans le cas contraire, on déplacera celles-ci, dans un sens ou dans l'autre, de quantités égales, sur les lignes de tir, de façon que, dans leur nouvelle position, elles soient à la distance $h$ du point O.

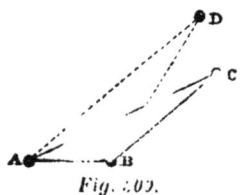

Fig. 209.

Il nous reste à dire comment, les trois premières batteries étant installées pour le tir concentrique, on pourra fixer les positions des autres batteries.

Avec la fausse équerre, on relève l'angle ABC ; puis, on cherche dans le voisinage de l'emplacement désigné pour la nouvelle batterie, un point D, d'où l'on apercoive BC sous un angle ADB = ACB. On fixe alors, comme il a été dit, la ligne de tir qui correspond à ce point D. On obtiendra ainsi, successivement, autant de points que l'on voudra.

**116. Le tir central.** — On peut considérer ce problème comme étant l'inverse de celui que nous venons d'examiner; voici en quoi il consiste.

Imaginons trois points visibles, mais inaccessibles, A, B, C; on propose d'indiquer la position d'une batterie qui, placée en O, soit à égale distance de ceux-ci. De plus, le point O étant donné, on demande d'évaluer cette distance.

C'est à la transformation par inversion (*) que nous demanderons la réponse à cette question.

Prenons arbitrairement un point P, comme pôle de la trans

---

(*) On a vu précédemment (§ 64) comment on construisait, point par point, l'inverse d'une figure donnée. A ce propos, on a dû remarquer avec quelle simplicité on peut, sur le terrain, effectuer le tracé de

formation. Soient A', B', C' les points inverses de A, B, C.
Les perpendiculaires élevées aux milieux des côtés du triangle A'B'C' se coupent en O'; le centre cherché O se trouve
sur PO'. En effet, à la circonférence passant par A, B, C, correspond une autre circonfé-
rence circonscrite à A'B'C';
on sait d'ailleurs que les
centres de deux circonfé-
rences inverses sont en ligne
droite avec le point choisi
pour pôle de la transformation.

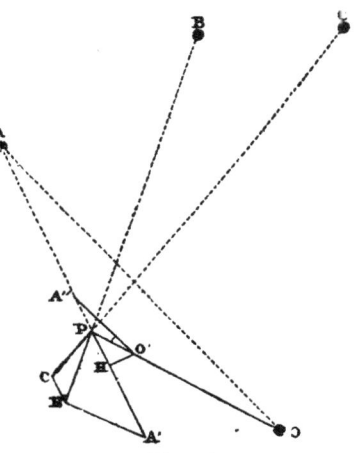

Pour déterminer complè-
tement le centre O, on pourrait prendre un autre pôle P
et, par son intermédiaire,
obtenir une seconde droite
concourant avec PO', au
point cherché. Mais il est
plus simple d'observer que la

*Fig. 301.*

ligne OA est parallèle à la droite O'A″ qui joint O' au point A″,
symétrique de A', par rapport à H. On sait, en effet, que si deux
circonférences sont inverses l'une de l'autre, par rapport au pôle
P, la droite AA' qui joint deux points associés rencontrant la
circonférence A'B'C' en un point A', les rayons OA, O'A″ sont
parallèles. Or, en prenant HA' = A'H, A' représente le second
point commun à A'A et à la circonférence A'B'C'. D'après cela,
après avoir relevé, avec la fausse équerre, l'angle PO'A″, on
s'avancera sur PO' jusqu'à ce que l'on trouve un point O, d'où le
segment PA soit vu sous l'angle PO'A″. On pourra répéter cette
construction successivement pour les deux autres points B, C; on
obtiendra, de la sorte, une double vérification du premier tracé.

Enfin, pour avoir OA, on utilisera la formule

$$OA = \frac{O'A''.PO}{PO'}.$$

cette figure. Ainsi, bien que le fait puisse paraître singulier au premier
abord, on obtient plus rapidement la transformation par inversion des
espaces inaccessibles, que leur transformation par homothétie.

**117. Le changement de position.** — Une batterie
étant installée en A, on peut, pour divers motifs, vouloir la
déplacer ; et, dans ce cas, on peut d'abord demander que,
dans la seconde situation, elle conserve sa distance au point
B, point qui représente le but.

Ayant jalonné une droite $xx'$ dans la région où doit être
choisie la nouvelle position de la bat-
terie, on relève, avec la fausse équerre,
l'angle BA$x$ ; puis, l'on cherche sur
A$x$ un point C tel que BCA = BAX ;
c'est en C qu'on doit installer la batterie.

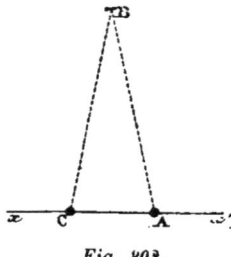

Si l'on désire se rapprocher de B, on
doit prendre position entre A, C ; on se
placera, au contraire, sur C$x$, ou sur A$x'$,
si l'on veut s'éloigner du but.

*Fig. 302.*

Supposons, maintenant que, au point
B, soit installée une batterie ennemie ; il peut arriver que
celle-ci modifie son emplacement et vienne en B' ; on peut alors
demander quelle doit être la nouvelle position A' de la batterie A, si l'on veut que la distance des batteries soit maintenue.

Le problème comporte, évidemment, une infinité de solutions ; mais il faut indiquer par quel procédé on peut en
déterminer une.

Après avoir jalonné un segment AM, perpendiculaire à AB,
on relève sa longueur, au moyen du cordeau. Ayant alors pris
un point H, dans la région où l'on veut
installer la batterie, on élève HK, perpendiculairement à HB' ; puis, l'on détermine,
sur HK, un point K tel que HKB' soit égal
à AMB ; ce dernier angle ayant été relevé
par une fausse équerre. Si HK est égal à
AM, H est le point cherché ; dans le cas
contraire, si HK est, par exemple, plus
petit que AM, on se transporte dans la

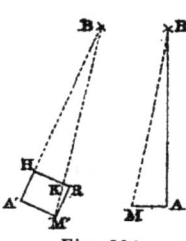

*Fig. 303.*

direction B'K jusqu'à ce qu'on trouve un point M', tel que
A'M' = AM. Il suffit, à cet effet, de prendre avec le cordeau
HR = MA ; la perpendiculaire élevée en R, à HR, coupe B'K
au point cherché.

Cette construction est basée, comme l'on voit, sur l'égalité de deux triangles rectangles. Il va, sans dire, qu'elle peut être réalisée avec des triangles quelconques, en utilisant uniquement le cordeau et la fausse équerre.

Dans le cas où le déplacement de B se fait dans la direction même de AB, (comme il arrive, lorsqu'une batterie, trop vivement pressée par le feu de l'ennemi, veut se dérober à son attaque), la solution précédente se simplifie notablement. Ayant tracé un alignement Δ parallèle à AB, un indicateur se meut sur Δ, en même temps que se déplace la batterie B et de telle sorte que l'angle ΔMB soit toujours le même, dans les diverses positions de la batterie ennemie. Le déplacement de la batterie A, se fait alors au moyen de l'indicateur que nous venons d'imaginer ; il suffit que, dans ce déplacement, l'angle MAB reste constant. De la sorte, la batterie A conserve, vis-à-vis de l'autre, la distance qui était favorable à son tir.

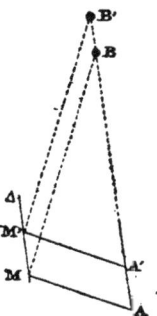

Fig. 304.

### 118. La portée des pièces ; les essais de poudres.

—Voici dans quelles conditions on peut déterminer : soit, pour une hauteur donnée à la hausse, la portée maxima des différentes pièces d'artillerie ; soit, avec des pièces identiques, la force d'expansion des diverses poudres de guerre.

Une pièce à feu étant installée en un point A, au bord de la mer, le projectile est lancé, à tir perdu. Au moment où il tombe, on voit se produire, en B, une gerbe d'eau, d'ailleurs visible à de grandes distances ; il s'agit, alors, de calculer la distance AB. Dans la pratique, on utilise les télémètres ; nous voulons montrer comment on pourrait résoudre le même problème, par de simples chaînages.

PREMIÈRE SOLUTION. — Établissons en C, D deux postes d'observation ; puis, traçons, au bord de la mer, une ligne PQR, jalonnée au moyen de piquets suffisamment rapprochés. Deux observateurs, placés en C en D, détermineront, sur Δ.

les deux jalons P, Q, respectivement en ligne droite avec le point B, d'une part, et les points C, D, d'autre part. Cela

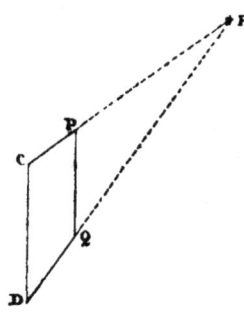

posé, voici comment on peut calculer la longueur AB que nous désignerons par $x$.

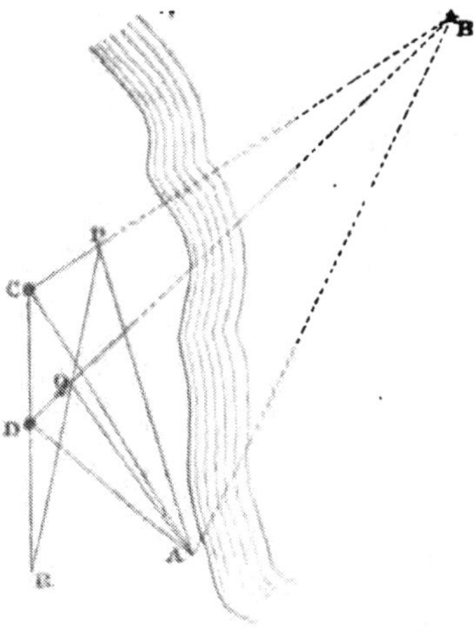

Le théorème de Stewart, appliqué au triangle $ABD$, donne

$$\overline{AD}^2 . BQ + x^2 . DQ = \overline{AQ}^2(DQ + BQ) + DQ.QB.DB,$$

ou

$$(1) \quad (\overline{AQ}^2 + \overline{BQ}^2)DQ + BQ(\overline{AQ}^2 - \overline{AD}^2 + \overline{DQ}^2) = DQx^2.$$

De même,

$$(2) \quad (\overline{AD}^2 + \overline{BP}^2)CP + BP(\overline{AP}^2 - \overline{AC}^2 + \overline{CP}^2) = CPx^2.$$

**Fig. 305.**

D'autre part, le triangle BCD et la transversale PQR donnent

$$(3) \qquad BP.DQ.RC = CP.BQ.RD.$$

Les égalités (1), (2) et (3) déterminent BP, BQ et $x$. Pour dégager l'inconnue principale, la quantité $x$, on devrait éliminer les inconnues auxiliaires que nous avons introduites : BP et BQ. Cette élimination n'offre aucune difficulté ; elle conduit à une équation bicarrée en $x$. Mais la complication même de ce résultat, dans un problème qui est du premier degré, nous avertit que la marche suivie est susceptible de simplification notables. C'est ce qu'il est aisé de vérifier.

**Fig. 306.**

Observons, d'abord, que rien ne s'oppose à ce que la droite PQ, qui est arbitrairement choisie, soit tracée parallèlement à CD. Le quadrilatère PQCD *(fig. 304)* étant un trapèze, on a

$$BP = \frac{CP.PQ}{CD - PQ},$$

$$BQ = \frac{DQ.PQ}{CD - PQ}.$$

Nous pourrons donc calculer, directement, en utilisant ces formules, les inconnues auxiliaires. Les longueurs BP, BQ une fois déterminées, la distance $x$ s'obtient par la formule (1), ou par la formule (2), indifféremment. On a même, de la sorte, une vérification des calculs précédents.

Malgré cette remarque, la solution précédente reste compliquée; celle que nous allons développer maintenant est sensiblement plus pratique; nous allons trouver, en l'exposant, une nouvelle et intéressante application de la tranformation homologique.

Seconde solution. — Soit A$z$ la ligne de tir; jalonnons sur le rivage une droite A$y$ et, sur A$y$, dans la région DD', favorable

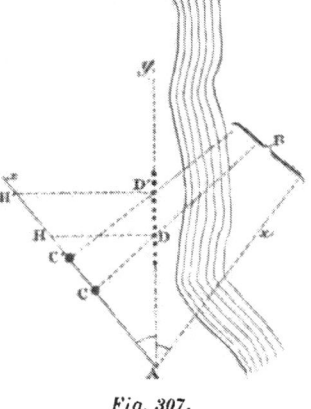

aux observations, plaçons des piquets équidistants. Nous supposerons d'ailleurs qu'ils se distinguent facilement les uns des autres, par les signaux différents dont ils sont munis.

Sur une droite A$x$, telle que $xAy = yAz$, installons, en C, un poste d'observation. Le projectile lancé de A tombe dans la mer et comme nous l'avons déjà dit, soulève, dans sa chute, au point B, une gerbe d'eau, visible pendant quelques secondes. L'observateur, placé en A, vérifie quel

*Fig. 307.*

est le poteau D qui est situé sur CB. En élevant, en D, une perpendiculaire DH, on calcule AB par la formule précédemment démontrée (§ **111**).

(1) $$\frac{1}{AB} = \frac{2}{AH} - \frac{1}{AC}.$$

Mais on simplifiera le calcul, en opérant comme nous allons l'indiquer.

Plaçons sur A$x$, en C′, un second poste d'observation. Soit D′ le poteau qui se trouve sur C′B; nous avons encore

(2)
$$\frac{1}{\overline{AB}} = \frac{2}{\overline{AH'}} - \frac{1}{\overline{AC'}}.$$

Des égalités (1) et (2), on déduit

$$\frac{\dfrac{1}{\overline{AB}} + \dfrac{1}{\overline{AC}}}{\dfrac{1}{\overline{AB}} + \dfrac{1}{\overline{AC'}}} = \frac{AH'}{AH} = \frac{AD'}{AD}.$$

On tire, de là, la formule que nous avions en vue :

(3)
$$\frac{1}{\overline{AB}}\,(AD' - AD) = \frac{AD}{\overline{AC}} - \frac{AD'}{\overline{AC'}}.$$

On peut alors, *sans avoir à effectuer aucun tracé*, calculer la portée des pièces; les coups se succédant à intervalles aussi rapprochés que l'on voudra. Il est facile d'en voir la raison.

A chaque coup de feu, les opérateurs C, C′, prennent note du poteau qu'ils ont observé et qui correspond à la **gerbe d'eau** provoquée par la chute du projectile. Les expériences terminées, ils rapprochent leurs observations; puis, en opérant séparément, pour avoir une vérification des calculs, ils déter-

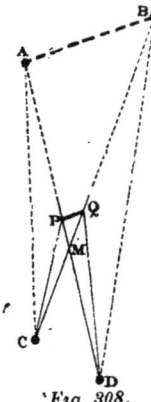

minent la longueur AB, par la formule (3). Bien entendu, les longueurs AC, AC′ ont été mesurées, une fois pour toutes, avec le plus grand soin; de plus, on connaît les distances, au point A, des différents poteaux placés sur A$y$.

### 119. L'ouverture de la parallèle. —
Supposons que AB représente un côté d'une enceinte fortifiée; par un point donné M, on propose de tracer une tranchée parallèle à AB. Ce problème nous a déjà occupé (chapitre VI, §§ **60** à **67**), mais nous y revenons, une fois encore, pour indiquer une solution d'un carac-

'*Fig. 308.*

tère plus pratique, en supposant, c'est le cas que nous voulons examiner, que la longueur AB est, relativement, assez faible.

Imaginons que, dans l'espace accessible, on prenne, arbitrairement, sur les prolongements des droites AM, BM, deux points C, D. De ces points, visons, successivement, B, A; puis traçons CP et DQ, respectivement parallèles aux lignes DB, CA; la droite PQ, ainsi obtenue, est parallèle à AB (*). Il suffit alors, de mener, par M, une parallèle à PQ; ce tracé n'offre plus aucune difficulté puisque PQ est situé dans la région accessible.

On doit observer que la droite PQ sera, dans tous les cas, aussi rapprochée que l'on voudra du point M; il suffit de choisir, les postes d'observation C, D, dans le voisinage de ce point.

## CHAPITRE XI

### LE POINT INACCESSIBLE DANS L'ESPACE

Lorsque le point inaccessible A est situé dans l'espace, on peut se proposer de déterminer diverses longueurs se rattachant à ce point. Par exemple, sa hauteur au-dessus du plan de l'horizon, ou, encore sa distance à la terre. Lorsqu'ils sont mobiles; on peut demander leur vitesse moyenne, etc.

Il convient d'observer que, au point de vue pratique, le problème actuel soulève des difficultés de différents genres suivant la nature du point inaccessible considéré. En effet; tantôt, ce point est le sommet d'une tour ou le point culminant d'une montagne; tantôt, il représente un ballon fixe et, tantôt, un ballon mobile; dans d'autres circonstances, un nuage, une étoile filante ou un bolide, etc. De là résulte la nécessité de solutions variées, appropriées à ces différents cas; nous allons, dans ce chapitre, exposer quelques-unes d'entre elles.

---

(*) Cette propriété élémentaire est connue (V. l'*Educational Times* question 9681. Cette question est résolue dans le numéro d'octobre 1388 de cette publication). Elle se démontre, bien simplement, en observant que les triangles semblables de la figure considérée donnent

$$\frac{MP}{MC} = \frac{MD}{MB}, \quad \text{et} \quad \frac{MQ}{MB} = \frac{MC}{MA},$$

d'où l'on tire
$$\frac{MP}{MQ} = \frac{MA}{MB}.$$

**120. La hauteur de la tour.** — Ayant fixé, en PQ, verticalement, une mire d'une hauteur connue $h$, l'observateur se place en O de façon que, en visant l'extrémité de la mire, il perçoive le point S, sommet de la tour.

Mais il y a lieu de distinguer deux cas, suivant que le pied de la tour est inaccessible ou ne l'est pas.

1° Dans la première hypothèse, on relève les longueurs O'P, O'A et, après avoir posé $OO' = h'$, $SH = x$, on a

$$\frac{x - h'}{h - h'} = \frac{O'A + r}{O'P}.$$

Cette équation, dans laquelle $r$ désigne le rayon de la tour,

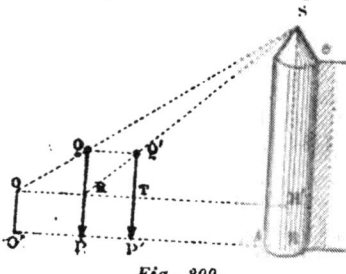

*Fig. 309.*

permet de calculer la hauteur inconnue $x$. Il est vrai qu'il faut connaître le rayon $r$ ; mais, nous indiquerons tout à l'heure différents procédés pour le déterminer, soit dans le cas où le pied de la tour est accessible, soit dans l'autre hypothèse.

D'ailleurs, dans les solutions que nous allons maintenant exposer, la connaissance de $r$ est inutile. On doit ajouter que l'on peut éviter cette difficulté, relative à la détermination de $r$, en visant (comme le réprésente la figure 310) un point H de la circonférence supérieure de la tour.

2° Supposons maintenant que le pied de la tour soit inaccessible.

L'observateur se transporte en P; puis, un aide déplace la mire et la fixe en P'Q' de façon que son extrémité Q' vienne, de nouveau, se placer sur la ligne RS qui va de l'œil de l'observateur, dans sa nouvelle position, au sommet de la tour.

Les triangles semblables : RQ'T, RSH', d'une part; OQR, OSH', d'autre part; donnent

$$\frac{x - h'}{h - h'} = \frac{RH'}{RT} = \frac{OH'}{OR},$$

d'où
$$\frac{x - h'}{h - h'} = \frac{OR}{OR - RT} = \frac{O'P}{O'P - PP'}.$$

C'est l'égalité qu'on doit employer pour calculer $x$; on observera qu'elle présente, sur la précédente, l'avantage de ne pas renfermer l'expression du rayon de la tour.

**121. La méthode du miroir.** — Au premier livre de la Géométrie pratique du R. P. Millet Dechales, ouvrage que nous avons déjà cité (§ **19**, *note*), on trouve l'exposition, devenue classique, d'une méthode intitulée *modus metiendi lineas per capottricam*, permettant d'évaluer la hauteur d'une tour dont le pied est accessible.

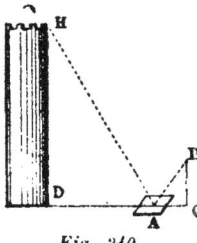

A une distance $a$ du pied de la tour, on dispose, sur le sol, un miroir A; l'observateur se place alors en BC, de façon que l'œil aperçoive, dans le miroir, l'image du sommet H de la tour.

*Fig. 310.*

Les triangles semblables HAD, BAC donnent, en posant HD$=x$

$$x = a.\frac{BC}{AC}.$$

**122. Le rayon de la tour.** — 1° Supposons que le pied de la tour soit accessible.

On jalonne trois alignements tangents à la tour, BC, CA, AB; on peut ensuite mesurer les distances $a, b, c$; puis appliquer la formule connue

$$(A)\; r = \sqrt{\frac{(p-a)(p-b)(p-c)}{p}}.$$

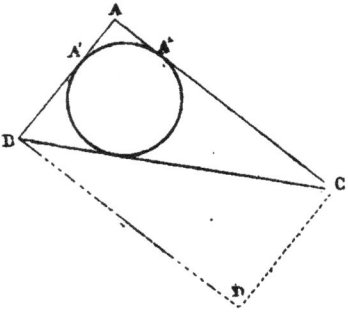

Dans le cas où le triangle ABC, dont il vient d'être question, est rectangle en A, la formule précédente se simplifie et l'on a

$$r = \frac{b + c - a}{2}.$$

*Fig. 311.*

D'ailleurs, les longueurs AA' = AA' représentent le rayon cherché. Pourtant, cette dernière méthode, malgré sa simplicité apparente, ne détermine pas bien le rayon cherché, parce que les points de contact A′, A″ ne sont pas connus avec une précision suffisante. Mais, voici un procédé qui nous paraît avantageux.

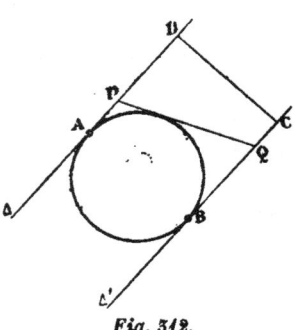

Ayant mené, à la tour, dans le plan horizontal, des tangentes parallèles Δ, Δ′, la distance CD de ces droites représente le diamètre de la tour. La seule difficulté est de trouver deux points A, B diamétralement opposés. A cet effet, on entoure la base de la tour d'un cordeau qu'on replie ensuite sur lui-même de façon à la partager en deux parties égales; en fixant de nouveau la partie obtenue de telle sorte qu'elle s'applique exactement sur la circonférence de base

*Fig. 512.*

de la tour, les extrémités obtenues représentent deux points diamétralement opposés (*).

On pourrait aussi jalonner une droite PQ tangente à la base de la tour et observer que le rayon de celle-ci est, par une propriété bien connue, égal à $\sqrt{AP.BQ}$. Les solutions du problème actuel sont très nombreuses (**); mais celles que nous venons d'indiquer, sont, croyons-nous, les plus simples.

2° Supposons que le pied de la tour soit inaccessible (***).

Après avoir fixé trois jalons, A, B, C, de telle sorte que les lignes de visée BC, CA, AB soient tangentes à la base de la

---

(*) Ce procédé (fort peu mathématique, procédé d'ouvrier si l'on veut) serait particulièrement pratique pour calculer le diamètre d'un bassin, parce que, après avoir déterminé les points A, B diamétralement opposés, ou pourra tendre un cordeau divisé de A en B, par dessus le bassin; la longueur de ce cordeau fait alors connaître le diamètre cherché.

(**) On peut, par exemple, jalonner, comme l'indique la *fig. 311*, les droites BD, CD parallèles, respectivement, à CA, BA ; puis mesurer les hauteurs $h$, $h'$, $h''$ du triangle BDC ; le rayon $r$ est donné par l'égalité

$$\frac{1}{r} = \frac{1}{h} + \frac{1}{h'} + \frac{1}{h''}.$$

Ce procédé exige plusieurs jalonnements, mais il deviendrait assez commode, si l'on faisait usage de la table des inverses.

(***) Nous examinons plus loin le cas où le pied est, tout à la fois, inaccessible et invisible.

tour, on mène par les points A, B, C des parallèles aux lignes BC, CA, AB.

On détermine ainsi un triangle A'B'C' dont les côtés peuvent être mesurés, sans qu'il soit nécessaire de pénétrer dans la région qui est voisine de la tour; le rayon du cercle inscrit à A'B'C' peut être calculé par diverses méthodes et, notamment, au moyen de la formule (A); il est égal au diamètre de la tour.

Si l'on s'accorde l'usage de l'équerre ordinaire, on pourra jalonner, dans la partie accessible, deux droites parallèles, tangentes à la base de la tour; la distance de ces deux parallèles représente le diamètre de celle-ci.

**123. Le rayon de la tour.** (Première solution générale). — Nous exposerons maintenant deux constructions assurément plus compliquées, mais qu'on utiliserait dans certains cas, si,

pour diverses raisons, celles que nous venons d'indiquer étaient jugées impraticables; par exemple, si la vue, gênée par des obstacles, ne permettait de viser qu'une partie de la tour.

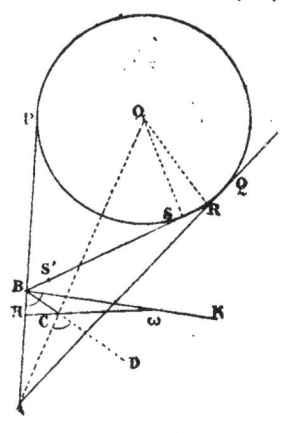

D'un point A, pris dans la région d'où l'on aperçoit la base de l'édifice, on trace deux lignes de visée AP, AQ; et, par un point B, pris sur AP, on trace une ligne BR tangente à la base de la tour. Soit C le centre du cercle inscrit à ABR; abaissons CH perpendiculaire sur AP et, avec la fausse équerre, menons par B, une droite BK telle que KBA = π − BCA

*Fig. 313.*

= ACD; BK rencontre CH en ω; ωH est le rayon cherché.

Pour le démontrer, observons que le cercle inscrit à RBA touche BR en un point S', isotomique de S sur BR. De plus BH = BS'; par suite, BH = RS.

D'autre part

$$SRO = \frac{1}{2}SRQ = \frac{1}{2}ABR + \frac{1}{2} = BAR = ABC + BAC = ACD = HB\omega.$$

Les triangles rectangles OAS, ωBH sont donc égaux; ainsi
ωH = OS.

REMARQUE. — La méthode précédente s'appliquerait encore
dans le cas où la base de la tour serait complètement invisible;
soit que des obstacles placés entre celle-ci et l'observateur
la cachent complètement à ses yeux, soit que des bâtiments
enveloppant cette base de tous côtés, ne permettent de voir
que la partie supérieure de l'édifice.

Dans ce cas, on fait usage de piquets suffisamment élevés
pour établir une ligne de visée tangente à la tour; la projection de cette ligne sur le plan horizontal, projection obtenue
en jalonnant la ligne qui va de l'œil de l'observateur au piquet
considéré, est tangente à la base invisible de la tour. On est
ainsi ramené au cas précédemment traité et nous pouvons,
pour ces raisons, considérer comme résolu le problème qui se
propose la détermination du rayon d'une tour dont la base est,
tout à la fois, inaccessible et invisible; la partie supérieure
étant seule visible, et, même, par un côté seulement.

Nous ferons encore observer que les constructions indiquées
au paragraphe précédent peuvent toujours être effectuées, en
restant aussi éloigné de l'édifice que l'on voudra; il suffit de
prendre B suffisamment voisin de A, pour que les tracés nécessaires puissent être exécutés dans la partie du terrain accessible
à l'observateur. Cette remarque s'applique aux constructions
que nous indiquons dans le paragraphe suivant.

**124. Le rayon de la tour** (DEUXIÈME ET TROISIÈME SOLU-
TIONS GÉNÉRALES). — Présentons enfin, avant de quitter ce sujet,
deux autres solutions assez simples, surtout si l'on dispose
d'une table des inverses.

1° Considérons, comme tout à l'heure, les deux tangentes
AP, AR, issues de A, et la tangente BR partant d'un point B,
pris sur AP. On peut considérer la circonférence de base de la
tour comme étant un cercle exinscrit au triangle RAB. Soient
AG, BF, RU les trois hauteurs de ABR; en désignant par $r$ le
rayon de base de la tour, on a

$$\frac{1}{r} = \frac{1}{RU} + \frac{1}{AG} - \frac{1}{BF}.$$

Dans cette formule RU est une quantité inconnue ; mais en traçant BI, AJ perpendiculairement à AB, on a *(Première partie* § 14)

$$\frac{1}{BI} = \frac{1}{RU} + \frac{1}{AJ}.$$

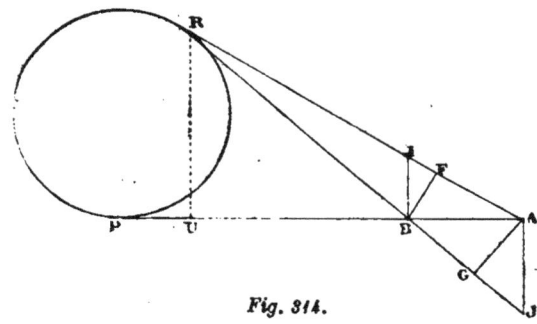

*Fig. 314.*

Finalement, nous pouvons écrire

$$\frac{1}{r} = \frac{1}{BI} + \frac{1}{AG} - \frac{1}{AJ} - \frac{1}{BF}.$$

2° Prenons sur la capitale de la tour, c'est-à-dire sur la

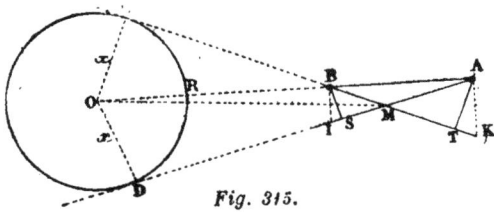

*Fig. 315.*

droite qui va de l'œil de l'observateur au centre de celle-ci, deux positions A, B; soit AD l'une des tangentes issues de A; BC, l'une de celles qui partent de B. Si l'on abaisse AT, BS perpendiculaires sur BC, AD, on a

$$\frac{1}{x} = \frac{1}{BS} - \frac{1}{AT}.$$

En effet, soient BI, AK perpendiculaires à AB. Les triangles semblables : OCB, ABK, d'une part ; AOD, ABI, d'autre part ;

donnent

$$\frac{x}{\mathrm{AK}} = \frac{\mathrm{OB}}{\mathrm{BK}}, \frac{\mathrm{BI}}{x} = \frac{\mathrm{OB} + \mathrm{BA}}{\mathrm{AI}};$$

d'où

(1) $$x\left(\frac{\mathrm{AI}}{\mathrm{BI}} - \frac{\mathrm{BK}}{\mathrm{AK}}\right) = \mathrm{AB}.$$

Mais on a

$$\mathrm{BI.BA} = \mathrm{AI.BS}, \quad \mathrm{BK.AT} = \mathrm{AB.AK}.$$

D'après cela, l'égalité (1) devient

$$x\left(\frac{\mathrm{BA}}{\mathrm{BS}} - \frac{\mathrm{AB}}{\mathrm{AT}}\right) = \mathrm{AB},$$

d'où

$$\frac{1}{x} = \frac{1}{\mathrm{BS}} - \frac{1}{\mathrm{AT}}.$$

**125.** Remarque. — Si l'on voulait calculer la distance à laquelle on se trouve de la tour, on pourrait observer que MO est la bissectrice de l'angle CMD. On a donc

$$\frac{\mathrm{OB}}{\mathrm{OA}} = \frac{\mathrm{MB}}{\mathrm{MA}};$$

et comme $\quad \mathrm{OA} - \mathrm{OB} = \mathrm{AB},$

on peut calculer OA, ou OB, comme on voudra. En retranchant, de la longueur trouvée pour OA, le rayon de la tour, on obtiendra la distance inconnue AR.

**126. La hauteur du mât.** — On suppose un mât BC, placé au-dessus d'une tour AB; on propose de trouver la longueur de BC.

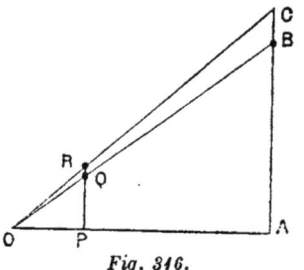
*Fig. 346.*

On sait comment on résout ordinairement ce problème, en considérant BC comme la différence des hauteurs AC, AB. Mais ce procédé est long : il nous paraît plus simple de traiter directement la question, comme nous allons l'indiquer.

Entre un point O, arbitrairement choisi, et la tour, disposons une mire dont la partie mobile puisse être placée, successivement de façon à masquer les points B, C à l'œil de l'observateur, placé en O; puis, relevons les hauteurs : $\mathrm{PQ} = h,$  $\mathrm{PR} = h'.$

Ayant posé
$$BC = x, \quad AP = y, \quad OP = d,$$
on a

(1)
$$\frac{x}{h' - h} = \frac{y + d}{d}.$$

En répétant, dans une seconde station, les opérations précédentes, on aura, de même,

(2)
$$\frac{x}{H' - H} = \frac{y + D}{D}.$$

Les égalités (1) et (2), donnent
$$x\Big(\frac{d}{h' - h} - \frac{D}{H' - H}\Big) = d - D.$$

Cette formule permet de calculer $x$; il faut seulement supposer $d - D \neq o$; or, pour que cette condition soit vérifiée, il suffit de se placer à des distances inégales du pied de la tour.

## 127. Les problèmes de la tour dont le pied est invisible.

— La solution précédente mérite d'être remarquée pour les conséquences qu'elle comporte. On voit que les égalités (1), (2), permettent aussi de calculer $y$, c'est-à-dire la distance de l'observateur au pied de la tour. De plus, comme on a
$$\frac{x}{h' - h} = \frac{AB}{h},$$
on peut trouver AB, après avoir calculé $x$. D'après cette remarque on résout donc tous les problèmes de la tour, dont le pied est non seulement inaccessible, mais même invisible; circonstance qui se présente lorsque sa base est masquée par des bâtiments qui l'entourent de tous côtés.

Pour traiter complètement le problème qui nous occupe, il nous reste pourtant, en nous plaçant encore dans le cas particulier que nous examinons ici, à déterminer le rayon de la tour.

A cet effet, on distingue sur la circonférence supérieure trois points I, J, K. Une mire, de longueur $h$, étant placée successivement en A', I', B', J', de façon que les droites II', JJ' viennent

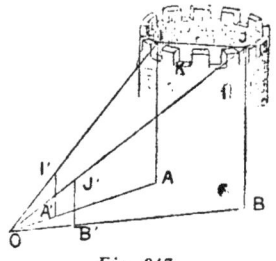

Fig. 317.

passer par l'œil O de l'observateur, on relève la longueur
PQ = I'J'.

On a, d'ailleurs,

$$\frac{IJ}{I'J'} = \frac{OI}{OI'} = \frac{OP}{OA}.$$

OP est une longueur connue, OA se calcule comme nous
l'avons vu; par suite, IJ peut être déterminé. En opérant de
même pour les cordes IK, JK, on aura finalement les trois
côtés d'un triangle inscrit à la circonférence qui forme la
crête de la tour; et, par suite, son rayon.

Mais, il est presque inutile de le faire observer, nous indiquons une pareille solution, surtout à titre de curiosité, pour
montrer comment la géométrie que nous avons développée
dans cet ouvrage répondrait aux difficultés qu'on pourrait
lui soumettre. Cette remarque est applicable, notamment à
la solution présentée au paragraphe suivant.

### 128. La tour rectangulaire. — Dans le cas où la tour
inaccessible considérée affecte la forme d'un donjon rectan-

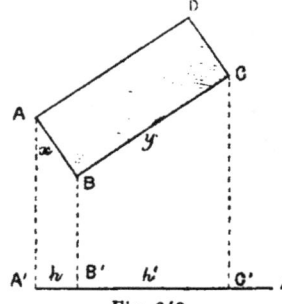

*Fig. 318.*

gulaire; ou encore, dans le cas d'un
bâtiment à faces perpendiculaires
deux à deux; on peut demander les
longueurs des côtés du rectangle
formant la base de ce donjon, ou
de ce bâtiment, quel qu'il soit.

Soient A, B, C les pieds des trois
arêtes que l'on aperçoit. Perpendiculairement à une direction arbitraire AA', traçons une droite Δ et,
au moyen de l'équerre ordinaire,
déterminons les points B', C' projections des points B, C, sur Δ.

En posant:
$$BA = x, \quad BC = y, \quad A'B' = h, \quad B'C' = h'$$
on voit, sans peine, que l'on a

(1)          $$\frac{h^2}{x^2} + \frac{h'^2}{y^2} = 1 .$$

En traçant, par rapport à une autre direction, une droite
telle que Δ, on obtiendra une seconde équation du même

genre que (1). En résolvant ces deux équations par rapport à $\frac{\iota}{x^2}$, $\frac{\iota}{y^2}$, on pourra finalement calculer les inconnues $x$, $y$.

### 129. — Détermination des hauteurs; solution générale.

— Avant d'aller plus loin, dans ce sujet, nous voulons indiquer ici une solution qui nous paraît, également bien, applicable aux grandes ou aux petites hauteurs et que nous appellerons *la solution générale*. Pour la rendre pratique, dans les différents cas qui pourraient se présenter, il faudrait seulement modifier la base d'opérations, en prenant celle-c d'autant plus grande que la hauteur observée serait elle-même plus considérable.

Soit I le point considéré dans l'espace. Ayant pris une certaine base OO′ sur la trace horizontale (*) du plan vertical renfermant OI, on relève avec la fausse équerre, si l'on n'a pas d'instrument plus parfait, les angles IOO′, IO′O et l'on trace, sur le plan horizontal, des droites Δ, Δ′ faisant avec OO′, respectivement, les angles qui ont été observés. Traçons alors OS, bissectrice de O′OΔ ; puis SR parallèle à Δ. Une propriété connue (**) donne

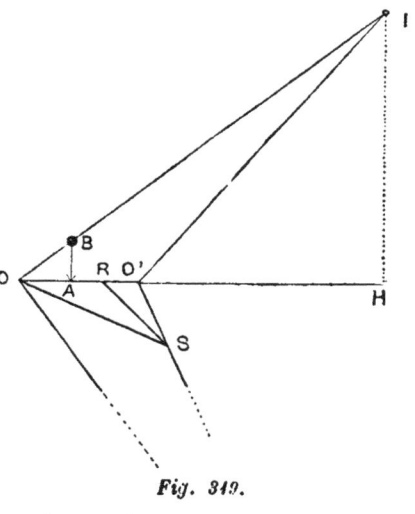

*Fig. 349.*

$$\frac{\iota}{OI} = \frac{\iota}{OR} - \frac{\iota}{OO'}.$$

Cette formule est remarquable, car elle permet de connaître

---

(*) Cette trace s'obtient, comme on sait, en plaçant une longue mire AB, comme l'indique la figure ; des jalons sont placés : l'un en O ; l'autre en O′, sur le prolongement de OA.

(**) Soit AS la bissectrice de BAC ; ayant mené SD parallèle à AB ;

très rapidement la distance à laquelle on se trouve du point inaccessible considéré.

Si l'on veut, particulièrement, déterminer la hauteur IH, on utilisera, après avoir calculé OI, la formule

$$IH = AB . \frac{OI}{\sqrt{\overline{OA^2} + \overline{AB^2}}}.$$

### 130. La hauteur de la montagne. — Soit S le sommet de la montagne. Deux mires verticales, de même hauteur,

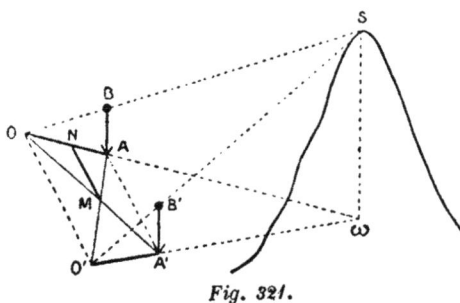

sont situées en AB, A'B'. L'observateur vient successivement se placer en O, puis en O', de façon que les lignes de visée OB, O'B passent par le point S.

*Fig. 321.*

On observera d'abord que les droites OO', AA' sont parallèles. En effet, soit ω la projection de S sur le plan de l'horizon (*); on a

(1)     $\dfrac{S\omega}{AB} = \dfrac{O\omega}{OA}$,     $\dfrac{S\omega}{A'B'} = \dfrac{O'\omega}{O'A'}$;

Comme on suppose AB = A'B', on a donc

$$\frac{O\omega}{OA} = \frac{O'\omega}{O'A'}.$$

Ainsi, les droites AA', OO' sont parallèles.

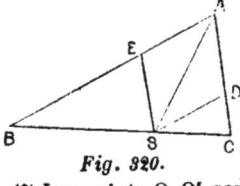

*Fig. 320.*

puis SE, parallèle à AC; les triangles semblables SDC, BES, donnent

$$\frac{SD}{AB - SD} = \frac{AC - SE}{SE}.$$

En observant que SD = SE, il vient

$$\frac{1}{SD} = \frac{1}{AB} + \frac{1}{AC}.$$

(*) Les points O, O' sont suffisamment rapprochés, dans les opérations de ce genre, pour qu'on puisse, sans erreur appréciable, les considérer comme situés dans un même plan horizontal.

Plaçons en M un jalon, en ligne droite avec OA', d'une part, et avec O'A, d'autre part; puis, par M, traçons MN parallèle à OO'. La ponctuelle O, N, A, ω est harmonique, et l'on peut écrire

$$\frac{NO}{NA} = \frac{\omega O}{\omega A} = \frac{\omega O}{\omega O - OA},$$

d'où

$$\omega O = \frac{OA - NO}{NO - NA}.$$

D'après cela, l'égalité (1) devient

$$S\omega = AB - \frac{NO}{NO - NA}.$$

Cette égalité permet de calculer Sω, et l'on voit que tout le travail se trouve réduit à quelques jalonnements bien simples et à la mesure des segments NO, NA; la hauteur AB étant connue une fois pour toutes. Il faut noter avec soin que, dans la formule précédente, AB ne désigne pas la longueur totale de la mire: il faut, de celle-ci, retrancher la hauteur $h$ de l'œil de l'observateur au-dessus de l'horizon. Au contraire, on doit ajouter $h$ à la hauteur de la montagne; mais cette dernière correction est insignifiante.

Si les piquets employés AB, A'B' ne sont pas de même longueur, la construction précédente et la formule trouvée s'appliquent encore, avec la modification suivante.

Dans ce cas, AA', OO' ne sont plus parallèles et l'on doit remplacer MN par une droite allant de M au point de concours de AA' avec OO'. Il peut arriver, si les hauteurs AB, A'B' diffèrent peu, que ce point de concours soit trop éloigné pour pouvoir être déterminé: alors, on utilisera l'une des constructions que nous avons précédemment indiquées (seconde partie, § **35**) lorsque nous nous sommes occupé du problème des percées concourantes.

**131. Le problème du tunnel.** — Le problème du tunnel peut se poser dans les termes suivants:

Deux points donnés U, V, étant séparés par une chaîne de montagnes (*), on propose de déterminer : 1° aux points U, V,

---

(*) Pour augmenter la difficulté du problème, on doit même supposer

la direction de UV; 2° la longueur de UV. En d'autres termes, on veut tracer, dans chacune des régions, la direction du tunnel qui doit traverser la montagne qui les sépare; on veut aussi connaître la longueur de ce tunnel. Un problème de cette nature nous a précédemment occupé *(Seconde partie,*

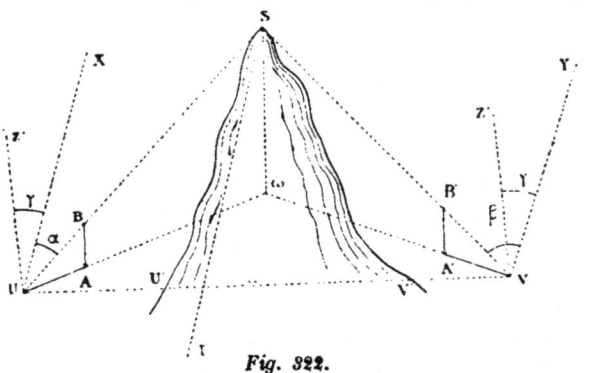

*Fig. 322.*

chap. III); mais les solutions que nous avons indiquées pour le problème de l'obstacle ne conviennent pas au cas présent. Voici comment on peut le traiter.

Les observateurs placés en U et V, tout en effectuant séparément leurs observations, conviennent de relever la hauteur apparente du sommet S et de l'étoile polaire; ils connaissent donc les angles SUX = α, SVY = β; ainsi que la hauteur zénithale ZUX = Z'VY = γ de l'étoile polaire. De plus, deux grandes mires verticales AB, A'B', permettent de jalonner les droites UA', VA', qui aboutissent au point invisible ω, projection du sommet S sur le plan de l'horizon; plan que nous supposons, d'ailleurs, commun aux deux observateurs U, V.

Imaginons, par le point S, une droite parallèle à la direction commune des droites UX, UY; soit I le point où elle rencontre l'horizon commun des points U, V. Considérons le trièdre S, UωI. Nous connaissons les trois faces de ce trièdre; savoir: ISω = γ, USI = α, USω = 90° — SUA. L'angle inconnu UωI est donc l'angle α, réduit à l'horizon. Les formules de la tri-

que ces montagnes sont inaccessibles, et que les points U, V, dont il est ici question, ne sont pas visibles, *à la fois,* pour un même observateur.

gonométrie sphérique permettent de calculer $U\omega I$ ; nous supposerons, sans entrer autrement dans ce détail, ce calcul effectué. L'observateur, placé en V, calculera, de même, l'angle $V\omega I$ ; les deux résultats réunis feront connaître l'angle $U\omega V$. Quant aux longueurs $U\omega$, $V\omega$, elles sont faciles à calculer.

En effet, on connaît la hauteur de la montagne, et l'on a

$$U\omega = S\omega . \frac{UA}{AB}, \qquad V\omega = S\omega . \frac{VA'}{A'B'}.$$

En résumé, dans le triangle $U\omega V$, on connaît deux côtés et l'angle compris ; on pourra donc déterminer les angles $\omega UV$, $\omega VU$ ; puis, la longueur du côté UV.

Bien entendu, pour la commodité des observations, on placera les postes d'observation U, V à une certaine distance du pied de la montagne. Après avoir calculé UV, pour obtenir la longueur du tunnel, on retranchera, de UV, les distances UU', VV', lesquelles sont mesurées directement.

La percée d'un tunnel, sous un fleuve, n'offre aucune difficulté, du moins au point de vue de la géométrie pratique. Dans ce cas, en effet, les extrémités U, V du tunnel sont des points visibles ; la direction de UV est donc connue. Pourtant, si les points U, V se trouvaient séparés par un certain obstacle, on utiliserait quelques-unes des constructions que nous avons indiquées au chapitre III.

Enfin (*), si les points extrêmes du tunnel sont séparés par une distance telle que de l'un d'eux, on ne puisse apercevoir l'autre, ce cas soulève des difficultés particulières qu'on ne peut résoudre sans avoir recours à des procédés de triangulation géodésique qui n'appartiennent plus au domaine de la Géométrie de la règle et de l'équerre.

**132. La hauteur du ballon.** — Nous abordons maintenant la détermination de la hauteur d'un ballon au-dessus du plan de l'horizon correspondant à l'œil de l'observateur. On observera à ce propos que cette distance ne doit pas être confondue, en général, avec la hauteur du ballon au-dessus de la terre. Nous montrerons tout à l'heure, calculant de la hauteur des nuages, comment on détermine celle-ci.

---

(*) S'il s'agissait du tunnel sous la Manche, par exemple.

Deux observateurs placés en A, B, visent, au même instant,
un ballon $\beta$; $A\beta$ passe par l'extrémité C d'une mire CM, dont

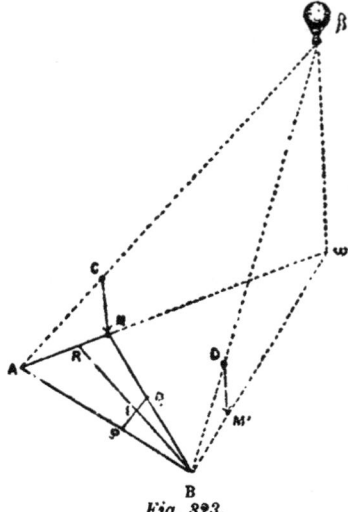

Fig. 323.

la hauteur $h$ est connue ; l'observateur placé en B détermine simplement la projection $B\omega$ sur le plan de l'horizon, de la ligne de visée BD.
D'après ces observations on demande la longueur de $\beta\omega = x$.

Traçons PQ, parallèle à $B\omega$;
soit I le milieu de PQ. La droite
BI rencontre AM en R; la ponctuelle (A, R, M, $\omega$) est, d'après
cela, harmonique. On a donc

$$\frac{RA}{RM} = \frac{\omega A}{\omega M} = \frac{\omega A}{\omega A - AM},$$

$$\text{ou}\quad \frac{RM}{RA} = 1 - \frac{AM}{A\omega}$$

$$= 1 - \frac{CM}{\beta\omega} = 1 - \frac{h}{x}.$$

La hauteur inconnue $x$ est donc donnée par la formule

(1) $$x = h \cdot \frac{RA}{RA - RM}.$$

**133. Le problème du ballon captif.** — De nombreux
problèmes se rattachent à la considération du ballon, envisagé, suivant les cas, comme un point fixe ou mobile de
l'espace. Il y a là, pour les problèmes qui touchent à l'art
militaire, un élément nouveau, appelé peut-être à jouer un
rôle important dans les guerres futures.

Imaginons que, dans une ville assiégée, on exécute, en
ballon captif, des ascensions ayant pour but d'observer les
positions de l'ennemi. Celui-ci aurait évidemment intérêt à
déterminer le point invisible $\omega$ où est fixé le ballon observateur ; ainsi que la distance $A\omega$ qui le sépare de ce point.

Les lignes AM, BM', dont nous avons parlé au paragraphe
précédent, vont se couper au point inconnu ; mais il reste à
calculer $A\omega$.

A cet effet, la ponctuelle (A, R, M, ω) étant harmonique, on a

$$\frac{1}{A\omega} = \frac{2}{AM} - \frac{1}{AR}.$$

Cette formule permet de calculer la distance demandée Aω.

**134. La vitesse du ballon.** — On suppose qu'un ballon ait été observé dans deux positions β, β'; on a pu déterminer, pour ces deux positions, les hauteurs H, H' du ballon au-dessus de l'horizon, ainsi que les distances Oω, Oω' qui séparent l'œil de l'observateur des points ω, ω' projections des points β, β', sur le plan de l'horizon.

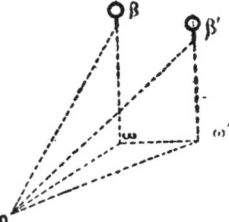

*Fig. 324.*

On a $\overline{\beta\beta'}^2 = (H - H')^2 + \overline{\omega\omega'}^2$.

D'autre part, dans le triangle Oωω', on connaît les côtés Oω, Oω', ainsi que l'angle ωOω'; par suite, on pourra déterminer ωω'. La formule précédente permettra donc de calculer ββ'. En divisant le nombre obtenu, par le temps θ qui marque l'intervalle des deux observations, on obtiendra la vitesse cherchée.

Cette solution présente certainement des difficultés pratiques D'ailleurs, on peut observer que le problème en question ne présente d'intérêt véritable que pour les ballons dirigeables; notamment, si l'on veut comparer les vitesses qui correspondent, avec un ballon donné, aux diverses machines qu'il est possible de lui adapter. Dans ce cas, on peut obtenir, pour le ballon considéré, une hauteur constante au-dessus de l'horizon ainsi qu'une trajectoire sensiblement rectiligne, entre deux verticales aboutissant à deux postes déterminés. L'estimation de la vitesse se fait alors directement, en divisant la distance qui sépare les deux points d'observation, par le temps de la durée de l'expérience. Mais, quoi qu'il en soit, ce que nous avons dit plus haut permet de résoudre le problème de la vitesse du ballon, dans le cas le plus général.

**135. La hauteur du nuage.** — Millet Dechales, dans l'ouvrage que nous avons cité à plusieurs reprises, abordant le problème de la hauteur des nuages dit « *tota difficultas quæ*

*in hoc negotio occurrit ex nubium continuo motu oritur* ».
Cette difficulté, dont parle Millet Dechales, qui tient à la
mobilité incessante du point observé, nous l'avons déjà rencontrée quand nous nous sommes occupé, tout à l'heure, de la
détermination de la hauteur du ballon; et nous l'avons trouvée
par le moyen de deux observations simultanées. Nous présentons, plus loin, plusieurs développements qui viennent se
joindre à ceux que nous avons déjà fait connaître ; mais nous
indiquerons d'abord certaines considérations générales, relatives au problème en question.

On sait quel est le principe, qui permet de calculer la hauteur
d'un point A situé dans l'espace, au-dessus du plan de l'horizon.

Ayant choisi une base BC, on relève les angles ABC, ACB,
ainsi que les hauteurs apparentes des lignes BA, CA. De ces
données, on déduit facilement : 1° les longueurs AB, AC ; 2° la
hauteur inconnue. En théorie, rien ne paraît plus simple. Il
n'en est pas de même dans la pratique, et la difficulté que nous
signalons ici résulte de ce fait, que les observations doivent
être faites, *simultanément*, aux extrémités d'une base BC de
grande dimension. Voici, à ce propos, un passage extrait du
*Journal du Ciel* (*) ; il fera comprendre, en même temps, l'intérêt qui s'attache à la détermination de la hauteur des nuages,
et les difficultés que comporte cette recherche.

« En Norwège et au Spitzberg, on n'éprouve pas, paraît-il, autant de difficultés que nous en avons rencontré, il y a quelques années, pour
établir des téléphones, et M. Nils Ekholm a pu, avec des bases de différentes longueurs, y évaluer les hauteurs d'un certain nombre de nuages.
La publication qui nous apprend ce fait, ne nous donne pas les nombres
qui ont été trouvés pour ces hauteurs, mais elle nous apprend que, dans
un certain nombre de ces mesures, on s'est contenté d'une base de
500 mètres environ. Comme les hauteurs obtenues au Spitzberg et à
Upsala ne nous diraient pas celles qu'atteignent ordinairement les nuages
dans nos climats, il y a lieu d'y songer de nouveau.
Une base de 500 mètres nous avait paru insuffisante, avec des instrument ne donnant que la minute d'arc, comme des graphomètres ordinaires, cela devait laisser des incertitudes de plusieurs mètres dans le
résultat du calcul ; mais nous reconnaissons que si, au lieu de graphomètres, on peut employer des théodolites donnant la moitié ou le quart
de la minute, on doit espérer d'assez bonnes déterminations. Il y a donc
lieu d'y songer de nouveau, d'autant plus que, si des deux extrémités
de la base, en même temps que l'on vise le même point du nuage dans

(*) Numéro du 1ᵉʳ février 1888.

le plan qui va de la base au nuage, on mesure aussi la hauteur du point choisi du nuage au-dessus de l'horizon, on aura les éléments suffisants pour calculer deux fois la hauteur verticale du nuage ; et, quand les résultats concorderont, une très grande certitude de leur bonté.

Mais ce va être une véritable expédition. Il va falloir un téléphone, quatre théodolites, six opérateurs au moins. N'importe, songeons-y toujours : un jour ou l'autre, tout cela peut devenir réalisable.

Nous prions nos zélés correspondants d'étudier aussi ce qu'on pourrait obtenir avec la photographie. Rien d'impossible à ce que des vues prises du nuage et de l'horizon, dans les directions où devraient opérer les théodolites ne permissent de mesurer les angles nécessaires. Quelques essais sur des points accessibles, tour, montagne, etc. renseigneraient à cet égard.

On se passerait alors de téléphone, et la base pourrait, avec de bonnes montres pour opérer au même instant, devenir aussi grande que l'on voudrait.

Millet Dechales (*loc. cit.*, p. 336) indique une méthode fondée sur la double observation de l'ombre portée par le nuage et de la hauteur apparente du Soleil, au-dessus de l'horizon, au moment de l'expérience. Mais ce procédé est compliqué et fort peu précis, parce que la détermination de l'ombre d'un nuage est une chose difficilement appréciable et toujours très incertaine.

Voici comment on pourrait opérer pour résoudre d'une façon, à la fois simple et pratique, le problème actuel. La méthode que nous allons exposer s'appliquerait particulièrement bien aux nuages peu élevés au dessus de l'horizon. Nous montrerons plus loin comment, de cette observation, on déduit l'inconnue véritable du problème, c'est-à-dire la hauteur du nuage au-dessus de la Terre.

Soient AB, A′B′, deux obstacles naturels, ou deux édifices très élevés, faisant l'office de grandes mires, et dont la distance AA′ est suffisamment grande ; de 500 à 1000 mètres environ. Deux observateurs placés dans le voisinage : l'un de AB, l'autre de A′B′, et communiquant par le moyen du téléphone, observent un

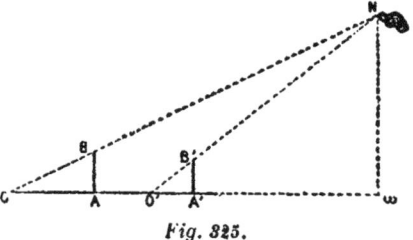

Fig. 325.

nuage N lorsqu'il vient rencontrer le plan vertical ABA′B′. Soient O, O′ les positions qu'ils occupent au moment que nous venons de définir; les distances OA, O'A' peuvent être relevées avec soin, au moyen du ruban divisé, ou différemment; enfin, les hauteurs AB, A'B', ainsi que la distance AA', sont connues très exactement. Cela posé, pour obtenir la hauteur: $N\omega = x$, du nuage, au-dessus de l'horizon, on observera que

$$\frac{x}{AB} = \frac{O\omega}{AO}, \qquad \frac{x}{A'B'} = \frac{O'\omega}{O'A'}.$$

Mais on a

$$O\omega - O'\omega = OO' = OA + AA' - O'A'.$$

Par suite, $x\left(\dfrac{OA}{AB} - \dfrac{O'A'}{A'B'}\right) = OA + AA' - O'A'.$

Dans cette formule : AB, A'B', AA' désignent des nombres connus, une fois pour toutes; OA, O'A' sont donnés par l'observation faite sur le nuage déterminé; $x$ désigne la hauteur du nuage au-dessus de l'horizon (commun aux deux observateurs) des points A, A'.

**136. — La hauteur du nuage au-dessus de la Terre.** — Le plan qui passe par les verticales AB, A'B', dont il a été question dans le paragraphe précédent, coupe la Terre suivant un grand cercle $\gamma$, de centre C; sa trace, sur le plan de l'horizon, est une certaine droite OH ; la hauteur que nous avons calculée tout à l'heure est $N\omega$, distance du nuage à la droite OH. Mais la hauteur véritable du nuage, celle qu'il faut obtenir, c'est la distance du nuage à la Terre ; celle-ci est comptée sur la verticale NC depuis N jusqu'au point Q, où elle rencontre $\gamma$.

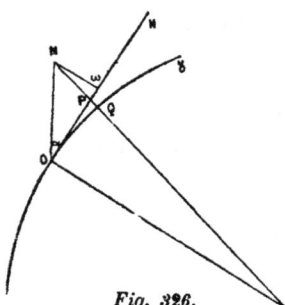

*Fig. 326.*

Nous poserons

$$NOH = \alpha, \qquad N\omega = h,$$
$$CO = CQ = R.$$

Soit P le point où NC rencontre OH.

les triangles semblables COP, N$\omega$P donnent :

(1)        $\dfrac{h}{R} = \dfrac{P\omega}{PO} = \dfrac{NP}{CP}.$

D'autre part,

(2)        $h = (P\omega + PO)\ \text{tg } \alpha.$

Les égalités (1), (2) permettent de calculer P$\omega$ et PO. On trouve ainsi :

$$P\omega = \frac{h^2 \cot g\ \alpha}{h + R}, \qquad PO = \frac{hR \cot g\ \alpha}{h + R}.$$

Les égalités (1) donnent aussi :

$$\frac{NP}{NP + CP} = \frac{NP}{NQ + R} = \frac{h}{h + R}.$$

Mais,

$$NP = \sqrt{h^2 + \overline{P\omega}^2} = \frac{h}{h + R}\sqrt{(h + R)^2 + h^2 \cot g^2 \alpha}\,.$$

Finalement, la hauteur inconnue NQ se calculera par la formule :

$$NQ = \sqrt{(h + R)^2 + h^2 \cot g^2 \alpha} - R.$$

Dans la pratique, si l'on veut appliquer commodément cette formule, on doit éviter les deux hypothèses extrêmes : celle de $\alpha = 90°$, et, aussi, celle qui correspond à $\alpha = 0°$. Dans le premier cas, on a $NQ = h$, mais la méthode d'observation que nous avons décrite se trouve en défaut. Dans l'autre cas, si $\alpha = 0$, on a $\cot g\,\alpha = \infty$ et $h = 0$; la formule présente un exemple d'indétermination apparente. Pour faire disparaître celle-ci, il faudrait remplacer $h \cot g\,\alpha$ par la distance du nuage à l'œil de l'observateur, distance qui est inconnue. C'est en prenant $\alpha$ dans le voisinage de 45°, qu'on réalisera, dans les conditions pratiques les meilleures, la détermination de la hauteur des nuages, par la méthode indiquée.

## 137. Hauteurs et vitesses des étoiles filantes. —

On distingue, dans une étoile filante, les points d'*apparition* et de *disparition* ; mais ces points seraient difficiles à observer, la traînée lumineuse s'évanouissant instantanément, si l'on ne prenait la précaution de noter les étoiles qui se trouvent dans leur voisinage, au moment de l'expérience. Cette remarque nécessaire étant faite, voici comment pourraient être dirigées les expériences ayant pour but la détermination de la hauteur des étoiles filantes.

Imaginons deux observateurs placés en A, B; la distance AB doit être considérable relativement à celles dont nous avons parlé jusqu'ici (*) et les deux postes d'observation A, B, sont reliés par un fil télégraphique ou téléphonique. A un moment donné, les observateurs remarquent le point d'apparition $\alpha$ d'une étoile filante, ou, pour mieux dire, ils notent : l'un, une étoile $\varepsilon$, dans la direction A$\alpha$; l'autre une étoile $\varepsilon'$, dans la direction B$\alpha$. De cette observation, on peut conclure la distance de l'étoile filante à la terre, comme nous allons l'expliquer.

Soit O le centre de la Terre ; O$\alpha$ rencontre la surface de la Terre en un point C; nous poserons C$\alpha = x$: c'est la hauteur cherchée.
Posons aussi : A$\alpha = h$, B$\alpha = h'$, corde AB $= d$,
OA $=$ OB $=$ OC $=$ R, $z$A$\alpha = \theta$, $z'$B$\alpha = \theta'$, A$\alpha$B $= \varphi$.

(*) Dans les expériences qui furent faites en 1856 par MM. Besse-Bergier, Liais, Chacornac et Goujon, les deux postes d'observation étaient Orléans et Paris. (Voyez *Les étoiles filantes et les bolides*, par M. Félix Hément; Gauthier-Villars, éditeur, 1888, p. 19.)

Les triangles αAO, αBO, donnent
(A) $(R + x)^2 = h^2 + R^2 + 2Rh \cos \theta = h'^2 + R^2 + 2h'R \cos \theta'$.

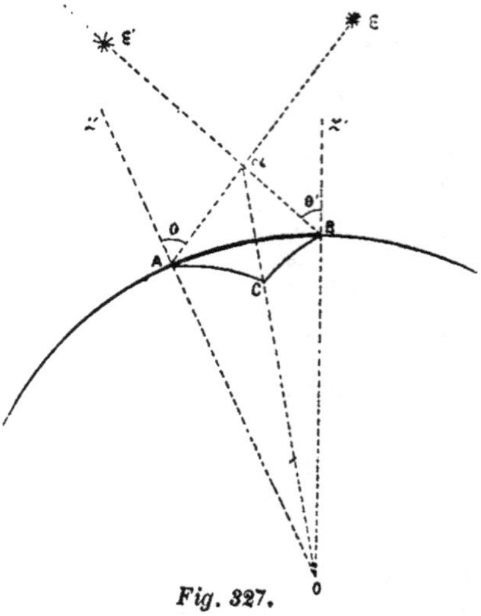

Ces égalités donnent
(1) $h^2 - 2Rh \cos \theta = h'^2 + 2h'R \cos \theta'$.

D'ailleurs, le triangle AαB donne
(2) $d^2 = h^2 + h'^2 - 2hh' \cos \varphi$.

L'angle $\varphi$ peut être fourni par l'observation; c'est la hauteur apparente des étoiles ε, ε', en A ou en B. Les formules (1), (2) permettraient donc de calculer $h$, $h'$, si la résolution de ces équations était possible. Mais on voit que ce calcul conduirait à une équation du quatrième degré, non quadratique (*), et la difficulté algébrique, ici rencontrée, paraît insurmontable. Voici comment on peut la tourner.

L'arc AB, bien qu'assez considérable, peut, dans des observations de la nature de celles que nous décrivons ici, être assimilé à une ligne

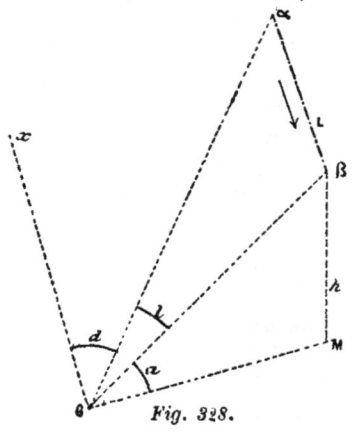

Fig. 327.

droite. On connaît, au point A, la direction de AB, et l'on peut relever l'angle εAB. Nous considérons donc les angles εAB = $\lambda$, ε'BA = $\lambda'$, comme des quantités connues, données par l'observation. Nous avons

(3) $$\frac{h}{h'} = \frac{\sin \lambda'}{\sin \lambda}.$$

Nous n'avons plus alors à tenir compte de l'égalité (2), et nous considérons $h$, $h'$ comme déterminées par les équations (1), (3). Abstraction faite de la solution évidente, et non admissible, $h = h' = 0$, ces équations admettent une seule solution; par suite, $h$, $h'$ sont bien déterminées.

Après avoir calculé $h$ et $h'$, les formules (A) feront connaître l'inconnue principale $x$; le calcul, comme on le voit, pourra se faire au moyen de deux égalités; on aura, de la sorte, une vérification du calcul effectué et des observations qu'on a faites.

Fig. 328.

(*) Nous entendons, par là, que l'équation n'est pas décomposable, rationnellement, en équations du second degré.

Quant à la vitesse des étoiles filantes, elle s'obtient par une formule qui prend pour base le principe du *Radiant*.

On sait que, pour une observation suffisamment courte, celle d'une nuit par exemple, toutes les étoiles filantes semblent partir d'un certain nombre de points uniques, bien déterminés, sur la voûte céleste, nommés *points radiants*, ou, plus brièvement, *radiants* (*).

Soient: α, le point d'apparition d'une étoile filante; β, le point de disparition. A cette étoile, correspond un point radiant situé dans une direction *ox*, parallèle à la trajectoire αβ. L'observateur, placé en O, relève les angles

$$xO\alpha = d, \qquad \alpha O\beta = l.$$

On calcule, en kilomètres, la hauteur $h$ de l'étoile au-dessus de l'horizon correspondant à O; enfin, on relève l'angle βOM = $a$, hauteur apparente de l'étoile filante, au moment de sa disparition, au-dessus de l'horizon considéré.

On a, en posant αβ = L, $\qquad \dfrac{L}{\sin l} = \dfrac{O\beta}{\sin d}.$

Mais $\qquad\qquad\qquad O\beta = \dfrac{h}{\sin a}.$

Donc $\qquad\qquad\qquad L = \dfrac{h \sin l}{\sin a \sin d}.$

Connaissant la longueur (**) de αβ et la durée θ de la traînée lumineuse, on en déduit la vitesse du météore (***).

## CHAPITRE XII

### PROBLÈMES DIVERS

Nous réunissons, dans ce dernier chapitre, divers problèmes de géométrie pratique. Sans dépendre absolument de la géométrie de la règle et de l'équerre, ils y touchent néanmoins

---

(*) Voyez *Annuaire publié par le bureau des longitudes*, pour l'an 1888, p. 121. Le nombre des points radiants, connus avec une certaine approximation, est égal à 63. « L'observation de ce phénomène, dit l'ouvrage en question, offre à plusieurs égards un haut intérêt scientifique, surtout depuis l'époque où les travaux de plusieurs de nos astronomes célèbres ont permis de constater d'une manière indubitable que certains essaims de météores et certaines comètes effectuent leur mouvement autour du Soleil sur une même trajectoire. »

(**) On suppose que la trajectoire, pendant le court intervalle de temps qui s'écoule entre les deux observations de points α, β, est rectiligne; cette hypothèse est tout à fait justifiée.

(***) D'après les résultats consignés dans l'ouvrage de M. Hément, cité plus haut, la vitesse des étoiles filantes varie, suivant les exemples, entre 22 et 113$^{km}$ par seconde; les hauteurs du point d'apparition, entre 31 et 119$^{km}$; celles du point de disparition, entre 5 et 66$^{km}$.

par certains points. Tels sont : les questions relatives aux bassins, la détermination de la base hydraulique ; l'étude des courants maritimes, et, enfin, le passage entre deux postes fortifiés. On rencontre dans cet ordre d'idées certains problèmes intéressants que nous allons, successivement, examiner.

**138. Les formes diverses du bassin** (bassin *carré, circulaire, elliptique).* — Lorsqu'on creuse un bassin maritime, le travail qu'il nécessite (la dépense qu'il entraîne, par conséquent) est proportionnel, pour une profondeur donnée, à la surface de sa base. Or, la périphérie du bassin représente ce qu'on pourrait appeler *son effet utile*; celui-ci étant considéré comme proportionnel au développement plus ou moins grand des quais de débarquement. Le point de vue, auquel nous nous plaçons ici, n'est pas le seul assurément qui puisse être envisagé, dans la question présente; on ne saurait nier pourtant qu'un certain intérêt y soit attaché.

Nous nous proposons donc la question suivante : *un bassin de profondeur h et de surface s devant être creusé, y a-t-il avantage à lui donner la forme carrée, circulaire ou elliptique?*

Nous écarterons d'abord, de la discussion qui suit, l'hypothèse du bassin rectangulaire. Il est bien clair que, si deux rectangles A, B ont même aire, le périmètre de A sera plus grand que celui de B, si l'on suppose que la différence entre les dimensions de A est supérieure à la différence correspondante pour le rectangle B. Nous invoquons ici une propriété bien connue, relative aux *maxima* et *minima*; elle résulte, comme l'on sait, de l'identité.

$$(x - y)^2 + 4xy = (x + y)^2.$$

Ainsi, au point de vue du développement des quais, la figure rectangulaire est, incontestablement, préférable, à la forme carrée.

D'autre part, si l'on compare un carré et un cercle; comme *entre toutes les figures planes, isopérimètres, le cercle est un maximum* (\*), on voit que, pour une aire donnée, le périmètre du

---

(\*) *Traité de Géométrie* par E. Rouché et Ch. de Comberousse: p. 303.

carré est plus grand que la circonférence du cercle. C'est ce qu'on vérifie d'ailleurs bien simplement, de la manière suivante.

Soit $y$ le côté d'un carré C, ayant même aire qu'un cercle C', de rayon $x$. On peut écrire

(1)                               $y^2 = \pi x^2$,

et il faut reconnaître que l'on a

$$2\pi x < 4y,$$

ou                              $\pi^2 x^2 < 4y^2.$

Or, en tenant compte de (1), on trouve $\pi < 4$, inégalité manifestement vraie.

Malgré ces observations, pour des motifs divers (*), on peut vouloir donner au bassin une forme curviligne ; nous allons montrer que le bassin elliptique doit être préféré, au moins dans certains cas, au bassin de forme carrée (**).

Considérons une ellipse $\Gamma$ dont les axes sont :

$$a = 2. \qquad b = \sqrt{3}.$$

Son excentricité est

$$e = \frac{\sqrt{a^2 - b^2}}{a} = \frac{1}{2}.$$

Cherchons la longueur S de l'arc correspondant à un quadrant de cette ellipse. On sait que S est donnée par la formule

(A)                $$S = a \int_0^{\frac{\pi}{2}} \sqrt{1 - e^2 \sin^2 \varphi}\, d\varphi.$$

Pour faire le calcul de cette intégrale elliptique, il faut avoir recours à une table donnant la valeur numérique des

_____

(*) La forme du terrain dont on dispose pour l'établissement du bassin peut être un des motifs auxquels nous faisons ici allusion. Il nous semble aussi que les manœuvres pour l'entrée et la sortie des bâtiments, l'abordage, l'établissement des chemins de fer le long des quais, peuvent être facilités par la forme elliptique du bassin, en supposant que l'ellipse adoptée ne soit pas trop allongée ; c'est le cas de celles que nous envisageons plus loin.

(**) Le bassin de forme rectangulaire offre certains inconvénients qui sautent aux yeux. Par exemple, si l'une des dimensions est trop faible ; la manœuvre des grands bâtiments y est quelquefois difficile ; on doit donc, autant que possible, se rapprocher de la forme carrée. De plus, dans la partie voisine des angles droits, l'abordage ne se fait pas commodément. L'idée du bassin elliptique peut, au premier abord, paraître singulière et dépourvue d'intérêt ; mais, à la réflexion, on en jugera peut-être différemment.

fonctions elliptiques (\*). On trouve ainsi, pour la longueur cherchée,

$$S = 2 \int_0^{\frac{\pi}{2}} \sqrt{1 - \frac{1}{4}\sin^2 \varphi}\, d\varphi = 3.3715.$$

D'autre part, soit $x$ la longueur du côté d'un carré dont l'aire soit équivalente à celle de $\Gamma$ : on a donc

$$x^2 = 2\pi\sqrt{3}.$$

Tout calcul fait, on trouve
$$x = 3.298.$$

Ainsi, on a bien, comme nous l'avons annoncé, $x < S$. Il faut ajouter qu'en prenant d'autres exemples numériques, correspondant à des ellipses d'une excentricité plus faible que o.5, on trouverait, pour $S - x$, des différences de plus en plus sensibles; malheureusement, le rapport $b : a$ diminue en même temps que $e$. A ce propos, on pourrait chercher, en se plaçant au point de vue expérimental, quelle serait la grandeur qu'il faudrait donner à l'excentricité, pour obtenir la forme elliptique la plus commode à tous les points de vue.

Voici un second exemple dans lequel la forme de l'ellipse serait peut être, pour le but que nous visons ici, jugée préférable; nous voulons parler d'un genre remarquable d'ellipses, celles pour lesquelles le petit axe est égal à la distance focale.

En supposant :
$$a = 2, \quad b = c;$$

on a
$$b = c = \sqrt{2},$$

et
$$\sin \theta = \frac{c}{a} = \frac{1}{\sqrt{2}};$$

d'où
$$\theta = 45°.$$

Le côté $x$, du carré équivalent à l'ellipse, vérifie l'égalité :
$$x^2 = \pi.2.\sqrt{2}.$$

On trouve
$$x = 2.981.$$

D'autre part, la longueur du quadrant d'ellipse se calcule par la formule (A), en supposant : $a = 2$, $e = \sin \theta = \dfrac{1}{\sqrt{2}}$.

---

(\*) Voyéz, Bertrand, *Calcul intégral*, p. 716. L'angle $\theta$, qui figure dans ces tables, correspond à l'égalité, $\sin \theta = e$. Nous avons, dans le cas présent, $e = \dfrac{1}{2}$; par suite $\theta = 30°$.

Or, dans cette hypothèse,

$$\int_0^{\frac{\pi}{2}} \sqrt{1 - e^2 \sin^2 \varphi}\, d\varphi = 1.85407.$$

Finalement, nous obtenons
(2)     $S = 2 \times 1.85407 = 3.70814.$

En comparant (1) et (2), on voit que la différence $S - x$ est plus considérable que dans l'exemple précédemment choisi.

Quant à la construction de l'ellipse, elle pourrait se faire directement, sur le chantier même, en appliquant le tracé que nous avons précédemment indiqué (*Première partie*, § 48). Il faut observer, en effet, que celui-ci n'exige que des alignements et des coups d'équerre; on déterminera donc facilement un nombre suffisant de points de la périphérie de l'ellipse. Il faut seulement que la droite $\Delta$, qui sert de base à la construction, ne soit pas trop éloignée du chantier. La distance $\delta$ de $\Delta$ au centre de l'ellipse est donnée par la formule (*)

$$\delta = a\frac{a^2 + b^2}{a^2 - b^2}.$$

Pour le premier exemple, on a $\delta = 14$; pour le second, $\delta = 6$. Dans ce dernier cas, qui paraît, de toutes façons, devoir être adopté de préférence, la droite $\Delta$ s'obtiendrait fort simplement. Il suffirait, en effet, d'élever au grand axe $AA'$, une perpendiculaire en un point symétrique de l'un des sommets, par rapport à l'autre.

Dans tous les cas, si faible que soit l'excentricité d'une ellipse, on peut construire celle-ci, point par point, *sur le chantier*, par des alignements et de simples coups d'équerre.

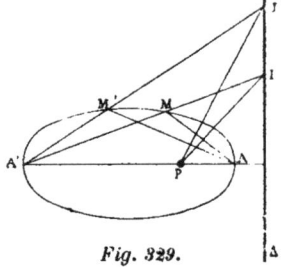

Fig. 329.

Supposons, en effet, qu'on donne : 1° les extrémités A, A' d'un des axes de l'ellipse; 2° un point M de la courbe. Prenons, dans les limites du chantier, une droite $\Delta$ perpendiculaire sur $AA'$; $A'M$ rencontre $\Delta$ en un certain point I. Ayant tracé AM, si l'on

---

(*) Celle-ci résulte de l'égalité $\dfrac{A'D}{AD} = \dfrac{b^2}{a^2}$ établie au § 47.

abaisse, de I, une perpendiculaire IH, sur cette droite; IH rencontre AA′ en un point P qui reste fixe, lorsqu'on répète la construction précédente, pour un point quelconque de Δ (*).

D'après cela, après avoir déterminé P, comme il vient d'être dit, on obtiendra un point quelconque de l'ellipse par le tracé suivant:

On prend, sur Δ, un point J; on trace A′J, PJ; puis, de A, on abaisse, sur PJ, une perpendiculaire. Cette droite coupe PJ en un point M′ appartenant à l'ellipse que l'on veut construire.

### 139. Détermination du rayon d'un bassin circulaire. — Nous supposons que le bassin considéré a de grandes dimensions: car, pour les autres cas, on imaginera sans peine de nombreux procédés. Par exemple, la longueur commune de deux cordeaux rectangulaires, tangents à la périphérie du bassin représente le rayon cherché.

Avant d'indiquer par quels moyens on peut calculer le rayon R d'un grand bassin, nous devons montrer d'abord comment on s'assure que celui-ci est circulaire.

A cet effet, on prend un premier cordeau P, de longueur $h$, et on le fixe de A en B, sur la périphérie du bassin; puis, ou place un second cordeau Q, tendu, en ligne droite, de A en B; soit $h'$ la longueur de celui-ci. On place alors P, en des points divers, A′,B′; A″,B″; ... et l'on s'assure que l'on a, constamment, A′B′ = A″B″ = ... = $h'$.

Si, cette expérience étant renouvelée avec des cordeaux de diverses longueurs, les égalités précédentes sont toujours vérifiées, on peut affirmer que la courbe considérée est une circonférence. C'est ce qui résulte du théorème suivant:

*Si, dans une courbe f, à des arcs égaux correspondent des cordes égales, f est une circonférence de cercle.*

On peut établir cette proposition de bien des façons différentes et, par exemple, comme il suit (**).

Soient trois points A, M, B d'une courbe jouissant de la propriété donnée.

---

(*) Ce théorème intéressant est dû à M. Clément Thiry.
(**) Cette démonstration m'a été communiquée par M. Niewenglowski.

Prenons arc AA′ = arc MM′ = arc BB′ : les cordes AM et A′M′ seront égales. De même,

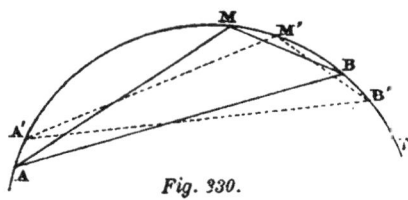

MB = M′B′, AB = A′B′ ; donc le triangle AMB pourra se déplacer en restant égal à lui-même et en demeurant inscrit à la courbe ; par suite, les normales en A, M, B

Fig. 330.

sont concourantes ; ce qui revient à dire que la normale en un point quelconque M passe par un point fixe, intersection des normales en deux points particuliers A, B. La courbe considérée est donc une circonférence.

Supposons maintenant qu'un bassin de forme circulaire étant donné, on veuille en calculer le rayon (*).

Ayant choisi trois points A, B, C sur la circonférence du bassin, on pourra, au moyen d'un cordeau divisé, relever les longueurs BC = $a$, CA = $b$, AB = $c$ ; puis, calculer le rayon inconnu R, au moyen de la formule

(1)        $$R = \frac{abc}{4\sqrt{p(p-a)(p-b)(p-c)}}.$$

On pourrait prendre aussi quatre points A, B, C, D, sur la périphérie du bassin, et utiliser la relation :

$$R = \frac{1}{4}\sqrt{\frac{(ab+cd)(ac+bd)(ad+bc)}{(p-a)(p-b)(p-c)(p-d)}}.$$

Mais cette formule est encore moins commode que la précédente.

Au sujet de la formule (1), bien qu'elle soit assez compliquée, nous ferons une remarque d'un ordre général, voulant ainsi prévenir une appréciation inexacte, que l'on pourrait porter sur les solutions de la Géométrie pratique. Voici notre observation.

*La qualité,* si l'on peut dire, de la solution d'un problème de Géométrie pratique dépend, avant tout, de la simplicité des

---

(*) Ce problème de Géométrie pratique ne doit pas être confondu avec celui que nous avons précédemment traité, quand nous avons cherché le rayon d'une tour circulaire. Entre deux points A, B, pris sur la circonférence d'un bassin, on peut tendre un cordeau divisé et, par suite, connaître AB ; cette opération n'est pas réalisable dans le cas de la tour.

tracés qu'elle nécessite; la complication de la formule qu'on emploie est secondaire.

Plus les opérations, qu'il faut exécuter sur le terrain, seront réduites; moins elles exigeront d'alignements ou de coups d'équerre; plus faible, par conséquent, sera le nombre des droites qu'il faut jalonner ou chaîner; et meilleure sera la solution proposée. Quant aux formules auxquelles on a recours, il est sans doute désirable qu'elles soient simples; mais c'est là, relativement, une chose accessoire; du moins quand il s'agit de problèmes dans lesquels il n'est pas utile de calculer rapidement les éléments inconnus.

Quoi qu'il en soit, voici quelques autres solutions du problème qui nous occupe.

Prenons, sur la circonférence, deux points A, B; la distance AB peut être évaluée au moyen d'un cordeau divisé. Les tangentes en A, B, se coupant en R, S, on a

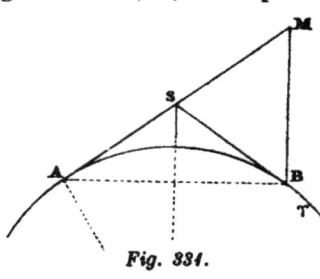

$$\frac{1}{R^2} = \frac{4}{AB^2} - \frac{1}{AS^2}.$$

On peut se dispenser de mener la tangente en B; on doit alors élever, en B, une perpendiculaire à AB; elle rencontre AS en M; et l'on a

$$\frac{1}{d^2} = \frac{1}{AB^2} - \frac{1}{AM^2},$$

*Fig. 331.*

$d$ désignant le diamètre du bassin. Au fond, ces deux solutions sont identiques: elles ne diffèrent qu'au point de vue pratique.

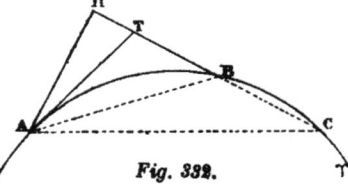

Il faut observer pourtant que cette méthode est assez imparfaite; la détermination des tangentes en A, B laissant prise à une certaine ambiguïté; à moins qu'on ne

*Fig. 332.*

détermine rigoureusement celles-ci par une construction géométrique, analogue aux suivantes.

On peut d'abord, avec la fausse équerre, relever l'angle ACB; puis, mener AT, de façon que TAB = ACB.

Si l'on veut ne faire usage que du cordeau, on calculera la position du point T, où la tangente en A rencontre BC, en utilisant la relation

$$\frac{TB}{TC} = \frac{\overline{AB}^2}{\overline{AC}^2}.$$

On pourra, d'ailleurs, imaginer beaucoup d'autres solutions du problème que nous venons incidemment de soulever, problème ayant pour but *la détermination de la tangente* (ou de la normale) *en un point d'une circonférence dans l'intérieur de laquelle on ne peut pénétrer.*

Enfin, voici une dernière solution, pour la détermination du rayon du bassin circulaire.

Abaissons, de A, une perpendiculaire sur BC ; nous avons :

$$2R.AH = AB.AC.$$

Si l'on adopte cette méthode, il faudra, bien entendu, jalonner AH, perpendiculairement à BC, et relever sa longueur. Pour ce motif, en se reportant aux observations présentées plus haut, on estimera que la solution actuelle, très simple en apparence, offrirait pourtant plus de difficultés, et présenterait moins de certitude, que celle, précédemment exposée, qui prend pour base la formule (1).

**140. L'élargissement du bassin.** — Supposons qu'un bassin de forme circulaire étant creusé, on propose de l'élargir en indiquant, à cet effet, le tracé, point par point, d'une circonférence concentrique ; celle-ci devant passer d'ailleurs par un point donné A.

Rien n'est plus facile que de résoudre cette question, avec un simple cordeau divisé.

Soit γ la périphérie du bassin. En A, on fixe l'extrémité d'un cordeau divisé, qu'on fait passer par-dessus le bassin ; ce cordeau étant convenablement tendu, on lit la division qui se trouve en B.

Si l'on prend Cα = AB (si, en d'autres termes, on prend l'isotomique de A, par rapport à BC), on obtient, en α, un point de la nouvelle périphérie.

Si l'on veut, notamment, tracer celle-ci dans le voisinage de A, on répétera, au moyen d'un cordeau αC'B'A', voisin du précédent, la construction indiquée, en prenant l'isotomique A', de α, sur B'C'.

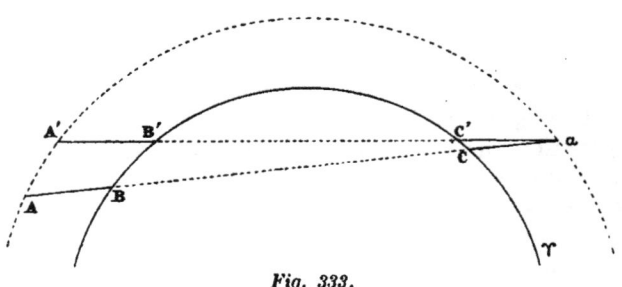

*Fig. 333.*

**141. Le problème du canal.** — Voici dans quelles conditions pourrait se présenter le problème, très simple, que nous abordons.

Un bassin circulaire γ de grande étendue (ou une nappe d'eau naturelle affectant sensiblement, au moins dans la partie la plus voisine de la mer, la forme circulaire) doit être relié à la mer par un canal aboutissant, sur la plage, en un point déterminé A. Il s'agit donc, dans ces conditions, le point A pouvant être, dans certains cas, très éloigné de γ, de jalonner la droite allant, de A, au centre du bassin en question.

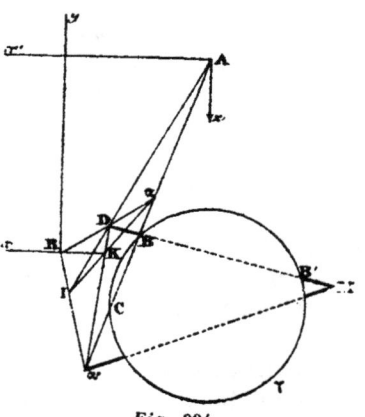

*Fig. 384.*

Observons que : mener des tangentes, de A, à la périphérie de γ; puis, la bissectrice de ces semidroites, ne constitue pas une solution acceptable; si, comme nous le supposons, A n'est pas dans le voisinage du bassin. Voici comment, dans cette hypothèse, on peut déterminer le jalonnement de la droite demandée.

Par A (*), traçons une droite qui rencontre la circonférence γ en B, C et prenons sur BC deux points isotomiques quelconques α, α'. En α', fixons un cordeau ; puis, déterminons, sur ce cordeau, le point M, isotomique de α'. Prenons encore, sur un cordeau fixé en M, par exemple sur MB, le point D, isotomique de M, par rapport à BB'.

Ayant jalonné AD, nous déterminerons, sur cette droite, au moyen de la fausse équerre, un point I, tel que $I\alpha'C = AD\alpha$.

Il résulte de cette construction, que les points α, α', D, I appartiennent à un cercle γ', concentrique à γ. Traçons Iα, Dα' qui se coupent en K ; Oα, α'T qui concourent en R : RK est la polaire de A, par rapport à γ'. Pour achever la construction, on tracera successivement Ry, perpendiculaire à Rx ; Ax', à Ry ; Az, à Ax'. Az est la droite demandée.

**142.** REMARQUE. — Ce tracé nécessite des constructions relativement compliquées ; pour ce motif, il est utile de rechercher les vérifications qu'il comporte. Au point de vue pratique, la détermination de α'I, dans la solution précédente, constitue une opération délicate ; aussi doit-on, avant de jalonner RK, s'assurer que le point I a été convenablement déterminé. A cet effet, on fixera un cordeau divisé, en I, dans la direction IM ; puis, en M, dans la direction MI ; et l'on vérifiera ainsi que les points de rencontre de IM avec γ sont deux points isotomiques, par rapport à IM.

Nous ferons encore observer que la direction de ABC, ainsi que l'un des points α ou α', sont arbitraires ; on choisira donc AB et α, de façon que les jalonnements dont on a besoin s'exécutent dans des conditions pratiques, acceptables.

Mais le tracé d'une droite (canal, chemin de fer, etc.) aboutissant à un bassin circulaire de grandes dimensions, peut se présenter dans des conditions autres que celles que nous avons imaginées au paragraphe précédent ; nous allons examiner rapidement ces conditions nouvelles, en nous posant les deux problèmes suivants :

---

(*) Le lecteur supposera que, en réalité, A est beaucoup plus éloigné de γ que ne le représente la figure.

*1° Un bassin circulaire γ et une droite Δ étant donnés, jalonner, sur le terrain, la plus courte distance entre Δ et la circonférence γ.*

*2° Deux bassins circulaires γ, γ' étant donnés, déterminer le tracé de la droite qui représente la plus courte distance de leurs périphéries.*

Dans l'un et l'autre cas, on doit supposer que les distances en question peuvent être relativement considérables. De là résultent, au point de vue pratique, certaines difficultés; et, des solutions nombreuses qui se présentent à l'esprit pour traiter ces problèmes élémentaires, quelques-unes seulement peuvent, *pratiquement*, convenir aux tracés que l'on doit effectuer sur le terrain.

**143.** Problème I.—Jalonnons une droite AB perpendiculaire

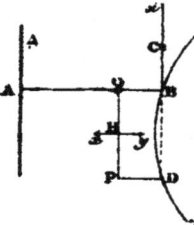

à Δ; nous obtenons ainsi, sur γ, un point B. En C, dans une direction B*z* perpendiculaire à BA, fixons un piquet et déterminons sur γ le point D placé sur le prolongement de CB. On détermine ensuite, par des coups d'équerre, DP, PQ; la perpendiculaire *xy* élevée au milieu de PQ est la droite cherchée.

*Fig. 335.*

Voici une seconde construction qui pourrait être employée, dans le cas où le diamètre du bassin serait assez petit pour que l'on puisse, d'un point pris sur sa circonférence γ, viser le point diamétralement opposé.

Sur γ, en un point quelconque M, on place un jalon; puis

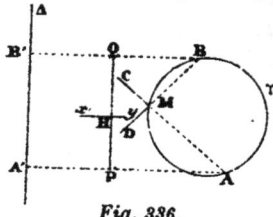

en C, D l'on fixe deux piquets, de façon que l'angle CMD soit droit. On peut alors déterminer les points A, B où les droites CM, DM rencontrent γ. On abaisse les perpendiculaires AA', BB' sur Δ; PQ étant une perpendiculaire commune aux parallèles AA', BB'; la perpendiculaire *xy* élevée à PQ, en son point milieu H, est la droite demandée.

*Fig. 336.*

**144.** PROBLÈME II. — Soient deux bassins circulaires $\gamma$, $\gamma'$; on veut jalonner la ligne des centres $\omega$, $\omega'$.

On observera d'abord que ce problème est ramené au précédent, si
l'on peut déterminer l'axe radical $\Delta'$
des cercles $\gamma$, $\gamma'$. Pour obtenir $\Delta$,
nous indiquerons deux procédés (*).

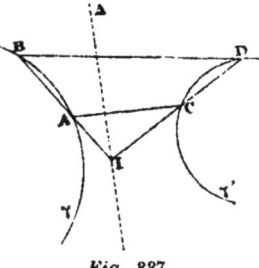

Fig. 337.

1° Admettons d'abord que $\gamma$ et $\gamma'$
soient assez rapprochées pour que
l'on puisse, d'un point de $\gamma$, viser
les différents points de $\gamma'$.

Prenons, sur $\gamma$, deux points arbi-
traires A, B; et, sur $\gamma'$, un point C, quelconque, lui aussi. Ayant
relevé avec la fausse équerre l'angle obtus BAC, on déterminera, sur $\gamma'$, un point D d'où l'on aperçoit BC sous un angle $\alpha$,
supplémentaire de BAC; cet angle $\alpha$, comme nous l'avons
remarqué à diverses reprises, est donné d'ailleurs par la fausse
équerre. Les droites BA, CD se coupent en un point I, appartenant à l'axe radical $\Delta$. On cherchera, de même, un second
point de cette droite et celle-ci se trouvera déterminée.

2° Supposons maintenant que $\gamma$, $\gamma'$ soient tellement éloignées,
qu'on ne puisse, comme nous l'avons dit tout à l'heure, viser,
de D, le point B.

La construction précé-
dente est alors en défaut.
Celle que nous allons indiquer est plus longue, mais
elle offre l'avantage d'être
générale et de convenir à
tous les cas.

Traçons, arbitraire-
ment, une droite $\delta$, extérieure aux cercles $\gamma$, $\gamma'$. On
peut, comme nous l'avons indiqué au paragraphe précédent,

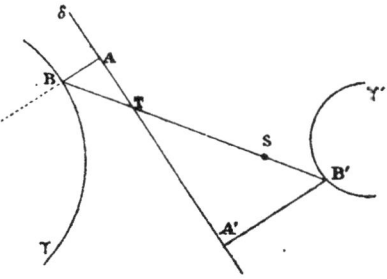

Fig. 338.

---

(*) On pourra, bien entendu, pour résoudre le problème actuel, imaginer beaucoup d'autres solutions. Ainsi, après avoir jalonné les tangentes
communes intérieures on obtient l'axe radical en prenant les milieux de
ces droites; mais un pareil tracé est peu pratique.

obtenir les droites AB, A'B' qui, perpendiculaires sur δ, passent respectivement par les centres de γ, γ'. D'après cela, BB' passe par le centre de similitude interne S, des cercles γ, γ'. Connaissant un point de la ligne des centres (*), on achève le tracé que nous avions en vue, en utilisant la construction indiquée plus haut.

Mais il se présente ici, dans l'ordre pratique, une difficulté que nous devons signaler.

Les points B, B' sont, par hypothèse, assez éloignés pour qu'on ne puisse, de l'un, apercevoir le second. Dans ces conditions, il s'agit de jalonner BB'.

Ce problème nous a précédemment occupé, quand nous avons cherché (§§ **32, 33**) à prolonger une droite dont les extrémités sont séparées par un obstacle; ou sont invisibles, pour un motif quelconque. Dans le cas présent, au lieu d'avoir recours aux constructions auxquelles nous venons de faire allusion, il est plus simple d'observer que BB' rencontre δ en un point T tel que

$$AT = \frac{AB.AA'}{AB + A'B'}.$$

On relèvera, avec le ruban divisé, les longueurs AB, A'B', à A'; et, le point T étant connu, on pourra jalonner BT.

### 145. Détermination de la base d'essai. — Pour

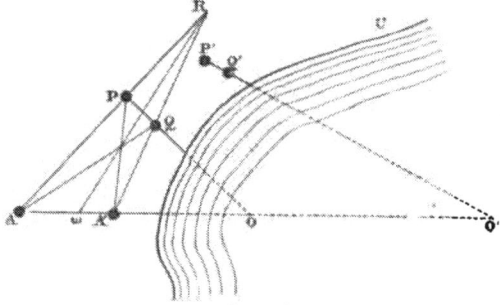

*Fig. 339.*

faire l'expérience de la vitesse des bâtiments à vapeur, on détermine la longueur d'une base OO', dans les conditions suivantes.

Deux points A, A' (balises, clochers, séma-

---

phores, etc.), définissent la route rectiligne que doit suivre le bâtiment. D'autre part, sur la terre ferme, quatre points P, Q, P', Q', désignés d'avance, servent à fixer la situation de la base d'essai OO'. On relève les heures où le navire, ayant atteint son maximum de vitesse, passe : 1° en O, point en ligne droite avec P, Q ; 2° en O', point d'intersection de P'Q' et de AA'. Pour calculer la vitesse cherchée, il reste seulement à connaître la longueur de OO'. On sait que cette distance, comme il est ordinaire de le faire dans les problèmes du même genre, s'obtient par un calcul trigonométrique; les éléments nécessaires à ce calcul étant fournis par des observations angulaires, faites aux extrémités d'une base, de longueur connue.

Nous voulons montrer comment, par de simples chaînages, on peut résoudre le problème en question. Peut-être, en raison de certaines difficultés d'ordre matériel, la solution actuelle offre-t-elle des impossibilités pratiques? Nous la présentons, néanmoins, pour qu'on puisse la juger; mais nous indiquerons, à la suite, deux solutions notablement plus simples.

Imaginons, par exemple, que l'espace U représente une plage de sable, sur laquelle, au moyen de grands piquets, on puisse aisément déterminer les jalonnements qu'indique la figure.

Nous obtenons ainsi, sur AA', un certain point ω ; et, par une propriété connue, nous pouvons écrire

$$\frac{2}{AA'} = \frac{1}{A\omega} + \frac{1}{AO}.$$

Cette égalité permet de calculer AO.

En opérant avec P' et Q', comme nous l'avons fait avec P et Q, nous calculerons de même, AO'; la différence AO' — AO, des nombres ainsi obtenus, donne la longueur de la base d'essai OO'.

On observera qu'en déplaçant les points Q et Q', on obtiendra une base aussi grande que l'on voudra; les extrémités O, O' pouvant être, de la sorte, arbitrairement choisies.

DEUXIÈME SOLUTION. — Cette solution repose sur une transformation des figures que nous avons précédemment indiquée (§ **78**); elle est particulièrement appropriée au cas où la base d'essai, prolongée, pénètre dans la partie du rivage d'où l'on peut apercevoir les bouées O, O' qui représentent les extrémités de la base d'essai.

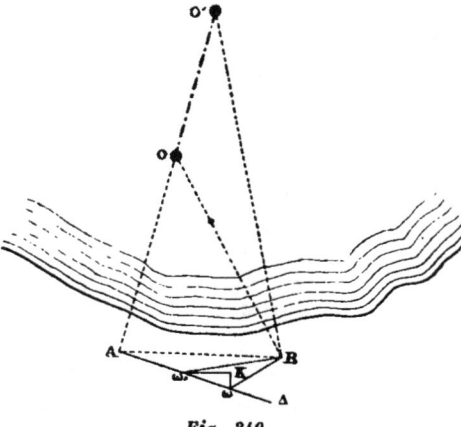

Fig. 340.

Soit A un point pris sur le prolongement de OO'. Par A, on jalonne une droite AB, oblique sur OO' et une autre droite Δ, perpendiculaire à OO'; puis, par le point B, on trace des perpendiculaires aux lignes de visée BO, BO'. On obtient ainsi, sur Δ, les points ω, ω'. Ayant mené ω'K, parallèle à AB; ω K, perpendiculaire à AB, on a, comme nous l'avons démontré au paragraphe cité,

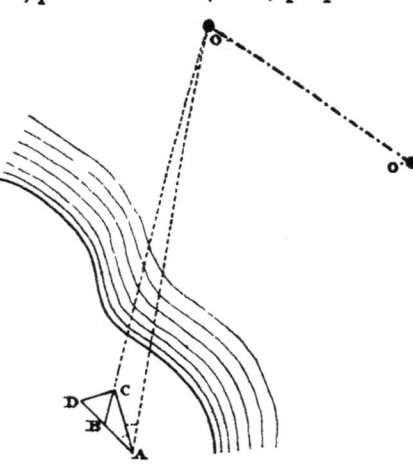

Fig. 341.

$$CO' = \omega\omega' . \frac{\omega'K}{\omega K}.$$

Dans cette opération, la difficulté principale consiste à déterminer les lignes de visée allant, de B, aux bouées O, O', lesquelles sont toujours assez éloignées. Nous indiquerons, au paragraphe suivant, une méthode qui permet de la résoudre.

TROISIÈME SOLUTION. — Nous supposons encore que la base d'essai soit déterminée par deux bouées visibles du point A et de la région voisine. Prenons, dans cette région, un autre point C et traçons AD de telle sorte que DAC = CAO; élevons ensuite CD perpendiculairement à AC, nous avons (§ **111**):

$$\frac{1}{AO} = \frac{2}{AD} - \frac{1}{AB}.$$

On calculera, de même, AO'. Finalement, on connaîtra, dans le triangle AOO', les longueurs des côtés AO, AO' et la valeur de l'angle OAO'; de ces données, on pourra déduire OO'.

**146. La visée sur la bouée invisible.** — Soit O la bouée en question; nous la supposons invisible, du point A, et, dans ces conditions, on propose de déterminer la ligne A$z$ qui est perpendiculaire à la direction AO; A$z$ étant connu, la ligne de visée AO se trouvera, par cela même, déterminée.

Jalonnons une droite indéfinie Δ, passant par A; la bouée O est visible, nous le supposons, de deux points particuliers B, C, pris sur le rivage; les prolongements des lignes de visée BO, CO, rencontrent Δ en P, Q. En ces points, élevons des perpendiculaires aux lignes PB, QC; soit R leur point de rencontre. Comme nous l'avons précédemment observé, R, O se projettent sur Δ en H, H', points isotomiques sur PQ.

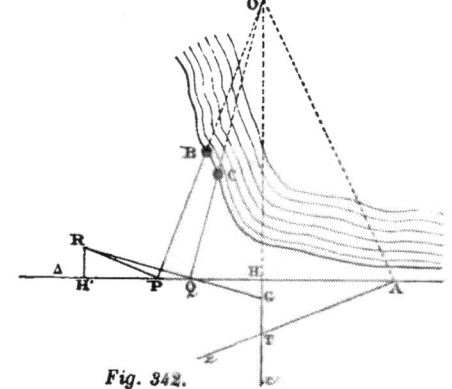

*Fig. 342.*

D'après cela, nous pourrons prendre QH = PH' et, en ce point H, élever H$x$ perpendiculaire sur Δ. Prolongeons RQ jusqu'à sa rencontre en G avec H$x$ et soit T le point d'intersection des droites A$z$, H$x$.

Nous avons, d'après cette construction,
$$\overline{QH^2} = HG.HO, \quad \text{et} \quad AH^2 = HT.HO.$$

d'où
$$HT = \frac{AH^2.HG}{QH^2}.$$

Cette égalité permet de calculer HT; le point T étant connu, Az est déterminé.

### 147. Détermination des courants maritimes (*).—

« Pour déterminer, dit M. Reveille ( *loc . cit.* ), la position du navire, on sait que l'on observe une série de hauteurs prises à différents moments et qu'on appelle *hauteurs à intervalle.*

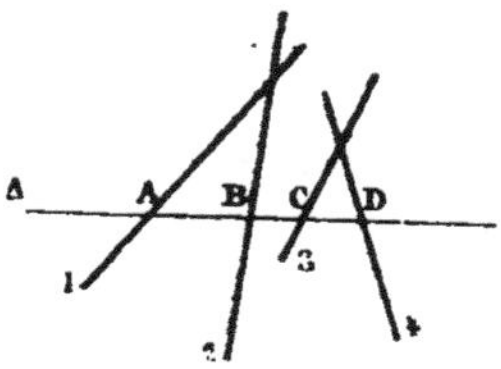

Fig. 343.

Si l'on a pris quatre hauteurs à intervalle, ces quatre droites de hauteur, ramenées au quatrième horizon, et corrigées de l'erreur personnelle (**), doivent concourir. Il n'en est pas ainsi, à cause des courants et l'on reconnaît que si 1, 2, 3, 4 sont les droites de hauteur, il faut tracer une transversale Δ, telle que les chemins AB, BC, CD soient proportionnels aux intervalles des observations. »

On voit, d'après cela, comment la détermination des courants maritimes conduit à un problème de Géométrie, pouvant s'énoncer ainsi :

*Quatre droites* 1, 2, 3, 4 *étant données, tracer une transversale* Δ, *telle que les segments interceptés soient proportionnels à des nombres donnés.*

Nous rappellerons d'abord comment on résout le problème suivant : *Étant données trois droites* 1, 2, 3 *et une direction* xy ; *on propose de mener, parallèlement à* xy, *une transversale* Δ

---

(*) Les idées développées dans ce paragraphe sont empruntées, pour la plus grande partie, à une note publiée par M. J. Reveille, professeur d'Hydrographie, dans la *Revue maritime et coloniale*, tome LXXXIX 296ᵉ livraison, mai 1886, p. 274. Cette note est intitulée : *Détermination des courants, par une série de quatre hauteurs à intervalle.*
Ce problème a été traité par M. Fasci dans un article ayant pour titre *Mémoire sur le point observé et la détermination des courants à la surface de la mer.* La solution que nous développons ici est celle de M. Reveille.

(**) Si l'on observe trois hauteurs d'astre simultanées ; les trois droites de hauteur correspondantes doivent se couper au même point, qui est la position vraie du navire.
En général, il n'en est pas ainsi, et les droites forment un triangle L'erreur se mesure par le rayon du cercle inscrit; c'est l'*erreur personnelle.*

*telle que les segments interceptés soient proportionnels à des nom-
bres donnés.*

Menons A'B'C' parallèle à $xy$, et déterminons, sur cette droite,
un point C' tel que

$$\frac{B'C'}{B'A'} = \frac{m}{n};$$

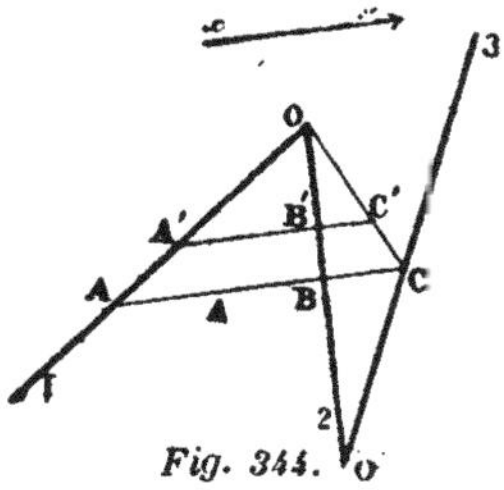

$m$, $n$ désignant les nombres donnés.
Soit O le point de concours des droites
1, 2; CC' rencontre la droite 3 en C.
En menant, par C, une parallèle à $xy$,
le problème est résolu; il n'admet,
d'ailleurs, qu'une solution.

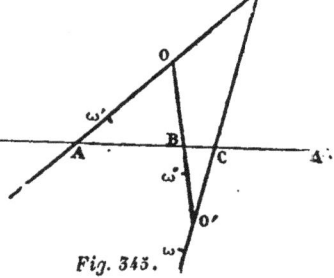

Fig. 344.

Supposons maintenant que l'on fasse varier la direction de
$xy$; nous allons montrer que $\Delta$ enveloppe une parabole inscrite
au triangle 1, 2, 3.

En effet, à un point A ne correspond qu'un seul point B;
et réciproquement; la droite AB, dont les extrémités décrivent
sur OA, OB des divisions homographiques enveloppe, comme
on sait, une conique $\Gamma$ inscrite à l'angle AOB. Pour une raison
analogue, $\Gamma$ est inscrite à l'angle BO'C. Ainsi, $\Gamma$ est une conique inscrite au triangle 1, 2, 3. Si l'on observe que les angles
O, O' interceptent, sur la droite de l'infini, des segments infiniment grands, on voit que l'on peut considérer cette droite
comme représentant une position particulière de $\Delta$. La conique $\Gamma$ est donc tangente à la droite de l'infini; en d'autres termes, $\Gamma$ est une parabole.

Pour déterminer les points de contact de $\Gamma$ avec les côtés du
triangle OO'O', on peut obser-
ver d'abord que : si A vient en
O, C coïncide, au même instant, avec O'; et le point B
occupe, sur OO', une position
limite $\omega''$. Ce point $\omega''$ donnant
lieu à la relation

$$\frac{\omega''O'}{\omega''O} = \frac{m}{n}.$$

Fig. 345.

Le même raisonnement
prouve que les points de contact de $\Gamma$, avec les côtés O'O'', OO''

sont des points $\omega$, $\omega'$ tels que

$$\frac{\omega O'}{O'O''} = \frac{m}{n}, \qquad \frac{\omega'O}{OO''} = \frac{n}{m}.$$

La connaissance de trois droites tangentes à la parabole $\Gamma$, et celle des points de contact, permet, de bien des façons, de construire le foyer F de cette courbe.

Cela posé, revenons au problème que nous avions en vue.

Soit $\Gamma$ la parabole, déterminée comme nous venons de le dire, et tangente aux droites 1, 2, 3 ; soit, de même, $\Gamma'$ la parabole analogue inscrite au triangle formé par les droites 2, 3, 4. Les paraboles $\Gamma$, $\Gamma''$ ont trois tangentes communes en évidence; les droites 2, 3, d'une part; et la droite de l'infini, d'autre part. Ces deux courbes admettent une quatrième tangente commune. Cette droite constitue, précisément, la transversale $\Delta$ que nous nous proposions de tracer dans le plan des droites données 1, 2, 3, 4.

Imaginons le triangle formé par la droite inconnue $\Delta$ et par les droites 2, 3. On sait que le cercle circonscrit à ce triangle passe par les foyers F, F' des paraboles $\Gamma$, $\Gamma'$. De cette remarque, découle la construction suivante :

*On détermine les foyers des paraboles* $\Gamma$, F' ; *par ces points, et par le point de rencontre des droites* 2, 3, *on fait passer une circonférence qui coupe celle-ci en deux points* M, N; *MN est la droite cherchée.*

**Remarque.** — La vitesse du courant (1) se calcule en divisant l'un des segments AB par l'intervalle des observations qui correspondent aux droites 1, 2.

### 148. Le passage entre deux forts. — Imaginons que

---

(*) On vérifie ces résultats par le calcul en cherchant l'équation tangentielle de $\Gamma$. A cet effet, ayant posé

$$OA = u, \qquad OB = v, \qquad OO' = c, \qquad OO'' = b,$$

et
$$\frac{BC}{BA} = \frac{m}{n},$$

on trouve facilement la relation :   $m\frac{u}{b} + (m+n)\frac{v}{c} = n.$

L'enveloppe de ABC est donc une parabole ; cette équation prouve aussi que les points de contact de cette courbe avec les côtés du triangle OO'O'' sont bien ceux que nous avons déterminés par des considérations géométriques.

deux forts, à feux croisés, aient pour centres les points O, O'.

Soit *h* la portée des pièces, et soient Δ, Δ' deux circonférences décrites, des points O, O' comme centres, avec *h* pour rayon. Nous voulons chercher quelle est la ligne qu'il faut suivre pour passer entre les deux forts, en s'exposant le moins possible.

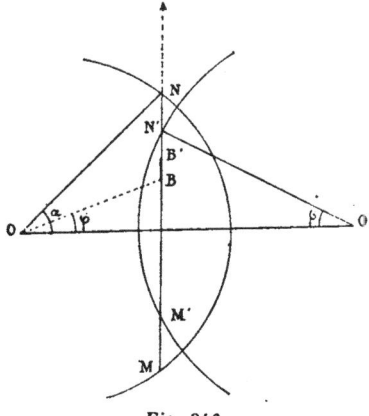

Fig. 346.

Nous admettrons, en principe, que la probabilité θ, que l'on soit atteint par les projectiles d'un fort, tant qu'on demeure soumis à l'action de son tir, est : 1° proportionnelle au temps et 2° en raison inverse de la distance.

Soit MN (*) le chemin suivi dans le champ de tir du fort O; prenons, sur MN, deux points voisins B, B'. Quand on va de B à B', θ varie proportionnellement à BB', mais en raison inverse de OB.

---

(*) Cette trajectoire doit être perpendiculaire à la ligne des centres; c'est un fait qu'on peut considérer, croyons-nous, comme évident. Pourtant, si l'on croit nécessaire de le démontrer, on pourra raisonner, ainsi qu'il suit.

Soit Δ une transversale oblique à la ligne des centres; abaissons OH O'K perpendiculaires sur Δ; prenons, sur OO', OI = OH; puis, par le point I, élevons Δ' perpendiculaire à OO'.

Nous avons
$$OI + O'I > OH + O'K;$$
ou, puisque OI = OH,
$$O'I > O'K,$$
et, par suite,
$$BB' > \beta\beta'.$$

Comme αα' est égal à AA', et comme les deux droites sont à égale distance du centre O, la probabilité que nous étudions sera la même pour AA' et pour αα'; mais comme BB' est plus grand que ββ' et, plus rapproché de O', il y a plus de chances d'être atteint en adoptant le chemin AA'BB', comme nous l'avons avancé.

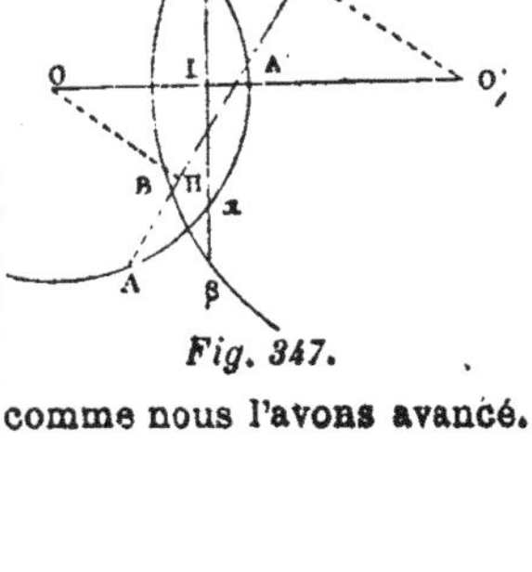

Fig. 347.

, Pour le trajet MN, on a donc

$$\theta = \sum \frac{BB'}{OB},$$

BB' étant infiniment petit.

Posons

$$NOH = \alpha, \qquad BOH = \varphi, \qquad OO' = l.$$

Nous avons

$$BH = OH \, \mathrm{tg} \, \varphi,$$

et, par conséquent,

(1) $$BB' = d(BH) = OH \, \frac{d\varphi}{\cos^2 \varphi}.$$

D'ailleurs,

(2) $$OB = \frac{OH}{\cos \varphi}.$$

Les égalités (1) et (2) donnent

$$\frac{BB'}{OB} = \frac{d\varphi}{\cos \varphi};$$

et, par suite,

$$\theta = 2 \int_0^u \frac{d\varphi}{\cos \varphi} = 2L \, \mathrm{tg} \left( 45^\circ + \frac{\alpha}{2} \right).$$

Supposons maintenant que MN coupe le champ de tir du fort O', aux points M', N'. Si nous posons N'O'H = β, la quantité ζ, qu'il faut rendre minimum se calcule donc, d'après ce que nous venons de voir, par la formule :

(3) $$\zeta = 2L \, \mathrm{tg} \left( 45^\circ + \frac{\alpha}{2} \right) + 2L \, \mathrm{tg} \left( 45^\circ + \frac{\beta}{2} \right).$$

Dans cette égalité, α, β désignent deux paramètres variables, vérifiant la relation

(4) $$l = h(\cos \alpha + \cos \beta) \; (*).$$

D'après (3), le minimum de ζ correspond à celui de

$$\mathrm{tg} \left( 45^\circ + \frac{\alpha}{2} \right) \mathrm{tg} \left( 45^\circ + \frac{\beta}{2} \right).$$

---

(*) Comme on le voit par cette égalité, nous supposons (et nous avons d'ailleurs fait, plus haut, cette hypothèse) que la portée des pièces est la même pour les deux forts. S'il n'en était pas ainsi, on aurait à résoudre par rapport à $x$, $y$, les équations

$$h \cos x + h' \cos y = d,$$
$$h \sin 2x = h' \sin 2y;$$

mais cette résolution n'est pas élémentaire.

En différentiant cette expression, on a

$$\frac{\operatorname{tg}\left(45+\frac{\beta}{2}\right)}{\cos^2\left(45+\frac{\alpha}{2}\right)}\,d\alpha + \frac{\operatorname{tg}\left(45+\frac{\alpha}{2}\right)}{\cos^2\left(45+\frac{\beta}{2}\right)}\,d\beta = 0,$$

ou

$$\cos\beta\,d\alpha + \cos\alpha\,d\beta = 0.$$

D'autre part, de (4), on déduit

$$\sin\alpha\,d\alpha + \sin\beta\,d\beta = 0.$$

Ces deux dernières égalités donnent

$$\sin 2\beta = \sin 2\alpha,$$

ou, puisque $\alpha$, $\beta$ désignent ici des angles aigus,

$$\beta = \alpha.$$

Le passage doit donc être effectué en suivant la corde commune aux deux cer-
cles de tir; résultat
à peu près évident,
*a priori*, mais qu'il
n'était pas sans inté-
rêt d'établir avec
rigueur.

Quoi qu'il en soit,
nous pouvons main-
tenant aborder la
question suivante :

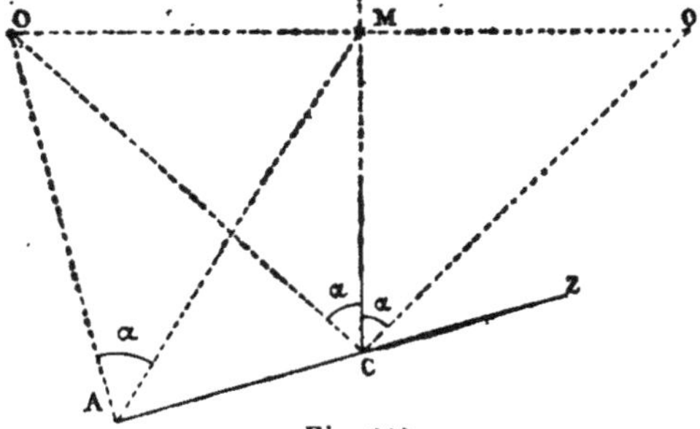

Deux forts (ou
deux retranchements quelconques) O, O', étant considérés :
1° chercher si leurs feux peuvent se croiser; 2° déterminer la
ligne qu'il faut suivre pour passer à égale distance, des deux
points O, O'.

Pour traiter la première question, on fixera des piquets
aux points où s'est effectuée la chute de trois projectiles,
lancés de O, dans des directions différentes; soient A, B, C
les trois points ainsi observés. Ayant relevé les longueurs des
côtés du triangle ABC, une formule élémentaire, celle qui
donne le rayon du cercle circonscrit à un triangle, connaissant les trois côtés, permettra de calculer la portée $h$ des
pièces placées en O. On détermine ensuite la distance $l$ des deux

*Fig. 348.*

points inaccessibles O, O′; et l'on verra si *l* est plus petit ou plus grand que 2*h*.

Il nous reste à montrer comment on répond à la seconde partie du problème qui nous occupe; nous indiquerons, pour sa solution, deux procédés :

1° Soit A la position de l'observateur, et soit AM la ligne de visée aboutissant au milieu de OO′, ligne que nous avons appris à déterminer *(Seconde partie,* § 68).

Traçons AZ perpendicontre sur AO; AZ rencontre, en C, la perpendiculaire élevée à OO′, en son milieu M. Le quadrilatère OAMC est inscriptible; par suite, les angles OAM, OCM sont égaux. Ainsi

$$\widehat{OCO'} = 2\ \widehat{OAM}$$

On relèvera donc l'angle OAM = α, et l'on donnera, aux branches de la fausse équerre, une position telle que l'angle

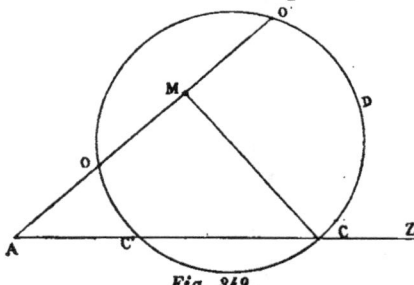

qu'elles forment soit le double de l'angle observé OAM *(seconde partie,* §8). Cela fait, on s'avance sur AZ jusqu'à ce que l'on trouve un point C, tel que, de ce point, on aperçoive OO′ sous l'angle 2α, marqué par les branches de la fausse équerre.

*Fig. 349.*

Mais ici se présente une difficulté. En effet, il existe, sur AZ, deux points C, C′ d'où l'on voit OO′ sous l'angle 2α; de ces deux points, un seul convient; c'est le point C, bien déterminé, intersection de AZ avec MC.

Pour obtenir ce point C, on doit observer que les arcs OC′C, O′DC étant égaux, C′Z est la bissectrice de l'angle formé par C′O′ et le prolongement de OC′; cette circonstance ne se présente plus en C. Ainsi, après avoir trouvé, sur AZ le point C d'où le segment OO′ est vu sous l'angle 2α, on doit s'assurer que AZ n'est pas, en ce point C, bissectrice de l'angle extérieur du triangle OCO′.

Quand on a trouvé C, la ligne cherchée CM s'obtient en traçant la bissectrice de l'angle OCO′.

2° Soient A, B deux postes d'observation; AX, BY les lignes de visée aboutis-sant au milieu de OO', li-gnes obtenues, comme le montre la figure, confor-mément à la construction précédemment indiquée et déjà rappelée tout à l'heure. Traçons CD paral-lèlement à OO' (*) et dé-terminons, en H, l'ortho-centre du triangle MCD. La droite cherchée est la perpendiculaire HZ abaissée, de H, sur la direction de CD.

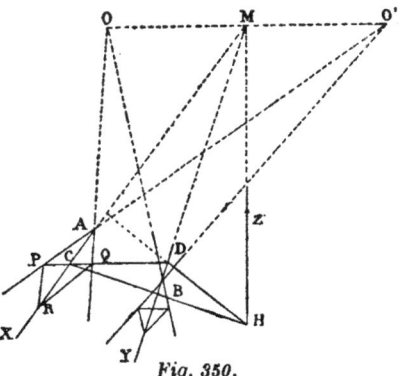

Fig. 350.

(*) On peut prendre, par exemple, comme le montre la figure, la dia-gonale PQ du parallélogramme APQR. Dans cette construction, comme dans la précédente, il faut, avant tout, connaître la direction de OO' (Voir, pour les solutions diverses que comporte ce problème, le chapitre VI, de la *Géométrie de la Règle*, seconde partie).

# EXERCICES

**1.** — Tracer, dans la partie où elle est accessible, la perpendiculaire abaissée d'un point inaccessible A, sur une droite donnée Δ. On suppose que A est visible, mais que le pied H de la perpendiculaire en question est inaccessible.

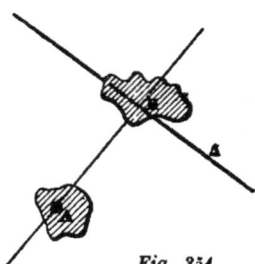

*Fig. 351.*

**2.** — Mener, à une circonférence O, une tangente allant passer par le point de concours, inaccessible, de deux droites données Δ, Δ' (*).

**3.** — Étant donnés deux arcs de cercle α, β, appartenant à des circonférences A, B, dont les centres sont inaccessibles; on propose de mener les tangentes communes dont les points de contact appartiennent aux arcs considérés.

**4.** — Tracer une route circulaire passant par deux points A, B, et par un troisième point C, visible, mais inaccessible.

Examiner le cas particulier où les points A, B, sont confondus en un point M, d'une droite donnée Δ.

---

(*) Cette question a été proposée dans l'*Educational Times*, par M. Ignacio Beyens, capitaine du génie à Cadix, et résolue dans le numéro du 1er janvier 1889. La solution donnée *(loc. cit.)*, et que nous allons reproduire, est très élégante.

On prend les pôles des droites Δ, Δ', relativement à O. La droite qui passe par ces deux points rencontre la circonférence donnée, aux points de contact cherchés.

Le problème est du second degré et, au premier abord, il semble se traiter par la règle et l'équerre, ce qui implique contradiction. Mais il faut observer que, dans le cas présent, on s'accorde la présence d'une circonférence dans le plan de l'épure, ce qui revient à se donner un compas. (Voir la note de la p. 25 et, plus loin celle de la page 365.)

**5.** — Par un point A, et par deux autres points B, C, inaccessibles, faire passer une route circulaire.

Examiner le cas où les trois points donnés sont inaccessibles.

Dans ce problème, comme dans le précédent, on indiquera la construction, *point par point*, de la circonférence demandée (*).

**6.** — Par un point A, inaccessible, et qui n'est visible que des points B, C, on propose de tracer une route parallèle à une droite donnée Δ.

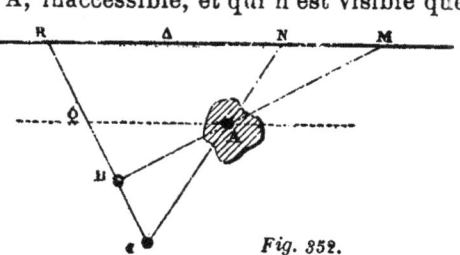

Fig. 352.

Les lignes de visée, BA, CA, peuvent être prolongées au delà de l'obstacle. Elles rencontrent Δ aux points M, N. Soit AQ la parallèle cherchée. On a

$$\frac{BC}{BR} \cdot \frac{AN}{AC} \cdot \frac{MR}{MN} = 1.$$

Mais

$$\frac{AN}{AC} = \frac{QR}{QC},$$

par suite,

$$\frac{QR}{PC} = \frac{BR.MN}{BC.MR}.$$

Cette égalité, dont le second membre ne renferme que des quantités connues, permet de calculer le rapport QR : QC. Le point Q se trouve ainsi déterminé, etc...

---

(*) Il y a, bien entendu, aux problèmes de cette espèce, des solutions très variées. On peut, pour ces solutions, s'accorder de simples alignements; ou, dans d'autres cas, la fausse équerre, l'équerre ordinaire, le cordeau divisé. Il faut aussi discuter la solution proposée, et, notamment, voir si elle est *générale* dans le sens que nous avons donné à ce mot, au cours de cet ouvrage; ou au contraire, si, au point de vue pratique, elle est seulement réalisable dans certains cas.

Ainsi, dans le cas présent, si l'on peut déterminer, par des coups d'équerre, l'orthocentre H du triangle ABC, dont les sommets sont inaccessibles, en prenant, si la chose est possible, les symétriques de H, par rapport aux côtés de ABC, on obtient trois points appartenant à la circonférence que l'on veut construire point par point. On est ainsi ramené à un problème plus simple et dont la solution n'offre aucune difficulté. Mais cette manière de résoudre le problème est soumise à objection, au point de vue pratique; car les constructions indiquées ne sont pas réalisables, dans tous les cas. Cette solution n'est donc pas générale.

**7.** — Deux points A, B, sont inaccessibles et invisibles pour tous les points de la ligne AB ; on propose de jalonner cette droite, point par point.

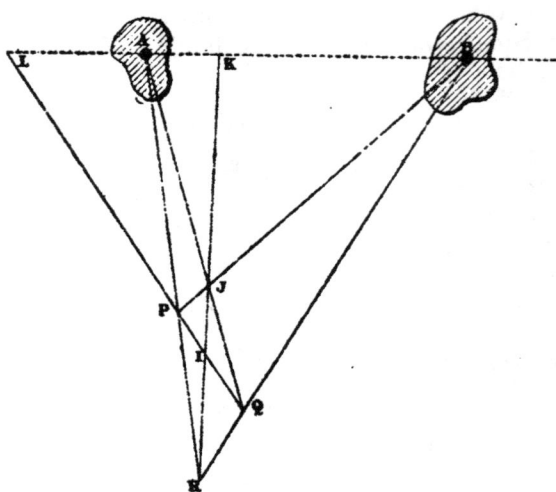

*Fig. 353.*

Voici une indication pour la solution de ce problème. Les points A, B sont visibles, on doit le supposer, de deux points donnés P, Q. En effectuant les alignements qu'indique la figure, on a

$$\frac{1}{RK} = \frac{2}{RJ} - \frac{1}{RI}, \qquad \frac{1}{QL} = \frac{2}{QP} - \frac{1}{QI}.$$

Les points K, L, peuvent donc être déterminés, etc...

**8.** — Par deux points A, B, tracer une circonférence allant passer par le point de concours inaccessible ω, de deux droites données Δ, Δ′.

On tracera d'abord une droite A″ passant par A, et par ω ; puis, par B, on mène une semi-droite BC faisant avec BA un angle égal à $\widehat{\Delta', \Delta''}$ ; BC rencontre Δ′ en un point C appartenant à la circonférence cherchée, etc.

**9.** — Par un point A, tracer un arc de circonférence qui, prolongé, passe par les points ω, ω′, inaccessibles, mais déterminés : le, premier, par les droites Δ, δ ; le second, par deux autres droites Δ′, δ′.

**10.** — Déterminer l'orthocentre H d'un triangle ABC, dont les sommets sont inaccessibles.

Il s'agit de tracer deux droites, dans la partie accessible, allant concourir en H.

On coupe le triangle ABC par une droite Δ, menée dans la partie accessible; Δ forme avec les côtés de ABC, pris deux à deux, trois triangles. Si l'on peut construire les orthocentres de ces triangles, on obtient trois points situés sur une droite passant par H, etc.

*Autrement.* Sur la partie accessible de AB on prend deux points P, Q, et l'on trace les droites, δ, δ', qui partant des points P, Q, iraient aboutir en C. Soit H' l'orthocentre de PQC; si, de H', on abaisse une perpendiculaire sur AB, cette droite est l'une des hauteurs de ABC; etc.

**11.** — Déterminer le centre de gravité G, le centre du cercle inscrit, le centre du cercle circonscrit, etc..., d'un triangle, dont les sommets A, B, C, sont situés en dehors des limites de l'épure.

On prend, sur la partie accessible du côté BC, deux points quelconques P, Q; et, par ces points, on mène des parallèles aux côtés BA, CA. Elles se coupent en un point R; soit G' le centre de gravité du triangle PQR. Ayant mené, par R, une droite allant passer par le point inaccessible A; cette droite AR coupe BC en un point ω, centre d'homothétie des triangles ABC, PQR. Ainsi, GG' va passer par le point inconnu F, etc.

Cette solution est *générale*; elle s'applique à tous les cas qui peuvent se présenter, si petites que soient les portions accessibles des côtés de ABC.

On observera, en outre, qu'elle convient à la recherche de tous les points remarquables d'un triangle dont les sommets sont inaccessibles.

Comme solutions particulières des problèmes posés, on peut indiquer les suivantes :

1° *Centre de gravité.* Une parallèle à BC coupe les parties accessibles des droites AB, AC, aux points B', C' La droite qui va du milieu de B'C', au sommet A, passe par G, etc.

2° *Centre du cercle inscrit.* On élève, dans la partie accessible, aux côtés AB, AC, des perpendiculaires de même longueur et, par les extrémités obtenues, on mène des parallèles à ces côtés; elles se coupent en un point, qui appartient à la bissectrice de l'angle A. etc.

3° *Centre du cercle circonscrit.* On détermine les milieux des côtés du triangle ABC, comme nous venons de l'expliquer, quand nous avons cherché le centre de gravité, etc.

*Autrement.* En coupant le triangle ABC par une transversale Δ, on obtient trois nouveaux triangles et le cercle qui passe par les centres des cercles circonscrits à ces triangles va passer par le point inconnu, etc.(*)

(*) Nous nous appuyons ici sur cette propriété : *les centres des cercles circonscrits aux triangles formés par les côtés d'un quadrilatère complet appartiennent à une même circonférence.*

Ce théorème a été donné par nous, avec plusieurs autres, dans la *Revue*

*Autrement.* On détermine l'orthocentre H et l'on prend les symétriques de H par rapport aux côtés BC, CA, AB. On obtient ainsi trois points du cercle circonscrit, etc.

**12.** — Etant donnés trois points A, B, C, formant un triangle tel que le centre de la circonférence circonscrite soit située en dehors des limites de l'épure, on propose de tracer cette circonférence, point par point, en ne faisant usage que de la règle et de l'équerre.

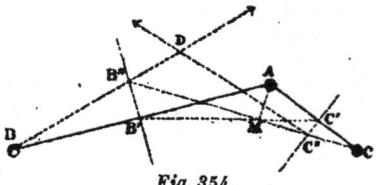

*Fig. 354.*

Soient B', C' les milieux des côtés AB, AC. Ayant pris sur B'C' un point arbitraire M, on élève à MA, au point M, une perpendiculaire qui rencontre les perpendiculaires élevées aux milieux des côtés AB, AC, en des points B", C". Les droites BB", CC", concourent en D; ce point appartient à la circonférence en question.

**13.** — Mener, par un point donné A, une normale à un arc de cercle dont le centre ω est située dans la partie inaccessible de l'épure.

Examiner le cas où A est à l'infini.

On prend trois points P, Q, R, sur l'arc donné; les perpendiculaires élevées aux milieux des cordes PQ, PR, se couperaient en ω, si l'on pouvait les prolonger. On est ainsi ramené au problème classique : mener, par un point A, une droite allant passer par le point de concours, inaccessible, de deux droites données.

Dans le cas particulier où l'on veut mener une normale parallèle à une direction donnée, on trace une corde perpendiculaire à cette direction, etc.

**14.** — Deux arcs de cercle ont leurs centres situés en dehors des limites de l'épure; on propose de déterminer le rapport de leurs rayons.

On peut prendre sur les arcs proposés deux points A, A' et, par ces points, mener les normales Δ, Δ' (Ex. 13). On trace alors deux cordes AB, A'B' inclinées, sur les droites, d'angles égaux; AB : A'B' représente le rapport cherché.

---

*des Sociétés savantes*, numéro du 6 mai 1864. Nous avons supposé, à cette époque, qu'il était connu, à cause de son extrême simplicité. Peut-être nous sommes-nous trompé, car il a été, depuis, retrouvé et donné comme nouveau, dans les *Nouvelles Annales* 1871, p. 206.

**15.** — Dans les conditions données dans l'exercice précédent, on propose de mener la normale commune aux deux arcs de cercle considérés.

Déterminer aussi l'axe radical des circonférences auxquelles appartiennent ces arcs de cercle, et leur centre de similitude.

**16.** — Deux droites Δ, δ, d'une part; Δ', δ', d'autre part, se coupent aux points ω, ω', en dehors des limites de l'épure. Tracer, dans la partie accessible, une parallèle à ωω' (*).

**17.** — Un arc de cercle Δ a son centre situé hors des limites de l'épure. Par un point A, pris sur une tangente D, mener à Δ la seconde tangente.

**18.** — Parallèlement à une droite donnée, mener une tangente à un arc de cercle dont le centre est situé hors des limites de l'épure.

**19.** — Étant donné un point A et un autre point B, visible, mais inaccessible; tracer, point par point, une circonférence passant par A et admettant B, pour centre (**).    *(Steiner.)*

---

(*) Il ne faut pas confondre cet exercice avec les problèmes analogues traités au chapitre VI. Ici, les points sont tout à la fois inaccessibles et invisibles. Il est vrai qu'on peut résoudre l'ex. 16 en déterminant d'abord les projections de ω, ω', sur une droite D, arbitrairement choisie et en appliquant les tracés indiqués au § 70. Mais il y a beaucoup d'autres solutions plus simples, pour le problème en question.

On trace la normale à Δ passant par A (Ex. 13), puis l'on construit la droite symétrique de D, par rapport à cette normale.

(**) Ce problème m'a été signalé par M. Laurens. Il est proposé et résolu dans un ouvrage de Steiner, publié en 1833, ayant pour titre: *Des constructions géométriques au moyen de la règle et d'un cercle fixe;* mais on peut le considérer comme appartenant à la géométrie de la règle et du cordeau. La solution donnée par Steiner repose sur la considération simultanée du centre de similitude interne et du centre de similitude externe de deux circonférences.

A la suite, Steiner propose le problème indiqué plus haut (Ex. 12) et après avoir donné une solution basée, comme la précédente, sur la considération des centres de similitude, il signale en note le *Manuel de l'arpentage et du nivellement* de Crelle (1826) dans lequel on trouvera, dit-il, une ingénieuse solution du problème en question. Cette solution ne m'est pas connue et je regrette de ne pouvoir l'exposer ici.

**20.** — Étant donné un triangle ABC, construire avec la règle et l'équerre les expressions :

$$\frac{a}{2}\cos A, \qquad \frac{b}{2}\cos B, \qquad \frac{c}{2}\cos C.$$

*(Catalan.)*

On déterminera d'abord le point de concours O des perpendiculaires élevées aux milieux des côtés du triangle. En projetant en K, sur OB, le milieu A″ de BC, $A''K = \frac{a}{2}\cos A$.

*Autrement.* — Menons les hauteurs BB′, CC′; puis C′G, B′H perpendiculaires à BC; B′E perpendiculaire à BA; C′D perpendiculaire à CA. Les droites GD, HE se coupent en un point R. On a

$$RD = RE = \frac{a}{2}\cos A.$$

Cette solution qui nous a été communiquée par M. Catalan, offre l'avantage de donner du même coup, deux lignes égales à la longueur cherchée, sans exiger un tracé plus long que celui qui résulte de la construction indiquée dans la première solution.

**21.** — Étant donnés deux points A, B d'une parabole et son axe Δ; déterminer le sommet S de la courbe, ce point étant supposé inaccessible.

Le point inconnu S appartient à Δ. Pour résoudre la question posée, il suffit de trouver une droite allant passer par le point S. En effet, un point inaccessible est déterminé par deux droites ne se rencontrant pas dans les limites de l'épure.

Soit M le milieu de AB, M′ la projection de M sur Δ. La perpendiculaire élevée en M, à AB, rencontre Δ en N; on prend NM″ = M′N. Soit A′ la projection de A sur MM′. La perpendiculaire abaissée de A, sur M″A′ va passer sur S.

**22.** — On connaît l'axe Δ et deux points A, B d'une parabole dont le sommet est inaccessible; construire, point par point, l'arc AB.

Ayant déterminé le point M″, comme il est dit dans l'exercice précédent, on prend sur MM′ un point arbitraire H et, du point inaccessible S, on abaisse (par un des procédés connus) une perpendiculaire sur M″H. Cette droite coupe la parallèle à Δ, menée par H, en un point qui appartient à la parabole considérée.

En supposant que H soit pris sur le segment qui représente la projection de AB sur MM′, on construira, ainsi, l'arc AB, point par point.

IMPRIMERIE CENTRALE DES CHEMINS DE FER. — IMPRIMERIE CHAIX,
RUE BERGÈRE, 20, PARIS. — 6584-5.

CPSIA information can be obtained
at www.ICGtesting.com
Printed in the USA
BVHW091211200519
548791BV00003B/113/P

9 781166 774615